中国国际科技促进会智慧城市轨道交通专业委员会
中城科数（北京）智慧城市规划设计研究中心　编

智慧城市与轨道交通

2024

中国城市出版社

图书在版编目（CIP）数据

智慧城市与轨道交通 . 2024 / 中国国际科技促进会
智慧城市轨道交通专业委员会，中城科数（北京）智慧城
市规划设计研究中心编 . --北京：中国城市出版社，
2024.11. --ISBN 978-7-5074-3788-1

Ⅰ.U239.5

中国国家版本馆 CIP 数据核字第 2025DV8716 号

责任编辑：陈夕涛　陈小娟
责任校对：姜小莲

智慧城市与轨道交通 2024

中国国际科技促进会智慧城市轨道交通专业委员会
中城科数（北京）智慧城市规划设计研究中心　编

*

中国城市出版社出版、发行（北京海淀三里河路 9 号）
各地新华书店、建筑书店经销
华之逸品书装设计制版
建工社（河北）印刷有限公司印刷

*

开本：880 毫米 ×1230 毫米　1/16　印张：24　字数：584 千字
2025 年 1 月第一版　　2025 年 1 月第一次印刷
定价：**128.00** 元
ISBN 978-7-5074-3788-1
（904800）

《智慧城市与轨道交通 2024》编委会

前　言

中国城市科学研究会数字城市专业委员会轨道交通学组于 2014 年 12 月在北京成立，自 2014 年（北京）、2015 年（沈阳）、2016 年（苏州）、2017 年（天津）、2018 年（青岛）、2019 年（济南）、2023 年（长春）成功举办了七届智慧城市与轨道交通学术会议并正式出版《智慧城市与轨道交通》系列专著。为了融合市场需求，2023 年 10 月 29 日轨道交通学组在中国国际科技促进会旗下升级成立了智慧城市轨道交通专业委员会。

在 21 世纪的今天，智慧城市与轨道交通作为推动城市发展的两个重要引擎，已经成为全球范围内关注的热点。智慧城市的概念源于信息技术的发展和城市化进程的加速，它代表着城市发展的新方向，即利用先进的信息技术手段，实现城市资源的优化配置、提高城市管理效率、改善市民生活质量，并最终达到可持续发展的目标。轨道交通则作为解决城市交通拥堵、减少空气污染、提升城市运行效率的重要手段，其发展势头迅猛，已成为城市基础设施建设的重点。

本专著旨在深入探讨智慧城市与轨道交通的协同发展，分析两者的互动关系，以及如何在具体的城市规划和建设中实现优势互补。通过梳理智慧城市与轨道交通的发展历程，我们可以清晰地看到，智慧城市理念的提出为轨道交通的发展提供了新的契机，而轨道交通的现代化、绿色、智能化也正成为智慧城市建设的基石。

在内容安排上，本专著首先回顾了智慧城市与轨道交通各自的发展轨迹，对比分析了不同国家和地区在这两个领域的发展模式和经验。接着，探讨了智慧城市与轨道交通融合发展的理论基础，包括技术创新、智轨规划与设计、智轨工程建设、智轨运营与维护、智轨云及大数据应用、政策法规等多个层面。此外，本书还收集了大量成功案例，以实证的方式展示了智慧城市与轨道交通协同发展的可行性和效益。

本专著的目标读者主要包括城市规划师、交通工程师、土建、机电、计算机信息、车辆、运营、信息技术专家等多交叉领域，以及政策制定者和研究人员。我们希望本专著的持续出版能为这些读者提供有益的启示，推动智慧城市与轨道交通的融合发展，为构建更加宜居、高效、可持续的城市环境作出贡献！

最后，我们要感谢所有参与本专著撰写的作者们，是他们的专业知识和辛勤工作使得这本书刊内容丰富、观点独到。同时，也感谢所有支持本专著出版的机构和个人。我们期待读者们的反馈，希望本专著能够为智慧城市与轨道交通的发展带来积极的推动作用，引领智慧城市与轨道交通行业高质量发展！

中国国际科技促进会智慧城市轨道交通专业委员会

2024 年 8 月 20 日

目 录

第二部分　智轨工程建设

第三部分　智轨运营与维护

第四部分　智轨云及大数据应用

第五部分　其他

1

第一部分
智轨规划与设计

城市轨道交通产业链构建及产业图谱研究

麻全周[1*] 高萍[1] 李洋[1,2] 吕焕[1]

（1. 天津智能轨道交通研究院有限公司，天津 301700；

2. 中国铁道科学研究院集团有限公司城市轨道交通中心，北京 100081）

摘 要：为推动城市轨道交通产业高质量发展，深度分析城市轨道交通产业发展特点，本文研究城市轨道交通产业链和产业图谱构建方法，运用大数据、搜索引擎等技术，制定城市轨道交通企业"多层次"筛选策略和分类策略，构建城市轨道交通产业图谱，并在此基础上分析城市轨道交通产业发展现状及不足、发展趋势，以期为业内同行开展相关研究提供借鉴和思考。

关键词：城市轨道交通；产业链；产业图谱

引言

2021 年《中共中央关于制定国民经济和社会发展第十四个五年规划和二〇三五年远景目标的建议》明确提出，要发展壮大战略性新兴产业，培育先导性和支柱性产业。

聚焦新一代信息技术、新能源、新材料、高端装备等战略性新兴产业，加快关键核心技术创新应用，培育壮大产业发展新动能。随后，中国城市轨道交通协会发布《中国城市轨道交通智慧城轨发展纲要》，明确到 2035 年我国城轨行业智能化水平世界领先，自主创新能力全面形成，建成全球领先的智慧城轨技术体系和产业链。

目前国内已形成了北京、成都、青岛、广州、株洲、唐山、重庆、南京、常州等大型轨道交通产业集群和产业集聚区。其中，北京依托大型国企总部、大量人才资源，形成了以研发、设计、测试等产业链高端形态为特色，以创新为导向的千亿级轨道交通产业集群，形成

国家级轨道交通创新研发集群。成都依靠西南交大，构建"一校一总部三基地"产业生态圈，成为全国轨道交通产业链条最齐备的城市之一。广州依靠广州城市轨道交通集团，以"智慧 + 集群"为主线构建全产业链集群，重点发展"轨道装备 + 智能电气"。重庆形成以单轨为特色的轨道交通产业链，拥有世界上规模最大的跨座式单轨系统建设和运维经验，形成国际规模最大、结构最完整的跨座式单轨交通产业链。南京、青岛、株洲、唐山、常州依靠中车等机车车辆厂，发展动车、电力机车、整车制造以及配件制造基地，集聚大量装备制造配套企业，带动产业集群发展。

1 城市轨道交通产业链构建

1.1 产业链构建方法

城市轨道交通工程建设涵盖研发设计、工程勘测、工程施工、工程监理、工程检测、工程运营等环节；城市轨道相关产品全生命周

项目基金：城市轨道交通产业大数据分析技术研究课题（基金编号：2022YJ345）；铁路既有建筑屋面改造装配式建筑光伏一体化（BIPV）结构关键技术研究课题（基金编号：2023YJ338）。

* 麻全周（1991—），男，汉族，河南周口人，硕士，目前从事轨道交通智慧化、绿色化技术研究。E-mail：1131647452@qq.com

期由原辅材料、零件配套、产品生产、产品检测、物流运输、销售服务等环节组成。城市轨道交通产业链复杂，单独采用工程建设生命周期或产品全生命周期均无法完整表达其产业链环。

在系统分析研究基础上，本文提出以轨道交通工程建设项目全生命周期为主轴，串联产品产业链环节、关键产品及系统、关键技术等多层次产业链，部分环节合并、重组和调序，并基于"经验＋城轨"特色环节，构建了城市轨道产业链。

1.2 城市轨道交通产业链分析

城市轨道交通产业是具有完整产业结构的综合性产业，产业上游包括科技研发、测试试验、投融资、规划设计咨询和原材料；产业中游包括工程建造和装备制造等；产业下游包括运营管理、养护维修、信息化应用和后市场延伸（图1）。

图1 城市轨道交通产业链

（1）产业上游

科技研发指围绕城市轨道交通产业进行一系列基础科技研发工作和培养轨道交通所需人才等的主体，如高校、科研院所。该环节是轨道交通产业链中最基础的环节，可辅助其他环节更好地实现其功能。测试试验指开展试验测试、检测评估、验证的主体，如实验室、检测机构等。

投融资主要指银行、信贷、基金、大型央企、社会化投资方等主体。规划设计咨询覆盖城市轨道交通的规划、咨询、勘察与测量、设计等主体。原材料主要指混凝土、钢材、瓷砖、玻璃、油漆等，以及零部件的生产商和供货商。

（2）产业中游

产业中游包括工程建造、装备制造两大环节。工程建造包括施工建造、工程监造和施工设备相关的主体。装备制造包括车辆系统、通信系统、信号系统、供电系统、轨道系统、机电系统等设备厂家。其产业链环节长，涵盖的专业和技术产品多，占据了整个轨道交通产业链的主要环节。

（3）产业下游

产业下游包括运营管理、养护维修、信息化应用、后市场延伸四个环节。

运营管理主要包括行车组织管理、客运组织管理、乘务组织管理、票务组织管理、运营和车辆维修管理、运营安全管理、网络化管理、运营应急管理、资源管理等主体。

养护维修主要指线、桥、隧，车辆、供电、通信、信号、机电等设备的相关维保单位，以及提供相关服务的主体。

信息化应用主要通过信息技术进行各专业子系统数据的采集、存储、分析、交互、共享、管理和应用，并形成辅助行业建设、运营、管理、安全和服务的智能化工具的主体。

后市场延伸主要包括轨道交通教育培训、轨道交通金融服务、轨道交通文化旅游开发等产业形态。

1.3 装备制造细分产业链

城市轨道交通装备制造链环专业类别多、产品种类多，其产业链复杂，为深化对装备制造产业链环的研究，本文以城轨专业为主线，按照专业、系统、子系统、部件等逐级细分，形成了装备制造细分产业链，如图2所示。

图 2　装备制造细分产业链

2　城市轨道交通产业图谱研究

　　基于城市轨道交通产业链，本文制定了企业筛选策略和分类策略。运用企业筛选策略，完成城轨产业链上企业的筛选；运用企业分类策略，实现城轨产业链上企业的分类，形成城市轨道交通产业图谱。

2.1　全国城市轨道交通企业筛选策略

　　企业筛选以企查查数据库为基础库，以企业名称和经营范围为筛选范围，制定"多层次"企业筛选策略，在全国范围内筛选出从事轨道交通的企业。

　　由于城市轨道交通产业链链条长、产业链复杂，一次筛选策略难以精准筛选城市轨道交通全量企业。因此，设计了"多层次"企业筛选策略，如图3所示。

　　（1）第一层次筛选策略。首先基于轨道交通定义和分类以及其简称术语，进行企业筛选，筛出企业一般认为是城市轨道交通产业链上企业。

　　（2）第二层次筛选策略。依据产业链环节特点及特有产品进行补充筛选，如接触网、钢轨、受电靴等。

　　（3）第三层次筛选策略。对于工程建设环节，城轨产业市场基本由中国建筑集团、中国铁路工程集团、中国铁道建筑集团、中国交通建设集团四家央企及其子公司占有，因此，该部分采用股权穿透法且向下穿透3级作为工程建设链环的补充策略。

　　（4）第四层次筛选策略。对国内主要的城轨业主进行近10年的招标投标项目梳理，将其供应商纳为城轨产业链上企业。

　　（5）第五层次筛选策略。通过查阅中国城市轨道交通协会会员名录、轨道交通行业研究报告，各类轨道交通会议论坛会刊、宣传册等以及专家经验，进一步补充城轨产业链企业名单，汇总形成全国城市轨道交通企业数据库。

2.2　城市轨道交通产业链环节企业分类策略

　　以全国城市轨道交通企业数据库作为基础库，制定产业链各环节企业分类策略，将企业进行分类，形成城市轨道交通产业图谱。

　　（1）第一层次分类策略。优先按照企业名称进行筛选。因工程建设链环特征明显且企业

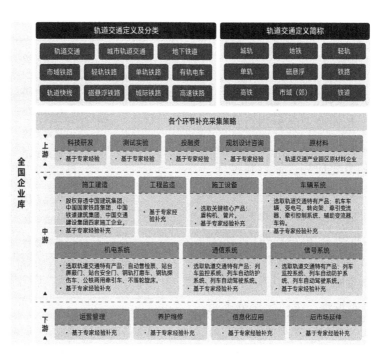

图 3　全国轨道交通企业筛选策略

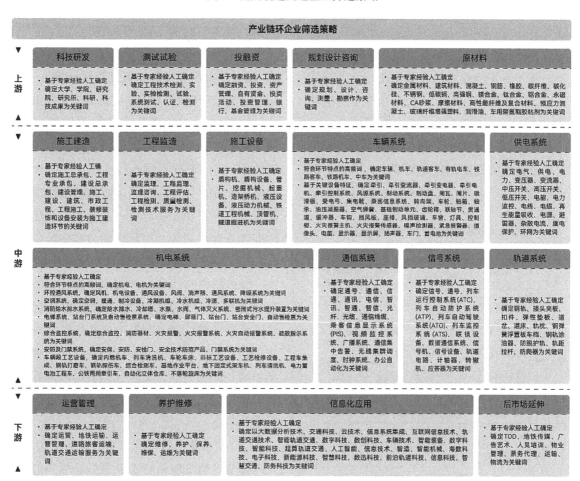

图 4　全国城市轨道交通产业链企业分类策略

占比较多，优先筛选出工程建设链环，按照图4中施工建造、工程监造、施工设备的特征词进行分类筛选。

（2）第二层次分类策略。第二层次是筛选有明显特征的企业。按照企业名称进行筛选，筛选科技研发、测试试验、投融资、规划设计咨询、运营管理、信息化应用、原材料链环，其企业名称特征明显，如科技研发（大学）、测试实验（检测、评估）、投融资（投资）、规划设计咨询（设计、咨询）、运营管理（运营）、信息化应用（科技、信息）、原材料（材料），可运用特征词快速精准筛选。

（3）第三层次分类策略。第三层次分类是对车辆、供电、机电、通号、轨道等装备制造企业，企业较多且分类复杂，优先运用特征词分类筛选，然后基于企业招标投标项目进行补充分类。

（4）第三层次分类策略。对企业库中剩余企业，基于专家经验人工分类筛选，可借助其官方网站、招标投标信息、公众号等实现精准分类。

2.3 城市轨道交通产业图谱

基于企业筛选策略和分类策略，形成全国城市轨道交通产业图谱，如表1所示。

表1 全国轨道交通企业和全国轨道交通龙头企业产业链环分布

产业链	产业构成层	一级分类	全国轨道交通企业	全国轨道交通龙头企业
产业上游		科技研发	2501	13
		测试试验	73076	11
		投融资	28399	13
		规划设计咨询	364789	22
		原材料	324086	15
产业中游	工程建造	施工建造	525949	14
		工程监造	56453	5
		施工设备	22350	9

续表

产业链	产业构成层	一级分类	全国轨道交通企业	全国轨道交通龙头企业
产业中游	装备制造	车辆系统	114473	64
		机电系统	282550	121
		供电系统	296922	70
		通信系统	192199	11
		信号系统	38398	12
		轨道系统	39151	34
产业下游	运维服务	运营管理	31105	23
		养护维修	148816	28
		信息化应用	83878	28
		后市场延伸	327275	10

由于企业众多，本文重点对城轨行业龙头企业（按照市场占有率、行业排名等）进行分析。全国城轨产业龙头企业共484家，上游74家，中游321家，下游89家。

3 城市轨道产业发展短板及不足分析

（1）创新研发尚有差距，标准体系尚未健全

轨道交通装备产品共性技术仍然存在短板，核心技术（牵引传动和控制技术、制动关键技术）仍然掌握在国际巨头手中，制约产业发展；产品的安全性、可靠性和使用寿命等方面与发达国家相比仍存在一定差距。产品技术标准体系有待完善，国际化能力有待提高。

（2）融资渠道有限，产业链延长不足

绿色融资实践尚处于起步阶段，整体融资规模有待进一步扩大。绿色融资激励制度和融资标准还待完善；融资工具和机制有待进一步创新发展。轨道交通产业链条延伸不够，新型领域如地铁商业、文旅、培训的市场开拓不够，高技能人才培育、高端专业技术人才的引进培养不足。

（3）信息化、智能化程度较低

智慧城轨是城轨行业发展的必然趋势。运营管理产业化处于起步阶段，运营维护行业朝

着智能化、信息化升级改造的方向发展，但是在应用效率方面，依需要进一步提升。规划设计咨询、工程建设施工等链环企业的信息化程度总体较低。

4 城轨产业发展趋势分析

（1）产业市场需求稳步增长

在"一带一路"、京津冀协同发展、长江经济带实施背景下，新型城镇化步伐加快，中心城市不断向周边辐射，城市轨道交通基础设施的配套需求旺盛。城市轨道交通基础设施建设稳步发展，"十四五"规划提出，到2025年，中国城市轨道交通运营总里程达1.3万km，年均新增1000km左右，内地开通运营城市轨道交通的城市将达到60个。

（2）产业垄断竞争格局初步形成

部分产业链环节的竞争格局已初步形成。工程建设环节龙头企业占据国内80%以上的工程建设市场份额。装备制造环节整车装备制造领域基本被中国中车垄断，市场份额超过95%以上。中国中车带动形成了若干轨道交通产业集群，分布在青岛、株洲、南京、常州、长春、唐山、大连等地。

（3）技术创新推动新一代轨道交通高质量发展

大数据、人工智能、5G等新一代信息技术突飞猛进，为引领轨道交通向信息化、数字化、智慧化发展提供强大动力。《交通强国建设纲要》《中国城市轨道交通智慧城轨发展纲要》《中国城市轨道交通绿色城轨发展行动方案》等文件的发布，促进轨道交通产业向智能化、绿色化、多元化方向转变。

参考文献

[1] 王佳晨，李子彪，张朝宗. 氢能产业链上游知识域的知识图谱可视化研究 [J]. 化工管理，2023，（27）：87-91，122.

[2] 张婷. 数字经济背景下强化产业链招商路径探讨 [J]. 大众投资指南，2023，（13）：47-49.

[3] 王巧珍. 马铃薯产业链知识图谱构建研究 [D]. 兰州：甘肃农业大学，2023.

[4] 王巧珍，杨婉霞，赵赛，等. 基于本体的马铃薯产业链知识图谱构建 [J]. 热带农业工程，2023，47（3）：14-16.

[5] 窦昊. 基于产业链知识图谱的服务组织技术的研究与实现 [D]. 北京：北方工业大学，2023.

[6] 肖恩，薛锋，罗建. 城市轨道交通产业集聚空间分析与知识综合图谱构建 [J]. 现代城市轨道交通，2023（5）：102-107.

[7] 孟繁科. 上海电气能源高端装备产业链图谱 [J]. 中国工业和信息化，2023（4）：28-34.

[8] 王栋，周菲，李颖芳，等. 我国甜樱桃产业知识图谱构建研究 [J]. 中国果树，2023（1）：104-108.

[9] 唐雨晴. 产业知识图谱的构建研究及其在汽车领域的应用 [D]. 上海：上海财经大学，2022.

[10] 张汉鹏. 数字经济背景下的产业链发展与治理 [J]. 福建师范大学学报（哲学社会科学版），2022（2）：78-83，171.

[11] 华平，谷中秀. 基于中国高速铁路职业图谱的产业链、技术链与专业链对接与融合模式探讨 [J]. 河南教育（高等教育），2021（8）：75-76.

[12] 丁刚，黄杰. 区域战略性新兴产业的产业链图谱表达方式研究：以福建省光伏产业为例 [J]. 中国石油大学学报（社会科学版），2012，28（3）：24-27.

智慧城市轨道交通枢纽设计研究

唐　薇[1]　陈明峰[2]

（1. 广州地铁设计研究院股份有限公司，广州 510010；

2. 广州市黄埔区应急管理局，广州 510530）

摘　要：建设新时代轨道交通体系是落实广州国际综合交通枢纽，打造"互联互通、智能生态、信息共享"现代综合交通运输体系的重要举措。本文通过对国内外综合交通枢纽经典案例分析以及对地铁枢纽发展趋势内在动因的探讨，有助于加深对交通枢纽的感性认识和理性研究，更利于指导我们对智慧城市轨道交通枢纽的精准规划和深化设计，以便设计出更多人性化、换乘便捷、多元合一的轨道交通枢纽精品。

关键词：智慧城市；粤港澳大湾区；轨道交通枢纽；一体化设计

引言

随着城市轨道交通线网的拓展与延伸，网络的通达性增强，再加上城市轨道交通固有的安全、准点、快捷等优点，让城市轨道交通从一种"可选项"逐步发展成为市民出行的"必选项"，目前更是成了一种市民生活的习惯。

国家战略要求建设新时代轨道交通应以人民为中心，贯彻创新、协调、绿色、开放、共享的新发展理念，建设拥有强大运输保障、优质服务品质、科技创新引领、管理体系完善、具有国际影响力的先进轨道交通系统，服务交通强国战略。区域协调层面，建设新时代轨道交通体系是实现结构合理、换乘高效、共建共享的世界级轨道交通网络，支撑湾区形成充满活力的世界级经济区、全球影响力的国际科技创新中心、粤港澳合作示范区和宜居宜业的优质生活圈服务。从城市发展层面，建设新时代轨道交通体系是落实广州国际综合交通枢纽、国家重要中心城市，打造"互联互通、智能生态、信息共享"现代综合交通运输体系，提升门户枢纽能级，深化枢纽型网络城市建设，实现"轨道都市"，践行满足人民美好生活向往的需求。

对接粤港澳大湾区国家发展战略，新时代轨道交通将是以"服务交通战略强国、支撑大湾区高质量发展、引领轨道交通科技进步、满足市民幸福出行"为总体目标，以"服务型、引领型、融合型、持续型"为总体思路，以"数字化、智能化"为技术发展方向，以"安全、可靠、便捷、精准、融合、协同、绿色、持续"为核心特征的轨道交通体系。

建设新时代广州轨道体系，是落实国家"一带一路"海上丝绸之路重要枢纽城市建设，发挥粤港澳大湾区核心增长极作用，共建粤港澳优质生活圈，发展广州作为国家重要中心城市和省会城市，打造美丽宜居花城、活力全球城市的重大举措；是落实国家科技创新规划，坚持创新引领发展，深入实施创新驱动发展及国家大数据战略，加快建设数字驱动的新时代轨道交通战略举措；是重大历史性战略选择和促进企业可持续发展的关键问题。

目前，国家正在全力推进粤港澳大湾区规划建设，大湾区规划建设，是国家改革开放再出发的重要举措，是广东落实习近平总书记

"四个走在前列"指示、确保广东经济持续健康发展的关键步骤。

1 轨道交通枢纽研究

1.1 日本大阪站

为顺应时代需求,日本大阪站交通枢纽实施了多次大规模改建,主要经历了三个阶段的改造过程(图1)。

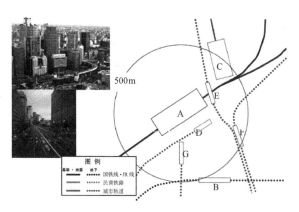

图1 日本大阪站平面布置图

第一阶段(客流量增加期):车站周边的开发逐步推进,带来了客流的增加。结合客流的增加,对车站进行了扩建。

第二阶段(发展期):车站从原来的客运中心型车站,转变成了集商业、商务功能于一体的复合型车站。

第三阶段(稳定期):对车站周边用地提出了更高效利用的要求。交通广场与商业、商务功能相结合,形成了综合体枢纽。

1.2 法国拉德芳斯枢纽

法国拉德芳斯枢纽是欧洲最大的公共交通枢纽和换乘中心,拥有18条公交线路和10条轨道交通线路,是集轨道交通(高速铁路、地铁线路)、高速公路、城市道路于一体的综合交通枢纽(图2)。

该枢纽人车分流,互不干扰,商务区范围内形成了高架交通、地面交通和地下交通三位一体的交通系统。

图2 法国拉德芳斯枢纽剖切图

1.3 德国柏林中央火车站

中央火车站于2004年正式投入运行,是欧洲最大、最现代化的火车站,将欧洲的东西、南北铁路连接在一起,在此处形成一个十字换乘枢纽。两座高46m相互平行的办公大楼横跨在320m长的钢架玻璃结构拱形长廊上,形成一个整体,成为柏林最新的地标性建筑(图3)。

图3 德国柏林中央火车站剖面图

柏林中央火车站是一座综合交通枢纽,城铁、地铁、电车、巴士、出租车、自行车,甚至旅游三轮车也都在此停靠与集散。直通车站的柏林城铁线路有5条,公共汽车线路7条,预留开通有轨电车线路连通。该站较好地实现了"让乘客方便同时对城市无妨害"的理念,充分利用空间,向地下、地上挖潜,形成"立体的一体化"交通枢纽,实现了高速铁路与城市轨道交通的良好接驳。

1.4 上海虹桥枢纽

位于上海市区西南、原虹桥机场西侧，距离上海市中心人民广场约 13 km。虹桥枢纽是上海市航空、铁路、轨道、快速路网四网交汇的重要节点，可充分发挥枢纽型、功能性和网络化基础设施对区域社会和经济发展的集聚、辐射和带动作用，增强上海的综合竞争力，提升上海的服务效率和水平，为区域交流合作创造更为快速和便捷的条件（图 4）。

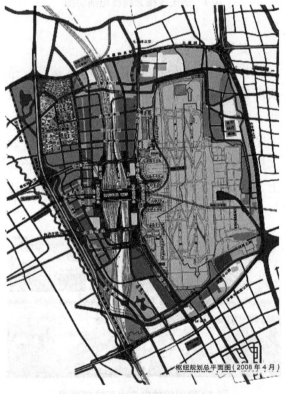

图 4 上海虹桥枢纽平面图

枢纽自东向西依次为：虹桥机场西航站楼、东交通中心、磁浮车站、高铁站房、西交通广场。枢纽汇聚了 8 种换乘方式：航空、铁路、磁悬浮、城市轨道、长途客车、常规公交、出租、小汽车（图 5）。

图 5 上海虹桥枢纽剖面图

轨道交通进入枢纽有 5 条线路，分别为 2 号线、10 号线、17 号线、5 号线、青浦线（20 号线）。

1.5 广州新塘枢纽

新塘枢纽定位为广州铁路枢纽"五主四辅"客运系统的辅助客站，是集多种方式一体化设计的广州东部综合交通枢纽（图 6～图 8）。新塘交通枢纽是加快站城一体化的重要举

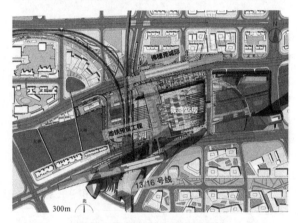

图 6 广州新塘枢纽平面图

图 7 广州新塘枢纽效果图

图 8 广州新塘枢纽实景图

措，旨在打造高水平、高标准的现代化综合交通枢纽。项目位于增城区新塘镇，是广深铁路、广汕铁路、穗莞深城际铁路与轨道交通13号线、16号线、规划20号线等交汇点。

新塘枢纽与周边配套设施共建共享等方面做到同步规划、同步设计、同步建设、同步运营的协作共建模式，并践行"一体化、零换乘"设计理念。

2 轨道交通枢纽设计要素

2.1 设计特点

智慧城市轨道交通枢纽是融合航空、高铁、城际铁路、轨道交通、公共停车场、出租车等各种交通设施的交通综合体，其特点既有交通功能快速聚集和疏散的节点效应，又有城市功能驻留城市活力的场所效应。

2.2 设计原则

通过对以上交通枢纽案例研究分析，总结并归纳出轨道交通枢纽的四大设计原则，即交通衔接一体化、交通设施立体化、城市功能聚集化、货运交通集成化。

（1）交通衔接一体化

形成紧凑的换乘空间，紧凑、合理的布置交通设施，以缩短交通方式之间的换乘距离，提高换乘效率。

（2）交通设施立体化

结合交通枢纽的规模和功能定位，推进综合性高、人车分离、地下地上空间立体利用等的建设。

（3）城市功能聚集化

在交通枢纽及其附近地区，通过高度开发商业、办公、文化等功能设施，逐步形成繁华的综合性的城市经济商业网点，随着商贸、商业、文化、娱乐等设施不断开发建设，枢纽地区最终发展成为城市的新地标，并聚集办公、商业、文化等城市功能，使枢纽地区作为城市的中心地区发挥作用。

（4）货运交通集成化

在工业生产发达的城市以及交通枢纽要道和物资集散地，由政府统筹规划，全面安排和积极扶持，建设区域性的流通基地。

2.3 设计要点

2.3.1 互联互通

轨道交通枢纽需与区域开发联动，做到规划、设计、决策、建设、运营一体化。系统性解决区域布局、建筑设计、资源共享、界面划分、消防设计、立体交通组织等关键要点。

2.3.2 城市土地集约利用

对具备开发条件的轨道交通场站及周边土地实行统筹，实现轨道交通场站同步规划、同步选址、同步设计和一体化建设，同时围绕轨道交通场站开展土地储备规划。

2.3.3 规划与建设的协调

针对各项建设时序的不同步，提前研究，预留灵活性。

2.3.4 营造可识别地域特征或可作为城市名片的公共空间

向公众提供自由进入、休憩、娱乐、运动、购物等活动的公共场所，包括街道、广场、公共绿地、屋顶等室外公共空间，室内外空间交融。

2.3.5 流线衔接

研究站点一体化换乘体系构成，采用一体化、立体化的原则，围绕轨道交通站点为核心进行交通整体布局设计，统筹安排轨道交通与P+R停车场、公交车站、出租车站、自行车停车点等接驳交通设施布局。

合理规划设计场站综合体的各类交通人流和车流组织流线，创造简单便捷的换乘流线，实现人流与车流的立体分离，保障场站综合体整体交通的高效运行。

2.3.6 换乘评价分析

枢纽换乘站是线网规划中的重要节点，使轨道交通的通达性更广。涉及相交线路的敷设方式、站位周边现状环境、规划情况等。作为粤港澳大湾区重要枢纽门户，换乘站的设计应在互联互通的前提下保证付费区换乘，换乘节点顺畅、流线清晰、线路短。

3 结语

智慧城市轨道交通枢纽建设，是落实国家倡仪"一带一路"海上丝绸之路重要枢纽城市建设，发挥粤港澳大湾区核心增长极作用，共建粤港澳优质生活圈，发展广州作为国家重要中心城市和省会城市，打造美丽宜居花城、活力全球城市的重大举措。

轨道交通枢纽从第一代的车站设计经历了站楼一体设计和站城一体设计，发展到目前的站城与人一体化设计，充分体现绿色智能、畅通融合的人本设计精神。在未来的智能轨道交通枢纽发展中，始终坚持"公共交通改善城市"的设计初心，才能创造出更多人性化、换乘便捷、多元合一的地铁枢纽精品。

参考文献

[1] 丁建隆.新时代城市轨道交通创新与发展[M].广州：人民交通出版社，2019：5-10.

[2]《广州市城市建设第十五个五年规划（2016—2020年）》[R].2017.

[3] 地铁设计规范：GB 50157—2013[S].北京：中国建筑工业出版社，2013.

[4] 胡昂.日本枢纽型车站建设及周边城市开发[M].成都：四川大学出版社，2016.

[5] 盛晖.超越交通—铁路客站设计的眼睛与创新[M].武汉：华中科技大学出版社，2021.

[6] 唐薇，等.地铁枢纽一体化设计与实践：以广州新塘站综合交通枢纽为例[C]//香港：第十一届粤港澳大湾区可持续发展研讨会，2023.

浅论城市轨道交通制式和划分建议

侯秀芳¹ 孙照岚¹ 杨 浩²

（1.中车青岛四方机车车辆股份有限公司，青岛 266111；2.中国中车股份有限公司，北京 100036）

摘 要：本文介绍了城市轨道交通制式现行标准中有待澄清的事项，围绕城轨交通制式的目的查阅国家相关政策文件与法规，调查城市规划等技术标准，分析了城轨制式的若干要素与技术细节。文中提出并建议延米载客量作为城轨交通规划和建设时的量化指标，为城市轨道交通制式划分，制修订相关标准提供参考。

关键词：城市轨道交通；交通规划；制式；延米载客量

城市轨道交通制式划分标准是一项跨行业、跨学科的综合性事项，具有较强的政策引导效应。本文分析城轨交通制式分类的相关要素，推导出建议及说明。文中提出"延米载客量"的规划指标，可以更好地协调城轨交通投资、建设、运营不同时期的运能规划。

1 当前城轨制式分类的主要问题

1.1 轻轨概念泛指对象偏多

投资审批的轻轨概念使用范围较广，"轻轨"用词能公开查阅的，最早出现在国家政策文件中的是《国务院办公厅关于暂停审批城市地下快速轨道交通项目的通知》（国办发〔1995〕60号）。仅有"地铁"和"轻轨"两种分类的国家政策文件还有两份：《国务院办公厅关于加强城市快速轨道交通建设管理的通知》（国办发〔2003〕81号）；《住房城乡建设部关于加强城市轨道交通线网规划编制的通知》（建城〔2014〕169号）。

《国家发展改革委关于加强城市轨道交通规划建设管理的通知》（发改基础〔2015〕49号）开始在地铁、轻轨之外增加有轨电车、磁浮等。

《国务院办公厅关于进一步加强城市轨道交通规划建设管理的意见》（国办发〔2018〕52号）同样包含有轨电车。

从投资审批范畴来看，"轻轨"所属的城轨交通制式是允许多样化的，明确的是地铁制式。区分地铁和轻轨的建设投资应该是后者明显低于（最多一半）全线地下的地铁制式。

1.2 不宜依托列车编组数量来规划线路运能

城轨交通建成运营之后，对于客流在运营时间上的不均衡，主要通过改变行车间隔来调节运能；对于客流在线路空间上的不均衡，主要通过改变折返点来调节运能[1]。

车站长度明显影响繁华市区的规划布置与土建成本，而缩短地铁列车编组长度对降低车站造价作用不大[2]。换言之，列车长度应尽可能用"满"车站长度，用来增加列车运力（交通运能）或改善乘客舒适度，充分发挥车站建设的投资效益。

"敷设方式、车站数量、工程投资等"在国家批复的建设规划中属于约束性内容。特别是敷设方式不得发生重大变化，线路长度、车站数量、直接工程投资的变动不得超过规划方案的15%。

建议项目前期可行性研究阶段应为未来改造评估预留土地或空间，在线路规划阶段加强论证沿线各站的车站及站台长度、折返点配置方案。保证运营期内通过开行大小交路、长短编组等方式提高运能在空间、时间分布上的弹性。特别是新建、改造阶段适配近远期预测客流，平衡初期建设与后期改造的投资，控制好各规划期的投资节奏。

1.3 以运能大小来定位制式造成车辆功能错位

我国现行的《城市轨道交通工程项目建设标准》建标 104—2008、《城市轨道交通工程基本术语标准》GB/T 50833—2012 和《城市公共交通分类标准》CJJ/T 114—2007，将城市轨道交通按运能分为四个等级略有重复，而《城市综合交通体系规划标准》GB/T 51328—2018 和《关于进一步加强城市轨道交通规划建设管理的意见》（国办发〔2018〕52 号）采用"大、中、普通"三个运能等级更为合理。

城轨交通的站台长度、车站间距，以及复线的线间距，间接影响着设计运能与乘客舒适度。车辆本身通过调整编组数量、制动能力等设计参数，对交通运能的需求几乎能全范围适应。

依据运能来推导车辆选型存在误导，会造成不同制式车辆的功能错位。以重庆单轨为例，8 编组列车投入运营后，高峰时段定员运能可达到 2.7 万人次 /h，超员运能则可达到 3.7 万人次 /h[3]，已经达到大运能的 3 万人次 /h[4]。单轨交通的振动噪声对沿线环境影响较小，更适于地上敷设和崎岖地形。

1.4 列车速度等级不宜作为划分制式的要素

公路交通有人驾驶的限速取决于驾驶员的反应速度。轨道交通最高运行速度则受制于曲线半径等线路参数，还有运营计划之下的最大站间距。

城市公共交通区别于其他长途交通的基本矛盾在于速度与便利不是正相关，即提升车速，旅客出入车站的距离将延长。

如果前期规划有大站快车，可混跑 80km/h 与 120km/h 两种速度等级的列车。因小半径曲线限制的行车速度相同，城轨交通降低车站端部线路平面的最小曲线半径标准值是经济合理的[5]，并不影响选择列车的最高速度等级。而车站数量及其设置明显影响建设投资和后期运营费用，以及沿线居民出行的便利性。在城轨交通中可以推论，车站设置同样会降低线路对速度等级的影响。

1.5 划分城轨制式缺少城市规划的指引

城市总体规划的规划期限一般为 20 年，对远景发展仅做出预测性安排，城市发展规模、空间布局、土地使用等具有不确定性。但城轨交通本身的用地具备强制性和长期性，会影响城市区域演化。而以城轨交通服务的空间范围来划分制式同样存在着较大的不确定性。

城轨多制式发展的内涵来源于城轨交通对不同城市规划功能的适应性，能够有力地促进城市居民、建筑与交通协调发展。应从城轨交通制式的噪声、振动、景观等是否适宜规划区，以及车站、线路在交通体系内衔接其他交通方式来区分。

2 城市轨道交通制式分类建议

2.1 分类原则

城轨交通制式分类应遵循如下原则：
承接城市 / 城市群等上位规划；
面向新建和改造的投资决策；
引导城轨交通行业创新方向；
封装过多和繁杂的技术细节。

2.2 分类要素

建议将敷设方式、路权模式作为城轨交通制式的分类要素，对城市规划区域的适宜性划分制式、轨道形式与速度仅用于区分城轨车辆的制式。

敷设方式。可分为 3 种 6 层空间，参照《城市轨道交通线网规划标准》GB/T 50546[6] 以及车站所处城市空间可分为地面、地下、高架

（地上）3 种。路权模式可分为全封闭、部分封闭、开放 3 种。

2.3 制式建议

引用《城市公共交通分类标准》CJJ/T 114—2007 中的 7 种既有分类术语，修订建议如下：

城市轨道交通分为：城铁、有轨电车、磁浮、单轨、悬挂单轨 5 种交通制式。制式采用"交通"取代原标准中的"系统"更为准确清晰，简述如下：

城铁交通。原地铁系统、轻轨系统、市域快速轨道系统，3 种制式建议合并为城市铁路（与国家铁路相当），简称"城铁"制式。城市的 3 种敷设方式 6 层空间均对城铁适用，易于实现互联互通，城铁的路权为全封闭。

有轨电车交通。此处指交通而非车辆，以地面敷设为主，可以辅以局部浅层地下或高架敷设，不推荐其他层，有轨电车的路权不推荐全封闭。

磁浮交通。是低噪声、低振动的制式。

单轨交通。"单轨系统（跨座式单轨车辆）"与"自动导向系统"，原 2 种制式合并为"单轨"。

磁浮和单轨均以城市的高架空间为主，可以为换乘而局部进入地面或浅层地下空间，不适于次浅层及以下的地下空间。两者的路权均为全封闭。

悬挂单轨交通。包括悬挂式单轨与索道。悬挂单轨以城市的高架空间为主，可以辅以局部地面空间，不适于浅层及以下的地下空间。悬挂单轨的路权对 3 种模式均适宜。

城市轨道交通 5 种制式分类及主要特征如表 1 所示。

表 1　城市轨道交通制式分类及主要特征

制式名称	优先敷设空间垂直尺寸 [1]	路权模式	速度等级 /（km/h）	次优敷设空间及速度 /（km/h）	延米载客量人 /m
磁浮	高架 [2] > +4.5m	全封闭	100～160	区部浅层≤80	8
单轨	高架 [2] > +4.5m	全封闭	≤80	区部浅层≤80	8
悬挂单轨	高架 [2] > +4.5m	开放或部分封闭	≤70	地面≤70	6
有轨电车	地面 0～+4.5m	开放或部分封闭	≤70	高架≤120	11
城铁	浅层～次深层 0～-50m	全封闭	80～160	地面 / 高架 > 120	13～14
城铁	深层 -50m 以下	—	—	—	—

注：1.《城市地下空间规划标准》GB/T 51358—2019[7]。

2.《公路法》规定地面道路 / 轨面之上 4.5m[8] 的限高是地面与高架（地上）的空间分界面。

3　制式分类建议的说明

3.1　融合城市交通

国家政策要求发展地铁和轻轨的城市将有轨电车纳入建设规划做好衔接，以地面线路为主，合理控制工程造价。钢轮钢轨的地铁、市域、国铁，包括有轨电车应相互融合。在国家倡导的综合交通体系中，有轨电车、悬挂单轨作为城轨交通的过渡制式可以起到有效衔接、促进融合的效用。

从乘客来看，共享路权与站台是实现城轨交通与汽车交通最便捷的换乘方式，进而影响公共交通的覆盖范围与市民公交出行的效率。以乘客为本的融合应提倡同制式交通轨道互联，车辆互通；异制式站台共用，特别是地面同站台换乘，可更方便地衔接汽车运输与非机动出行。

3.2　提升通勤乘客舒适度

必须减少乘客等待、换乘、往返车站的车

外时间。轨道交通线网延展、加密之后，往返车站（两头的接驳）耗时可以下降 31.8%（绝对时间下降 12.6min）[9]。而超大城市采用公共交通出门的车外时间已占到整个通勤时间的 35%[10]，城轨交通自身的融合发展还有巨大的改进提升空间。

3.3 城轨各制式适配城市规划的比较

空间规划。地下城轨交通承担有人民防空的职能。高层建筑基坑、地下管廊、地下停车场等占用更多地下空间。地铁埋深加大，造成便利性下降，建设、运营成本上升。地面城轨在稀缺的城市土地中必然遇到发展瓶颈。地上城轨交通要处理好噪声振动与景观还有相当

的发展空间。城市交通的空间规划可以概括为"昂贵的地下空间，宝贵的地面空间、可贵的地上空间"。

定位互补。不同城轨交通制式需要重叠互补。磁浮与城铁对应地上与地下两种骨干制式，有大站快车的提速空间，适于延长服务半径；有长编大载客能力，适于与高铁、空港等长途运输衔接。有轨电车与悬挂空轨均不宜挤占地面资源搞长编组，可与汽车共享路权，且轨道在不同城市规划期均易拆除复用，适于城市机动出行末端"最后一公里"线路的中长期调整。多制式城轨交通的协同如图 1 所示。

网络覆盖。城铁制式的网络覆盖能力有

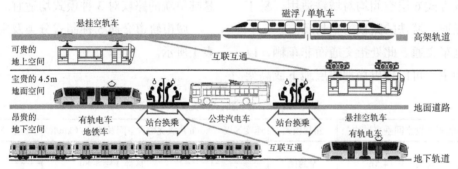

图 1　城轨交通各制式的协同

限，有轨电车、悬挂单轨和单轨三种制式可扬灵活之长，避运力之短，适于加密城轨网络或承担城市的地面骨干公共交通。以拥有世界上最大的有轨电车网络墨尔本为例，复线里程 250km，1700 座车站，共享路段 75%，年乘次超过 2 亿，运营过百年，24h 运营[17]。

可见有轨电车交通是最适合强化城轨交通与其他地面交通衔接的制式，可在《公路法》管辖区段运营，城铁亦可在《铁路法》管辖区段运营。

3.4 跨制式对比交通运能

本文提出的延米载客量指列车额定（或满载）载客量与列车长度的比值，单位为人 /m。立席乘客密度直接影响该指标，业内以额定 5～6 人 /m² 较为舒适。列车长度通常短于站

台长度，该指标结合列车编组数，可按本文 1.2 所述，在规划阶段协调基础设施、运营方案与车辆运力三者之间的运能关系。

3.5 辨析单轨交通

"自动导向系统"应并入单轨，无论是车"半包"住轨道还是轨道"半包"住车，都是胶轮车辆与水泥 / 钢制轨道共同组合而成的轨道交通。橡胶轮胎限制了车辆速度不宜过百，材料磨耗有相对劣势。单轨、磁浮均有同样的噪声振动相对优势，故对地上空间友好。单轨与自动导向系统的线路（轨道梁）都是"轨道桥梁一体化"，其墩柱支撑、站台等结构基本相同。"自动导向"是不同制式车辆均能具备的驾驶功能，不宜作为交通制式的定义。

索道是否纳入城轨交通在国内还存在争

议，除了旅游观光之外，索道在许多崎岖的地方承担着城市交通功能。悬挂单轨"单一"且中空的轨道可以视为自带牵引的刚性承载索道。如果将索道纳入城轨交通，可以归为悬挂单轨制式。

4 结语

城市轨道交通各专业专家对制式分类见仁见智，本文仅为抛砖引玉之论。为促进城轨交通行业健康发展，望各界人士不吝赐教。

参考文献

[1] 北京地铁"超常超强运行图"诞生记 [J]. 城市轨道交通，2020（7）：32-38.

[2] 梁广深. 缩短地铁列车编组长度对降低车站造价作用不大 [J]. 城市轨道交通研究，2003（6）：17-19.

[3] 厉害！重庆轨道3号线创下多个"世界之最" [EB/OL]. （2017-12-05）[2022-04-16].https：//mp.weixin.qq.com/s/JQ8wnuZRsZeUtyre9fJ9Gg?.

[4] 住房和城乡建设部. 城市综合交通体系规划标准：GB/T 51328—2018[S]. 北京：中国建筑工业出版社，2019.

[5] 饶雪平，顾保南. 城市轨道交通车站端部线路平面最小曲线半径标准值的研究 [J]. 城市轨道交通研究，2010，13（1）：22-25.

[6] 住房和城乡建设部. 城市轨道交通线网规划编制标准：GB/T 50546—2009[S]. 北京：中国建筑工业出版社，2009.

[7] 住房和城乡建设部. 城市地下空间规划标准：GB/T 51358—2019[S]. 北京：中国计划出版社，2019.

[8] 交通运输部公路局. 公路工程技术标准：JTG B01 [S]. 北京：人民交通出版社，2014.

[9] 上海市城乡建设和交通发展研究院. 上海市第五次综合交通调查主要成果 [J]. 交通与运输，2015，31（6）：15-18.

[10] 李春艳，郭继孚，安志强，等. 城市综合交通调查发展建议：基于北京市第五次综合交通调查 [J]. 城市交通，2016，14（2）：29-34.

地铁出行商业服务平台设计与应用研究

赵 佳 刘 建 白志刚 于广淼

（天津津轨商业管理有限公司，天津 300000）

摘 要： 传统地铁商业体系存在数据孤立、权益碎片化、经营模式固化等问题，阻碍了精准营销、用户黏性提升与收益增长。天津轨道交通构建智慧出行生活服务平台，以数据驱动、服务融合、权益互通与精准营销为研究核心，实现用户、资源、权益、营销、收银、数据"六统一"。平台集成抱抱积分池、地铁 e 站开店宝、乐 e 停停车管家、抱抱商城、数字孪生可视化数据平台等产品，打破数据孤岛，开展全生态营销联动，构建权益通兑体系，实时经营分析，并具备底座赋能功能。一期项目已接入多个地铁服务项目，服务用户众多，有效赋能商户与用户，推动地铁商业数字化转型与生态化发展，为行业提供转型范例。

关键词： 地铁商业；平台建设；数字化；地铁出行

1 地铁商业面临的问题与挑战

1.1 地铁商业面临的问题

传统地铁商业经营系统，往往经营的是资产，地铁资源板块的各个资源之间隔离，各自独立形成经营闭环，普遍存在以下弊病[1-3]：

（1）数据孤立与精准营销困境：用户出行数据与各商业实体的数据相互独立，导致商家无法获取全面的消费者行为画像，难以进行精准化经营与个性化服务。尽管单个业态可能拥有丰富的营销资源，但在缺乏全场景数据共享的情况下，这些资源难以实现最优配置与精准触达。

（2）权益碎片化与吸引力弱化：商业权益体系封闭，权益不通用、不通兑的现象普遍存在，降低了消费者的获得感与黏性，制约了地铁商业整体吸引力的提升。

（3）经营模式固化与收益瓶颈：地铁商业长期依赖传统的租赁模式，业态组合单一，收入来源主要局限于租金收入，增长空间有限，难以适应消费升级与多元化消费需求的变化。

1.2 地铁商业转型面临的挑战

面对商业模式转型，地铁企业在商业板块面临严峻挑战：

（1）用户行为洞察难：用户在地铁内外不同商业场景的行为数据彼此割裂，运营商无法形成对同一用户完整消费行为链的深度理解与精准预测。

（2）大数据整合缺失：全场景大数据资源未能有效整合与利用，导致商业决策缺乏科学依据，无法精准定位市场需求、优化业态布局与商品结构。

（3）营销活动联动不足：受限于数据与系统的分割，难以实施全场景、跨业态的联动营销策略，错失了通过资源整合提升营销效果与品牌影响力的机会。

（4）权益兑换壁垒重重：跨端、跨场景的权益兑换机制缺失，限制了用户消费体验的无缝衔接与价值最大化，不利于构建一体化的消费生态系统。

（5）商户经营状况监控缺位：运营商对入驻商户的实际经营业绩掌握不足，影响了对商业环境的动态调整与精准扶持，不利于整体商业生态的健康持续发展。

2 平台的搭建与应用

天津轨道交通基于上述问题，在充分分析、充分调研、充分解构的基础上，提出了构建智慧出行生活服务平台的解决方案，旨在整合地铁出行相关的各类商业服务，打破传统地铁商业的诸多弊病，实现数据驱动、服务融合、权益互通、精准营销与智能化运营。平台通过集成支付管理、分账管理、用户管理、商户管理、积分管理、数据管理等基础功能模块，并依托数字孪生技术构建人群画像系统，跨平台、跨应用、跨业态实现了用户统一[4]、资源统一、权益统一、营销统一、收益统一、数据统一等在内的"6个统一"，为地铁商业生态的革新与升级奠定了坚实基础。

2.1 核心产品体系

（1）抱抱积分池：作为跨场景积分管理的核心工具，实现积分通存、权益通兑和订单通抵，支持积分直接抵扣现金消费，且能与商户进行据实结算，极大提升了积分的价值感与用户参与度，促进了地铁内外商业的联动与资源共享。

（2）地铁e站开店宝：打造线上线下融合的地铁O2O场景，提供便捷的线下收款解决方案，配备手持智慧终端系统，支持POS端核销与语音播报，实现T+1自动分账，简化了商户运营流程，提升了交易效率与用户体验。

（3）乐e停停车管家：针对地铁出行与停车需求的紧密关联，提供一体化停车服务，支持P+R优惠联动、临时停车在线缴费、包月会员电子化管理，并具备电子发票开具功能，同时具备外部停车场系统的接入能力，实现了停车服务的无缝对接与智能化管理。

（4）抱抱商城：作为电商平台，融入本地生活服务元素，支持团购、优惠券、秒杀、会

员折扣等多种营销手法，丰富了地铁周边的消费选择，增强了商业吸引力，为乘客提供了便捷的一站式购物体验。

（5）数字孪生可视化数据平台：构建城市级数字孪生系统，实时展示地铁线网出行数据、分站点人群画像[5]、地铁e站与乐e停等场景的经营数据，为商业决策提供直观、实时、全方位的数据支持，实现了精细化运营与智能化管理。

2.2 平台创新性与应用价值

（1）地铁全生态数据要素：平台汇聚全场景大数据资源，打破数据孤岛，通过深度挖掘与分析，为商业决策提供精准导向，助力商家实现个性化服务与精准营销。

（2）地铁全生态营销联动：平台通过开展全场景联动营销活动，实现线上线下、站内站外资源的有效整合与协同推广，提升商业活动的覆盖面与影响力，搭建以地铁权益为核心的场景营销资源，赋能商户提升业绩。

（3）地铁全生态权益通兑：构建跨端、跨场景的权益通存通兑体系，增强用户黏性，促进消费循环，推动地铁商业生态内的价值流动与共享。

（4）地铁全生态经营分析：平台实时掌握接入商户的实际经营业绩，为运营方提供全面的经营洞察，便于进行针对性的扶持与优化调整，确保商业生态的健康持续发展。

（5）地铁全生态底座赋能：通过标准化接口设计，平台具备良好的扩展性与兼容性，能够便捷地连接地铁场景以外的多元业态与合作伙伴，实现商业生态的外延拓展与跨界合作。

2.3 平台应用实例

目前，天津轨道交通构建的智慧出行生活服务平台一期项目已经搭建完毕，已经接入地铁便民餐车项目地铁e站、地铁民心工程停车场项目乐e停、地铁商城项目抱抱商城等，累计服务用户近30万人，累计发放积分超百万，

基于商业用户体系，实现了营销资源跨场景流动，有效赋能平台内的商户及用户。形成了"地下"双空间、"线上、线下"双场景，使轨道交通衍生资源经营与服务市民生活有机结合，形成了"交通＋权益＋场景＋资源＋商机"五位一体的 METRO 新内涵，构筑了"地铁＋经济"新商业模式，打造形成了"高品质地铁生活圈"。

3 结语

综上所述，面对传统地铁商业带来的问题和挑战，地铁智慧出行生活服务平台通过集成核心产品、创新性应用与全生态赋能，成功搭建起一个集数据驱动、服务融合、权益互通、精准营销于一体的综合性地铁商业服务体系，有力推动了地铁商业的数字化转型与生态化发展，为乘客、商户与运营方创造了显著价值，对推动行业进步具有一定指导意义。

参考文献

[1] 方向阳，陈忠暖. 地铁商业开发规划探析 [J]. 城市轨道交通研究，2004，7（4）：27-29.

[2] 徐云燕. 基于画布模型分析郑州地铁商业模式 [J]. 北方经贸，2022（11）：105-107.

[3] 钟依彤，何晓林，孟正祥. 南宁地铁商业发展瓶颈研究 [J]. 消费导刊，2020（9）：64-65.

[4] 肖桂霞，明文. 基于统一用户管理的智慧校园消息中台研究与设计 [J]. 软件，2023，44（3）：80-83.

[5] 张明柱，李郁，焦景丽. 基于移动支付乘车数据的地铁乘客画像分析 [J]. 铁路通信信号工程技术，2022，19（7）：83-86.

轨道交通无感支付应用前景及
掌静脉识别技术落地方案研究

王 翠[1] 李 宁[1] 崔学广[2] 刘霁锋[1]

（1.青岛博宁福田智能交通科技有限公司，青岛 266000；2.青岛地铁集团，青岛 266000）

摘 要：为提高轨道交通领域乘客通行体验和运营管理效率，对无感支付过闸方式进行技术比选和落地方案应用研究。本文论述了掌静脉识别方式相比人脸识别方式的优势，对其在轨道交通领域的应用方案进行了落地性研究，尤其对掌静脉识别和比对系统这个核心部分进行了技术研究。认为刷掌支付将成为轨道交通 AFC 无感过闸的主流通行方式，各地将迎来一轮建设潮，但推广普及尚需要进一步研究信息安全、用户习惯以及建设收益等问题。

关键词：轨道交通；AFC；无感支付；掌静脉识别；信息安全

1 地铁过闸通行方式

地铁行业为乘客提供的票卡过闸通行方式，主要分为实体票和非实体票两种。地铁运营公司应用实体票要付出大量的成本，包括设备费用、票卡费用以及运维费用、管理费用等。

非实体票以二维码方式为主要代表，其低成本、便捷性已获得普遍认可，也在各地铁城市大范围推广。从多家地铁的客流数据统计来看，扫码过闸方式已占近 50% 的比重，可见地铁通行方式中非实体票已取得广泛的用户基础，乘客对更高便捷性的票卡过闸方式接受度非常高。

但是，二维码过闸方式相比实体票虽有巨大优势，但仍存在二维码标识固化、易被伪造、触达步骤烦琐的缺陷。应用生物识别技术实现无感支付，具有不易遗忘、随身携带、不易伪造等特征，在信息不被泄露的前提下，更加安全和方便。

2 无感支付应用分析

2.1 生物识别技术对比

生物识别技术有掌静脉识别、人脸识别、指纹识别等，其中指纹识别技术多应用于手机、笔记本电脑、门禁系统等场景中，而人脸识别技术和掌静脉识别技术以其非接触式特点，更适合应用于地铁通行场景。

主要的生物识别技术对比如表 1 所示。

表 1 生物识别对比表

功能	掌静脉识别	人脸识别	指纹识别
识别类型	非接触式	非接触式	接触式
唯一性	唯一，不可复制	可复制，双胞胎	可复制
准确性	拒真率 0.01% 误识率 0.0001%	拒真率 1% 误识率 1%	拒真率 0.1% 误识率 0.001%
识别速度	< 0.3 s	< 0.3 s	< 1 s
主动性识别	主动	被动	主动
安全性	极高	较高	较高
影响因素	极少	光线、面部特征变化、双胞胎	手指脱皮、受伤、出汗

掌静脉识别技术是当前国际上公认的安全性高的生物特征识别技术，体现在识别准确率高、活体识别、非接触、无法仿冒 / 伪造 / 盗取（内生理特征，肉眼不可见）等方面。

静脉识别技术是通过使用对人体无害的特

定波长红外光照射人体，由于皮肤和皮下血管内血液中的血红蛋白对红外线不同反射差异的特性，将血管图样进行数字处理获得血管影像。实时获取血管图像，将其与存储的图像进行特征比对匹配，实现身份认证及鉴别。

相对于其他生物识别技术来说，掌静脉识别技术具有以下六大特性：

（1）误识率低：误识率低于千万分之八，远高于人脸识别和指纹识别，甚至比虹膜识别还要高（百万分之一）。

（2）支持活体识别：失去活体特征数据不能读取（从医学方面看，手掌一旦离开了人体，整个生命活性不超过 3 分钟就失效，血液中血红蛋白也会破坏）。

（3）快速易用：可以 1s 识别，即使表皮破损、有污垢也不受影响。

（4）特征稳定：手掌静脉特征每个人不同，左右手不同，且终生不变。

（5）安全防盗：相对于人脸、指纹等暴露于人体体表的特征信息来说，手掌静脉是位于人体内部的特征信息，无法盗取，更有利于保护个人隐私。

（6）可实现非接触式识别：不留痕迹。

2.2 无感支付应用情况

在支付领域，早先是指纹识别占据了大部分的市场。2017 年，苹果 iPhone X 率先将 3D 人脸识别技术引入支付领域之后，支付宝和微信也开始纷纷力推"刷脸支付"，开启了非接触式的无感支付时代。

但是刷脸支付风靡一时却并未得到广大消费者的认可，更多的用户还是偏向于扫码支付，这其中很大的原因在于用户对于"人脸识别"可能导致人脸信息被滥用的担忧。人脸作为显性信息，不宜作为密码 / 密钥使用，存在用户不知情情况下被隔空使用的安全漏洞。

2023 年 8 月，国家网信办发布了《人脸识别技术应用安全管理规定（试行）（征求意见稿）》。对人脸识别技术应用的进一步收紧，表明国家层面对隐私保护问题的重视。并且，人脸信息差异化特征不足导致识别错误率长期居高不下。

与人脸识别在公共场合扫描人脸的"尴尬"以及乘客对隐私信息采集的排斥相比，掌静脉识别拥有更好的便捷性和高识别率等特征，不受口罩、眼镜等面部装饰物影响，且不涉及面容类隐私。手掌信息的采集更需要得到用户本人的知情和配合，能够在安全、便捷和隐私保护等层面实现更好的平衡。

当前，以腾讯、阿里为首的互联网企业已经在金融科技领域大力推动刷掌支付这种新的支付方式，取代先前已布局的刷脸支付方式。2023 年 5 月，微信官方正式发布了刷掌支付功能及终端，支付宝也在研究并计划推出相应产品和服务。

而在轨道交通领域，国内已有北京地铁、深圳地铁、上海地铁、广州地铁、绍兴地铁、大连地铁、西安地铁等地已在进行刷掌过闸试点。

3 掌静脉在地铁 AFC 应用方案

3.1 系统集成要求

掌静脉识别技术应用于轨道交通 AFC 过闸，需在车站现场布设掌静脉注册终端设备，并在通行闸机上进行硬件设施改造，安装掌静脉识别模块，并通过串口连接到闸机的上位机 / 控制设备。进而实现将掌静脉识别模块、票务系统、闸机系统进行集成，实现各模块间的数据交互与功能协同。

为保证乘客信息的安全性，掌静脉识别模块与票务系统、闸机系统之间的通信需采用加密算法，如 SSL/TLS 等。同时，数据传输过程应遵循相关安全协议，以防止数据泄露。

3.2 系统构成

AFC 掌静脉识别过闸系统主要由四个部

分组成：掌静脉识别模块及软件、掌静脉识别和比对系统、闸机及软件、掌静脉注册终端及软件。

在不新增掌静脉新票种的情况下，可通过将乘客掌静脉特征值和二维码进行绑定，进而实现刷掌过闸通行。

（1）掌静脉识别模块及软件：安装在进出站的闸机上，负责识别乘客掌静脉信息，到后台确认乘客身份，与闸机软件对接，返回掌静脉比对结果。

（2）掌静脉识别和比对系统：创建掌静脉库，与掌静脉识别模块、地铁 APP 对接，通过分析和比对掌静脉特征值来实现身份验证和识别。它基于掌静脉的唯一性和稳定性，通过提取掌静脉的特征信息，并与已有的掌静脉数据库进行比对，从而确定乘客的身份。掌静脉识别和比对系统提供掌静脉识别认证相关的服务。

（3）闸机及软件：负责控制地铁进出站闸门的开关，实现乘客的通行，与掌静脉模块通信，获取掌静脉比对结果。

（4）掌静脉注册终端：掌静脉注册终端实现乘客掌静脉信息采集终端，配置掌静脉模组。

3.3 掌静脉识别和比对系统要求

掌静脉识别和比对系统是整体平台的核心部分，是通过分析和比对掌静脉特征值来实现身份验证和识别。

3.3.1 功能要求

（1）掌静脉库管理服务

支持自主创建静态库，库容按照 300 万设计；支持设置库中特征的存储时长和删除或归档策略；支持查询库名称、库 ID、库容量、已使用库容量、库创建时间、库是否已完成索引训练等信息。

（2）掌静脉信息检索服务

支持掌静脉比对、与指定库进行 1:N 检索，返回符合阈值的结果以及对应相似度。

（3）掌静脉模组实名认证服务

提供掌静脉模组实名查询接口，支持根据掌静脉特征值的检索，返回符合阈值的结果和相应的身份信息。

3.3.2 掌静脉图片质量判断

掌静脉数据采集中会通过优选环节的质量模型进行质量判断（图1），质量标准覆盖以下维度：

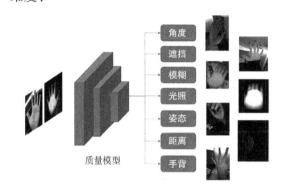

图1 质量判断示意图

3.3.3 掌静脉检索方法

掌静脉检索对比是一个特征相似度的批量计算过程。

3.3.4 掌静脉数据加载

注册照提取特征后，会将该特征添加到 N 库中（图 2）。

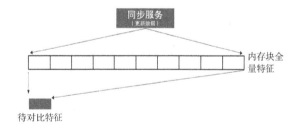

图2 数据加载示意图

3.3.5 掌静脉对比过程

（1）检索照提取特征后，和 N 库中的所有特征计算相似度获得前 topK 个结果。

（2）将掌静脉的前 topK 各结果进行分数融合排序，输出 top1 结果。

（3）确认 top1 结果是否满足阈值，如满足则识别成功，否则失败。

4 待进一步推进的问题

4.1 信息安全问题

在生物识别技术尤其是人脸识别技术推广应用的过程中，一些经营者滥用用户隐私信息侵害自然人合法权益的事件频发，引发社会公众的普遍关注。中国支付清算协会在2022年4月发布的一份问卷调查报告显示，20.2%的用户不接受使用生物识别技术进行身份识别和交易验证。

虽然掌静脉识别技术具有较高的安全性和防伪能力，但和人脸信息都属于生物特征识别的个体唯一性信息，一旦泄露将产生较大的安全隐私风险。

2021年11月国家正式施行《个人信息保护法》，但尚未专门制定针对掌纹和掌静脉信息的管理规范。因此，应注意加强行业监管，推动建立包括数据、算法在内的信息保护标准体系。

4.2 乘客习惯问题

当前大部分乘客已习惯使用扫码过闸乘坐地铁的方式，刷掌过闸作为一种新的通行方式，乘客需要经过一个使用习惯培养的过程。

刷掌过闸需要乘客首先在掌静脉注册终端机器上进行掌静脉采集、实名验证及支付渠道绑定，需要花费一定的时间成本。而且每次刷掌过闸时，受车站现场复杂光线环境、人群生理差异以及各种刷掌习惯，可能会出现单次刷掌不成功、需要多次尝试的问题。

从长期看，刷掌支付还需要从场景应用角度出发，找准与刷脸等其他支付方式相比的差异化竞争优势，并借助于微信、支付宝等在线下商业支付厂家的大力度推广，在地铁中刷掌过闸的通行方式才能更好地被乘客接受。

4.3 建设成本问题

对于地铁运营公司而言，刷掌过闸是在现有的闸机通行方式基础上新增一种通行方式，地铁方需要付出的建设成本包括对AFC设施设备的改造及相应数据平台、软件平台的构建、维护等。

而新增掌静脉过闸应用所产生的最大效果在于提升了乘客体验。至于进一步可能产生的经济效益却难以衡量，比如通行效率提升进而对票务管理、客流组织、应急管理等业务的提效作用。

出于经济考虑，目前已上线刷掌过闸功能的地铁城市已大部分在个别车站或短线路上应用。所以，刷掌过闸方式的全面推广，还有赖于业内人士对多场景融合应用以及深层次盈利模式的挖掘。

5 结语

综上所述，刷掌支付在轨道交通AFC闸机通行场景下的应用具有诸多优势，但离全面普及仍有亟待解决的问题。随着互联网公司对刷掌支付方式的推广应用，地铁过闸刷掌支付也必将迎来一波建设潮。届时，刷掌过闸与刷码过闸形成有效补充，为乘客提供掌进掌出、码进掌出、掌进码出、码进码出多种进出站场景，进而可对免费人群实现身份校验，从而为降低逃票票款损失等具体业务场景提供技术支撑。

参考文献

[1] 赵程，马彦波，景荣，等. 基于面部识别和掌静脉识别的AFC支付技术研究 [J]. 智能城市，2023，13（5）：14.

[2] 何书亮. 掌静脉过闸在AFC系统中的应用研究 [J]. 城市设施智慧化，2022（10）：144-146.

[3] 韩雪松. 生物识别技术在城市轨道交通AFC系统的应用分析 [Z]. 2019.

[4] Wei Wu, Yunpeng Li, Yuan Zhang, et al. Identity Recognition System Based on Multi-Spectral Palm Vein Image.Electronics[J]. 2023（8）.

[5] Aung Si Min Htet, Hyo Jong Lee. Contactless Palm Vein Recognition Based on Attention-Gated Residual U-Net and ECA-ResNet.Applied Sciences[J]. 2023（6）.

[6] Nayar Gayathri R., Thomas Tony. Partial palm vein based biometric authentication.Journal of Information Security and Applications[J]. 2022（12）.

大数据时代的到来对轨道交通行业的影响

李清颖

（铁科金化科技有限公司，天津 301709）

摘　要：本文主要介绍了大数据在轨道交通规划与设计中的应用实践及其效果。文章首先阐述了大数据在轨道交通行业的应用背景和意义，接着分析了大数据在城市轨道交通规划与设计中的具体应用，包括客流预测、线网规划、站点设计、安全监控等方面。揭示了大数据对轨道交通行业规划与设计的积极影响，提升了轨道交通系统的整体效率和服务水平。此外，文章还展望了大数据在城市轨道交通规划与设计领域的未来发展趋势和潜在应用方向。随着大数据技术的不断发展和创新应用，未来轨道交通行业将实现更加智能化、绿色化、高效化的发展目标，为社会带来更加便捷、安全、舒适的出行体验。综上所述，本文深入探讨了大数据在城市轨道交通规划与设计中的应用实践及其效果，分析了政策与法规对行业发展的影响与机遇，并展望了未来的发展趋势。这些研究成果将为轨道交通行业在大数据应用方面提供有益参考和借鉴，推动行业的持续创新和发展。

关键词：大数据；轨道交通行业；影响

1　大数据应用背景

大数据（Big Data）或称巨量资料，指的是所涉及的资料量规模巨大到无法透过主流软件工具。随着人们对大数据的重视，以及大数据在各行各业产生的作用以及重要的影响力，对大数据的应用也越来越广泛。

在合理时间内达到撷取、管理、处理，并整理成为帮助企业经营决策更积极目的的资讯。在维克托·迈尔－舍恩伯格及肯尼斯·库克耶编写的《大数据时代》中大数据指不用随机分析法（抽样调查）这种捷径，而采用对所有数据进行分析处理。大数据的 5V 特点（IBM 提出）：Volume（大量）、Velocity（高速）、Variety（多样）、Value（低价值密度）、Veracity（真实性）。2016 年 3 月 17 日，《中华人民共和国国民经济和社会发展第十三个五年规划纲要》发布，其中第二十七章"实施国家大数据战略"提出：把大数据作为基础性战略资源，全面实施促进大数据发展行动，加快推动数据资源共享开放和开发应用，助力产业转型升级和社会治理创新。具体包括：加快政府数据开放共享、促进大数据产业健康发展。

轨道交通行业作为国家的重要经济命脉，在数字化浪潮的推动下，轨道交通领域正经历着一场史无前例的巨大变革。这场变革的核心在于大数据技术的广泛应用，它为轨道交通行业带来了前所未有的机遇和挑战。近年来，互联网及数据通信投资额以惊人的速度增长，2022 年的增速高达 26.1%。这一数据充分反映了大数据技术在各行各业中的普及程度和重要性。在轨道交通领域，大数据技术的应用正日益成为推动行业创新发展的关键力量。

通过引入先进的数据采集技术，轨道交通行业实现了对列车运行、乘客流量、设备状态等关键数据的实时采集[1]。传感器、摄像头、RFID 等技术的运用，不仅大幅提升了数据采集的效率和准确性，还为后续的数据处理和应用奠定了坚实基础。这些实时数据如同轨道交通行业的"血液"，流淌在行业的每一个角落，为行业的健康发展提供着源源不断的动力。随着数据量的急剧增加，传统的数据存储和管理方式已无法满足轨道交通行业的需求。为了应对这一挑战，行业开始采用分布式存储系统，如 HadoopHDFS 等。这些系统以其可扩展性、可靠性和安全性等优势，为海量轨道交通数据的存储和管理提供了有力保障。它们还确保了数据的安全性和隐私性，为轨道交通行业的数字化转型提供了坚实支撑。在数据采集和存储的基础上，轨道交通行业进一步运用数据挖掘、机器学习等高级数据分析技术，对海量数据进行深度挖掘和分析[2]。这些技术的应用使得行业能够从庞杂的数据中提取出有价值的信息和规律，为优化列车运行、提高乘客满意度、降低运营成本等方面提供有力支持。例如，通过对列车运行数据的分析，可以优化列车运行图，提高列车准点率和运行效率；通过对乘客流量数据的分析，可以预测未来一段时间内的客流变化，为车站运营和列车调度提供决策依据；通过对设备状态数据的分析，可以及时发现设备的异常和故障，提前进行维护和更换，确保设备的正常运行和乘客的安全出行。

大数据技术的引入不仅为轨道交通行业带来了技术上的革新，更引发了行业在管理模式、服务理念等方面的深刻变化。在大数据的助力下，轨道交通行业正逐步实现从传统运营向智慧运营的转型。这种转型不仅提高了行业的运营效率和服务质量，还为乘客提供了更加便捷、舒适和安全的出行体验。大数据技术的应用也带来了一些新的挑战和问题。

2　大数据在轨道交通行业的应用案例

在轨道交通行业中，大数据技术的应用日益广泛，深刻地影响着行业的运营管理、安全监控和乘客服务等多个方面。通过对列车运行数据、乘客流量数据、设备状态数据、安全监控视频等海量信息的采集和分析，大数据技术为轨道交通行业的决策支持提供了有力依据，推动了行业的数字化转型和创新发展。在运营优化方面，大数据技术帮助轨道交通运营商实现了更精细化的管理。通过对列车运行数据的分析，运营商能够实时掌握列车的运行状态、乘客流量变化等情况，优化列车运行计划，调整列车间隔，提高运营效率。通过对乘客流量数据的分析，运营商可以预测客流高峰时段和热点区域，提前制定应对措施，提升服务质量。这些措施的实施，不仅有助于减少运营成本，还能提升乘客的出行体验，增强轨道交通的竞争力。

在安全监控方面，大数据技术发挥着至关重要的作用。通过对设备状态数据、安全监控视频的实时监测和分析，大数据技术能够及时发现潜在的安全隐患和故障，为轨道交通的安全运行提供有力保障。例如，通过对列车运行数据的分析，系统可以预测列车关键部件的故障趋势，提前进行维护和更换，避免安全事故的发生。通过对安全监控视频的分析，可以及时发现异常行为和安全隐患，提高安全监控的效率和准确性。这些应用案例充分展示了大数据技术在轨道交通安全监控方面的巨大潜力。

在乘客服务方面，大数据技术为轨道交通运营商提供了更深入的乘客需求洞察。通过对乘客出行数据、满意度调查等信息的分析，运营商可以了解乘客的出行习惯、偏好和需求，为乘客提供个性化的服务。例如，根据乘客的出行数据，可以优化线路规划和班次安排，提高乘客的出行效率。通过对满意度调查数据的分析，可以了解乘客对服务质量的评价和改进方向，提升乘客满意度和忠诚度。这些措施的实施，有助于增强轨道交通的竞争力，吸引更多乘客选择轨道交通出行。

在大数据技术的推动下，轨道交通行业还实现了与其他交通方式的协同发展和数据共享。通过与城市交通、公共交通等其他交通方式的数据对接和共享，可以构建更加完善的交通出行体系，为乘客提供一站式、多元化的出行服务。这种协同发展的模式不仅提高了交通出行的效率和便捷性，还有助于促进城市可持续发展和智能交通系统的建设。

大数据技术在轨道交通行业的应用已经涵盖了运营优化、安全监控和乘客服务等多个方面。通过深入分析海量数据，大数据技术为轨道交通行业的决策支持提供了有力依据，推动了行业的数字化转型和创新发展。随着技术的不断进步和应用场景的拓展，大数据在轨道交通行业的应用将更加广泛和深入，为轨道交通行业的未来发展注入新的动力和活力。也需要关注数据安全和隐私保护等方面的问题，确保大数据技术的健康发展和应用安全。

在未来发展中，轨道交通行业应继续加强大数据技术的研发和应用，提升数据分析和处理能力，探索更多的创新应用场景。还需要加强与其他交通方式的协同发展和数据共享，构建更加完善的交通出行体系，为乘客提供更加便捷、高效和安全的出行服务。通过这些努力，可以进一步推动轨道交通行业的可持续发展和创新发展，为城市的繁荣和发展作出更大的贡献。

3 大数据在轨道交通行业的挑战

在轨道交通行业的大数据应用现状中，存在着一系列严峻的挑战和问题，这些问题不仅影响了大数据技术的有效实施，还直接关系到行业信息安全、运营效率和未来发展。首要关注的是数据安全和隐私保护问题。由于轨道交通系统涉及大量乘客的个人信息和出行数据，这些数据具有很高的隐私性和敏感性。在数据采集、存储、分析和应用过程中，必须采取严格的安全措施，确保数据的机密性、完整性和可用性[3]。这包括但不限于采用加密技术、建立安全的数据存储和处理环境、制定严格的数据访问和使用政策等。行业还应加强对数据泄露和滥用的预防以及应对能力，确保在发生安全事件时能够及时响应和处理。

数据质量和准确性是大数据应用成功的关键。在轨道交通行业，数据的来源众多，包括列车运行数据、乘客出行数据、设备监测数据等。这些数据在采集、传输和处理过程中，可能受到各种因素的影响，导致数据失真、错误或遗漏。这些问题不仅会影响大数据分析的准确性，还可能误导决策，给行业带来不必要的损失。轨道交通行业需要建立完善的数据质量管理体系，对数据进行清洗、整合和校验，以提高数据的准确性和可靠性。还应加强对数据质量问题的监测和预警，及时发现并处理异常数据，确保大数据应用的有效性。

技术人才和团队建设是大数据在轨道交通行业应用的重要保障。大数据技术的应用需要专业的技术人才和团队支持，这些人才需要具备深厚的数学、统计学、计算机科学等领域的知识和技能，能够熟练掌握大数据分析、挖掘和可视化等技术。团队还需要具备良好的沟通能力和协作精神，能够与其他业务部门紧密合作，共同推动大数据在轨道交通行业的应用和发展。为了培养和引进这些人才，轨道交通行业需要加强与高校、研究机构的合作，建立完善的人才培养机制。还应提供良好的工作环境和福利待遇，吸引更多的优秀人才加入行业队伍。在解决上述挑战的过程中，轨道交通行业还应关注大数据技术的创新和发展。随着技术的不断进步和应用场景的拓展，大数据技术在轨道交通行业的应用也将不断深入和拓展。例如，可以利用大数据技术对列车运行数据进行实时监测和分析，提高列车的运行效率和安全性；可以利用大数据技术对乘客出行数据进行挖掘和分析，为乘客提供更加个性化、便捷的出行服务；还可以利用大数据技术对设备监测数据进行预测性分析，及时发现并处理潜在的安全隐患。这些创新应用将进一步提升轨道交通行业的智能化水平和服务质量[4]。

大数据在轨道交通行业的应用面临着数据安全、数据质量和人才团队等多重挑战。为了应对这些挑战并推动大数据技术的健康发展，轨道交通行业需要采取一系列措施，包括加强数据安全和隐私保护、提高数据质量和准确性、培养和引进专业人才等。还应关注大数据技术的创新和发展趋势，积极探索新的应用场景和解决方案。通过这些努力，我们有望充分发挥大数据技术在轨道交通行业中的潜力和价值，为行业的可持续发展作出重要贡献。

4　创新与发展趋势

在大数据轨道交通行业的未来前景中，技术创新与发展趋势将扮演核心角色。随着科技的日新月异，实时数据处理与分析将成为轨道交通行业的核心竞争力。这种能力不仅有助于提升运营效率和服务质量，更是应对复杂多变运营环境的关键所在。当前，大数据处理和分析技术正以前所未有的速度发展，其处理能力和精确度不断提升，使得轨道交通行业能够实现对海量数据的实时处理和分析，为运营管理和决策提供有力支持。通过对列车运行状况、乘客流量、设备维护情况等数据的实时分析，行业决策者可以及时掌握运营动态，作出科学合理的决策。

人工智能与机器学习技术的融合应用，将推动轨道交通行业的数据应用迈向新的高度。通过构建精准的预测模型，人工智能技术能够优化列车运行计划，提高运营效率。通过个性化服务设计，如智能导乘、实时信息服务等，人工智能技术还能够提升乘客的出行体验，增强轨道交通行业的竞争力[5]。随着数据量的急剧增加，数据安全和隐私保护问题也日益凸显。在技术创新的轨道交通行业必须高度重视数据安全和隐私保护工作。通过加强数据治理、建立严格的数据访问和使用机制、加强数据安全技术研发等措施，确保乘客隐私不被泄露，为行业的健康、可持续发展提供坚实保障。

在具体实践中，轨道交通行业可以借鉴其他领域的成功经验，如金融行业的数据加密技术、医疗行业的隐私保护机制等。与高校、研究机构等合作，共同推动技术创新与研发，提升轨道交通行业的整体技术水平、展望未来，大数据轨道交通行业将呈现以下发展趋势：一是数据处理与分析能力的持续提升，为运营管理和决策提供更加强大的支持；二是人工智能与机器学习技术的广泛应用，推动轨道交通行业的智能化、个性化发展；三是数据安全和隐私保护工作的不断加强，为行业的可持续发展提供坚实保障。

在具体实施方面，轨道交通行业可以制定长期的技术发展规划，明确技术创新与发展目标。通过加大研发投入、引进优秀人才、加强产学研合作等措施，推动技术创新与应用的深入发展[6]。建立完善的数据管理体系和数据安全保障机制，确保数据的有效利用和安全可控。让他们充分发挥专业才能和创新精神，为行业发展贡献智慧和力量。最后，积极参与国际技术交流和合作，与国际先进企业共同开展大数据技术研发和应用。通过分享经验、交流技术、探讨合作模式，推动轨道交通行业的大数据技术不断升级和完善。综上所述，大数据轨道交通行业面临的技术与人才瓶颈挑战需要通过技术研发与创新、人才培养和引进，以及技术交流与合作等多方面的努力来应对。这些应对策略将推动轨道交通行业的持续发展和进步，实现更高效、安全和智能的运营。同时，也将为全球轨道交通行业的创新和发展提供有益的经验和借鉴。

参考文献

[1] 宋修德，徐涌，宁勇，等.铁路安全管理大数据分析平台设计与应用 [J].中国铁路，2019，1（8）：50-56.

[2] 王卫强，陈娟娟.大数据技术在铁路工程建设安全质量管理中的应用 [J].建筑工程技术与设计，2019，12（20）：27-37.

[3] 王明哲，金久强，李健，等.铁路旅客信息安全与大数据应用管理流程研究 [J].铁路计算机应用，2019，28（4）：28-30，35.

[4] 胡波，李冰，陈莉莉，等.基于大数据平台的线网中心运营指挥系统的运营指标分析技术 [J].城市轨道交通研究，2018，21（11）：16-20.

[5] 崔贵平，罗隆福，李勇，等.基于新型平衡变压器的电气化铁道同相供电系统 [J].电力自动化设备，2019，39（2）：163-168.

[6] 王卫东，徐贵红，刘金朝，等.铁路基础设施大数据的应用与发展 [J].中国铁路，2015（5）：1-6.

基于市域快线特征的高架站设计研究

刘莲* 山琳 黄源

（北京城建设计发展集团股份有限公司，北京100037）

摘　要：都市圈轨道交通网络化、同城化运营的背景下，传统的轨道交通高架站设计模式不能完全适用于市域快线的特征。本文以京雄快线实践项目为基础，针对市域快线线路长、站间距大、公交化运营等特征，从站型选择、交通接驳、结构形式、车站规模、服务标准、立面造型等多角度、全方位地探讨适用于市域快线特征的高架站的设计策略，为后续类似的实践项目提供指导作用，助力轨道交通的高质量发展。

关键词：市域快线；高架站；设计策略

近年来，国家高度重视城市群和都市圈轨道交通发展，2020年10月，《中共中央关于制定国民经济和社会发展第十四个五年规划和二〇三五年远景目标的建议》提出加快城市群和都市圈轨道交通网络化。2021年3月，《国家综合立体交通网规划纲要》强调建设中心城区连接卫星城，新城的大容量，快速化轨道交通网络，推进公交化运营。

国内主要地区均在大力发展城市群和都市圈，但都市圈内各城市发展阶段不同，交通便捷性低，同城化机制亟待增强。

市域快线是一种大运量的快速轨道交通系统，适用于市域内中长距离客运交通，线路长，站间距较大，最高运行速度120 km/h以上。速度快，停站相对较多，随到随走。服务于都市圈中心城市与郊区及重点城镇间，提高都市圈各城市间交通，促进都市圈轨道交通网络化、同城化运营。

本文以雄安新区至北京大兴国际机场快线（京雄快线）为基础，研究市域快线的线路特征及服务特色，深入解析快线特征下高架站的设计的不同需求，针对性地提出高架站设计策略，为此类车站的设计提供理论基础及实践借鉴意义。

1　京雄快线的特征

雄安新区至北京大兴国际机场快线是《雄安新区总体规划》中提出的区域轨道交通网络中"四纵两横"中的"一纵"，也是雄安新区"一干多支"快线网的主要组成部分。

京雄快线一期工程线路全长约86.35km，设站8座，其中新建高架站3座。

线路呈现以下特征：

（1）最高运行速度为200km/h，乘客在轨的旅行速度达到160km/h。是联系北京与雄安之间的快速轨道交通。

（2）直达北京丽泽商务区，与北京地铁网高效换乘，实现北京与雄安同城化通勤。

（3）雄安核心区半小时到达大兴国际机场，实现航空专线功能。

---

* 刘莲（1988—），女，汉族，硕士，高级工程师，一级注册建筑师，目前从事轨道交通车站建筑设计及相关站城一体化研究。
E-mail：835886179@qq.com

（4）服务客群多样化，同时服务机场专线、高端商务及通勤客流。

（5）全天候公交化运营，为机场乘客提供24h服务，行车间隔5～20min。

（6）主城区外站间距大，通过接驳设施扩大辐射范围。

2 高架站设计策略

2.1 因地制宜的站型选择

高架站与城市的关系主要有四种模式：模式1，路侧车站，车站从相邻地块中穿过；模式2，路侧车站，车站在地块内并紧邻城市道路；模式3，路侧车站，车站与地块隔路相望，相邻其他城市要素（如公共绿地、城市、水系等）；模式4，路中车站，车站与地块毗邻。[1]

从模式1到模式4，随着高架站与相邻地块结合性的不断减弱，车站对城市景观的影响逐渐加强。

京雄快线外围组团站间距大，设站少，一般以高架敷设为主。结合周边规划、现状环境、线路走向等条件综合分析。

（1）路侧车站方案

将车站设置在道路侧边，车站及区间沿城市绿地敷设，从环评角度需要绿化有足够宽度来满足对绿带边城市建设用地无影响，而车站部位则充分实现站城融合发展，高效利用土地的设计理念。能够降低车站和线路敷设高度，有效减弱对城市景观的影响；同时路侧首层站厅在地面与道路边以及南侧利用相邻地块设置的各类接驳场地，实现零高差、短距离的便捷换乘服务条件（图1）。

图1 路侧车站方案简图

（2）路中车站方案

路中站位为了规避大体量的空中环境影响，避免结构柱对地面交通的干扰，通过对道路与绿带的调整，将车站和线路设置于较宽的中央绿隔之中，优化车站和线路对城市景观的影响。

将车站中部两跨三柱与区间桥墩对位，设置在道路中部的绿化带内，主体边跨结构柱设置在机动车道之间，并结合道路断面，将两个机动车道设置在主体边跨范围内，与外侧用地联系密切的公交车道设置在车站结构柱跨外侧，与非机动车道、人行道结合设置（图2）。

图2 路中方案简图

路中、路侧方案的选择需要结合城市总体规划布局和建设步序统筹考虑，路侧方案在规划道路红线满足区间线路敷设要求的情况下，车站与用地的站城融合更加符合本线给雄县、永清等新区规划的定位，故雄州站和永清临空站采用路侧方案，霸州开发区站设计结合用地条件、道路规划及霸州规划方案采用路中三层站方案。

车站均采用叠落式，站厅位于站台正下方，相较于铁路的线侧式布局，更集约化利用土地，弱化轨道对城市的割裂，对城市更加友好。

2.2 依托交通接驳扩展服务范围

京雄快线在主城区外站间距较大，3座高架站均呈现组团对外交通枢纽特征。

以雄州站为例，车站位于雄县组团西北部，进出站客流以至起步区的通勤客流、至北京的商务客流、至雄安高铁站和大兴国际机场的对外客流为主，呈现组团型出行交通枢纽特征。

车站 500m 以内进出站客流出行占比 22%，以步行接驳为主；2km 以内占比 25%，以自行车、社区巴士接驳为主；其余范围占比 53%，引导乘客公交接驳，以干线 + 支线公交接驳为主，存在小汽车、出租车、公交出行方式需求。

由于雄州站位于雄县组团边缘，无法直接覆盖县域乘客，人们出行将更依赖机动化的交通接驳方式，本站利用桥下空间及站前空间布置公交、出租、小汽车、非机动车等接驳设施，拓展站点服务半径。[2]

2.3 桥建分离结构形式

京雄快线为保证运行时间，行车间隔加密，高架站设置为四线越行站，中间为越行线，两侧为到发线，越行线以 200km/h 高速过站。

城市轨道交通高架站普遍采用"桥建合一式"。考虑到越行线列车高速过站时引起的振动会引发车站结构的安全性问题或旅客的舒适性问题，为减小列车高速通过车站时引起的站房振动，高架站选用与越行线"分离"式结构形式，即越行线采用区间桥梁形式通过，与站房及到发线分离设置。减小车致振动，确保车站结构的运营安全性以及乘客的舒适性（表 1）。

表 1 结构形式比较

结构形式	桥建合一式	桥建分离式
图示		
特点	框架结构	站房与桥梁分离
越行振动影响	振动影响大	振动影响最小
越行速度限制	≤100km/h	无影响

2.4 车站规模控制

京雄快线采用 7+1 编组市域 D 型车，有效站台长度 190m，由于车站采用桥建分离的形式，车站整体长度根据合理的桥跨进行控制，尽量选用均匀的桥跨，缩短长度，控制规模，例如雄州站，结构通过计算，采用 14m 桥跨较为合理，车站长度由 14 跨均匀设置的桥墩控制为 196m。

站厅、站台叠落集中布局，并将桥下空间作为设备区使用，土地利用集约化，空间使用高效化。

2.5 高标准的服务水平

（1）便捷垂直交通设施。高架站公共区布局标准化，设置两组扶梯，一组电梯，服务日常客流，提高车站服务品质，电梯采用大吨位 2t 电梯，适用于机场行李旅客特征。

（2）卫生间人性化设计。考虑京雄快线线路长，站间距大，乘客在轨时间长，车辆内不设卫生间，在站台设置卫生间，站台卫生间均设置母婴室及无障碍卫生间；同时高架站位于城市未来的增长区，拟将其打造为功能复合的交通中心，在站厅非付费区增设公共卫生间，既方便出站乘客，也兼顾考虑服务城市。

卫生间采用迷路式布局方式，实现零接触、确保私密性；男、女卫生间结合厕位区设置单独的洗漱区，原则上实现干湿分离布置；考虑服务客群采用大隔间尺寸（1800mm × 1100mm）；设置通风系统、空气净化消毒除臭装置和下排风口。

（3）全封闭站台候车环境。考虑高架站以 200km/h 高速越行，列车高速越行产生的风压会对候车乘客造成较大冲击，高架站采用全封闭站台门，隔绝轨行区与乘客候车区，有效改善高速越行列车对站台候车乘客环境及安全性的影响，为旅客提供舒适的乘车体验。

京雄快线连接北京与雄安两地，可提供公交化服务，高峰与平峰客流差异大，其发车频次控制在 5～15min，高频次的发车间隔应区别于铁路站厅候车模式，以站台候车为主，候车座椅数量考虑高峰和平峰的客流综合计算确定，同时座椅布置不应影响疏散和主客流的行进方向[3]。

考虑气候条件，京雄快线高架站站台设置空调候车室，空调候车室标准以控制其单侧站台最大候车人数为基准，空调候车室比例为35%以上。

（4）共享办公。由于线路长，站间距大，工区用房需求增加，将全线工区办公用房整合设置在高架站，能够实现自然通风采光；采用共享办公区的理念，改善运营人员工作环境，体现人文关怀。

2.6 特色鲜明立面造型

本线高架站立面造型设计秉承"一站一景"的原则，突出地域文化特征。本文以雄州站为例进行详细分析。

雄州在宋辽时期是边陲重镇，历史文化悠久，其中城楼文化尤其著名。古雄州西城建龙门楼，下设西水门，东城建文明楼，是雄县千年古城文化的名片。

雄州站立面设计落实《河北雄安新区总体规划》中"彰显地域文化特色，体现现代和未来城市气息""坚持生态优先、绿色发展"的风貌要求，努力打造成体现历史传承、文明包容、时代创新的风貌。

立面提取雄州城楼设计元素，与古城文化遥相呼应，两侧屋檐外挑有似飞翼造型，屋面仿城楼瓦当意象，兼具古典建筑韵味与现代建筑科技。中式建筑元素造型，传承地方历史文化，体现传统建筑特色，同时兼具古典建筑韵味与现代建筑科技。呼应雄安新区规划"中西合璧、以中为主、古今交融的建筑风貌"。

（1）屋顶比例

雄州站屋顶在庑殿顶基础上，结合功能需求进行改良。车站整体长度较长，屋顶呈三段

式高低错落的形态，中部越行线区域开敞，高速越行时起到泄压的作用（图3）。

图3　鸟瞰效果图

屋顶比例提取《营造法式》中唐宋时期举折斜率，整体比例协调，气魄宏伟，严整又开朗。构成简洁，举折和缓，四翼舒展。

屋面采用铝镁锰板，仿城楼瓦当，纵向阵列采光天窗，均匀布置，室内光线柔和均匀。

（2）立面比例

提取城墙作为立面设计元素，建筑外立面由仿传统青砖墙体、局部玻璃幕墙组成，兼具古典建筑韵味与现代建筑科技。

同时呼应屋顶三段式的布局，将两侧设备用房弱化处理，突出中间主体的立面，主次分明。中间主体部分设置为5开间，与传统建筑的开间比例相呼应（图4）。

图4　立面效果图

（3）细部研究

立面材料选用纳米自洁铝板，具有超强的免维护自洁功能，不易沾污，可以长久保持建筑外墙光洁如新，不需要人工清洗。适用于北方。

屋顶采用铝镁锰板，自身带瓦楞纹理，弯

曲弧度，更好地演绎古城瓦当形态。

屋面天窗，均匀设置，强化屋面形态，室内管线更柔和。轨行区上方开敞，满足高速越行下泄压的需求。

3 结语

轨道交通网络化、公交化运营背景下，市域快线从线路特征到服务客群均有别于城市内轨道交通。因此高架站设计如何适用于市域快线特征成为亟待解决的问题。本文以京雄快线实践基础作为支撑，分析市域快线的服务特征，全方位、多角度分析高架站设计策略：提出因地制宜地选择站型；通过交通接驳拓展站点服务范围；针对越行站优化结构形式；合理控制车站规模；有效提升服务标准；立面造型体现地域特色。

参考文献

[1] 梁正，陈水英. 路中高架站的景观设计 [J]. 都市快轨交通，2009，22（1）：51-54.

[2] 山琳. 都市快轨车站设计研究：以京雄快线典型车站设计为例 [J]. 都市快轨交通，2024，37（2）：17-22.

[3] 王立忠，冯西培. 北京市域快轨新机场线车站建筑设计标准研究 [J]. 都市快轨交通，2016，29（4）：24-28.

不同空间单元下的公共交通可达性研究

贺 鹏[1*] 张志健[2] 刘 畅[2] 许 奇[3]

（ 1.北京交通大学土木建筑工程学院，北京 100044；2.北京城建设计发展集团股份有限公司，北京 100037；

3.北京交通大学中国综合交通研究中心，北京 100044 ）

摘 要：TOD（ Transit-Oriented Development，简称 TOD ）模式由于缺乏广域空间尺度的评价指标不能协调区域发展，而新的以可达性为导向的开发（ Accessibility-Oriented Development，简称 AOD ）模型以可达性为中介整体引导城市发展。既有可达性指标主要以各种空间单元为研究基础，难以刻画线路及通道的可达性水平，不适用于 AOD 项目的规划与评价。针对这一问题，本文从线路及通道视角出发提出以线路为研究单元的线路可达性，并采用开放数据平台采集的多源数据，以北京公共交通网络为研究对象，应用覆盖全出行链的两步移动搜索法，在细粒度水平计算，并对比位置与线路可达性的结果差异。结果表明位置可达性在城市中心聚集，外围沿主要线路分布；线路可达性则呈现外围高，中心低的特点。研究表明不同研究单元适用于不同的应用场景，线路可达性通过对具体线路可达性水平的描述更细致地刻画城市功能区间的可达性通道，也证实了轨道交通对城市发展的引导作用，更契合 AOD 理念；在未来的规划中应结合不同研究单元的可达性指标以提供更全面科学的建议。

关键词：可达性；公共交通；TOD；多源数据；两步移动搜索法

以公共交通为导向的开发模式（ Transit-Oriented Development，简称 TOD ）是指以公共交通站点为核心的周边区域土地混合使用开发，以公交和步行为导向[1]。然而，TOD 在国内外的应用主要基于站点的周边地块、小区域或单一项目[2]，无法有效协调区域发展，缺乏相应的规划工具和评价指标，难以考虑区域尺度的交通服务与土地利用一体化的发展模式。相比之下，以可达性为导向的开发模式（ Accessibility-Oriented Development，简称 AOD ）利用可达性作为全局评价指标，可以更好地引导城市协调发展[3]。

可达性指标度量个人或群体通过交通方式到达活动或目的地的便捷程度，其核心在于度量尺度及其计算模型的选择[4-5]，已被广泛应用于城市设计、交通规划等领域[6-8]。

在计算模型上，既有研究以交通小区、行政区划或栅格等空间位置单元为基础，通过平均时间法、累计机会法和重力模型等多种模型评估，但这些模型受限于阈值的选择，未能考虑供需间竞争关系的影响[4-6, 8-10]。两步移动搜索法结合机会的可获得性，从供需双方的邻近关系出发获得评估供需平衡水平的可达性[11-14]。该方法广泛应用于公共服务可达性评估[15-17]，但近年来已有许多学者将其应用在就业可达性的计算中[14, 18]。

在研究单元上，位置可达性在评价局部尺度单元的可达性时未充分考虑线路间的差异，

---

* 贺鹏（1979—），男，北京人，教授级高级工程师，博士研究生，主要从事城市轨道交通线路规划设计的研究。E-mail：512235513@qq.com

张志健（通讯作者），助理工程师，硕士。E-mail：972616396@qq.com

易高估可达性差的线路，影响对线路的客观评价。然而固定线路决定的服务区域是城市公共交通与其他交通方式的主要区别之一。因此位置可达性在评价公共交通线路及通道时仍有不足，无法胜任 AOD 背景下的城市发展评估。现有的可达性研究主要集中在空间尺度效应方面，比较不同空间尺度下位置可达性的变化或寻找度量可达性的最佳尺度[19-21]，而针对线路单元的可达性的研究仍然较少。

鉴于此，本文引入以线路为研究单元的可达性指标，以评价个体利用某条线路前往公交线网所覆盖活动或目的地的便捷程度；以北京市为例，分别计算位置与线路两种研究单元下可达性的分布结果，并从线路与区域两个角度分析不同研究单元对就业可达性的影响。

1 研究区域与数据描述

1.1 研究区域

以北京市六环路内区域为研究范围。采用 2020 年公共交通线网数据，共计轨道交通线路 24 条；地面公交线路 1124 条，站点 7997 座。

1.2 数据描述

（1）公共交通数据。基础数据包括线路走向与站点经纬度坐标。运营数据从高德地图开放平台获取，研究区域内任意两个站点间的公交规划数据 6300 余万条（含轨道交通），包括时间、费用等。此外，基于北京实时公交平台获取 2021 年 8 月 30 日（星期五）各线路的发车间隔时间信息，共 14 万余条。

（2）职住数据。对于常住人口，采用 worldpop.org 提供的 2020 年 100m 精度人口数据，研究区域内共 2000 余万人。对于就业岗位，整合筛选百度、高德地图及天眼查平台的兴趣点（Point of Interest，简称 POI）数据，基于《国民经济行业分类》[22]进行重组分类，并根据各行业平均就业人数[23]加权累计获取各 POI 的岗位数。研究区域内人口及岗位分布如图 1 所示。

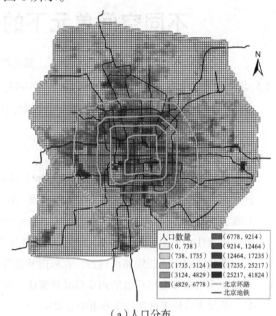

（a）人口分布

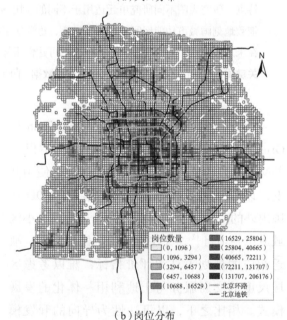

（b）岗位分布

图 1 研究区域内人口及岗位分布

（3）服务覆盖范围。公共交通站点通常以步行吸引范围（Pedestrian Catchment Area，简称 PCA）作为服务覆盖区域，通常为圆形缓冲区[7]。由于圆形缓冲区重复区域较多，部分学者结合泰森多边形构建各站点独立的 PCA[24]。然而，上述 PCA 的建立基于站点周围路网密度与质量均匀分布的假设，忽略了实际路网的复杂性，故本文采用更贴切行人实际走行范围的等时圈作为PCA[25-26]。针对地铁与公交不同的服务能力，结合相应文献中对公共汽电车及轨道交通站点服务区域的描述[27]，基于mapbox.com平台分别获取地铁站与公交站15min与3min步行等时圈。

2 研究方法

2.1 不同研究单元的信息统计方法

位置可达性以栅格作为研究单元，综合研究细粒度与计算量选用500m×500m栅格。另外由于以站点间路径规划数据作为计算出行成本的依据，因此分别将需求（人口）与供给（岗位）数据统计到栅格[式（1）]与站点等时圈[式（2）]内，如图2a所示。同时假设每个OD对均从最近站点出发[式（3）]。

$$D_i = \sum_k^{K_i} d_k \qquad (1)$$

$$S_n = \sum_l^{L_n} s_l \qquad (2)$$

$$D_m^i = D_i\{Dist_{im} = \min(Dist_{io}), o \in M\} \qquad (3)$$

式中：D_i表示栅格i的人口数；K_i为在栅格i内的人口数据点的集合；d_k表示人口数据点k的人口数；S_n表示站点n等时圈面内的就业岗位数；L_n则为在站点n等时圈面内的就业岗位点的集合；s_l为就业岗位点l的岗位数；D_m^i表示站点m作为栅格i的邻近站点时的人口数；M为所有站点的集合；$Dist_{io}$表示站点i与站点o之间的欧式距离。

位置可达性依托站点或栅格统计供需信息，其结果反映研究单元内多条线路的水平，从而忽略线路间的差异。

线路可达性以线路为研究单元，如图2b所示。在统计过程中需先将人口[式（1）]与就业岗位[式（2）]分别统计到站点等时圈面内，再按线路的站点列表统计各站点以获得各线路的供需属性[式（4）]。该统计方法分别

将人口、就业信息按等时圈统计到站点与线路，反映每条线路的供需水平，为线路可达性评估提供基础。

$$D_{line} = \sum_m^{M_{line}} D_m \qquad (4)$$

式中：D_{line}为线路Line的供需属性；D_m为站点m等时圈面内的人口数；M_{line}则是线路line的站点集合。

2.2 基于全出行链的两步移动搜索法

2.2.1 广义出行成本

出行成本由时间、事故、排放及金钱等多种要素组成，不同成本构成的可达性结果差异明显[28]。在上述成本中，时间与金钱对出行者的出行决策影响最为直接，故本文采用时间与金钱结合的广义成本，其计算方法[10]如式（5）所示。

$$F_{mn} = T_{mn} + \frac{C_{mn}}{w} \qquad (5)$$

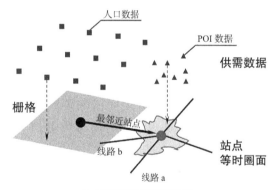

（a）基于位置的研究单元

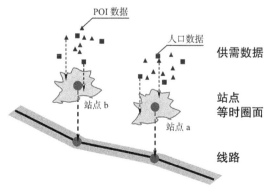

（b）基于线路的研究单元

图2 不同研究单元的信息统计

式中：F_{mn} 表示站点 m、n 间的广义出行成本（min）；T_{mn} 为 m、n 间的行程时间（min）；C_{mn} 是 m、n 间出行费用；w 表示时间价值，取平均小时工资计算。

2.2.2 全出行链的成本计算

完整的公共交通出行一般包括步行至车站、候车、乘车、由车站步行至目的地四部分，如式（6）所示。既有研究忽略"首末一公里"的步行部分[29]，但这一部分的出行体验不仅影响出行者选择公共交通的意愿[25]，更是公共交通"以人为本"的服务理念的体现。此外，在全出行链出行成本的计算中需要进行大量离散行程的计算。鉴于此，本文构建基于全出行链的两步移动搜索法模型，应用多源大数据更细致地刻画就业可达性水平。

$$F_{ij}=F_{im}+W_m+F_{mn}+F_{nj} \qquad （6）$$

式中：F_{ij} 表示居住地 i 至工作地 j 的全出行链成本；F_{im} 为居住地 i 步行至站点 m 的时间，选用栅格至最临近站点的欧式距离及 1.2m/s 的步行速度计算；W_m 表示出行者在站点 m 的等待时间，采用该站点线路平均发车间隔的一半；F_{mn} 则为站点 m、n 之间的乘车成本，采用站点间公共交通规划的时间与费用；F_{nj} 为站点 n 到工作地 j 的步行时间，统计每座车站至等时圈面内所有就业岗位的平均步行时间。

2.2.3 两步移动搜索法的计算

两步移动搜索法是在重力模型基础上考虑供需关系的可达性计算方法[12]，本文以广义出行成本作为搜索依据。根据既有文献[30]及由开放地图 API 获取的研究区域内所有站点间公共交通规划数据，2020 年北京公交平均单程通勤时间及费用分别为 47min 与 8 元，按式（5）换算为广义成本后将其作为两步移动搜索法的搜索阈值。

以位置可达性为例，两步移动搜索算法示意图如图 3 所示，计算步骤如下：

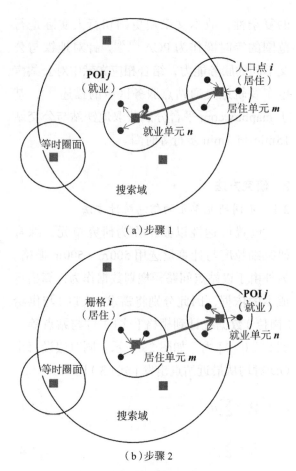

（a）步骤 1

（b）步骤 2

图 3 两步移动搜索法原理

步骤 1：如图 3a 所示，以就业单元 n 为起点，按照给定阈值生成搜索域，统计在该搜索域内所有其他单元 m 的人口数据 D_m，以计算单元 n 的供给需求比 R_n，如式（7）所示。

$$R_n = \frac{S_n}{\sum_{m}^{M} D_m^i \{m \in F_{ij} \leq C_{ij}\}} \qquad （7）$$

步骤 2：如图 3b 所示，以居住单元 m 为起点，累加其搜索域内所有其他单元 n 的供给需求比 R_n 的和作为其邻近栅格 i 的可达性 A_i，如式（8）所示。

$$A_i = \sum R_n \{n \in F_{ij} \leq C_{ij}\} \qquad （8）$$

式中：i、j 分别为人口栅格与就业岗位点；m、n 则是由出行者通勤的上下车站点生成的等时圈；S_n 为就业单元 n 内就业岗位数（供给）；

D_m^i 表示居住单元 m 对应邻近栅格 i 的人口数（需求）；R_n 为就业单元 n 的搜索域内的供需比；F_{ij} 表示由 i 至 j 的全出行链成本；C_{ij} 则表示 i、j 之间的成本阈值。

而针对线路可达性，则分别将上述研究单元与栅格间成本更改为线路与线路间成本，其中线路间成本计算方法如式（9）所示。

$$F_{ij} = \frac{1}{M \times N} \sum_m^M \sum_n^N F_{mn} \{m \in M, n \in N\} \quad (9)$$

式中：i、j 分别为两条公交线路；m 与 M 分别为线路 i 的站点与站点集合；n 与 N 分别为线路 j 的站点与站点集合；F_{mn} 为站点 m、n 间的广义出行成本。

3 结果分析

3.1 不同研究单元的可达性结果

位置可达性结果如图4a所示，分布聚集效应明显。由于就业资源与交通资源高度聚集，中心城区及外围就业集中区（如城市副中心、中关村软件园、亦庄开发区）等地高可达性栅格聚集，而在城市外围可达性高的栅格主要沿公交线路分布。两步移动搜索法的可达性以供需比的形式呈现，这些区域交通便利，可达岗位数多，同时相对常住人口少，故可达性较高。尽管位置可达性结果中城市组团间的可达性通道显著，但无法量化通道内具体线路的可达性水平，这一现象在线路愈聚集的区域愈明显。

线路可达性如图4b所示，其呈现外围高中心低的特点，即主要运营在郊区各平原新城并连接主城区的线路的可达性较好，其余线路的可达性水平由外向内逐渐降低。这是由于这些线路连接主要就业区域与外围居住区域，在可获得更多就业岗位的同时参与竞争的人口更少，故可达性较高。北京轨道交通线路的可达性如图5所示，其分布特点与地面公交类似，郊区线的可达性表现优于市区线。

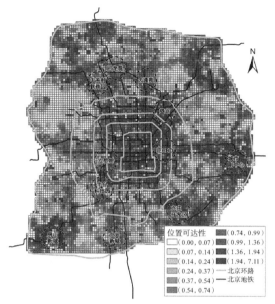

（a）位置可达性

（b）线路可达性

图4 不同研究单元的信息统计

整体来看，两种可达性的结果均表现出一定的通道效应，其中由于以线路作为研究单元，线路可达性对可达性通道的刻画更加具体，如城市副中心、天通苑等地区与泛CBD区域之间即存在两条明显高于同区位其他方向的可达性通道。更进一步，线路可达性可以观测到具体线路的可达性水平，从而对通道内不同线路的可达性做差异化分析与处理。

线路可达性　——（1.46, 2.70）
——（0.00, 0.28）　——（2.70, 4.26）
——（0.28, 0.65）　———— 北京环路
——（0.65, 1.46）　———— 北京地铁

图 5　轨道交通就业可达性

3.2　就业可达性的差异分析

3.2.1　线路角度

（1）可达性通道显著存在

如图 4 所示，尽管研究单元不同，两结果均体现了中心城区向通州、昌平、亦庄及大兴等平原新城方向延伸出明显的可达性通道。该通道以轨道交通线路为核心，由连接中心城区与平原新城的放射性线路组成，两端分别为城市中心就业片区及郊区居住片区，是沿线居民前往城市其他区域的主要途径，也是城市外围区域发展的重要推手。

位置可达性揭示通道的走向，线路可达性进一步刻画内部线路的可达性。具体来看，通道内的放射性线路比四环内线路更长，可达性更高，同时线路间的差异也更大，如表 1 所示。

（2）线路可达性对通道内线路的差异分析

为进一步分析通道内线路的差异，依据线路长度、平均站间距、最大站间距及最大站间距位置等属性，将 256 条放射性公交线路分为以下三类：① 普通线路：最常见，设站密集且均匀，通道内共有 173 条；② 大站快线：首末端设站密集，中段存在长大区间，通道内共 66 条；③ 超长线路：连接城市远郊地区，设

站均匀，但间距略大于普通线路，通道内共 17 条；④ 轨道交通线路：区间更长，服务范围更广，2020 年共有 24 条线路运营。

表 1　不同线路分类及其属性

线路类型	平均线路长度 /km	平均站间距 /km	平均最大站间距 /km	平均最大站间距位置 *	中位数可达性	平均可达性	可达性方差
全部公交线路	43.29	2.32	16.63	0.51	0.56	0.86	1.08
四环内线路	15.35	0.89	2.32	0.47	0.50	0.58	0.47
放射性线路	28.77	2.77	11.86	0.60	0.58	0.98	1.25
普通线路	20.71	1.11	5.00	0.56	0.57	0.90	1.04
大站快线	37.55	3.30	22.43	0.74	0.80	1.21	1.53
超长线路	69.04	2.34	28.01	0.76	0.55	1.17	1.80
轨道交通线路	29.69	3.03	4.40	0.43	0.65	1.12	1.02

注：* 表示该指标表示最长区间在线路中的相对位置，0、1 表示位于线路首末，0.5 表示位于线路中央。

表 1 的结果差异显示线路的长度、走向和站点设置是可达性的影响要素之一，轨道交通线路、大站快线及超长线路的站点少、区间长，在覆盖更少人口的情况下指向了尽可能多的就业岗位，其平均可达性也普遍高于其他线路。以泛 CBD 区域至副中心的可达性通道为例，通道内有两条轨道交通线路及数十条公交线路运营。如图 6 所示，322 路采用非对称模式设站，连接四惠枢纽与潞城，其可达性为 8.38；388 路快车与 322 路类似，连接国贸与宋庄，但该可达性仅为 0.11；更多普通线路如 615 路，采用均匀设站模式连接 CBD 与居住片区，其可达性维持在 1 左右；通道内的骨干轨道交通线路地铁 6 号线和八通线的可达性分别为 0.47 和 1.66，其中 6 号线为穿城线路，覆盖人口更多，而八通线仅连接通州和 CBD，职住比更高、可达性也更好。

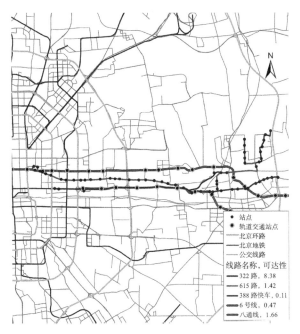

图 6 泛 CBD—副中心通道的对比案例

除线路自身外，与线网的衔接程度也对可达性有一定影响，如 322 路与 388 路快车设站模式相同，但 322 路连接四惠枢纽站，为各向线路换乘的重要节点，故其可达性较高。此外地铁 2 号线是三环路内可达性最高的轨道交通线路，也得益于环线的换乘优势。

综上结果，线路可达性具体观测了通道内线路的可达性水平，进一步揭示可达性与线路走向及站点设置的关系，为针对公共交通线路的优化提供合适的指标与思路，也为出行者提供可靠的路径选择依据。相比之下，位置可达性模糊通道内线路的可达性差异，更适应于宏观规划场景。

3.2.2 区域角度

（1）全局空间可达性分布特征差异

图 4 的两种结果空间分布特点迥异，分别对其做空间自相关分析，得到结果如表 2 所示，参考表中的 p-value 与 z-score，两种可达性的结果均在 99% 的置信度水平显著。位置可达性的莫兰指数为 0.636372，说明其在分布上呈现相对明显的空间自相关效应，聚集在

四环内及外围平原新城。而线路可达性的莫兰指数为 0.140891，说明其分布更加随机，结合图 4b 与图 5 可见，连接主城区和外围新城的线路可达性普遍较好，这些线路分布在城市的各个方向上。

表 2 就业可达性的空间自相关分析结果

可达性	莫兰指数	p-value	z-score	方差
位置	0.636372	0.000000	85.776065	0.000055
线路	0.140891	0.000000	8.741855	0.000263

（2）局部区域内的可达性水平差异

根据图 4，位置可达性与线路可达性不仅在全局分布差异显著，也在许多区域表现出了不同的特点。以回龙观地区为例，据第七次人口普查数据，该地区常住人口超过 34 万人，密度达 2 万人 /km²，是北五环外的主要人口聚集区。该地区的平均位置可达性仅为 0.89，在六环内全部 186 个街镇中仅排名 112 位，低于许多人口密度更小的地区。但该区域拥有 398 路、606 路等十余条线路可达性超过 1 的线路及可达性为 0.44 的地铁 13 号线过境，这些线路可以帮助居民快速前往中关村、西直门等就业集中区域（图 7、图 8）。

类似的，表 3 中列出的天通苑、大兴新城等区域均远离中心城区、平均位置可达性偏低，但人口聚集且有数条高可达性线路，尤其是大容量轨道交通线路过境。该特点导致此类地区达成了一种房价与交通便捷性的平衡，吸引较多居民聚居于此。这一现象也解释了在大型城市的发展阶段，外围居民聚集区或"睡城"大量出现的原因，也证明了轨道交通等高可达性线路对城市发展的引导作用。

在上述对比中，不同研究单元的可达性之间的不匹配现象广泛存在，线路可达性与局部的位置可达性不直接相关，而这一现象在既有研究中往往被忽略。当以线路为研究单元时，可达性度量以微观视角更多地考虑线

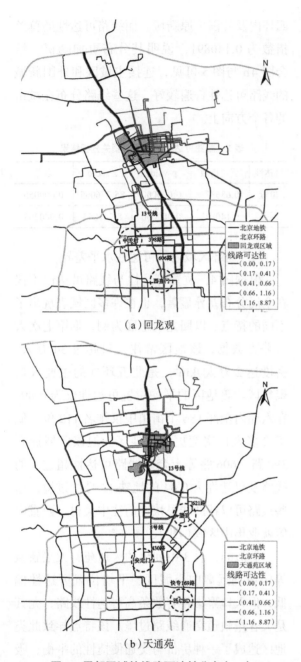

（a）回龙观

（b）天通苑

图7 局部区域的线路可达性分布（一）

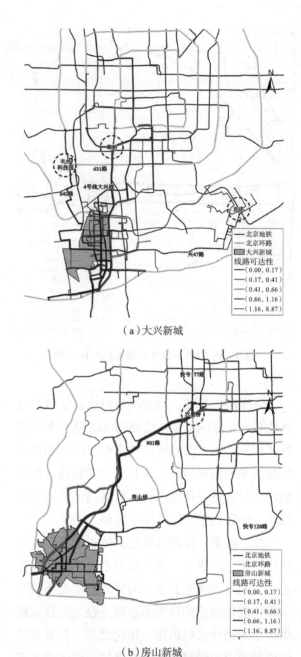

（a）大兴新城

（b）房山新城

图8 局部区域的线路可达性分布（二）

路的整体可达性水平，与线路沿线土地利用、人口分布及线路自身运营计划等密切相关。而当以空间位置为研究单元时，模型对可达性的刻画需要综合局部位置的供需情况及多条线路的服务能力所带来的可达性水平，易弱化单一线路的影响。

上述差异说明单一可达性度量的片面性，在 AOD 规划中应结合两种可达性的结果做出

合理判断。考虑不同研究单元可达性的差异，目前的单一以位置可达性为导向的 AOD 规划仍具有局限性，由于该指标因于局部视角，易通过局部区域的密集开发以获得指标的显著提升，与 TOD 及 AOD 的规划理念相悖。线路可达性作为新的工具，通过线路这一跨越多区域的空间实体实现区域间的同一评价，可以与现有工具结合实现对 AOD 规划的客观评价，

表3 局部区域人口及可达性分布特征

区域	示意图	人口/人	人口密度/（人/km²）	平均位置可达性	高可达性线路
回龙观	图7a	347980	22454	0.89	地铁13号线、398路、606路等
天通苑	图7b	259236	25963	0.86	地铁5号线、430路、621路、快专169路等
大兴新城	图8a	327620	16701	0.82	地铁4号线大兴线、631路、840路等
房山新城	图8b	290525	7288	1.33	地铁房山线、901路、快专177路等

也可以在有目的的规划行为中，提供更多适当的可达性度量选择。

4 结语

本文对比分析位置与线路两种研究单元下的公共交通就业可达性，基于北京案例分析的主要结论如下：

（1）基于多源数据，本文从细粒度尺度出发，构建覆盖全出行链的两步移动搜索法模型，可以更细致地刻画公共交通就业可达性的真实结果，此外应用不同的研究单元可以实现对不同空间角度下的可达性的差异化分析。

（2）线路可达性在解释线路尺度的特性上表现更佳。其在结果分布与表现形式上不同于位置可达性，前者刻画每条线路的可达性水平，呈现外高内低的分布特点，而后者高可达性栅格聚集在城市中心区域。对线路可达性的深入分析进一步揭示了高可达性线路，尤其是轨道交通线路在城市发展中的重要引导作用。

（3）研究单元的选择对可达性结果产生显著影响。从线路角度，线路可达性揭示其与设站模式的关系，在放射性线路中大站快线的可达性平均值与中位数分别是普通线路的134%

与140%。从区域角度，位置可达性表现出更明显的空间自相关效应，而线路可达性分布更加随机。

（4）连接城区、郊区的轨道交通等大运量、长距离公共交通线路一般具有更高的可达性水平，对城市新城区域的发展具有一定的引导作用，为产业经济活动提供发展空间，并为新城居民提供快速可靠的通勤工具。

综上所示，线路单元下的可达性从不同的角度描述了交通系统的服务水平，为AOD指导下的城市及交通规划提供新思路、新工具。线路可达性进一步证明了轨道交通对于新城发展的引领作用。同时，结合不同角度的可达性指标进行综合评价有助于城市发展的区域协调，达到缓解交通拥堵、提升居民出行体验的效果。

参考文献

[1] CALTHORPE PETER. The next American metropolis : Ecology, community, and the American dream[M]. New York : Princeton Architectural Press, 1993.

[2] CARLTON I. Histories of transit-oriented development : Perspectives on the development of the TOD concept[J]. Working Paper, No. 2009, 02, University of California, Institute of Urban and Regional Development（IURD）, Berkeley, CA, 2009.

[3] DEBOOSERE R, EL-GENEIDY A M, LEVINSON D. Accessibility-oriented development[J]. Journal of transport geography, 2018, 70 : 11-20.

[4] GEURS K T, VAN WEE B. Accessibility evaluation of land-use and transport strategies : Review and research directions[J]. Journal of transport geography, 2004, 12（2）: 127-140.

[5] HANSEN W G. How accessibility shapes land use[J]. Journal of the American institute of planners, 1959, 25（2）: 73-76.

[6] 刘贤腾. 空间可达性研究综述 [J]. 城市交通, 2007（6）: 36-43.

[7] CHEN B Y, Wang Y, Wang D, et al. Understanding travel time uncertainty impacts on the equity of individual accessibility[J]. Transportation research part D : Transport

and environment, 2019, 75: 156-169.

[8] 彭科, 李超骐, 欧阳虹彬, 等. 空间可达性研究述评——基于土地利用和交通互动视角 [J]. 现代城市研究, 2023（5）: 68-75.

[9] EWING R. Transportation service standards-As if people matter[J]. Transportation research record 1400, 1993: 10-17.

[10] 朱宇婷, 刘莹, 许奇, 等. 交通可达性与城市经济活动的空间特征分析: 以北京市为例 [J]. 交通运输系统工程与信息, 2020, 20（5）: 226-233.

[11] KHAN A A. An integrated approach to measuring potential spatial access to health care services[J]. Socio-economic planning sciences, 1992, 26（4）: 275-287.

[12] LUO W, Wang F. Measures of spatial accessibility to health care in a GIS environment: Synthesis and a case study in the Chicago region[J]. Environment and planning B: Planning and design, 2003, 30（6）: 865-884.

[13] HU Y, Downs J. Measuring and visualizing place-based space-time job accessibility[J]. Journal of transport geography, 2019, 74: 278-288.

[14] XIAO W, WEI Y D, WAN N. Modeling job accessibility using online map data: An extended two-step floating catchment area method with multiple travel modes[J]. Journal of transport geography, 2021, 93: 103065.

[15] LANGFORD M, HIGGS G, RADCLIFFE J. The application of network-based GIS tools to investigate spatial variations in the provision of sporting facilities[J]. Annals of leisure research, 2018, 21（2）: 178-198.

[16] 傅俐, 王勇, 曾彪, 等. 基于改进两步移动搜索法的北碚区医疗设施空间可达性分析 [J]. 地球信息科学学报, 2019, 21（10）: 1565-1575.

[17] 仝德, 孙裔煜, 谢苗苗. 基于改进高斯两步移动搜索法的深圳市公园绿地可达性评价 [J]. 地理科学进展, 2021, 40（7）: 1113-1126.

[18] BUNEL M, TOVAR E. Key issues in local job accessibility measurement: Different models mean different results[J]. Urban studies, 2014, 51（6）: 1322-1338.

[19] KWAN M-P, WEBER J. Scale and accessibility: Implications for the analysis of land use-travel interaction[J]. Applied geography, 2008, 28（2）: 110-123.

[20] KOTAVAARA O, ANTIKAINEN H, MARMION M, et al. Scale in the effect of accessibility on population change: GIS and a statistical approach to road, air and rail accessibility in Finland, 1990—2008[J]. Geographical journal, 2012, 178: 366-382.

[21] CHO S J, LEE K L, YOON S, et al. Modifiable areal unit problem in transit accessibility analysis[J]. Journal of Korean society of transportation, 2019: 499-513.

[22] 国家统计局. 国民经济行业分类: GB/T 4754—2017[S]. 北京: 中国标准出版社, 2017.

[23] 国家统计局. 第四次全国经济普查公报（第二号）[EB/OL].（2019-11-12）.http://www.stats.gov.cn/sj/zxfb/202302/t20230203_1900525.html.

[24] LI S, LYU D, HUANG G, et al. Spatially varying impacts of built environment factors on rail transit ridership at station level: A case study in Guangzhou, China[J]. Journal of transport geography, 2020, 82: 102631.

[25] ZUO T, WEI H, CHEN N, et al. First-and-last mile solution via bicycling to improving transit accessibility and advancing transportation equity[J]. Cities, 2020, 99: 102614.

[26] BRAINARD J S, LOVETT A A, BATEMAN I J. Using isochrone surfaces in travel-cost models[J]. Journal of transport geography, 1997, 5（2）: 117-126.

[27] 中国城市规划设计研究院. 城市综合交通体系规划标准: GB/T 51328—2018[S]. 北京: 中国建筑工业出版社, 2019.

[28] CUI M, LEVINSON D. Measuring full cost accessibility by auto[J]. Working papers, 2019.

[29] TAO Z, ZHOU J, LIN X, et al. Investigating the impacts of public transport on job accessibility in Shenzhen, China: A multi-modal approach[J]. Land use policy, 2020, 99: 105025.

[30] 中国城市规划设计研究院. 2020 年度全国主要城市通勤监测报告——通勤时耗增刊 [EB/OL]. 2020-05-20.

城市先行时站城一体化工程设计要点研究

雷雪璨 *

（北京城建设计发展集团股份有限公司，北京 100037）

摘　要：轨道交通是城市公共交通的骨干，更是带动城市土地开发、塑造城市活力的重要引擎。轨道与城市一体化发展的理念，落实到工程阶段即站城一体化工程，此类工程常常面临建设主体不同、建设时序不同的难题。本文以北京副中心城市绿心起步区轨道交通预留工程（M101 线北京大剧院站）为例，总结了站城一体化工程的设计要点，并且针对时序不同的问题，提出了解决建议。

在站城一体化工程的设计方面，应优先考虑车站方案，保障交通服务；车站造型立意应与片区的功能定位匹配，符合区域环境；地铁的空间应与城市景观、周边地下空间融合；车站客流应分层次、多方向有序组织；车站的布局也应当结合整体规划，进行适应性调整设计。

针对需要进行轨道交通预留的一体化工程，应首先落实好上位规划，稳定轨道交通线网规划及相关用地的街区控规；预留前需完善轨道相关的前期论证，对于直接影响车站规模和平面布置的系统制式，明确其预留标准，并适当预留余量；需合理确定预留工程的范围，在轨道交通远期实施时不影响地块正常使用的前提下，按照最小范围预留；需注意建筑机电设备的整合设计；做好工程预留期间的维护专项研究及设计。

关键词：轨道交通站点；站城一体化；预留工程；城市公共空间

1　建设背景

1.1　轨道交通一体化发展的前景

随着我国城市化进程的深入，城市规模不断扩张，城市交通成为城市发展面临的突出问题，轨道交通日益成为城市交通的发展主流。在新时代背景下，轨道交通不仅仅是解决超大城市交通出行的工具，更是带动城市土地开发、塑造城市活力的重要引擎[1]。

为了在享用轨道交通便捷的同时又能充分利用轨道交通建设用地的土地资源，为了让轨道交通成为城市的有机部分，轨道交通一体化设计应运而生[2]。目前，轨道交通与周边用地一体化的发展模式已成为国内外城市发展的重要模式[3]。以 TOD 创造更好的城市活力空间，实现城·人·产的城市更新发展。

1.2　站城一体化工程设计难点

站城一体化工程是指以轨道交通车站等交通功能设施为核心，与其他非交通功能的城市功能设施合建且空间融合的建筑工程，是 TOD 理念落实在工程阶段的成果。

在实际的站城一体化工程中，常常面临建设主体不同，建设时序不同的难题。轨道先行时，需要根据实际情况确定随轨实施范围，保证轨道线路的开通运营，满足乘客进出站及交通接驳需求[4]。城市先行时，也应预留好轨道交通衔接条件以及工程实施条件。本文以北京副中心城市绿心起步区轨道交通预留工程（M101 线北京大剧院站）为例（图 1），探讨城市先行轨道滞后情况下，一体化工程的设计要点。

---

* 雷雪璨（1990—），女，汉族，河北省保定人，研究生，目前从事轨道交通车站、站城一体化工程设计。E-mail：leixuecan@bjucd.com

图1　绿心起步区预留车站鸟瞰效果图

2　绿心起步区预留车站概况

2.1　上位规划

城市绿心是副中心的"眼睛"，起步区（图2）三大公共建筑是绿心的"灵魂"。城市绿心森林位于大运河南岸，六环路东侧，是城市副中心"一带"和"一轴"的交汇点。绿心起步区内三大建筑（大剧院、图书馆、博物馆）呈C字形布局，中心配套设置地面广场、地下共享配套空间和地铁换乘车站（即本轨道交通预留工程M101线北京大剧院站）。

2.2　项目概况

本工程（图3）位于副中心城市绿心起步区内，包含北京大剧院站及两侧区间。预留的北京大剧院站为M101线与M104线换乘站，车站形式为双岛四线同台换乘，总建筑规模为4.57万 m²。地下一层为城市公共区，安排城市服务功能。地下二层为城市公共区及轨道交通站厅层。地下三层为轨道交通站台层及站台板下层。

作为轨道交通的预留工程，本项目与绿心

图2　城市绿心及绿心起步区规划意向

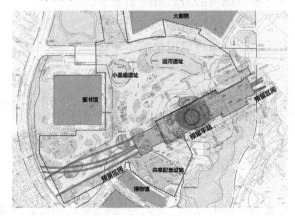

图3　预留工程总平面图

起步区内三大公共建筑及其共享配套设施项目一体化设计并且同期实施。

3 一体化方案设计要点

3.1 优化车站方案，保障交通服务

本预留工程以副中心线网规划为输入条件，预留M101与M104线的换乘车站。结合起步区三大建筑布局，将预留车站由十字节点换乘优化为同站台换乘，实现了换乘零距离，提高轨道交通的服务效率（图4）。同时通过线路的优化设计，预留两线互联互通条件，为远期线路间贯通运营预留条件。

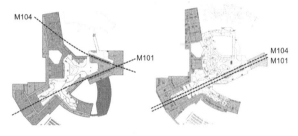

图4 车站换乘形式优化

3.2 车站的造型立意应与片区功能定位匹配，符合区域环境

本预留工程在功能上作为交通设施，服务于三大建筑、共享配套设施及绿心森林公园，其空间形象的设计也与其功能相匹配。从城市空间设计上考虑，预留车站既位于三大建筑C字形围合的场地中央，又是绿心森林公园由东向西的绿意延伸，处在未来城市文化设施和自然生态环境相互交融的核心位置，是一处人文与自然的汇集地。因而车站空间形象上应当体现这种交融共享的特点，并面向未来，给使用者带来新的体验。

车站外形设计延续了室内空间中钢结构花篮柱的编织形态，屋盖钢结构采用交叉网格+弦支单层网壳穹顶。屋顶上由中心向外螺旋状伸展出去的弧形檩条，形成了大屋盖的形态骨架，表达"种子"向外的生发延展（图5）。在弧形檩条之间布设浅绿色金属板和玻璃幕墙，

图5 车站大跨钢结构屋盖效果图

最终呈现绿意斑驳的屋盖效果，与周边绿色生态的大环境融为一体。

3.3 地铁空间与城市景观融合、与周边地下空间融合

地铁站不再是孤立的交通设施，地铁站厅成为地面广场空间和地下配套设施空间的关键连接点，实现功能与景观的融合（图6）。

起步区的中心为地铁车站，车站中心设置两层通高空间，地面主出入口与站厅公共区共享中心高大空间。同时主出入口平接地面景观广场，站厅层平接地下共享配套设施和三处下沉广场。车站中部的核心空间成为整个起步区内外互融的重要空间节点，形成交通核心、景观核心、空间核心的统一。

在中部核心空间内，半圆形钢结构网格呈花篮编织形态在空中融合为一个整体的空间结构体系，由内而外托举起整个大屋盖的高大空间。整个空间以花篮编织寓意交融共享，形成井然有序而又收放自如的空间秩序。在编织状的钢结构基础上，屋顶间隔布置透光玻璃幕墙和金属板，自然光透过屋盖，洒在地下站厅和站台，从而形成透亮、聚合、放松、有序的内部空间性格，以优雅的空间与富于美感的结构，做到空间、结构、采光和装修的一体化设计（图7）。

3.4 多方向、分层次的客流组织

预留车站主出入口位于舒缓的下沉地形底部，顺畅的连接保证使用者完整的体验。主出

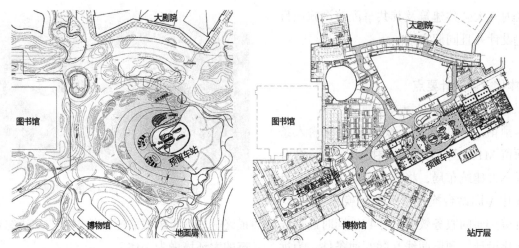

图 6　车站与共享配套设施关系平面图

图 7　车站中部核心空间效果图

入口面向三大建筑侧立面全部采用玻璃幕墙，设置多组出入门从多个方向组织进出，"以面代点"去往三大建筑（图 8）。

站厅与共享配套设施地下二层平接，共预留三处室内接口。通过西端接口可直达共享配

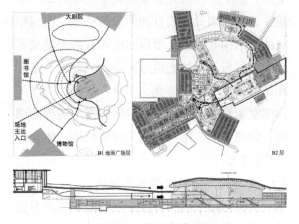

图 8　多方向、多层次的客流组织

套设施中心大厅，并通过厅内的楼扶梯去往图书馆和博物馆位于地下一层的地下门厅。通过北侧两个接口可通过共享配套设施地下空间去往剧院位于地下二层的门厅。

3.5　车站布局进行一体化适应性设计

（1）车站公共区的适应性设计

按照一般的车站公共区布置，站厅中部为完整的一个付费区。但是本项目中，站厅中部的空间是整个起步区地面广场与地下空间、车站与共享空间的融合交汇处。乘客从主出入口乘扶梯而下，穿越屋盖中心花篮柱，直达站厅中部，并且由此去往车站和地下共享空间。因此在公共区布置时，将车站付费区压缩为东西两个区域，扩大车站中部、花篮柱附近的非付费区面积，将空间还给城市。

（2）车站设备区的适应性设计

按照一般的车站设备区布置，站厅两端头为车站设备用房及通风道。但是在本项目中，共享配套设施中心大厅位于车站西端，有与站厅连通的空间需求。因此，预留工程利用站台层配线延长空间，将车站西端设备机房移到站台层，利用预留工程站台层高较高的特点，在站台夹层设置风道。靠近共享配套设施的空间布置城市服务空间和下沉广场，实现从车站到商业空间的沉浸式体验（图 9）。

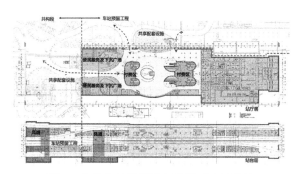

图 9 车站公共区及设备区的适应性设计

（3）车站附属的消隐设计

车站所处的绿心起步区地面为景观广场。风亭主要采用敞口低风亭，与地面景观整合设计。其余高风亭均与车站主体建筑合建。车站采用下置式冷却塔做法，将冷却塔放入地下工程，安全出口出地面段为单跑楼梯缩小体量，最大限度地减小附属设施对地面广场景观效果的影响。

（4）车站消防及人防的适应性设计

车站与共享配套设施之间，通过下沉广场、防火隔间，以及长度不小于10m、宽度不大于8m的连接通道（内设两道防火卷帘）进行分隔（图10）。由于车站公共区面积过大并设置中庭，本预留工程进行了特殊消防设计，论证了疏散安全性。

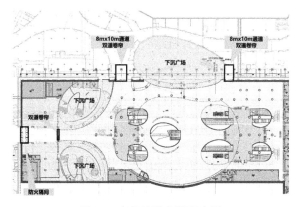

图 10 车站消防分隔示意图

本站站厅公共区不设防，站厅层设备区及站台层设防。在站厅站台之间的楼扶梯洞口处，采用水平封堵（图11）。满足人防需求的

同时保证站厅层空间效果。

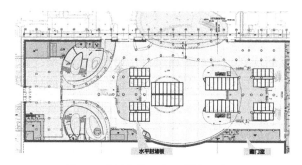

图 11 站厅公共区水平封堵示意图

4 预留工程的实施保障

4.1 落实上位规划

一体化工程的上位规划涉及轨道交通线网规划及相关地块的街区控规。在本项目启动初期（2018年），城市副中心规划轨网明确了绿心起步区内设置一座M101线、M104线的换乘站，起步区刚刚完成国际方案征集工作，尚未编制街区控规。为了稳定规划条件，本项目进行了多项前期研究，确定了车站的站位、基本形式、与周边工程的竖向关系，配合完成了绿心起步区的控制性详细规划和修建性详细规划方案。

根据起步区的整体布局，三大建筑围合的中心区域，地面层为绿化广场，地下为共享配套设施和地铁车站，并且共享设施与车站部分区域叠落。因此起步区街区控规采取了分层控规的方式，用地性质及规划指标按照地上用地、地下一层、地下二层、地下三层分别出具。

4.2 因轨道交通工程的特殊性，预留前需完善前期论证，并适当预留余量

本项目中，地块建设在前，轨道建设在后。轨道交通工程是线性工程，具有其特殊性，其系统制式会直接影响车站附属设施的布置及车站规模。因此本项目以稳定预留车站的形式规模为目标，经过充分论证和专家评审，最终确定预留工程系统制式按照A型车6节辆编组考虑，土建规模预留3A+3A的灵活编组条

件，确定通风系统采用双活塞的全高封闭式站台门系统。

此外，在平面设计时，考虑到 M104 线为远期规划线路，采用包容性原则，为远期线路预留灵活的延伸条件。在确定车站层高的过程中，为保证全线实施时线路轨面标高具备一定的灵活性，适当加高站台层层高，同时预留接触轨与接触网的设置条件。

4.3 合理确定预留范围

在确定预留范围时，应在轨道交通远期实施时不影响地块正常使用的前提下，按照最小范围预留，节约投资并为远期的轨道建设保留最大的灵活性。需要特别注意的是，应充分考虑未来工程实施风险，预留好远期工程衔接施工的条件。

本项目所处的绿心起步区，预计 2023 年底开园。预留工程除车站外还包含两侧区间，均同步实施到起步区红线。并且两侧区间均预留了远期区间的盾构脱壳接收条件，避免了远期施工对绿心公园的影响。

同时，本工程除地下主体结构外，地上的大跨钢结构屋面、下沉广场、地面附属设施均随本次工程同步实施。

4.4 建筑机电设备的前置设计

作为预留工程，本次只实施土建部分，机电设备远期随轨道交通建设实施。为配合土建专业施工图设计，相关设备专业均完成初步设计。尤其在大跨钢结构屋盖的设计过程中，综合考虑了结构、设备布线、装修、灯光设计等，预留好条件和接口，把控最终效果。

4.5 工程预留期间的维护专项研究及设计

为保障工程预留期间的工程维护，应在设计阶段做好相关专项研究及适应性设计。一是做好风亭口部及其他地面开口的临时封堵，避免雨水倒灌等。二是做好与地下共享空间室内衔接口的临时封堵。另外，预留工程需做好临时排水措施，做好水泵和检修巡视照明的临时

用电，保证工程预留期间的应急维护。

5 结语

站城一体化工程各部分应同时规划、同时设计，并尽可能同期实施。若实施条件不具备，可划分为不同阶段分期实施，并在结构预留接口处满足后期衔接条件，并做好安全防护和隔离措施[5]。在工程实践中，为保证轨道交通工程或地块的开通运营，可在衔接处划定随轨实施范围或轨道交通预留范围，由相关建设单位先行代建。

2022 年北京市通过了《北京市轨道交通场站与周边用地一体化规划建设实施细则（试行）》（以下简称《实施细则》），针对实际轨道一体化工作实践中遇到的难点堵点问题，提出政策措施。针对轨道交通场站与周边项目实施时序不匹配的情况，需代建相关预留工程的，《实施细则》分轨道先期实施或用地项目先期实施两种情况，对相关预留工程的审查审批路径、资金计列、移交方式均加以明确。

城市轨道交通建设方兴未艾，随着政策层面的支持和工程技术的发展，一体化开发建设也将持续发展。作为今后轨道交通设计的潮流和趋势，一体化工程将成为城市中运转效率最高的节点，成为市民城市生活的重要场所，实现轨道与城市的有机结合。

参考文献

[1] 吴龙恩，林欣燕，刘智勇，等. 城市轨道交通对我国城市空间的影响研究 [J]. 建设科技，2019（21）：27-30.

[2] 日建设计站城一体开发研究会. 站城一体开发：新一代公共交通指向型城市建设 [M]. 北京：中国建筑工业出版社，2014.

[3] 美国城市土地协会. 联合开发 [M]. 北京：中国建筑工业出版社，2003：42.

[4] 刘润深. 轨道交通车站站域城市设计之空间布局与交通组织研究 [D]. 泉州：华侨大学，2017.

[5] 张娅薇，李军. 枢纽型轨道交通站点与城市公共空间的整合设计策略 [J]. 新建筑，2016（2）：114-120.

北京市轨道站点及周边地下公共空间利用研究

徐 宁 丁 漪

（北京城建设计发展集团股份有限公司，北京 100032）

摘 要：在北京全面实施人口规模和建设规模双控的背景下，促进地下空间资源的综合开发利用变得尤为重要，由于轨道资源是地下空间重要的资源之一，本文以轨道站点及周边地下空间为主要研究对象，在对轨道站点内部便民服务设施及站点周边地下空间利用情况深度调研的基础上，总结出三大主要问题，分别为北京市既有轨道站点内部及周边地下空间存在数量规模少；轨道站点与周边地下空间连通率低，连通效果欠佳；地下空间经营惨淡，经营效果差。在对问题进行归纳总结的基础上，对此类地下空间分别从规划层面、设计层面、运营层面有针对性地研提了相关建议，首先在规划层面进一步优化既有轨道交通设计流程，重视业态与功能策划；在设计层面进一步优化站点内部，及其与周边地下空间的衔接区域的精细化设计，并对后期运营管理流程研提建议。旨在更好地优化站城一体化的核心空间，促进轨道交通行业精细化发展。

关键词：轨道站点；地下空间；利用研究

1 研究背景

《北京城市总体规划（2016 年—2035 年）》（以下简称"总规"）批复后，北京实施了人口规模和建设规模双控，并且在"总规"中提出了"协调地上地下空间的关系，促进地下空间资源综合开发利用，并强调坚持先地下后地上、地上与地下相协调、平战结合与平灾结合并重的原则；要求统筹以地铁为代表的地下交通基础设施"。在此背景下，日均客运量超 900 万人次的北京地铁及周边地下公共空间就显得尤为重要，因此本文便以北京地铁为例，对轨道站点及周边地下公共空间的利用进行深入研究，并对其提出合理化发展建议。

2 研究范围

地下公共空间指向公众开放的，可供广泛参与、交流与互动的浅层地下空间，如地下广场、商业设施、休闲娱乐设施、步行通道及停车场等。本次研究范围主要为轨道站点及周边紧密衔接的地下公共空间，具体为轨道站点内部公共区内外便民服务设施、出入口等公共空间，以及与站点紧密衔接的周边地下空间。

3 现状问题

3.1 轨道站点内部地下空间数量少、规模小

中国城市轨道交通协会《城市轨道交通资源经营年报（2022）》数据显示，上海、深圳的便民用房数量是我市的 4～5 倍，其中上海便民用房总面积是北京的 8 倍之多。地铁公司数据显示，截至 2024 年 3 月 31 日，北京地铁公司共运营 17 条线路、车站 335 座，但建设便民用房仅 199 处，开通较早的 1 号线、2 号线、13 号线和八通线没有便民用房。数量少、分布散，难以形成地铁商业有效消费氛围（表 1）。

3.2 轨道站点内外部地下空间缺乏统筹性设计，难以形成商业氛围

（1）轨道站点与站点周边地下空间连通率低
全网站点仅有 80 座实现与站点周边建筑

表1 2022年北京、上海、广州、深圳地铁便民用房经营数据表

商业类别/地铁名称		北京地铁	上海地铁	广州地铁	深圳地铁
便民用房	数量/处	164	888	756	294
	面积/m²	4175	34406	13320	7944
便民用房收入/万元		1610	5159	5573	1102
商铺平均租金/(元/m²·日)		10.56	4.11	11.46	3.80

连通,连通口总数约为160处,连通率约为20%。究其原因一方面是由于北京城市空间与轨道实施的时序错位;另一方面则是由于运营管理、经济等相关问题。

(2)连通形式单一,多以通道连通为主,空间缺乏整体性设计

目前已实现连通的70座车站中半数以上为通道连通。已实现轨道站点与周边连通的地下空间大多为单纯的地下通道,缺乏形成商业氛围的连续性动线。由于地铁地下便民空间与周边地下空间的经营主体大多是不同的,因此在前期策划、设计阶段缺乏统筹,从而造成站内空间与站点周边地下空间衔接动线不连续或效果欠佳。

3.3 轨道站点内部地下空间客流转化率不高,经济效益不理想

结合调研情况,在可开发利用的地铁便民用房中,超半数(55%)便民用房未正常营业,停业原因包括受结构渗漏水影响无法经营、因经营业绩不好暂未开业或正洽谈退店事宜。而在正常营业的门店中,近8成(78.5%)的地铁便民用房日均营业额在3000元以下,在日营业额3000～4000元才能实现盈亏平衡的情况下,这些门店普遍亏损。站内便民服务设施缺乏智能化,部分地铁便利店也在大众点评等平台查询不到。此外,由于经营品类受限,站内外经营品类出现同质化,造成站内营业额惨淡,经营效果不佳。

4 解决建议

4.1 规划引领,实现轨道及周边地下空间功能业态优势互补,增强站点与站点周边地下空间连通率

建议轨道站点及周边地下公共空间内部功能业态可以与地上用地功能实现差异化互补。地铁站公共区内便民服务用房大多为30～90m²,建议站内便民服务用房功能业态结合地面15分钟生活圈的功能布局进行设置,可以结合城市更新规划,结合地铁站地下空间合理安排城市功能。站内公共区外便民服务设施大多位于地铁配线空间上方,建议在线路设计初期,配线设置可以考虑与周边规划统筹设计,在满足线路运营要求的基础上,区位选择尽量考虑结合资源用地或补充区域短板等因素。

建议优化轨道交通设计流程,线网三期及后期新建线路,适时启动商业策划。由于轨道建设的主要功能以人防、交通为主,之前轨道的研究暂无商业策划环节,因此车站公共区内、外便民服务设施的设置较少考虑客流动线、商业经营等理念,致使便民服务设施经营效果欠妥。考虑轨道交通目前均为正向设计,因此建议轨道交通在线路一体化阶段开展商业策划研究,在充分研究站点周边功能布局的基础上,对站内及站点周边地下空间功能布局研提建议。

实施层面建议以城市更新为契机,首先改善既有站点与周边地下空间的连通方式。建议结合既有站点梳理预留条件和周边城市更新项目,结合区域重点项目"分批次"实现"应连尽连"。

4.2 精细化优化地下空间设计与运营机制

(1)优化站内外地下空间流线连续性

建议地铁站内便民服务设施的平面布局可以结合商业动线或地铁主要客流方向进行设置,如站点与周边地下空间实现连通,则便民服务设施应在二者联系的动线上布局,如图1

所示；考虑消防及商业建筑设计等相关经验，地铁与商业衔接的地下连接通道长度不宜大于50m，困难时不建议超过100m，尽可能在地下通道两侧布局商业设施，如图2所示。

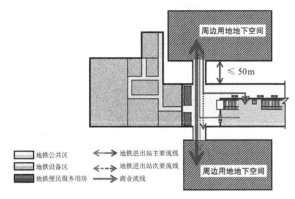

图1 站内外地下空间流线及布局示意图1

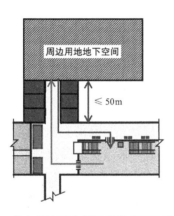

图2 站内外地下空间流线及布局示意图2

（2）统筹站内外地下空间功能引导与规模管控

站内便民服务设施功能引导与规模管控。站内公共区内便民服务设施规模建议结合站点分级管控。目前国家标准对于地铁站内便民服务设施的面积、规模的强制性要求已解除。因此建议对站内便民服务设施的做法进一步研究，如车站公共区内便民服务设施规模建议结合《站城一体化工程规划设计标准》DB11/T 2129—2023等相关条文适度扩大便民服务设施上限，总面积建议可适度扩大到200m²，且各站宜结合地铁分级进行规模上限管控，具体规模可结合区域配套设施需求进行增减（表2）。

表2 站内公共区内便民服务设施规模管控表

站点分级	枢纽级	城市级	区域级	街区级
便民服务设施规模	200m²		100m²	
备注	各站宜结合地铁分级进行规模上限管控，具体规模可结合区域配套设施需求进行增减			

站内公共区外便民服务设施规模考虑设备用房等相关用房规模布局要求，总建筑面积建议大于1000m²，且宜与站外地下空间规模统筹考虑，在分表计量的前提下尽量与地铁或周边用地地下空间共用水、电、隔油池、污水泵房等设备用房，实现设备、设施共享，实现空间节约、资源共享。

站外地下空间功能引导与规模管控。站外地下空间与地铁站厅直接或间接连通的区域，在功能设置上宜与地铁站内便民服务设施的设计形成差异化，尽量做到统筹设计；在规模管控层面，在满足区域控制规模的基础上，应与地铁站内便民服务设施规模统筹考虑。

（3）平面布局及空间设计优化

站内便民服务设施空间柱网宜均匀布置，柱网布局应考虑商业空间的通道，尽量将柱网隐至两侧商铺中，柱距宜大于8m；流线设计宜采用单动线布局，即一条人流通道，商铺排布两侧；通道宽度宜在4.5m以上；通道两侧的商铺宜结合柱网特征合理设置，尽可能做大开间/进深比，最小不宜小于1:3。如设置餐饮等功能时应单独设置后勤通道，同时需结合业态策划合理预留水电等配套用房及连通条件，并应与车站同步施工、同步验收。

站内便民服务设施空间若与用地地下空间同层，结构净高宜与周边用地地下空间同高，站厅层若直接与周边用地地下空间衔接，结构净高宜高于5m，装修后空间净高宜高于3m，尽可能减小与周边地下空间的高差。

（4）优化连通空间设计方案

站点与周边地下空间的衔接空间是空间连

接的过渡区域，需结合区域功能定位、站点分级、商业策划等实现连通方式多元化，从而改善地铁与周边地下空间的衔接品质，实现"无感过渡"。

下沉广场连通。在商业价值较高的区域设置适度的下沉广场可以大大提升价值空间规模，下沉广场的连通可以提升地下空间的商业价值，实现双首层或多首层的设计理念，如南宁 4/5 号线那洪立交站，如图 3、图 4 所示，北京 13 号线扩能提升工程新龙泽站，如图 5 所示。从功能角度而言，由于下沉广场兼备采光与通风的功能，因此能够大大提升地下空间的舒适度；从空间利用角度而言，下沉广场能够有效解决地下商业消防设计问题，避免安全口数量过多，如图 6 所示；下沉广场连通方式的缺点之一是需要有效解决防洪排涝的问题，需要设计好雨水泵房，避免雨水倒灌进入地下空间，同时建议下沉广场内地下空间与用地内地下空间实现设施共享。

中庭空间连通。中庭式空间连通对于优化地铁与周边地下空间的衔接品质有重要作用，

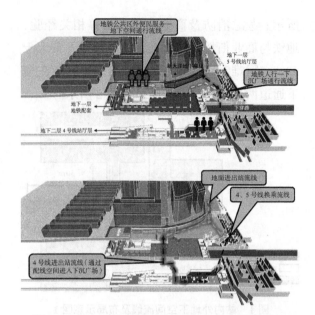

图 4 那洪立交站与周边用地地下空间衔接示意图

尤其对于站城一体化工程而言，在通过防火卷帘解决消防问题的基础上，可以通过中庭式空间连通实现高差转换、空间集约利用，如图 6 所示，M101 线行政办公西区站利用中庭式空间实现站厅与地上空间的竖向流线组织；但是中庭空间连通的缺点在于可能会引起地铁或者周边地下空间投资增加，因此，对于公交枢纽、公交首末站、或区域功能定位较高的涉及土地复合利用的空间与地铁连通时，宜选择中庭空间设计。

通道式空间连通。由于目前《站城一体化工程消防安全技术标准》DB11/1889—2021 中"4.3.2 地铁出入口通道内不应设置商业设施"等规定的限制，地铁出入口两侧做商业空间较

图 3 那洪立交站与周边用地地下空间衔接实景照片

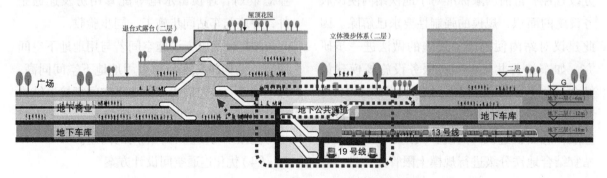

图 5 新龙泽站与周边用地地下空间衔接示意图

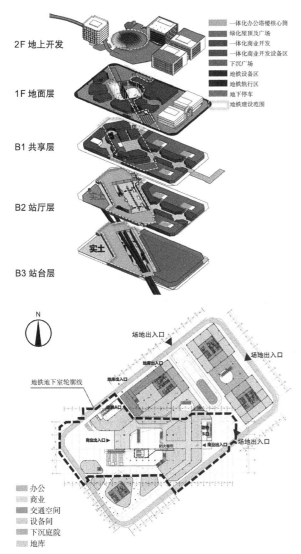

图6 行政办公西区站与周边用地地下空间利用示意图
（来源：M101总体设计阶段一体化设计研究）

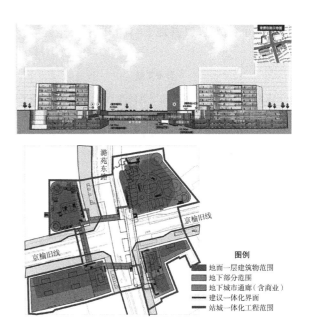

图7 龙旺庄站站与周边用地地下空间利用示意图

为困难，因此建议站点周边用地以地下通道的形式实现与地铁空间的连通，从而实现地下街的空间效果（图7）。

4.3 优化运营机制与商业模式，增强站点周边地下空间的利用率，增强空间价值

优化轨道交通一体化地下空间利用配套机制。建议探索一套轨道交通与周边用地一体化衔接空间的管理机制，下沉广场类连通建议依据疏散或实际使用需求对前期建设主体和后期管理主体进行比例划分；中庭类空间连通建议由周边用地承担相应投资及管理职责；通道式连通空间投资主体可由连通道的受益主体投资建设，连通道权属建议参考分层出让的模式，可依据连通道地面用地用途来明确，当地面权属与投资建设主体不统一时（如地面是道路或其他用地），投资建设主体在后期运营期间享有优先使用权或租赁优惠政策等。

通过数字化手段，多渠道激活空间活力。建议通过智能化手段使得轨道站点及周边地下公共空间可视化，并且将可视化成果与美团、高德地图等APP接口衔接，加强地下便民空间的便捷性。并结合安全运营风险评估适度开放部分地下便民服务设施的"闪送""外卖"业务，通过拓展地下便民服务设施的营收渠道来提升经济效益。

5 结语

本文通过深度调研北京地铁及周边地下空间的使用情况，研究了轨道站点及周边地下公共空间发展问题及解决策略，并以问题为导向，研提了相关建议，建议在后续轨道站点及周边地下空间的设计与运营中能够结合本文优化规划流程，精细化实现设计统筹、时序统

筹，从而进一步改善地下空间利用情况。

参考文献

[1] 陈志龙，王玉北．城市地下空间规划 [M]．南京：东南大学出版社，2005.

[2] 奚东帆．城市地下公共空间规划研究 [J]．上海城市规划，2012（2）：106-111.

[3] 管娜娜，谭月．城市轨道交通站点周边地下公共空间组织模式研究 [C]//2019 中国城市交通规划年会论文集，北京：中国建筑工业出版社，2019：1-10.

[4] 日建设计站城一体开发研究会．站城一体开发：新一代公共交通指向型城市建设 [M]．北京：中国建筑工业出版社，2014.

[5] 北京市规划和自然资源委员会．北京市轨道交通车站便民服务设施规划设计指南 [Z].2021.

智慧城市轨道交通列车网络技术研究与应用

曹成鹏[1*] 李鹤[2]

（1.北京城市轨道交通咨询有限公司，北京 100068；2.青岛地铁集团有限公司，青岛 266100）

摘 要：随着城市轨道交通领域逐渐向智能化、智慧化方向发展，作为车辆大脑及神经中枢的列车网络控制系统的智慧程度显著提高。在列车网络系统智慧化发展的过程中，性能、安全等方面的问题也随之体现出来，网络可靠性仍存在一定的问题；随着开放式以太网的应用，解决网络安全防御问题迫在眉睫，网络控制功能在细节上仍需完善。本文对列车网络系统的技术发展进行了阐述，并针对发展过程中典型的可靠性问题、控制功能细节问题、网络安全问题进行了分析，并提出了相应的对策。

关键词：列车网络；可靠性；安全防御；性能提升

近年来，随着城市轨道交通领域逐渐向智能化、智慧化方向发展，作为车辆大脑及神经中枢的列车网络控制系统（TCMS）智慧程度显著提高。在列车控制功能方面，随着全自动运行线路的大面积应用推广，列车网络控制系统参与控车的程度大幅度提升；在列车总线方面，传统的 MVB（多功能车辆总线）控车方式，经由 MVB 与以太网双网冗余方式的过渡，目前已有多条线路采用了纯以太网的控车方式，并且多网融合、一体化平台等新技术也在装车应用；网络安全方面，在全自动运行线路的列车网络系统中，针对网络安全功能，已要求满足相应的安全完整性（SIL）等级要求。

在列车网络系统智慧化发展的过程中，一些性能、安全等方面的问题也随之体现出来。网络布线及插头压接工艺衍生的通信质量问题，仍然对网络可靠性产生了一定的影响；在网络控制功能方面，虽然在总体上实现了列车顶层的控制需求，但是在控制功能细节上仍需完善；网络安全方面，随着开放式的以太网批量装车，完善网络安全防御也迫在眉睫。

基于上述背景，本文对列车网络系统的技术发展进行了阐述，并针对发展过程中典型的可靠性问题、控制功能细节问题、网络安全问题进行了分析，并提出了相应的对策。

1 列车网络技术发展现状

1.1 列车总线技术发展

国内城市轨道交通列车网络采用的传统 MVB 总线型架构，由于其传输速率低等局限性，已无法满足列车网络的发展需求。以太网以其通信速率高、灵活性强等特点得到迅猛发展[1]。TCMS 由传统的 MVB 控车（以太网仅为维护网络）的网络架构，经过 MVB 和以太网双冗余网络架构的过渡，目前已有部分线路采用了纯以太网控车的方式。

1.2 多网融合及一体化平台技术发展

目前车载旅客信息系统、视频监控系统、火灾报警系统等均通过自组网的方式进行数据传输，该传输方式的采用造成车载网络种类繁多、互不关联、各自独立的局面，给车内布线及检修维护带来一定的困难。为解决目前车载

* 曹成鹏（1983 —），男，汉族，吉林九台人，高级工程师，目前从事城市轨道交通车辆技术咨询、独立安全评估。E-mail：18611102365@163.com

网络存在的问题，顺应时代的发展，紧跟技术发展的步伐，多网融合成为车载网络发展的必然趋势，促使车载网络技术趋势由分布式结构向集中式结构演变。

随着以太网 TSN 技术的成熟，基于一个平台、一张网络、一个界面的设计思想，通过控制层、网络层、执行层三层实现的一体化列车架构总体方案已在科研样车中装车应用。采用一体化平台，可集中承载 TCMS、牵引、制动等不同安全等级应用软件，实现电子设备空间减少 30% 以上，控制线缆重量减少 50% 以上，认证成本降低 50% 的目标。

2 列车通信质量问题及对策

2.1 通信质量问题

根据通信电缆在不同弯曲半径下的通信质量测试结果，弯曲半径过小，对通信质量影响较大。

目前在城市轨道交通车辆领域，对通信电缆敷设过程中的弯曲半径仍按照普通电缆的要求为"当电缆外径不大于 20mm 时，电缆敷设的最小弯曲半径不小于电缆外径的 3 倍，当电缆外径大于 20mm 时，电缆敷设的最小弯曲半径不小于电缆外径的 5 倍"。部分项目列车网络控制系统的两个设备集成在一个机箱中，并且通信接口相邻布置，导致多根通信电缆挤在一起，通信电缆弯曲半径过小[2]。

部分城轨项目中在网络连接器压接过程中存在缺陷、通信电缆在组装过程中受到挤压或绝缘损坏，导致数据传输错误，但通过常规测试无法检测。

2.2 列车通信问题的对策

在《轨道交通 机车车辆布线规则》GB/T 34571—2017 中规定，屏蔽电缆敷设的最小弯曲半径不宜小于电缆外径的 10 倍，并且该标准中注明了弯曲半径影响屏蔽电缆的 EMC 效应，在车辆布线过程中，网络通信电缆等屏蔽电缆应与普通电缆区别对待，充分考虑通信电缆弯曲半径对可靠性的影响。

针对网络连接器压接工艺问题及通信电缆在组装过程中损坏导致的通信质量问题，可在通信电缆布线完成且网络连接器压接完成后，进行通信质量测试，该测试可作为车辆装备完成后的检验手段，保障网络可靠性。

3 网络安全防御问题及对策

3.1 网络安全防御问题

由于以太网技术的应用，使得列车网络对外开放的程度越来越高，接入通道、接入方式也随之增加[3]；自动驾驶、多网融合导致网络拓扑更加复杂，数据信息互联互通的要求更高，网络安全面临巨大挑战。

在国家层面，《网络安全法》中已明确规定实行网络安全等级保护制度，在《信息安全技术 网络安全等级保护基本要求》GB/T 22239—2019 中针对工业控制等新技术、新应用领域的安全保护需求也提出了相应的要求。

在城市轨道交通行业层面，中国城市轨道交通协会发布了《智慧城市轨道交通信息技术系统架构及网络安全规范 第 3 部分网络安全》T/CAMET 11001.3—2019 等行业网络安全相关标准规范，明确地面各系统应符合国家网络安全等级保护要求，并规定了地面大部分系统的定级。但是由于车辆的各系统比较复杂，目前并没有相应的标准或规范定义车辆网络的安全等级保护要求。

目前在城市轨道交通车辆领域，大部分城轨车辆无网络安全防护措施或仅限于初级的保护措施，深圳作为最早在应用以太网的城轨车辆上采取网络安全防护措施的城市，在深圳 12 号线车辆上配置了车载防火墙，在深圳 6 号线支线的车辆上配置了车载防火墙和车载监测审计装置；成都、天津等城市也在应用以太网的城轨车辆上采取网络安全防护措施。

由于目前城市轨道交通行业缺少对车辆网络安全建设的指导，关于车辆网络的等级保护要求，中国城市轨道交通协会以及中车集团等相关单位一直处于讨论状态，目前还没有明确的结论，也没有相应的标准出台。相关单位仅从安全生产网等角度，建议城轨车辆网络安全定义为等保三级，等保测评尚在研究过程中。

3.2 网络安全防御问题的对策

车辆的运维调试设备以及车载设备调试接口是可以被利用攻击车辆网络的一个渠道，建议运营部门加强对专用PTU（维护设备）的安全防护管理，采取对运行PTU软件的终端计算机进行登记备案[4]、检查终端计算机是否安装防病毒软件等安全防护措施，并定期检查。

在铁路领域，目前国铁集团正在组织相关单位，以新研制的动车组车型为载体，探索车辆以太网安全建设方案。可借鉴新研制的动车组以太网安全建设情况，对城轨车辆网络安全体系进行完善。

在可控范围内，可组织相关单位，针对安全通信网络、安全区域边界、安全计算环境等要求对车辆网络安全进行"自测评"，对安全防护措施的有效性进行验证。

如果新造的城轨车辆未采取完善的网络安全防御体系，也可采用国内某8辆编组全自动运行线路列车的"以太网为主"的以太网与MVB双冗余网络，在采用该网络系统的列车上，在司机室设置了网络模式开关，常规工况下，该开关置于"自动"位，列车处于以太网控车模式，当网络受到短期无法处理的外部攻击或以太网出现重大故障时，由车上司乘人员操作网络模式开关切换到MVB控车模式。采用该模式既保障了技术的先进性，在网络受到短期无法处理的外部攻击时，又可以通过切换网络控车模式，避免对运营秩序造成较大的影响。

4 网络控制功能问题及对策

4.1 网络控制功能问题

目前仍存在列车网络控制系统的故障率等因素，使相关从业人员不轻信列车网络控制系统的可靠性，倾向于列车网络"只监不控"的方向，较大地降低了列车在智能化等方面的性能。

例如城轨列车保持制动控制方案，倾向于列车网络"只监不控"的控制逻辑基本上是"在非牵引工况下，制动系统检测到列车速度低于规定值，保持制动自动施加""制动系统接收到牵引指令、检测到列车速度超过规定值或者超出规定的时间后缓解保持制动"，该方案已成为较多城轨项目应用的成熟方案。当列车运行至比较特殊的上坡区段时，例如列车进站时，司机基于对标等因素，把主控手柄放在小牵引级位上，会出现牵引力未能及时补充，导致列车发生倒溜事故。

4.2 网络控制功能问题的对策

在列车网络可靠性得以提升、网络安全防御问题有效保证的前提下，可以对列车网络控制功能进行完善。

例如针对城轨列车保持制动控制不完善的问题，针对保持制动施加，可以由列车网络系统对控制逻辑进行完善，由列车网络系统根据列车的速度和加速度判断出列车处于减速停车的工况，即使主控手柄在牵引级位也可以发出保持制动施加指令，从而避免列车倒溜。该方案亦为某列车网络可靠性较高的城轨线路所采用的成熟控制方案，通过在列车网络中完善对保持制动的控制逻辑，采用该控制方案的列车在4.1中所述工况下未发生倒溜问题。

5 结语

综上所述，针对列车网络可靠性问题，可以通过在车辆布线过程中，充分考虑通信电缆弯曲半径对可靠性的影响，针对网络连接器压接工艺问题及通信电缆在组装过程中损坏导致的通信质量问题，可在通信电缆布线完成且网络连接器压接完成后，进行通信质量测试保障网络可靠性。针对网络安全防御问题，在对城轨车辆网络安全体系进行完善的同时，通过加强对 PTU 等网络攻击渠道的管理，来弥补技术上的不足，并在可控范围内对网络安全防护措施的有效性进行验证；也可采用"以太网为主"的以太网与 MVB 双冗余网络，既保障了技术的先进性，又可避免对运营秩序造成较大的影响。针对网络控制功能问题，在列车网络可靠性得以提升、网络安全防御问题有效保证

的前提下，对列车网络控制功能进行完善，提升列车的智能智慧化的水平。

参考文献

[1] 曹成鹏. 以太网在地铁列车上的发展与应用 [J]. 现代城市轨道交通，2022（1）：97-102.

[2] 曹成鹏. 城市轨道交通列车网络控制系统可靠性提升的对策 [J]. 仪器仪表与分析监测，2021（2）：7-13.

[3] 丁超，陈英，鉴纪凯，等. 城市轨道交通列车网络安全研究 [J]. 现代城市轨道交通，2022（9）：81-86.

[4] 周淑辉，常振臣，张尧，等. 列车网络系统的网络安全分析与安全防护 [J]. 城市轨道交通研究，2020（2）：84-87.

都市快轨车站设计研究

—— 以京雄快线典型车站设计为例

山 琳*

（北京城建设计发展集团股份有限公司，北京 100037）

摘 要：都市快轨是在我国都市圈发展背景下应运而生的轨道交通干线，本文以京雄快线为例，以探索可推广的都市快轨车站设计标准为目的，使其兼有铁路的快速通达和城轨的公交化运营两方面优势，并与城市空间格局和城市综合交通体系相融合。本文梳理了传统铁路客运站与城轨车站的特点和差异，以因地制宜、各取所长作为设计导向，剖析京雄快线各站点在线网中的功能定位，分为城市重大交通节点、城市级、区域级，提出了面对差异化的城市空间形态、开发强度如何做好建筑空间一体化。面对都市快轨快速通达的乘客诉求，采取公交化运营缩短旅行时间，提供高效便捷的换乘、接驳服务水平。面对列车高速运行产生的风压，设全高站台门隔绝轨行区与乘客候车区，提供舒适的候车环境，采用"建桥分离"的结构形式，并采取安全可靠的技术措施满足风压计算强度要求。面对都市圈轨道先行，圈内各区域发展的不确定性，在站型选择和总体布局中为都市轨道交通线路未来逐步成网预留好主支结合、不断生长、网络化运营的拓展条件。

关键词：200km/h；都市快轨；车站分级；车站设计要点

引言

都市圈是城市群内部以超大、特大城市或辐射带动功能强的大城市为中心，以 1 小时通勤圈为基本范围的城镇化空间形态。近年来，都市圈建设呈现较快发展态势，但城市间交通一体化水平不高、分工协作不够、低水平同质化竞争严重、协同发展体制机制不健全等问题依然突出[1]。

中国城市轨道交通协会 2023 年批准发布的《都市快轨（160km/h～200km/h）设计规范》T/CAMET 00003—2023[2] 中提出了都市快轨的概念，即最高运行速度达到 160～200km/h，主要服务于中心城市与都市圈协同发展城市之间的交通联系，可以实现一小时通勤圈范围高速度、高密度运行和同城化服务的都市圈快速轨道交通。都市快轨是在都市圈发展背景下应运而生的轨道交通干线，主要服务于都市圈协同发展城市之间、中心城和外围组团之间的快速联系，为都市圈内人流、物流、信息流的交互提供基础设施支撑。其与城际铁路存在明显区别，城际铁路是联系都市圈主城与主城之间、主城与副中心之间的快速轨道交通，城际铁路"不进入核心区、不与城市融合、不公交化"，因此缺少竞争力，效益不佳[3]。然而，都市快轨需要深入城市核心区，与城市轨道交通线网实现多点换乘，融入城市空间布局，实现公交化运行。

都市快轨的建设标准应融合铁路与城轨两类标准的优势，因地制宜探索适用于都市快轨的车站设计标准。以雄安新区的市域轨道交通

---

* 山琳（1982—），女，回族，北京人，本科，目前从事轨道交通车站建筑设计、站城融合设计和都市快线的标准研究。E-mail：24249728@qq.com

为例，京雄快线为承接北京非首都功能疏解的重要交通廊道，线路全长 127km，途经丽泽商务区、北京大兴机场、永清、霸州、雄安高铁站，到达雄安的金融岛、国贸，实现雄安到北京 1 小时通达的旅行目标，京雄快线串联北京与雄安之间多个外围组团，线路"一干多支，灵活增长"主支线串联起了白沟、徐水、霸州等多个城镇，并与规划雄安新区内城轨线路换乘，融入雄安城市轨道交通线网，如图 1 所示。

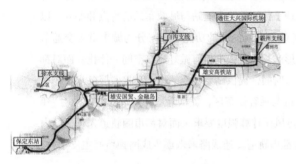

图 1　一干多支的京雄快线

1　铁路与城市轨道交通车站对比

1.1　铁路车站的典型布局

铁路车站多位于城市边缘，作为城市对外交通联系的门户，多服务于城际间的客流，规模按设计年度远期的客运量确定，典型的标准铁路车站布局如图 2 所示，多采用线侧式，并具备以下特征。

图 2　铁路车站典型布局图

（1）线路敷设以地上为主

铁路线路以地面或高架敷设为主，对城市布局造成割裂。

（2）站前广场集散

铁路车站一般位于城市的外围，往往配套较大的站前广场，组织进、出站，多种交通方

式的接驳，为旅客集散提供充足的缓冲空间。

（3）实名购票，指定班次、座席

铁路乘客需提前规划行程，实名制购票，选定班次，乘客与列车席位一一对应，无票无法进站上车。

（4）进站时间长，站厅候车

铁路车站由入口至站台的走行距离较长，乘客需预留安检、进站、候车的时间。乘客在站厅候车，候车厅规模根据最高聚集人数确定。

（5）进、出站客流分开组织

进出站客流的流线不得交叉，进站客流通过安检进入候车区，候车、检票到达站台上车；出站客流从站台通过另一出站通道出站。

（6）站台为室外空间，需清客

乘客在站厅候车，在站台仅做短时间停留，通常为室外空间。站台一般不允许有不同车次的乘客混行，因此需要清客。

（7）塑造火车站地标，立面形式追求对称

铁路车站作为一座城市的门户，是对外形象展示的重要窗口。整体形象强调地标特征，一般布局形式追求对称，立面造型采用三段式，中部挑高。

1.2　城市轨道交通车站的典型布局

城市轨道交通车站多服务于市域内的通勤客流，典型布局如图 3 所示，有以下特征。

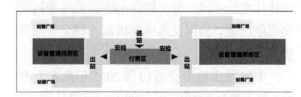

图 3　城市轨道交通典型布局图

（1）分散设置出入口，向周边延伸

城市轨道交通车站位于城区内，与周边建筑联系紧密，出入口布置追求分散多点布局，以站点为中心延伸地下步行体系。

（2）公交化运营，快进快出，到站即走

车站厅、台布局紧凑，进出站便捷高效。

乘客通过安检后进入站厅，通过自动售检票系统实现快进快出，车票、公交卡、月票、手机等均可作为乘车凭证，无须提前实名购票。采用公交化运营，车辆运能充足，乘客候车时间短，到站即走，没有指定列车班次。

（3）站台候车，客流控制站台宽度

城市轨道交通发车间隔密，站厅为通过性空间，乘客在站台候车，站台的宽度由高峰小时客流控制。

（4）因地制宜，布置形式灵活

车站站型因敷设方式不同，有地上、地面、高架站；结合行车组织和周边建筑布局要求，站台可选择岛式、侧式、叠落式、混合式等，站厅与站台的组合形式亦可灵活多样，追求与城市融合的效果。

1.3 铁路与城轨车站特征对比

通过上述对铁路车站和城轨车站的典型特征分析，归纳总结其差异性，如表1所示。

表1 铁路车站和城轨车站的典型特征对比表

对比项	铁路车站	城市轨道交通车站
敷设方式	地面和高架为主	核心区地下为主，外围高架为主
进站方式	站前广场集中进站	多点分散进出站
购票方式	实名预约购票，固定座席	自动售检票，随到随走
流线组织	进、出站分流	进出站流线可反向
候车形式	站厅候车	站台候车
平面布局形式	较为固定	布局形式灵活
立面	塑造地标形象，追求对称形式	融入城市，追求结合

2 京雄快线典型车站

京雄快线目前为施工阶段，在京雄快线设计实践中研究都市快轨的车站设计标准，形成如下成果。京雄快线途经丽泽商务区、北京大兴机场、永清、霸州、雄安高铁站，到达雄安的金融岛、国贸，实现雄安到北京1小时通达的旅行目标，如图4所示。根据线路途经站点

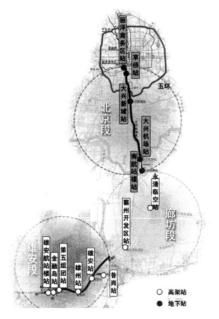

图4 京雄快线线路示意图

不同的功能定位，呈现三段差异化的特征：

（1）丽泽商务区—大兴机场：平均站间距19km，是连接北京中心城与大兴机场的轨道交通线路；

（2）大兴机场—第五组团站：平均站间距16.3km，珠链式串联起永清、霸州、雄州三个沿途外围组团站点；

（3）第五组团—雄安国贸站：在雄安新区起步区内每个组团设置一站，平均站间距3km，承担新区内各组团之间的通勤。

根据车站所处区域、功能、换乘线路等特征，都市快轨车站可分为三级，车站分级如表2所示。

第一级作为城市重大交通节点，站点位于城市的核心区，与铁路、机场等枢纽衔接，并与多条轨道交通换乘；第二级是城市级，位于中心城区，可与多条轨道交通换乘；第三级为区域级，站点位于外围组团，站点功能较为单一。

2.1 中心城区车站

2.1.1 枢纽型车站（一级）

雄安国贸位于雄安新区总部区，是最早

表 2 京雄快线车站分级表

序号	车站	行政区	车站分级	分级理由
1	丽泽商务区站	北京丰台区	一级	位于丽泽商务区中心，与M11线、M14线、M16线、丽金线形成五线换乘枢纽
2	草桥站	北京丰台区	二级	与M10线、M19线形成三线换乘站
3	大兴新城站	北京大兴区	三级	居住组团中心
4	大兴机场站	北京大兴区	一级	接入大兴国际机场，与京雄城际铁路、R4线、S6线形成城市重要交通节点
5	永清临空站	廊坊市永清县	三级	永清县边缘
6	霸州开发区站	霸州市	三级	霸州市边缘
7	昝岗站	雄安昝岗组团	三级	昝岗组团边缘
8	雄安站	雄安昝岗组团	一级	接入雄安高铁站，与R1支线、M1线等多条轨道交通形成城市重要交通节点
9	雄州站	雄安雄县组团	三级	雄县组团边缘
10	第五组团站	雄安第五组团	二级	与白沟支线、M3线形成三线换乘
11	金融岛站	雄安启动区第四组团	二级	金融岛几何中心，与M1线、M2线、M5线形成四线换乘
12	雄安国贸站	雄安启动区第三组团	一级	位于雄安总部区中心，设城市航站楼与京雄高铁、M1线、M2线形成城市重要交通节点

形成城市形态的建筑群，国贸站与京雄城际、M1线、M2线形成地下大型综合交通枢纽。未来作为北京非首都功能疏解重要承载地，将打造"集聚人气、齐聚人才、汇聚产业、云聚活力"的国际化企业总部区。

（1）同步建设高效便捷的综合交通枢纽

雄安国贸站在地下空间内，同步建设城际铁路、京雄快线、普线M1线、普线M2线四线换乘枢纽，配套常规公交、机场巴士、出租车、网约车、小汽车等多种交通接驳方式。通过合理划分竖向层级，在地下一层设置城市公共活动层，衔接周边500m半径内的全部地块。在地下二层设置多线共享换乘大厅，简化安检流程，推进四网融合，提高换乘效率，如图5所示。以提升乘客体验和绿色出行优先为原则，实现轨间换乘3分钟，接驳换乘2分钟的服务标准。

（2）设置城市航站楼，实现行李托运功能

在雄安国贸中心引入大兴国际机场的城市航站楼，乘机旅客可在枢纽换乘大厅办理登机

图 5 高效立体的换乘方式

及行李托运，为雄安的商务和旅行人群提供高水平的人性化服务。该站站台设为一岛一侧，其中侧式站台为到达侧，岛式站台可为发往机场方向的列车提供两个乘降区，为行李装箱作业提供充裕的时间，在站台上还需设置自动行李装卸系统，向上连接站厅的行李托运柜台。

（3）塑造功能复合的城市公共活动核心

雄安国贸中心综合体，未来将打造雄安CAZ（Central Activity Zone）中央活力区和TOD枢纽中心双轮驱动的"超级城心"，以超级交通枢纽为核心驱动，集高品质商务办公、商业、酒店、公寓及航空服务于一体的复合功能中心，实现"站城人"一体化、各物业价值最大化的城市综合体项目，成为引领世界前沿生活方式的未来城市活力都心、京津冀城市新名片。总建筑面积约 81 万 m^2，地上总建筑面积 59 万 m^2，地下总建筑面积 22 万 m^2。

枢纽地下空间与地上功能高度融合，促进航站楼、轨道交通基础设施与城市功能有机结合，重视公共空间中光、风、绿、水等自然环境的利用，将丰富的自然体验与高科技的生活形态相结合。

2.1.2　站城融合车站（二级）

金融岛是雄安新区仅次于国贸的重要核心区，该站是京雄快线与轨道普线 M1、M2、M5 四线换乘站。

（1）线路采用侧式深埋适配窄密路网

不同于国贸站嵌入地块的同步建设，京雄快线先于金融岛周边地块建设，且快线下穿的道路宽度仅有 18m。为充分体现节地理念，并为后续开发预留弹性，京雄快线采用侧式深埋的敷设方式，既可避免区间侵入建设用地，线路顺直，又可保证列车快速通过，并铺设减振道床，最大限度降低噪声振动对两侧建筑的影响。

（2）站与城之间设过渡空间

金融岛站与两侧建筑物之间设下沉广场、共享中庭等过渡空间，丰富地下空间品质的同时，解决车站附属的结合问题，在建设时序不能同步的情况下，亦是可分可合、弹性生长的技术保障。

（3）构建舒适宜人魅力多元的地下步行网络

在《河北雄安新区启动区控制性详细规划》中明确，以金融岛站为核心，构建地下人行系统，以地下主干通道为骨架、次干通道为延伸，连接周边半径 500m 范围的地下空间。

在雄安新区高起点规划、高标准建设的要求下，地面规划为窄密路网，在设计中提出"四轴串联，四核激活，多庭院点亮"的地下空间规划策略。

"四轴"为 M5 线、京雄快线、东西轴绿化带，以及南侧串联各地块的内街，共同构成"丰"字形的人行网络，并通过商业策划营造主题丰富、魅力多元的地下商业街。"四核"指在步行系统交点处设置贯通楼层的交通核，使地铁客流与商业客流便捷转换。"多庭院"指将地下一层进行首层化设计，设置垂直内院，引入自然光、自然风，改善地下空间环境，塑造有阳光可呼吸的高品质地下空间。

2.1.3　适应灵活运营组织的车站

都市快轨不仅为都市圈中的主要城市提供快速联系的廊道，而且还将助力更大范围的外围组团发展，宜按"主支结合、预留充分、不断生长、网络化运行"的理念系统设计，科学合理安排建设时序。

白沟在 20 世纪 90 年代的市场经济下迅速崛起，有一定的经济基础，正面临产业革新与升级。京雄快线为白沟预留支线，在第五组团站采用双岛四线站台，主线位于中间通往北京，支线位于外侧通往白沟。车站按远期主支线互联互通运行的用房需求同步建设，实现资源共享。

双岛四线式通常适用于主支接轨站，也可组织两条线路互联互通的运营，如图 6 所示。

其适应性强、可分期建设，初期仅建设车站作为"主支线换乘站"，远期将全部区间贯通形成两条线的"同站台过轨站"，既可实现支线的独立运行，又可满足跨线运行需求。在规划线路不明朗的情况下，甚至可在初期仅实施中间的侧式站，待外侧线路确定时再扩展为双岛四线站。

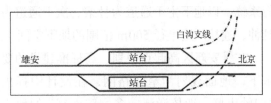

图6　第五组团站双岛四线式

2.2　外围组团车站（三级）

雄州站位于雄县组团北部边缘，属于典型的外围组团站，在都市快轨车站分级中划分为三级站。

（1）高架桥敷设，避免轨道对城市的割裂

雄州站采用高架形式敷设，站厅位于站台正下方，相较于铁路的线侧式布局，更集约化利用土地，避免轨道对城市的割裂，对城市更加友好[4]。

（2）利用桥下空间布置交通接驳设施

由于站点位于城市边缘，将更依赖机动化的交通接驳方式，该站利用桥下空间及站前空间布置公交、出租车、小汽车、非机动车等接驳设施，拓展站点服务半径[5]。

（3）高速越行站的实施

雄州站作为外围组团车站，客流量不大，在都市快轨快慢车运行的运营组织模式下，在该站设置越行线，为列车200km/h全速通过提供条件。列车高速越行过站时产生的振动将带动整个车站结构振动，因此车站可采用"桥建分离"的形式，使站厅、站台及人员用房与正线桥墩脱开，确保车站结构的运营安全和人员的舒适性。

列车高速越行产生的风压会对候车乘客造成较大冲击，需核算风荷载组合作用下的最不利值，应设全高封闭型站台门，隔绝轨行区与乘客候车区。临近轨行区的墙体、幕墙、门窗、栏杆等设施和构件应满足风压计算强度要求，在越行线正上方的屋顶开设洞口进行泄压。

（4）站台候车方式

都市快轨提供公交化服务，高峰与平峰客流差异大，其发车频次控制在5～15min[6]，高频次的发车间隔应区别于铁路站厅候车模式，以站台候车为主，并借鉴铁路站厅的环境标准，在站台设置候车座椅[7]。候车座椅数量考虑高峰和平峰的客流综合计算确定，同时座椅布置不应影响疏散和主客流的行进方向[8]。雄安新区为北方寒冷地区，结合气候条件还需设置空调候车室。

（5）地上站风貌深挖历史文化

快线车站作为城市形象的展示窗口，立面造型设计应体现当地文化特色，符合上位规划对风貌的要求。首先，通过对雄州的历史沿革分析，提出"翼翼雄州"方案，凸显历史上雄州位于宋、辽边界军事重镇的特点，提取雄州古城楼元素，与古城文化遥相呼应。其次，屋顶形式在传统庑殿顶基础上结合功能进行改良，形成高低错落的三段式屋顶。在立面中沿用中国古建的开间比例进行装饰。最后，将站前广场和交通设施与中式园林营造的特点相融合，由中轴线为主导的广场强调礼仪秩序、导向明确，两侧的树阵和连廊创造活力并存的城市公共空间。整体形象呼应雄安新区"中西合璧、以中为主、古今交融的建筑风貌"要求。

3　结语

都市快轨沿线城市形态差异大，追求快速通达与公交化运营，城市发展和客流发展具有不确定性，在如此复杂的条件下，车站标准应如何确定？本文尝试以京雄快线的典型站为例，提出了解决的策略。

（1）面对差异化的城市形态和城镇布局，车站站型应一站一策。对车站进行分类分级，定义不同的车站级别，中心城区车站以城轨车站布局为主，外围组团站在铁路车站布局基础上进行优化，实现高质量、精细化的设计。

（2）面对都市快轨快速通达的核心要求，车站应具有快速的进出站流线、提供高效的换乘通道，简化安检流程与便捷的接驳方式，缩短门到门的通达时间；车站的设备设施还应满足高速越行的要求，设全高封闭型站台门，站台其他设施与构件要满足风压计算强度要求。

（3）面对公交化的运营方式，都市快轨车站应以站台候车为主，改善候车环境，以适应5～15min的候车时间。

（4）面对都市圈快线网的灵活运营，车站采用多线多站台的形式，应满足跨线运行模式下不同列车乘客乘降要求，车站设备及管理用房宜打破单线运行的模式，鼓励多线共享；车站应按远期规划统一设计，按未来互联互通运行线路的用房需求预留好土建条件。

按照《城市公共交通分类标准》CJJ/T 114—2007分类，"都市快轨"属于大类"城市轨道交通GJ2"、中类"市域快速轨道系统GJ27"；按照中国城市轨道交通协会批准发布的标准《城市轨道交通分类》T/CAMET 00001—2020，从空间范围划分到系统制式划分"都市快轨"均属于"市域轨道交通"范畴，尚未发布相关设计标准。

基于上述原因，本文梳理了传统铁路客运站与城轨车站的特点和差异，以典型的京雄快线为例，提炼既可快速通达，又可与城市功能相融合的车站设计要点，具有实际意义。

参考文献

[1] 国家发展和改革委员会.国家发展改革委关于培育发展现代化都市圈的指导意见[EB/OL].（2019-02-21）. https://www.ndrc.gov.cn/xwdt/ztzl/xxczhjs/ghzc/202012/t20201224_1260130_ext.html.

[2] 中国城市轨道交通协会.都市快轨（160km/h～200km/h）设计规范：T/CAMET 00003—2023[S].北京：中国铁道出版社，2023.

[3] 徐成永，佟鑫.都市圈轨道交通发展研究及对策[J].现代城市轨道交通，2022（3）：1-8.

[4] 山琳.适用于市域快线特征的交通衔接与TOD研究[J].都市快轨交通，2020，33（6）：27-33.

[5] 梁正，陈水英.路中高架车站的景观设计[J].都市快轨交通，2009，22（1）：51-54，57.

[6] 美国交通运输研究委员会，杨晓光，滕靖.公共交通通行能力和服务质量手册[M].北京：中国建筑工业出版社，2010.

[7] 王立忠，冯西培.北京市域快轨新机场线车站建筑设计标准研究[J].都市快轨交通，2016，29（4）：24-28.

[8] 陈瑜.高速铁路客运站候车空间人性化设计研究[D].北京：清华大学，2017.

北京地铁列车网络控制优化方案研究

梁博 吴文昊 赵楠

（北京市地铁运营有限公司运营一分公司，北京 102200）

摘 要：随着智慧地铁目标的提出，城市轨道交通列车智能化要求越来越高，其中列车牵引系统是车辆关键电气系统之一。传统列车牵引系统控制方式较为落后，列车牵引系统整体性能较低，同时列车牵引系统和设备性能下降，发生故障的概率变得越来越大，严重影响牵引、制动系统关键信号控制的稳定性。车辆上系统硬件集成度较高，当某个系统部件发生故障后，很可能影响车辆电气设备功能的正常运行，上述隐患严重威胁到列车的运行安全。根据北京地铁原有牵引逆变器所存在的缺陷，提出相应的改进方案。

关键词：原有逆变器缺点；牵引控制单元设计；驱动板卡国产化

1 原有牵引逆变器缺点

列车采用两辆动车一辆拖车（以下简称"两动一拖"）为一个单元，T1 和 T2 为带司机室的拖车，M1、M2、M3、M4 为动车，车辆最大速度为 80km/h，每节动车各配备一组牵引控制单元。车载控制器或者司控器将牵引方向、牵引或制动级位信号传递给牵引控制单元，牵引控制单元接到信号后通过矢量控制方法输出三相电流，经过驱动放大后控制牵引逆变器主电路的 IGBT 晶闸管开闭，经过控制 IGBT 晶闸管所输出的三相电压，最终达到控制电机的目的。

原有逆变器存在以下缺点：

（1）牵引控制单元未集成化安装，导致安装空间较大，安装工艺下降。

（2）牵引驱动板卡使用时间较长，故障率提高，故障返修周期较长，维修成本较高。

（3）原有牵引逆变器使用时间较长，造成 IGBT 晶闸管内部功率性能下降，最终造成主电路故障较频繁。

（4）受低次谐波影响，造成 IGBT 晶闸管受到的电流冲击较大。

2 牵引控制单元设计

牵引控制单元作为控制牵引逆变器中 IGBT 晶闸管开断的核心部分，采用模块化设计，整体采用 3U 板卡，采用 4U 标准插件箱，板卡前端用于布线，内部电路主要由背板单元、电源单元、主控单元、对外接口单元和以太网通信单元组成。其中对外接口单元包括数字量输入、输出板卡，在此基础上增加数字量输入、输出备用板，用以采集牵引系统关键状态量数据（电机电流、温度、振动量等数据），从而达到在牵引控制单元数字量输入、输出电路板出现问题的情况下，可以快速转换为备用板进行数字信号的输入、输出。

背板单元内部采用 PCI、ISA 总线，负责连接内部各单元之间的电信号、内部网络信号。电源单元将外部电源输入母线相互独立，分别提供 110V 车辆电源，为保证电源单元在恶劣环境下工作，设计了相应的温度、过欠压保护电路、电压转换电路（将 110V 电压转换成 3.3V 和 24V 电压）、输出隔离电路和滤波稳压电路。对外接口单元采集输入脉冲信号，并进行滤波处理，保证信号过冲量、静态误差符合要求（数字量输入、输出电路板）；对中央控制板计算的信号进行输出滤波控制，保证输出信号的相应过冲量等指标；数字量输入、输出板在功能上完全替代牵引系统控制器的相应板卡，这样可以代替牵引系统控制器对PWM脉冲信号相应处理功能，将信号处理控制集成在一起。主控单元采用dsp+FPGA结构；其中32位dsp处理器采用TMS320C6713浮点处理器，CPU频率最高可达300MHz，执行速度最大达到2400Mips，可以对牵引系统状态、故障数据进行分析、统计，对各种输入脉冲信号进行优先级逻辑判断以及对逻辑运算数据进行对比表决，8Mb的EPROM和256KB的静态RAM对关键数据进行记录、存储，存储电气系统（包括牵引系统、制动系统和网络系统等关键电气系统）状态和故障数据；FPGA对永磁同步电机进行矢量控制。以太网通信板卡采用以太网介质访问控制器，可以实现中央控制单元数据和车辆网络系统以100Mb/s的传输速率进行全双工通信。另外对外接口单元中的数字量输入、输出备用板功能与数字量输入输出板类似，可以实现中央控制单元集中控制全列车门。牵引控制单元电路结构框架如图1所示。

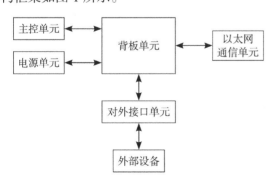

图1 牵引控制单元电路结构框架图

3 牵引逆变器驱动板卡国产化

牵引模块内有四块驱动板，一路辅助斩波驱动，其他三路负责三相桥臂驱动，为更直观地对比国产化驱动板与原驱动板的功能性是否一致，验证国产化驱动板的可替代性，现将模块内的U相驱动板更换为国产驱动板。

3.1 牵引驱动板卡电路设计

牵引驱动功率板卡由电源隔离电路、整流电路、驱动信号调制电路组成，输入电源隔离电路，通过变压器实现电源隔离；整流电路将变压器输出的电压进行整流调压，为驱动板IC芯片提供电源电压；驱动信号调制电路主要完成驱动信号的隔离、逻辑判断以及信号放大的功能。

3.2 CP板卡设计

CP板主要由功率电源电路、信号逻辑判断电路、功率输出电路构成。功率电源电路主要由功率模块构成，负责输出IC芯片供电电压以及电容充电功率；信号逻辑判断电路主要由运放构成，负责完成对输入信号的逻辑判断以及信号的隔离，最终输出控制开关管的驱动信号；功率输出电路主要由功率开关管构成，完成对电容充电功率的输出。

4 试验效果验证

4.1 牵引控制单元、逆变器相关实验

经过模块化设计后牵引控制器尺寸为177mm×483mm×350mm，集成化后牵引控制器安装控件明显减小，对其进行相关型式试验，符合相关标准。具体实验内容如表1所示。

表1 牵引控制单元、逆变器型式实验数据表

试验项目	常温性能试验	振动冲击试验	外壳防护等级试验	高低温试验	EMC试验
牵引控制单元	√	√（1类A级）		√（-25℃×48h、50℃×24h）	√
逆变器装置		√（1类A级）	√（IP55）		√

4.2 牵引系统驱动板卡功能测试

根据门极驱动板的元器件BOM表、原理图和PCB文件，进行门极驱动板制板工作。

将上述文件发给专业制板公司进行制板，并提出详细的制板要求。在拿到返回的门极驱动板样板后，对样板进行测试。

（1）静态测试

观测门极驱动板样板的外观，并对比原厂门极驱动板，用万用表检查各类元器件均无缺焊、漏焊、短路、断路等焊接问题。

（2）空载上电测试

确定静态测试正常后，进行空载上电测试，检测驱动板基本功能达标。

（3）牵引驱动模块测试

对牵引板单元输出交流电压及电流进行检测，测量V相（原板）、U相（国产）输出电流及输出电压波形。对比可知，国产板与原板在断路器吸合瞬间线圈电压的波形一致，国产板测试合格。对比可知，U相的输出电压及电流波形与V相一致，即国产板与原板输出波形相一致，故牵引国产板电压电流输出满足国产化要求。

（4）CP模块测试

对国产板与原板驱动运行时断路器线圈电压波形进行检测，测量两种情况下断路器吸合时线圈的输出电压波形。对比可知，国产板与原板在断路器吸合瞬间线圈电压的波形一致，国产板测试合格。

5　结语

通过牵引控制单元设计、驱动板卡国产化对原有牵引逆变器进行改造，并通过相关试验，改造后的牵引逆变器已经投入使用，车辆牵引系统故障率有效降低。

参考文献

[1] 饶忠. 列车牵引 [M]. 2版. 北京：中国铁道出版社，2010.

[2] 尧辉明. 城市轨道交通车辆牵引系统 [M]. 北京：中国铁道出版社，2018.

[3] 徐红星，张晓. 上海13号线列车网络控制系统设计与研究 [J]. 铁道机车车辆，2012，32（3）：84-88.

[4] 李海龙，孙平. 基于TCN标准的动车组MVB总线运行性能的研究 [Z]. 2018.

天津电力市场化交易的探究与实践

宋 芮

（天津津铁供电有限公司，天津 300381）

摘 要：2021 年 10 月，国家发展改革委下发电价市场化改革通知（发改价格〔2021〕1439 号、发改办价格〔2021〕809 号），要求取消工商业目录电价，10kV 以上用户进入电力市场。改革推动了电力市场化交易普及，电力交易既反映电力市场供求关系，优化资源配置，提高效率，又深入影响了企业用电成本。本文将对电力市场化交易进行探究，对什么是电力市场交易、是否应参与电力市场化交易以及如何参与电力市场化交易等问题进行论述，同时天津轨道交通运营集团作为公共交通企业，也参与了电力市场化交易，本文将对实践情况进行简要阐述。

关键词：市场电价；电力交易；电力市场；地铁

引言

地铁作为城市公共交通的重要部分，具有公益性，为市民提供便捷、快速、安全的出行方式，对城市经济发展和民生改善有积极作用。但建设和运营需巨额资金投入，给政府和地铁企业带来经营成本压力。因此，如何在确保地铁公益性的前提下，合理控制经营成本，实现可持续发展，值得关注。

地铁运营成本包括电力、维护、人工、管理等方面支出，其中电力成本支出占重要部分。地铁运营企业参与电力市场化交易，通过调节用电成本降低用电成本，对企业降低运营成本有积极影响。

本文将对电力市场化交易进行探究，论述电力市场交易、是否应参与电力市场化交易以及如何参与电力市场化交易等问题，同时简单阐述天津地铁参与市场化交易的实践情况。

1 电力市场化交易概述

1.1 电力交易概念

电力交易，也被称为电力市场交易，是一种允许电力供需双方通过竞价、协商、挂牌等方式进行电力买卖的行为。

1.2 电力交易意义

电力交易有助于提高电力市场化程度，还原电力的商品属性，实现更加充分的竞争。通过电力交易，发电企业可以实现电力产能的充分配置及利用，提高经济效益；电力用户则可以根据自己的实际需求购买电力，降低用电成本。总之，电力交易是一种重要的市场行为，对电力市场的稳定和发展具有重要意义。

2 电力市场化交易规则

电力市场化交易规则是电力市场运营的核心，用于规范市场成员的交易行为，维护市场的公平、公正和透明。以下是一些电力市场化交易规则。

2.1 交易主体

电力市场的交易主体包括电力用户、售电公司、发电企业和电网企业。这些主体在电力交易中心注册并参与交易。

其中卖方是发电企业，买方则是电力用户，直接向发电企业购电的用户属于批发用户，通过售电公司购电的用户属于零售用户。

而售电公司、电网企业则是卖方与买方之间的纽带，帮助用户购买使用电力。

2.2 交易方式

电力市场采用多种交易方式，如双边交易、集中竞价交易、挂牌交易等，以提高市场流动性和交易效率。双边交易是买卖双方直接达成协议。集中竞价交易是买卖双方在平台上提交报价和出价，平台根据价格优先、时间优先原则撮合交易。挂牌交易是买卖双方在平台上发布挂牌信息，协商确定价格和电量。多样化交易方式有助于提高市场竞争性和交易效率。

2.3 价格机制

市场化电价，是用户、售电公司从发电企业购电的价格，等于发电侧交易上网电价，需满足本地燃煤基准价±20%的要求。

根据《天津市关于深化电价改革有关事项的通知》（津发改价综〔2021〕313号），天津市燃煤发电电量原则全部进入市场，上网电价在"基准价+上下浮动20%"范围内形成，其中基准价为每千瓦时0.3655元。

2.4 合同机制

电力市场的合同管理是确保市场交易执行要素的重要环节。买卖双方需要明确电量供需、价格、结算方式、违约责任等内容。电力交易中心和市场监管机构会监督合同履行情况。严格的合同管理有助于维护市场稳定性和可靠性。批发交易与零售交易合同结算要素有区别，具体以当地发布的交易规则为准。

以2023年天津市电力零售市场交易工作方案为例，合同套餐包括"固定价格"和"固定价格+价差分成"两类。

2.4.1 固定价格套餐

双方约定合同电量的价格为固定价格，该价格不随售电公司在批发市场交易合同价格而变动；用户超用或少用电量按约定的偏差电价执行。

合同电价计算方式如下：

合同电价=双方约定全月固定价格

2.4.2 固定价格+价差分成套餐

双方在约定的合同电量固定价格基础上，售电公司在批发市场中长期交易合同均价（含年度、月度、月内，不含合同转让）与固定价格的差额，按一定比例传导给零售用户；用户超用或少用电量按约定的偏差电价执行。

合同电价计算方式如下：

合同电价=固定价格+（售电公司批发市场合同加权均价－固定价格）×价差分成比例

合同电价构成中，固定价格以外的部分定义为分成价格。

2.5 结算方式

电力市场的结算方式通常采用实时结算和定期结算两种方式。实时结算是指买卖双方在交易完成后立即进行结算，确保交易的及时性和准确性，主要应用于电力现货市场交易。定期结算是指买卖双方在一定时间内进行结算，通常以月为单位。灵活多样的结算方式有助于满足不同市场主体的需求。

2.6 市场监管

电力市场的监管机构以各地电力交易中心为主，负责对市场进行监管，确保公平、公正和透明，防止市场操纵和不公平竞争。电力市场化交易规则是市场运营的基础，监管机构监督市场价格，维护合理性和公正性，规范市场成员交易行为，维护市场稳定运行和资源优化配置。

3 参与电力交易的优缺点

参与电力市场化交易也有其优缺点，以下是一些关于企业是否应参与电力市场化交易的考量因素。

3.1 降低成本

电力市场化交易使电力用户能够直接与发电厂或售电公司议价，从而获得多样化的电价和服务，有助于降低电力用户的用电成本。

天津市工信局数据表明，2018年天津电力市场实现市场化交易93.58亿千瓦时，为企业节省用电成本5.5亿元。

3.2 交易风险和不确定性

（1）价格波动风险

市场价格是波动的，在下行区间可为企业节省成本，但在上行区间，可导致电力购买成本上升。

（2）交易对象违约风险

交易对象违约可能导致合同无法执行。天津电力交易中心于2023年3月公示了57家售电公司因不满足注册条件被强制退出市场的情况，与这类公司签订的购电合同可能面临无法执行的风险。

（3）管理风险

因电力交易规则较国网购电更为复杂，对繁杂规则的不理解可能导致严重后果，例如退市将产生1.5倍惩罚性电价，偏差未满足合同要素导致罚款等。参与电力交易需要投入更多时间和精力来管理和监控交易过程，以确保实现预期效益。

3.3 监管和政策风险

电力市场化交易受到监管政策和市场环境的影响。政策变化、监管加强或市场波动都可能对电力市场化交易产生不利影响。

3.4 促进市场竞争和创新

电力市场化交易打破了传统电力供应模式的垄断格局，增加了供应商和用户之间的竞争。越多用户参与到市场化，越可能促使电厂或售电公司等供应商进行技术创新、服务提升和价格优化，从而促进整个电力行业的发展。用户也可根据自身用电体量，选择成为批发用户或零售用户，找到最适合自己的交易方式。

综上所述，参与电力市场化交易可能带来一些好处，但也存在一些风险。在决定是否参与电力市场化交易时，电力用户需要综合考虑自身情况、市场环境、政策风险等因素，并进行充分的市场调研和风险评估。

4 天津地铁市场化交易实践

天津轨道交通运营集团于2018年响应政府号召，注册成为天津市第六批电力直接交易用户。

2021年6月、7月作为零售用户委托售电公司代理参与电力市场化交易，2个月交易节省电费53.7万元。后因市场电价发生倒挂，返回国网购电。

2021年10月，国家发展改革委及天津市发改委相继下发了关于电价市场化改革的相关通知。2021年12月，运营集团组织2022年电力市场化服务招标，选择了一家售电公司。2021年12月20日，天津市工信局下发2022年电力市场化新交易规则，结合新规及当时市场行情看，市场电价较电网购电价高，每月通过市场购电将造成运营集团电费成本多50余万元。根据当时的国家电网电价和多家公司询价，价格如表1所示。

表1　国家电网与多家公司电价表

序号	公司名称	12月电价/（元/度）	1月电价/（元/度）	2月电价/（元/度）
1	国家电网	0.6281	0.6516	0.6479
2	天津友宏恒业电力科技有限公司	0.6386	0.6686	0.6634
3	国网（天津）综合能源服务有限公司	—	0.6694	0.6634
4	天津中油电能售电有限公司	0.6307	0.6694	0.6634

根据上述情况，2022年1月、2月售电公司均价较国网代购价平均高0.0165元/度，按照运营集团每月发生电量3000万度核算，每月成本将多约50万元。

公司参与市场化交易用电成本较国网代购增加。

5 结语

从天津轨道交通运营集团参与电力市场化交易的实践来看，在市场电价下行区间，参与电力交易可为企业节省成本，减缓企业经营压力。但在市场电价上行区间，电力交易会造成客观上的成本提高。

国家进一步深化燃煤发电上网电价市场化改革，无疑为电力市场带来了新的变革。在工商业用户全部进入市场之前，电网企业作为电力市场的中间环节，承担着代理购电的责任。但电网企业代理购电只是过渡性政策，随着工商业用户全部进入市场，电力交易市场将更加活跃和透明。未来的电力交易市场将更加注重市场机制的作用，通过市场供需关系和竞争机制，实现电力资源的优化配置。

随着电力市场改革的深入推进，工商业用户作为电力市场的主要参与者，其进入市场不仅可以促进电力市场的竞争，提高电力资源的配置效率，还可以通过市场机制，使电价更加合理，降低工商业用户的用电成本。推动工商业用户全部进入市场，是电力市场发展的必然趋势。

参考文献

[1] 宋学强，马成林，张怡，等. 电力交易实践当中存在的问题及对策研究 [J]. 电力设备管理，2021（7）：151-152.

[2] 吉斌，钱娟，昌力，等. 电网企业代理电力用户参与市场购电业务分析与问题探讨 [J]. 综合智慧能源，2023，45（3）：57-65.

[3] 刘金涛，王鑫根，伍以加，等. 加快全国统一电力市场建设若干问题的思考：以电力交易中心为切入口 [J]. 价格理论与实践，2023（4）：101-103，209.

[4] 刘萍，陈涛，钟甜甜，等. 电力市场化交易电费风险防控体系建设与应用 [J]. 电工技术，2023（14）：195-197，202.

[5] 连晓芬，经菁，何方叶，等. 电力市场化交易履约保障凭证管理体系的应用 [J]. 自动化应用，2023，64（12）：240-243.

新加坡中运量轨道交通发展模式对长春的启示

李　梅*

（北京城建设计发展集团股份有限公司，长春 100037）

摘　要：新加坡轨道交通出行比例近几年逐年增高，除了建立拥车证和税费制度有效控制小汽车增长外，更是加大对公共交通基础设施的投资，以居民需求为导向，不断完善公共交通系统。通过分析总结以盛港轻轨为例的新加坡轨道交通在机制与法规、一体化长期规划、发展控制、无缝综合交通枢纽、建设实施管理等方面的先进经验，分析长春市轨道交通与周边地块一体化开发在规划、建设方面存在的实际问题，提出未来长春轨道交通在政策制定、规划编制、具体实施三个层面上可借鉴的思路和模式。

关键词：中运量轨道交通；居民需求导向；发展模式；交通土地一体化

引言

由于城市规划、土地使用和交通建设的脱节，人们居住地与工作地的距离越拉越大，私人汽车的无节制增长，导致城市交通状况拥挤不堪，严重制约了经济的增长。

新加坡由于其一体化综合长期规划政策、前瞻性的交通管理与调节战略、有计划的土地使用和城市扩展政策，而成为现代国家发展的典范。虽然新加坡在国情上有一定的特殊性，但它的成功发展经验却包含了普遍性。

1　新加坡轨道交通现状

1.1　运营里程

新加坡公共交通系统由轨道交通、公共汽车构成，轨道交通包括地铁 MRT 和轻轨 LRT 系统。MRT 承担主要客流走廊的运输任务，LRT 呈环状布局串联外围居住区，并与 MRT 车站相衔接。新加坡目前地铁运营线路 6 条，运营里程 229.7km；轻轨 3 条，运营里程 28.8km，设置车站 41 座，3 条轻轨线均设置在城市外围大型住宅区内，分别为武吉班让轻轨线、榜鹅轻轨线和盛港轻轨线[1]。

1.2　客流量

新加坡居民在高峰时段选择公共交通出行的比例在 1997 年一度高达 67%，此后这一比例逐步下降，至 2008 年降至 59%，为此新加坡建立拥车证和税费制度，加大对公共交通基础设施的投资，以居民需求为导向，不断完善公交系统等措施来限制拥有和使用私家车，鼓励居民公交出行。

通过各种措施新加坡的机动车保有量从 2011 年至 2023 年基本保持在 95.5 万辆至 100 万辆之间[2]（图 1）。

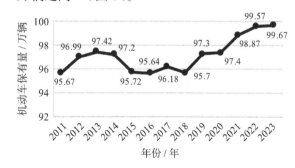

图 1　新加坡机动车保有量

新加坡公共交通的运营里程及客流量在逐

* 李梅（1987—），女，汉族，河北省行唐县人，硕士，目前从事轨道交通设计工作。E-mail：446576885@qq.com

年增加[2]（图2、表1、表2）。

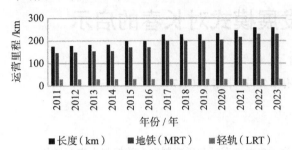

图2　新加坡轨道交通运营里程

表1　新加坡公共交通日客运量（2011—2017年）

日客流量/万人	2011年	2012年	2013年	2014年	2015年	2016年	2017年
地铁（MRT）	229.5	252.5	262.3	276.2	287.1	309.5	312.2
轻轨（LRT）	11.1	12.4	13.2	13.7	15.3	18	19
公交（BUS）	338.5	348.1	360.1	375.1	389.1	393.9	395.2
出租车（TAXI）	93.3	96.7	96.7	102	101	95.4	78.5
合计	672.4	709.7	732.3	767	792.5	816.8	804.9

表2　新加坡公共交通日客运量（2018—2023年）

日客流量/万人	2018年	2019年	2020年	2021年	2022年	2023年
地铁（MRT）	330.2	338.4	202.3	210	274.5	324.3
轻轨（LRT）	19.9	20.8	13.9	15.1	18.4	20.2
公交（BUS）	403.7	409.9	287.8	300.8	346.1	374.7
出租车网约车（TAXI）	75.5	77.2	51.6	55.3	58.2	60.6

　　2019年公共交通每天搭载的旅客人次比2011年增加了25.86%，其中轨道交通载客量增加了49.29%，每天的行程达到359.2万人次，公共汽车和出租车的载客量增加了12.81%，达到487.1万人次。

　　值得一提的是，新加坡的轻轨系统近十几年运营里程并未增加，但客运量呈逐年上涨的趋势，这与轻轨系统与周边组屋区的紧密结合及完善的配套设施有密切关系。

2　盛港轻轨模式

2.1　盛港轻轨概况

　　盛港轻轨线是新加坡综合新镇发展进行设计的轻轨系统，分东西环线，起终点均为东北线盛港站。线路全长10.7km，全线高架，共设14座车站。盛港轻轨是全自动、高架的系统。建设成本约为1.8亿元/km，建设周期为2年。

　　盛港轻轨的东环线路长度4.5km，设置车站6座，于2003年1月18日投入使用；盛港轻轨的西环线路长度6.2km，设置车站8座（3座未投入运营），于2005年1月29日投入使用，2015年6月27日全线车站投入使用。东西环主要服务盛港的居民（图3）。

图3　已运营盛港轻轨线线路示意图

2.2　盛港轻轨成功经验

2.2.1　一体化综合长期规划政策

　　新加坡实行一体化长期规划政策，规划过程分为概念规划、总体规划、规划可行性研究及具体发展计划四个阶段。概念规划为长期规划，规划年限为40～50年，确定交通与土地使用综合规划、铁路与道路长期规划，每10年检讨复核一次。总体规划为中期规划，规划年限为10～15年，确定铁路、公路发展规划及各种性质土地使用，每5年复核一次。促进可持续一体化发展的长期规划，可以有效降低出行需求及对私人车辆的依赖，有助于分散高峰流量，提倡高密度、紧凑、以公交为中心的城市结构，推广一体化整合发展，预留未来交通走廊及确保交通工程及时到位。规划通过机制与法制严格的发展控制以保证有效实施及促进有序发展[4]。

新加坡轨道交通规划是纳入城市总体规划范围的，在开发时机还没成熟时，新加坡政府选择暂时关闭站点，等周边土地开发初具规模后，才实行站体的综合开发；另一种做法是在站点周边圈一大块绿地作为预留地，等周边地区发展起来以后，预留地的价值就相当可观，政府再从中获得收益。这种开发方式的可行性较强，不会造成大量拆迁和不必要的浪费，非常值得学习[5]。

2.2.2 轨道交通与周边土地及其他交通设施的完美结合

新加坡执行以公共交通为主的规划发展，十分重视土地利用和交通的综合开发，特别是交通枢纽，它是城市具有高吸引力的节点，当它与土地使用类型集约经营利用时，土地价值就会提高。因此新加坡地铁站周围的建筑和周边地块普遍采用多功能的组合式开发方式。新加坡地铁站的综合开发不仅包括地下空间，也包括地上周边建筑，并结合住宅、商业、商务办公等不同功能进行综合开发。在城市边缘区的新镇中心站点，则更多地强调结合住宅配套中心开发，盛港新镇最终有95000个居住单元[6]。

（1）盛港地铁轻轨换乘站

盛港站是地铁站与轻轨站的换乘站，串联盛港居住区，在一个半径为500m的捷运站，住宅用地占了绝大多数的土地，商业主要是放置在附近的地铁站，周边配套有各种交通方式，方便换乘，是不同交通模式转换的经典。地铁站与周边的商业、居住、其他交通方式直接连通（图4～图6）[7][8]。

图4 盛港站及周边设施平面分布现状图

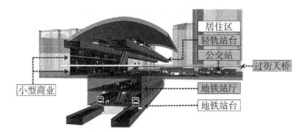

图5 盛港站剖面示意图

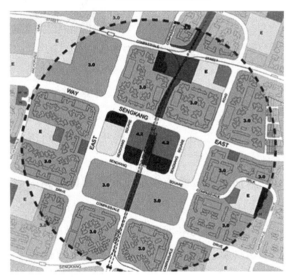

图6 盛港500m半径周边土地开发示意图

（2）盛港轻轨港脚站

港脚站为盛港轻轨东环的一个标准站，设置两个出入口，出入口设置于道路外侧绿化带，出入口附近设置公交站台及自行车停车泊位，并设置连通两侧居住、商业的有盖廊道（图7）。

盛港轻轨车为全自动运行车辆，车辆长度为11.84m，因此港脚轻轨站本身的体量并不大，但轻轨用地占地长度约为100m，占地面积约为3220m²（图8）。出入口处与周边其他

图7 港脚轻轨站周边设施布设

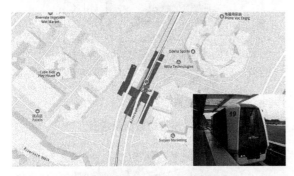

图8 港脚站占地图及盛港轻轨车

交通设施、居住、商业等连接通道均纳入轻轨用地范畴，便于整体规划、建设和管理运营。

2.2.3 轨道交通与周边土地统一的规划建设主体

新加坡设有政府高级机构新加坡陆路交通管理局（LTA），高位统筹协调，保障轨道交通从规划到实施落地。

新加坡陆路交通管理局（LTA）是直属于新加坡交通部的法定机构，秉持为新加坡建设一个"以人为本"陆路交通系统的愿景，全面负责新加坡陆路交通领域的政策制定、规划、设计、建设、管理，以及监管等各方面工作。新加坡轨道交通线网规划、建设规划、轨道站点周边用地规划、轨道交通建设资金筹措、轨道周边土地招商及合同签订、轨道交通运营权出让等与轨道交通相关事宜均由LTA负责[9]。

3 长春现状及规划存在的主要问题

（1）城市化进程加快，导致居民出行距离不断加大，机动车保有量不受限制逐年增加，交通拥堵问题日益严重。从2011年至2022年长春市市区人口从365万增加到448万人，机动车保有量却从77.3万辆增加到200.2万辆，百人小汽车拥有量从21.18辆增加到44.68辆，目前长春市在全国拥堵城市中排名第四[10]。

（2）长春市目前的轨道交通系统由地铁、轻轨、有轨电车组成，受建设资金等历史原因影响，处于城市核心位置的3号线和4号线为轻轨制式，但受路权、制式等影响，并未将运能充分发挥出来。轻轨车站、出入口的设置上也未考虑与周边土地、市政设施的充分结合。

（3）轨道交通对城市发展的引领作用不足，3号线南延、4号线南延等新线的规划建设带动了周边土地的快速出让，但是周边土地如何与轨道系统有效衔接，衔接地块用地的规划、建设等并没有统一的规定，有的地块甚至不同意与轨道交通系统衔接。

（4）目前没有轨道交通线路、站点周边的专项规划，轨道交通线路、站点周边分布有各类用地性质的土地，不便于系统、长远的用地出让和管理。

4 对长春的启示

一是制定政策，通过优化交通出行结构有计划地限制私人机动车的快速增长。

二是统筹规划。

加强规划控制，轨道交通车站、车辆段、停车场及周边土地实行统一规划、同期实施。结合地区综合开发需求、交通配套等条件，明确综合开发利用轨道交通场站的功能定位、开发规模及是否预留白地。对重点站场周边用地性质进行适当调整并实行专项规划，形成集多种功能于一体的综合性区域，提高既有轨道交通土地资源的利用效率。

通过统筹规划，加强轨道交通沿线的土地

规划控制，以轨道交通的规划建设为契机引导城市产业结构与空间形态的发展，建立公共交通导向的城市土地利用形态，经营好城市土地资产，为城市交通筹集建设资金，促进城市公共交通建设与运营的主体多元化与运作商业化，实现社会、经济、环境的协同发展。

三是明确轨道交通对城市的引领作用。

轨道交通的建设能带动沿线土地的开发已成为大家公认的事实，新加坡盛港新镇、榜鹅新镇均是依托轨道交通建设起来的新城，通过地铁缩短了新城与中心城区的时空距离，通过轻轨的建设同步建设新城各功能区，充分体现了轨道交通引领城市发展。

未来，长春市将全面进入轨道交通建设高峰期，为此，有必要结合轨道交通建设，同步调整、优化轨道交通周边的城市规划，最大限度发挥轨道交通设施的优势，实现城市交通建设和沿线用地开发的良性互动，推动城市功能布局优化。

长春市新一轮建设规划中的空港线、4号线南延线分别连接中心城区和外围新区。外围新区属于城市待开发区，有大量的土地资源，应以轨道交通规划建设为契机，合理规划、整合轨道交通沿线土地，通过轨道交通建设引导和带动外围新区城市功能有序拓展，带动新区建设。

四是制定长效交通发展机制，实现交通与土地的统筹发展。

建议在线网规划初期组建"轨道交通沿线土地利用研究所"（以下简称轨交研究所），将长春市规划院、设计院、测绘院及相关院所专业人士引入该研究所，对轨道交通沿线用地统筹考虑分析，将站场周边用地按开发等级分类，确定哪些适合结合轨道交通建设优先开发、哪些适合在轨道交通站场周边预留用地，建立轨道交通沿线用地开发利用的长效规划机制。轨交研究所成果经长春市规委会研究通过后，可纳入规划局数据库系统，未来轨道交通沿线土地出让，开发商需购买相应轨道交通沿线土地开发方案。

在老城区，结合轨道交通站场规划建设，在满足交通功能的前提下，充分与轨道交通周边既有地下空间（地下商业街、停车场、人防、过街通道等）连通，通过轨道交通建设，进一步优化城市各项资源配置，提高轨道交通站点周边土地利用效率，进而提升城市综合容纳能力，方便于民。同期实施旧城改造项目，能加快拆迁进度、提升轨道交通沿线用地价值，促进城市空间布局优化，推进旧城改造，实现轨道交通与城市建设双赢。

在外围新区，轨道交通与周边建筑统一规划、同期实施，充分考虑轨道交通与周边建筑的连通，不仅要考虑车站本身与周边综合体的连接，更要考虑多个综合体的连通，即使现在没有全部连通的条件，也要在规划和建设过程中预留好未来连通的条件。综合体为轨道交通提供充足的客流，轨道交通带动沿线土地的增值，实现社会财富的增值。

5 结语

新加坡的经验表明，宏观规划要"从一而终"，轨道交通与周边用地结合从规划到落地要"有主体"。要做到设施供应与交通需求相平衡，要从规划、用地控制、土地开发多方位着手，更要从决策体制上提供保障。

参考文献

[1] Land Transport Authority. Rail network[EB/OL]. [2024-07-01]. https://www.lta.gov.sg/content/ltagov/en/getting_around/public_transport/rail_network.html.

[2] 新加坡统计局官网：www.singstat.gov.sg.

[3] LUO ZG. Singapore's experience in integrating urban and transport development[R].

[4] LUO ZG. Managing singapore's public transport system[R].

[5] 金安，周志华，刘明敏.新加坡城市交通发展模式对广州的启示 [J]. 城市观察，2010（4）：63-69.

[6] 邹伟勇.新加坡新镇轨道站点 TOD 开发对广州近郊新区规划启示 [J]. 南方建筑，2015（4）：36-43.

[7] 钟辉，佟明明，范东旭.新加坡交通体系评述及启示 [C]// 中国城市规划学会.城市时代，协同规划：2013 中国城市规划年会论文集.北京：中国建筑工业出版社，2013.

[8] 王修山.新加坡交通发展对我国城市交通管理的启示 [J]. 路基工程，2009（2）：196-198.

[9] 长春市统计局 .2023 长春统计年鉴 [EB/OL].（2024-04-24）. http://tjj.chang chun.gov.cn/ztlm/tjnj/202404/t 20240424_3302053.html.

结合物业开发的地铁车站及明挖区间设计重难点分析

王慧[*]

（北京城建设计发展集团股份有限公司，北京 100034）

摘 要：随着我国轨道交通事业的快速推进，地铁在城市建设中发挥的作用也愈来愈大。其中以地铁车站为核心的物业综合开发，结合以地铁为发展轴的沿线线性开发，必将带动整个城市公共空间网络的形成。本着从根本上提高城市运行效率、满足多样化的空间需求、优化城市空间、提高生态水平、促进城市经济迅速发展的目的，本文以南宁市轨道交通 4 号线一期工程飞龙路站、飞龙路—体育中心西站区间（以下简称飞体区间）、体育中心西站的车站及区间结合综合物业开发的设计为例，对结合物业开发的地铁车站及明挖区间设计重难点进行了分析，并对今后的类似项目提出了设计建议。

关键词：轨道交通；地铁车站；区间开发；一体化设计

1 结合物业开发的地铁车站及区间建筑设计

地铁车站所处的不同城市区位，决定了地铁站地下商业空间开发的规模和形式，而该区域地下商业空间的平面构成和商业定位在一定程度上会影响地铁车站功能布局。

本文主要研究地铁车站与明挖区间相结合的地铁物业开发，由于该类地铁车站与区间建筑设计为轨道交通与商业设施同步设计、同期施工，甚至存在同期投入运营可能性，故而地铁车站建筑设计需要充分考虑商业开发流线及相关地下空间商业价值，最大限度地实现地铁车站与商业开发的无缝衔接，同时需要考虑车站及商业开发区间与周边城市建设用地的衔接，实现区域化、一体化的设计。

轨道交通地铁车站结合明挖区间开发的车站建筑设计时，应当重点解决如下问题：

（1）车站大小端设备用房布置与区间开发相对关系。

（2）车站公共区布置与区间开发的相对关系。

（3）车站出入口布置与区间开发的相对关系。

（4）车站出地面风亭及安全出入口对区间开发的影响。

结合物业开发的地铁明挖区间建筑平面设计时，其区间开发平面走向与下层区间隧道走向一致，平面设计范围为地下行车线、停车线、折返线等区间隧道正上方，重点需解决如下问题：

（1）区间开发规模的确定，需充分考虑业态布局、道路红线宽度、应急疏散距离等要求。

（2）合理确定开发区间业态布局，要与区间开发产权及运营单位充分研究该区域客流组成，城市规划及周边地块的设计与建设情况，以翔实合理的研究成果确定最终的业态布局。

（3）分期分步有序推进，当物业开发部分运营晚于轨道开通时，一方面要明确轨道与物业的设计及运营接口，在充分保证轨道开通运营的前提下，使区间开发具备后期实施条件。其次，在区间开发土建预留阶段，要充分考虑

项目基金：编号 96578452。

* 王慧（1985—），男，汉族，山西省大同市人，硕士，目前从事建筑设计工作。E-mail：410068805@qq.com

设备专业的包络性设计，以满足运营招商阶段的不同业态布局要求。

（4）重视出地面建筑设计，出入口的选址影响区间防火分区的布置及业态分布，在设计选址阶段要引起充分重视。其次出入口出地面部分对城市道路景观影响较大，在规划阶段要充分研究规划条件，与市政道路及景观设计单位做好对接。

（5）细化周边项目接口，地铁作为城市重要的市政工程，是城市发展的纽带，地铁车站的设置应成为城市人流的节点，当地铁区间开发结合地铁车站设计时，该节点的聚集属性会形成放大，车站与区间开发会成为该城市区域的核心。故而在区间开发设计时应当充分考虑到区间开发部分与周边城市建设用地及建设项目的衔接，实现建设项目的经济与社会价值的最大化。

（6）区间开发部分的舒适性设计同样为类似项目的设计重难点。区间开发部分位于地下，地下空间的舒适性设计包含通风、采光、人性化等方面的设计，在条件允许情况下，应当尽量引入自然光，提倡自然通风，引入下沉广场的景观绿化，提升地下空间的品质，创造有空间意境的地下空间。

结合物业开发的地铁明挖区间的剖面设计，主要设计难点为横剖面的设计，也就是区间标准断面的设计。

结合物业开发的地铁区间横剖面，一般地下二层为地铁行车区间，其规模根据线路特点确定，图1为与岛式车站相连的地铁开发区间横断面标准形式，当区间开发规模较小时，采用"凸"字形断面，当经过技术经济比选"凸"字形断面投资偏大时，可采用开发层与轨道层同宽标准断面。

当道路红线宽度较大时，即使采用开发层与轨道层同宽标准断面时，其区间开发部分的标准净宽度一般为24m左右，较小的宽度限制了物业开发部分建筑设计的灵活性，一般只能采用带状的商铺分布，空间形式单一。在投资条件允许条件下，可采用"T"字形断面，加大物业开发层宽度，合理设置地下商业街。

当明挖区间位于城市已建成区域时，其围护结构施工方式一般采取外围护桩，由于"T"字形断面上宽下窄，需要先施工轨道行车区间，后施工物业开发区间。施工物业开发区域时，中央需要局部破除行车区间的外围护

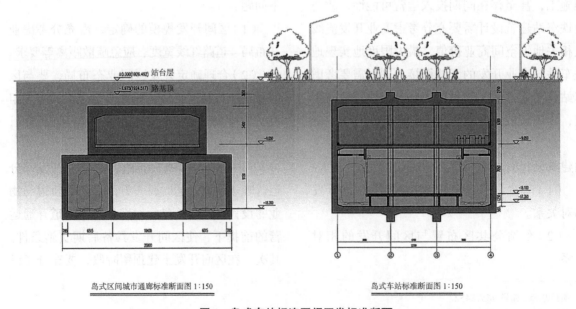

岛式区间城市通廊标准断面图1:150　　　　　　岛式车站标准断面图1:150

图1　岛式车站相连区间开发标准断面

桩，同时两侧需要新增围护桩，围护结构投资较大。

与侧式车站相连通的地铁物业开发一般规模较小（图2），因为侧式车站行车区间规模较小，当采用"凸"字形断面时，开发区域建筑净宽度一般为8m左右，无法形成成规模的地下空间开发。由于开发层建筑净宽较小，可结合城市规划设置过街地道、城市通廊、综合管廊等市政空间，减少工程综合投资，实现经济价值最大化。

同样，当与侧式车站相连通的区间开发采用"T"字形断面时，区间开发规模远远大于地铁行车区间规模，要充分考虑项目投资因素，进行综合经济测算，避免造成不必要的浪费。

2 南宁地铁4号线飞体区间车站及区间设计分析

南宁市轨道交通4号线是南宁市轨道交通线网中东西向的骨干线。飞龙路、体育中心西站两站分别为4号线的第11座车站和第12座车站，根据线路设计，两站之间区间设置双列位停车线，施工方法采用明挖法施工。车站及区间位于南宁市五象新区金融核心区，车站及区间南侧为商业及金融用地，北侧为住宅用地。区间南侧已经建成五象总部基地地下商业街，区间物业开发建成后，可以形成完善的地下商业步行系统，拓展城市地下空间价值。

区间地下空间的开发，利用的是明挖区间及停车线的上部空间，是对城市土地的二次利用，同时节省了工程的综合投资。该开发方案以地铁车站为源头，以构建安全的、网络化的城市步行交通系统为指导。该地下步行系统，是对地面的复制，融合了城市道路中的过街设施，将地铁站、公交站、城市广场、体育中心，以及沿线周边地块的城市功能空间连为一体，方便了市民的出行，增加了城市的活力。区间开发结合步行交通系统，对地下空间进行适度的商业开发，为轨道公司提供了投资回报。

飞体区间地下空间的开发方案，充分利用地上道路的路中绿化带空间、道路两侧的城市绿地和部分人行道空间，设置采光天窗、采光井、下沉广场等，将自然光、清新的空气，以及绿化引入地下空间，达到地下空间地面化的效果，提升地下空间的品质（图3、图4）。

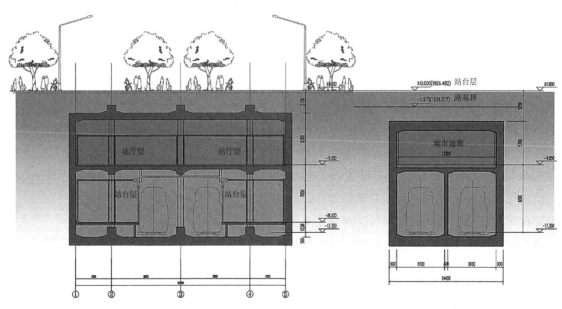

图2　侧式车站相连区间开发标准断面

图 3　方案鸟瞰图 1

图 4　方案鸟瞰图 2

2.1　车站建筑设计

根据站址环境及区间开发状况，车站在建筑设计中对方案设计阶段标准车站进行了方案优化，主要体现在：

（1）合理调整了车站的设备区布置。车站站厅层南侧靠近区间开发部分不设置设备用房，设备用房及风道在与区间开发里程重叠处均布置在车站北侧，车站的风亭与区间开发下沉广场合建。使车站南侧具备良好的与区间开发衔接的条件（图 5）。

（2）深化研究车站公共区的布置。车站公共区的非付费区调整为靠近北侧设置，站厅南

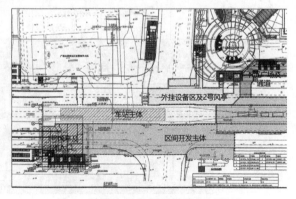

图 5　地铁车站与区间开发相对关系

侧均为非付费区，非付费区部分与区间开发紧邻布置，空间通透效果好（图 6）。

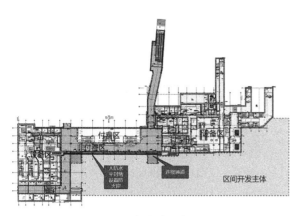

图6 车站站厅布置

由于车站部分为人防防护单位元内，区间开发部分不设置人防，车站与区间人防界面采用人防封堵板方式封堵，人防封堵板平时存储于人防藏门间，战时通过预留轨道拼装，实现人防战时转换。人防藏门间及人防滑轨均在轨道工程中预留预埋。

车站站厅层非付费区靠近区间开发一侧，侧墙采用梁柱体系，设置防火窗实现防火分隔，使地铁公共区与物业开发区视觉连续性强，营造更好的商业氛围。

（3）车站出入口布置与区间开发相结合。考虑到车站与开发区间的一体化设计及与周边地块的协调，初期开通车站出入口满足车站运营要求，远期与城市广场结合设计，实现车站与周边地块设计的一体化。部分出入口连通区间下沉广场，实现车站与开发区间设计的一体化（图7）。

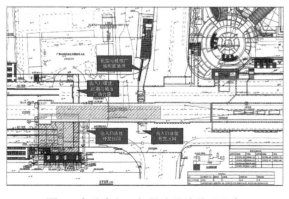

图7 车站出入口与周边用地关系示意

（4）车站风亭与安全出入口的设计结合地块开发方案。路口敞开作为开发地块的人行入口广场，风亭与下沉广场合建，风亭周边绿篱与开发地块景观设计结合，实现开发地块、市政景观、轨道设施的一体化设计，提升了城市道路的景观，实现了轨道建设与地块开发的共赢（图8）。

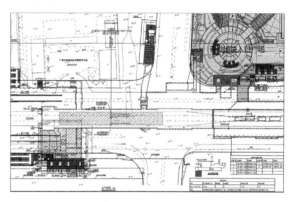

图8 车站风亭与周边用地关系示意

2.2 区间开发建筑设计

南宁地铁4号线飞龙路站—体育中心站区间项目主体位于地下，东西长约590m，西接飞龙路站和建设中的约1.4km长的"总部基地地下街"，东连体育中心站（图9）。

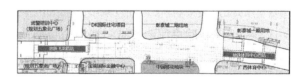

图9 周边用地情况

区间开发的商业街部分与地铁共结构（图10），采用明挖法施工。建设层数为地下二层，其中地下二层为地铁轨行区及停车线，地面设疏散出入口及下沉广场。

本工程区间主体及附属大部分围护结构采用外围护桩结构，局部附属与周边地块同时施工时采用放坡开挖形式，以节省投资。

本项目位于地铁区间上方，连接西侧地铁飞龙路站及东侧地铁体育中心站，呈"一"字形布置，并与两座地铁车站无缝衔接，沿商业

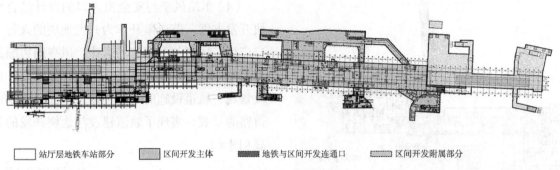

站厅层地铁车站部分 ▨ 区间开发主体 ▨ 地铁与区间开发连通口 ▨ 区间开发附属部分

图 10　地下一层平面图

街主街设置放大的商业节点，吸引地铁客流。同时，地下商业街的客流还来自五象大道北侧的居住区及南侧的商业区。在五象大道南北两侧的公共绿带内设置楼梯及下沉广场，吸引客流同时满足疏散要求。

地下商业街中间设交通通道，通道两侧为商铺，商业街主体总宽度为40m，总长度590m。地铁区间结构宽度为21m，地下商业街两侧分别扩出地铁区间结构宽度9.5m。

飞体区间的开发规模及业态分布确定，来自于对以下因素的综合分析与论证：南宁市的总体规划、南宁市商圈的发展趋势、项目周边片区的规划及交通条件、周边服务需求情况、南宁市的气候特点、南宁周边城市已建成的类似工程（地段在城市中的位置、地下街与地铁的交通接驳情况等与本项目类似）案例。由于区间开发招商相对滞后，无法与车站同期开通运营，在设计中采取了包络性的设计思路，具备疏散及相关条件的防火分区尽量按照地下餐饮防火分区面积及疏散要求设计，设计方案中预留相关机房，并在区间靠近外墙位置预留了室内综合管廊空间（图11），方便后期改造过程中管线的敷设。

飞体区间在道路两侧共设置5处下沉广场（图12），2处安全出入口及两处地下连通道作为疏散使用，区间周边共和8个城市建设地块相接，根据地块规划设计及现场施工情况，均设置了通道、天桥、广场等设施，实现与周边地块一体化的设计。

2.3　工程特点及限制条件对项目的影响及应对策略

该区间开发项目属于轨道交通建设的附属工程，其下方为轨道行车区间及存车线，区间开发层与车站站厅层为同期建设，其建设投资、施工方式等均按照轨道交通项目模式进行。轨道交通车站的工程特点直接影响该区间的设计实施，可以说该两站一区间的整体开发建设相当于数座轨道交通车站同期建设，基坑范围大，建设周期长，对城市道路占用时间长，管线改迁范围大，对周边地块影响远超普通地铁车站及区间的建设对其的影响，所以在设计阶段要充分重视工程限制条件对设计的影响，不仅要

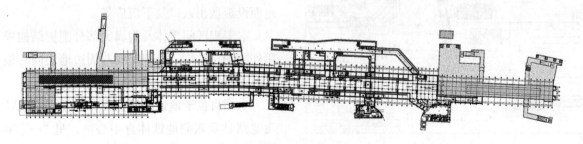

图 11　预留综合管廊空间

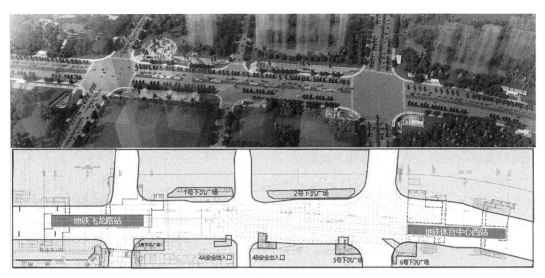

图12 下沉广场及安全出入口

在平面范围、剖面埋深维度方面可行，同时要考虑到较长时间周期内对项目周边交通导改、管线改迁、地块开发的影响及应对方案。

在周边城市建设用地的规划设计及施工方案对设计的影响方面，要根据地下建筑的设计特点，充分研究周边建设用地的具体情况，分别对待。

区间开发与周边建筑的衔接，首先需要明确接口的主从问题，保证区间开发的功能使用，其次在可能的条件下尽量增加对外接口，实现区域一体化的整体设计。

当由于区间开发或者轨道通车功能要求必须设置与周边建筑接口时，在建筑设计中应当适当扩大设计范围，统筹考虑二者的相对关系，确保工程的可实施性。飞体区间部分开发区间全部位于市政道路下方，不具备设置直出地面出入口条件，需要与周边城市广场共用下沉广场解决疏散问题，在建筑设计中充分研究了周边城市广场的设置条件，并将连接通道纳入轨道的设计范围，一方面将地铁人流引入到了周边商业地块，另一方面实现了资源共享。

3 结论及建议

随着我国轨道交通事业的快速推进，地铁在城市建设中发挥的作用也愈来愈大。其中以地铁车站为核心的物业综合开发，结合以地铁为发展轴的沿线线性开发，必将带动整个城市公共空间网络的形成。本着从根本上提高城市运行效率、满足多样化的空间需求、优化城市空间、提高生态水平、促进城市经济迅速发展的目的，轨道交通的车站及区间的物业开发势在必行。作为对城市地面交通空间的延续，轨道交通地下空间的开发是对城市土地资源的集约化的二次利用，在今后项目中应当予以足够重视。

结合物业开发的地铁明挖区间建筑设计，首先要明确其投资规模，根据投资规模及线路线型特点，结合城市发展及规划情况，最终确定设计规模。在平面范围研究时，要充分考虑到道路红线宽度对设计范围的影响。

业态布局对建筑平面布置的影响要予以充分重视，地下工程的不易进行改造的特点决定了在设计初期要充分考虑到防火设计对业态布局的包络性。

当区间开发与轨道车站不是同期开通运营时，区间开发部分的设备用房的预留预埋对区间装修、运营的影响要予以重视，设计中要结合设备管线布置严格控制建筑净空及净高，满足其远期招商及运营需求。

区间开发部分的出入口设计要与城市规划、道路景观、城市建设开发用地充分融合，区间主体及附属与周边地块的接口要结合城市发展充分预留，避免后期改造造成的工程浪费及产生大的社会影响。

区间开发部分的舒适性设计同样为类似项目的设计重难点。

结合物业开发的地铁明挖区间的建筑设计要充分尊重轨道交通项目的施工特点，由于轨道交通项目施工时间长，要考虑到在相对长的时间跨度内不同施工阶段交通导改、管线改迁、周边建设对项目设计及施工产生的影响。避免由于外部条件调整产生不同工期划分对项目的影响，保证项目顺利推进。

南宁市轨道交通 4 号线一期工程飞龙路站、飞体区间、体育中心西站项目于 2014 年初开始设计，2015 年中施工单位进场施工，

截至 2020 年 12 月，4 号线已通车运营。区间开发部分由于招商相对滞后，截至目前，已完成土建施工并移交相关部门。

本文通过对该项目设计及施工过程中所遇到的各类问题总结，提出如上建议，希望对今后类似工程有所借鉴。

参考文献

[1] 孟庆阳. 城市地铁车站相关联的地下商业空间建筑设计初探 [D]. 西安：西安建筑科技大学，2015.

[2] 曹阳. 地铁车站地下商业空间设计研究 [D]. 太原：太原理工大学，2017.

[3] 刘珊珊. 地铁车站建筑综合体的开发利用研究 [D]. 天津：天津大学，2007.

[4] 罗亮. 地下综合体与地铁车站相结合的设计研究 [D]. 广州：华南理工大学，2012.

[5] 庄宇. 上海地铁车站及周边地下空间开发的现状与发展趋势 [J]. 城市建筑，2015（13）：30-33.

[6] 吴月霞. 以地铁车站为核心的地下空间开发利用研究 [D]. 上海：同济大学，2008.

城市轨道交通车站售检票机和自动扶梯数量与楼梯宽度及乘客疏散时间的计算方法研究

周晓军[*]

（西南交通大学土木工程学院，成都 610031）

摘　要：售检票机、自动扶梯的数量和人行楼梯的宽度，以及站内乘客疏散时间是城市轨道交通车站建筑设计中的重要内容。随着我国金融支付方式的多样化和城市人口的老龄化，对城市轨道交通车站内售、检票机，以及自动扶梯与人行楼梯的设计提出了新的要求。本文结合成都轨道交通 6 号线中的 3 座地下车站，就站内售票机、检票机、自动扶梯的数量，人行楼梯宽度，以及乘客安全疏散时间的计算方法进行了分析，给出了售、检票机和自动扶梯数量，以及楼梯宽度的计算方法，并分析了出站乘客的疏散时间，提出了相应的措施和建议，可为城市轨道交通车站建筑设计提供参考。

关键词：城市轨道交通；售检票机；自动扶梯；楼梯；疏散时间

引言

从国内外城市轨道交通发展的历史和运营状况分析，修建以地铁为代表的城市轨道交通能有效地缓解不断增长的城市公共交通客流压力，有利于促进城市的和谐、健康与可持续发展，因而城市轨道交通在世界各国的主要城市中得到了快速发展。以我国为例，截至 2024 年 3 月 30 日，我国共有 55 个城市先后开通运营了总数量为 308 条不同制式的城市轨道交通，运营里程已达到 10205.6km，2023 年全年完成客运量 294.4 亿人次。其中地铁、轻轨和市域快线的运营里程达到 9499.8km，2023 年全年完成客运量 20.1 亿人次，进站量 12.1 亿人次。城市轨道交通正发挥着承担城市公共交通客流运输的骨干作用。城市轨道交通线路中客流量的大小受车站在线路中的位置和乘客进出站便利性的影响，并且线路中的客流量需要依靠线路和线路中的车站来吸引。因此，车站就成为城市轨道交通线路规划和设计中需要重点研究的对象。

城市轨道交通的线路在城市主要客流方向或主干道方向上可采用地面线、地下线、高架线和路堑式 4 种敷设方式，因而线路中的车站也可相应地设计为地面站、地下站、高架站和路堑式车站等 4 种类型。城市轨道交通车站的设计包括车站建筑设计和结构设计两个方面，且车站建筑设计是开展车站结构设计的前提，其主要的设计内容包括车站站位的选择、车站类型及其出入口布局、站厅和站台公共区的划分及其布局，以及车站内客流的组织等。由于车站是工作人员通勤，以及乘客上车、下车、候车与换乘的场所，因而在进行建筑和结构设计时，一方面需要确保乘客进出车站的安全与便利，即需要体现"以人为本"的轨道交通车站设计理念，便于吸引乘客，同时还需要考虑车站建造的难易程度和工程造价。与同长度的轨道交通区间相比，车站的综合造价往往是同长度区间结构的 3～10 倍。

---

* 周晓军（1969—），男，博士，教授，主要从事隧道与地下结构设计方法、计算理论和建造技术的研究、教学和设计工作。
E-mail：768977446@qq.com

目前，国内城市轨道交通车站建筑和结构设计均根据《地铁设计规范》GB 50157—2013中的相关规定进行。随着社会和科学技术，尤其是信息和通信技术的不断发展，车站建筑设计中的售检票机、自动扶梯、人行楼梯、乘客疏散时间的设计与计算方法也需要进行相应的修改与完善。尤其是我国正逐步进入人口老龄化的社会，需要在智慧城市和轨道交通的设计和建设中考虑人口老龄化的问题，这也是"以人为本"的设计理念在智慧城市和轨道交通规划与建设中的具体体现。本文结合成都地铁6号线3座地下车站进出站乘客数的统计，就车站内售票机、检票机数量，自动扶梯的数量和人行楼梯的宽度，以及乘客安全疏散的时间进行分析，研究相应的计算方法，以供城市轨道交通车站建筑设计参考。

1 车站售检票机数量的计算

1.1 售票机数量的计算

城市轨道交通车站内的售、检票机是城市轨道交通自动售检票系统（AFC，即 Automatic Fare Collection system）的重要组成部分，是维持车站正常运营秩序的重要设备。车站内传统的售票可采用人工售票、半自动售票和自动售票三种模式。随着电子信息技术、人工智能技术和生物识别技术的不断发展，目前金融支付方式已从传统的现金和银行卡支付向第三方支付，如移动通信中的微信、支付宝、应用程序APP 的二维码，生物识别支付，如人脸识别或指纹识别，以及智能设备，如智能手环支付等模式发展。金融支付方式的多样化也使得城市轨道交通车站内的售票模式发生了较大的变化。从目前世界和国内城市轨道交通车站的售票模式分析，与传统的乘客必须在车站内付费购票的方式不同，并非所有进站乘车的乘客均在站内购买和支付乘车费用。因此，车站内售票机的数量不应按照全部进站上车的乘客数来

计算，同时车站内也不再设置人工售票和人工检票点。因此城市轨道交通车站内售票机的数量可相应地减少，即车站内实际设置的售票机台数应少于根据预测或统计的全部进站乘客数而计算确定的数量。如此不仅可提高乘客进出车站的便利性，还有利于提升车站的运营效率和降低车站售票设备的购置成本与维护费用。

城市轨道交通车站内售票机数量通常按式（1）进行计算：

$$n_s = k \frac{Q}{c} \qquad (1)$$

式中，n_s 为自动售票机的数量，台或套；k 为客流超高峰系数，$k=1.1\sim1.4$；Q 为预测的进站乘车的乘客数，人/h；c 为自动售票机的售票能力，我国《地铁设计规范》GB 50157—2013 中推荐的自动售票机能力为 300 人/（h·台）。

当采用式（1）计算售票机数量时，其结果往往带有小数，因此需要将计算得到的小数取为不小于该小数值的正整数。式（1）中 Q 为预测的高峰小时内进站乘车的乘客数，其包括车站内进站乘坐上行线和下行线列车的乘客总数，即可视为在站台候车并上车的乘客。根据车站进站上车的客流预测值，其一般为高峰小时的最大客流。如果 Q 按照超高峰最大客流取值，则计算得到的车站内售票机的台数较多。以成都地铁6号线某3座地下车站为例，该3座车站均为地下2层的岛式站台车站，且均为中间站。经对该3座车站在2023年全年进站客流的统计，各个车站早高峰和晚高峰进站的最大客流见表1，成都轨道交通6号线列车的发车间隔时间为 8min。

现根据表1中所列出的3座地下车站进站乘客数来计算车站内自动售票机的数量。自动售票机的数量与其售票能力和站内购票乘客的数量直接相关。

乘客对站内售票机支付和出票程序的熟练

表 1　成都地铁某地下车站进出站最大客流统计

车站编号	早高峰时段 7:00~8:30 乘客数量 / 人		小计 / 人	晚高峰时段 18:00~19:30 乘客数量 / 人		小计 / 人
	进站乘客	出站乘客		进站乘客	出站乘客	
车站 1	2341	1467	3808	2689	1897	4586
车站 2	2567	1824	4391	2380	1329	3709
车站 3	2468	1634	4102	2968	1980	4948

程度，以及乘客的操作方式等均会影响售票机的售票能力。由于乘客对车站购票机操作程序熟练程度的不同，车站内自动售票机的售票能力往往达不到规范中的建议值。如果按照规范中推荐的售票能力计算，则每个乘客在 1 台自动售票机付费购票的时间不应超过 12s。通过对成都地铁 6 号线某 3 个车站内乘客购票时间的调查和统计表明，实际上乘客在自动售票机上支付费用和购票的时间大约在 30~40s，由此得到车站内自动售票机的售票能力 c=120~90 人 /（h·台）。

现以自动售票机的售票能力 c=120 人 /（h·台）来计算售票机的数量，为便于对比，计算时取车站进站乘客的超高峰系数 k=1.4。将表 1 中 3 座车站在早、晚高峰期进站的最大乘客数代入式（1）计算，即可得到这 3 座车站内需要设置的自动售票机数量，计算结果见表 2。

表 2　地铁地下车站内自动售票机数量

车站编号	进站乘客 Q/（人·h^{-1}）	自动售票机数量计算值 n_s/ 台	自动售票机数量拟选取值 n_s/ 台
车站 1	1793	20.91	21
车站 2	1712	19.97	20
车站 3	1979	23.08	24

从表 2 可以看出，车站 1 内至少需要设置 21 台售票机，车站 2 内至少要设置 20 台售票机，而车站 3 内则要设置 24 台售票机。很显然，当以车站全部进站的超高峰乘客数来计算站内自动售票机数量时，站内需要设置数量众多的自动售票机，这与目前城市轨道交通中乘客支付乘车费用方式多样化的实际并不相符。

以成都地铁为例，目前乘客乘坐成都地铁时支付乘车费用的方式可采用实体磁质车票、天府通储值卡、成都交通一卡通、个人移动通信中的乘车 APP 二维码、金融 IC 卡、人脸识别支付和智能手环等方式，故进站乘车时并非所有的乘客均在车站内的自动售票机购票。由此可见，在计算车站内自动售票机数量时，可在统计或预测的车站进站超高峰最大乘客数的基础上对进站购票的乘客数进行适当折减是符合实际的，进而可以适当减少在车站内冗余的售票机数量。如此不仅有利于降低城市轨道交通车站的管理和运营成本，还可以提高乘客进站乘车的效率。考虑到乘客支付地铁乘车费用方式的多样性，可在式（1）中将进站乘客的总人数乘以折减系数 λ，即可得到站内购票的乘客数。该系数可称为站内乘客的进站购票率，即表示使用车站内自动售票系统购票进站的乘客占车站进站乘客总数的百分比，其值建议取 λ=15%~20%。因而计算城市轨道交通车站站内售票机数量的式（1）可改为：

$$n_s' = k \frac{\lambda Q}{c} \qquad (2)$$

同样，当采用式（2）计算得到的售票机台数 n_s' 为小数时，可将 n_s' 取为不小于该小数值的正整数。

现以车站内乘客购票率 λ=20% 考虑，取自动售票机的售票能力 c=120 人 /（h·台），将表 1 中 3 座车站在高峰小时进站最大乘客数代入式（2）计算，即可计算得到 3 座车站内需要设置的自动售票机数量，计算结果见表3。

表3 考虑乘客站内购票率后车站内自动售票机数量

车站编号	进站乘客 $Q/(\text{人} \cdot \text{h}^{-1})$	折减后自动售票机数量计算值 $n'_s/$台	折减后自动售票机数量选取值 $n'_s/$台	站内实际配置数量/台
车站1	1793	4.18	5	8
车站2	1712	3.99	4	6
车站3	1979	4.62	5	10

从表3可以看出，在车站1和车站3的非付费区内可设置5台自动售票机，而在车站2的非付费区内则需要设置4台售票机。与3个车站内实际配置的售票机数量相比，显然车站内已配置的自动售票机数量有冗余。在计算得到车站的售票机数量后，即可结合车站非付费区中的各个与出入口相连的通道口布置方式，在车站内距离各个通道口5m处，结合进车站人数的统计，设置数量不超过计算值的售票机。根据《地铁设计规范》GB 50157—2013中的规定，地铁车站内自动售票机每组不少于3台。因而，根据上述3座车站进站乘客数计算确定的自动售票机数量符合上述规范中关于地铁车站内自动售票机数量的设置要求，车站内实际设置的售票机可适当减少。

1.2 检票机数量的计算

作为城市轨道交通运营管理中自动售检票系统，即AFC的重要组成部分，车站内的检票机又称闸机，作为查验乘客是否付费和划分付费区与非付费区，以及统计车站客流信息的重要设备，其应当包括进站口的检票机和出站口的检票机。车站内检票机的数量通常是根据预测的车站高峰小时进站和出站最大乘客数进行设计，其计算公式为

$$\begin{cases} n_{c1} = k\dfrac{W_1}{q} \\ n_{c2} = k\dfrac{W_2}{q} \end{cases} \tag{3}$$

式中，n_{c1} 和 n_{c2} 分别为进站口和出站口的

检票机数量，台；W_1 和 W_2 分别为车站进站和出站的乘客数，其应包括车站内上行线列车和下行线列车同时进站和出站的最大乘客数，均以高峰小时的客流统计，人/h；q 为检票机的检票通过能力，人/（h·台）；k 为超高峰系数，$k=1.1 \sim 1.4$。

与前文中叙述的售票机数量相同，若采用式（3）计算得到的检票机数量为小数时，则需要将检票机的数量取不小于该小数值的正整数。

目前国内外用于城市轨道交通车站内的检票机大多数采用了检验磁介质实体车票和个人移动通信设备中乘车APP二维码，以及人脸智能识别的检票系统。在确定检票机数量时，其通过能力是一个较为重要的参数。《地铁设计规范》GB 50157—2013中对此类检票机的检票通过能力建议取 $q=1200 \sim 1800$ 人/（h·台）。如果以较低的通过能力 $q=1200$ 人/（h·台）计算，则平均每个进站和出站的乘客通过1台检票机所需要的时间为3.0s，而以较高的通过能力 $q=1800$ 人/（h·台）计算，则平均每个进站或出站的乘客通过1台检票机所需要的时间仅为2.0s。

就目前国内城市轨道交通车站内进站和出站乘客通过检票机的时间分析，乘客进站和出站通过检票机的时间并不一致，与地铁设计规范中的建议值相差较大。以北京地铁、上海地铁和成都地铁为例，通过对北京地铁车站内乘客持一卡通进站或出站通过检票机时间的调查和统计可知，乘客进站和出站通过检票机的时间为0.9~2.0s。当乘客持一卡通乘坐上海地铁时，其进站和出站通过检票机的时间为1.6~3.6s，中老年乘客通过进站和出站口检票用时最长达到1.5min。此外，通过对成都地铁目前运营的13条线路中乘客进站或出站通过检票机时间的调查和统计可知，成都地铁线路中青年乘客持天府通储值卡、乘车APP

二维码、人面识别，以及磁介质实体车票等进站或出站通过检票机的时间为 1.5～3.0s，而中老年乘客通过检票机的时间为 3.0～11.0s，最长用时达到 1.5min。从上述的乘客通过检票机的时间分析，考虑中老年乘客经过检票机进、出站的平均时间为 4.0s。

通过调查可知，乘客经过检票机时间的长短与乘客年龄、其携带的随身物品等因素有关。尤其是中老年乘客通过检票机的用时较长，而年轻乘客通过检票机的用时较短。因此在进行城市轨道交通车站检票设施设计时，应当考虑我国城市人口老龄化的现实问题。鉴于中老年乘客在使用车站内检票机用时较长的特点，建议在计算检票设施数量时，乘客通过检票机的时间宜取 4.0s，由此得到车站检票机的通过能力为 $q=900$ 人/（h·台）。

根据表 1 中所列出的 3 座车站上行线、下行线进站和出站乘客数，并取检票机的通过能力 $q=900$ 人/（h·台），乘客进出站的客流超高峰系数 $k=1.4$，将上述各个参数代入式（3），即可计算得到 3 座车站内进站和出站检票口各自所需要设置的检票机数量，计算结果见表 4。

表 4　地铁地下车站内的检票机数量

车站编号	乘客数量/（人·h⁻¹）		检票机数量计算值/台		检票机数量选取值/台		实际设置值	
	进站 W_1	出站 W_2	进站 n_{c1}	出站 n_{c2}	出站 n_{c1}	出站 n_{c2}	进站	出站
车站 1	1793	1265	2.78	1.96	3	2	8	12
车站 2	1712	1216	2.66	1.89	3	2	8	12
车站 3	1979	1320	3.07	2.05	4	3	10	12

从表 4 所示的计算结果可以看出，地铁车站内进站和出站检票机数量不相等，进站口检票机数量多于出站口检票机的数量。与车站内实际配置的检票机数量相比，根据进出站客流计算的检票机数量较少。以车站 1 为例，在该车站站厅内的付费区和非付费区之间分别设置有 2 个进站检票口和 2 个出站检票口。每个进站口设置有 4 台检票机，而出站口则设置有 6 台检票机，分别如图 1 和图 2 所示。

从国内外城市轨道地下车站的出入口数量

图 2　出站口检票机

分析，地铁地下车站在站厅内一般均要设置 3～4 个与地面出入口直接相连的通道。我国《地铁设计规范》GB 50157—2013 中规定车站内进站客流和出站客流应互不干扰，并各自成体系，且与地面出入口直接连通的通道口不应少于 2 个。因此车站内的进站检票口必须与出站检票口分开设置，且进站检票口和出站检票口的数量各自均不应少于 2 个。根据表 4 中计算得到的检票机数量分析，上述的 3 座车站中

图 1　进站口检票机

进站检票机的数量为3～4台，而出站检票机的数量仅为2～3台。若在站厅内分别设置2个进站检票口时，则各个检票口的检票机数量仅为2～3台；若在站厅内分开设置2个出站检票口时，则各个出站检票口设置的检票机数量仅为2台，由此可知计算所得到的进、出站检票机数量较少。

1.3 检票机疏散时间的计算

现分析车站发生紧急状况下乘客通过检票口安全疏散的时间。当车站内发生紧急事件时，乘客均应通过检票口进行疏散。此时进站检票口和出站检票口均需要疏散站内乘客，因此在计算疏散乘客的时间时，应同时考虑进站检票机和出站检票机的数量。

由于国内城市轨道交通线路的正线均设计为双线，因此当上行线列车和下行线列车同时进站并停车时，车站站台和列车上的乘客数为最多，因此车站付费区内乘客通过检票口紧急疏散的时间应以此状况为依据。

设城市轨道交通线路中列车的发车间隔时间为 T（min），则高峰小时内所开行的列车数量 n_t 为：

$$n_t = \frac{60}{T} \tag{4}$$

式中，60 为高峰小时，即 60min。

而车站内进站和出站的乘客为高峰1小时内的乘客数，其包括了高峰1小时内各次列车进出站的乘客数，因此，需要将高峰小时内进出站的乘客数折算到每次列车上、下车的乘客数，则每次列车进、出站的乘客数 W 为：

$$W = \frac{W_1 + W_2}{n_t} \tag{5}$$

式中，W 为高峰小时内每次列车上下车乘客数，人；其余参数的含义同前。

考虑到上行线列车和下行线列车同时进站的状况，则车站付费区内乘客通过进站和出站检票口进行安全疏散的时间 t_1 可按式（6）进行计算，即：

$$t_1 = k\frac{2W}{(n_{c1} + n_{c2})q} \tag{6}$$

式中，t_1 为车站站厅和站台付费区内乘客通过检票机疏散的时间，min；q 为检票机的通过能力，q=900 人 /（h·台）；其余参数含义同前。

将式（4）、式（5）代入式（6），并考虑紧急情况下站台区域乘客的反应时间为 t_0，即可得到：

$$t_1 = t_0 + k\frac{(W_1 + W_2)T}{30(n_{c1} + n_{c2})q} \tag{7}$$

式中，t_0 为乘客的反应时间，一般取为 t_0=1min；T 为线路中列车的发车时间间隔，min。

将表1中3座车站进站和出站的乘客数代入式（7），即可计算得到3座车站内进站和出站乘客在紧急状况下通过检票口检票机疏散的时间，计算结果见表5。

从表5可知，3座车站内进站和出站乘客通过付费区内检票机疏散至非付费区的时间约为1.2～1.3min。《地铁设计规范》GB 50157—2013中规定车站内安全疏散乘客的时

表5　乘客通过车站检票机疏散的时间

车站编号	疏散乘客数 /（人·h⁻¹）			列车发车时间间隔 /min	检票机数量 $n_{c1}+n_{c2}$/ 台	疏散时间 t_1/min	安全疏散时间 /min
	进站 W_1	出站 W_2	合计				
车站 1	1793	1265	3058	8	5	1.3	6
车站 2	1712	1216	2928	8	5	1.3	6
车站 3	1979	1320	3299	8	7	1.2	6

间应不超过6min。很显然，上述3座车站内进站和出站乘客通过检票机疏散的时间均未超过6min，满足上述规范中所规定的车站检票口安全疏散乘客的时间要求。

虽然从车站付费区内进、出站乘客通过检票口疏散的时间小于6min，但从表4中检票口的检票机数量分析，车站1和车站2的进站口检票机为3台，出站口检票机仅有2台，车站3内进站口检票机有4台，出站口检票机有3台。前文中已说明，每个地下车站非付费区内至少要设置2个独立的进站检票口和2个独立出站检票口，每个检票口的检票机不少于3个。而表4中所列出的车站1和车站2出口检票机仅需要2台，车站3出口检票机需要3台。

根据表4中3个车站检票机的数量和表5所示的疏散时间分析，根据进、出站乘客数设计的检票机能够满足乘客安全疏散的要求，但仍存在以下问题：

（1）检票机的通过能力偏低

在计算3座车站检票机的疏散时间时，检票机的通过能力取q=900人/（h·台），该值与设计规范中的推荐值1200~1800人/（h·台）相比偏低。检票机的通过能力除了受设备信息识别与信号传输性能影响而外，还与乘客对检票机操作程序的理解与熟悉程度有关。前文中检票机的通过能力是基于中老年乘客通过的平均时间而取值。鉴于生理机能上的影响，中老年乘客往往需要花费更多的时间来通过检票机。该问题随着国内城市人口的老龄化而逐步突显。为提高检票机的通过能力，可研制专门适于中老年乘客的生物智能识别系统，如语音识别、指纹或面部识别或电子乘车凭证等，同时在站内设置引导或提示标志或由值班工作人员及时给予老年乘客以引导和帮助，进而提升检票机的通过能力。检票机通过能力的提升有利于减少车站内检票机的数量。但在设置时确保付费区内每个检票口的检票机数量不宜少于3台，以防止检票机因设备故障而影响乘客疏散。

（2）地铁车站进出站乘客数量相对较低。

从表4中的计算结果分析，3座车站中检票机数量较少的原因还在于车站进、出站的乘客数较少。但随着城市轨道交通路网规模和密度的逐步增加，线路中的客流量也会逐步得以提升。因此，在调查和统计车站进站和出站客流的基础上，需要考虑因城市轨道交通路网规模和密度增加所吸引过来的客流量。因此，可在式（3）中考虑进、出站客流的增加量，即对式（3）进行修正，考虑客流的增长系数ψ，其值可取为ψ=1.3~1.5。由此将计算检票机数量的公式（3）修改为式（8），即有：

$$\begin{cases} n'_{c1} = \psi k \dfrac{W_1}{q} \\ n'_{c2} = \psi k \dfrac{W_2}{q} \end{cases} \quad (8)$$

式中，n'_{c1}和n'_{c2}分别为考虑车站客流增长系数后的检票机数量，台或套；ψ为车站客流增长系数，其值可取为ψ=1.3~1.5；其余符号含义同前。

考虑车站内客流增长系数，即取ψ=1.5，并将表1所列的进、出站最大乘客数和检票机通过能力q=900人/（h·台）代入式（8），即可计算得到车站站厅内需要设置的检票机台数，计算结果见表6。

从表6可见，随着车站客流的增加，相应的车站内进出站检票机的数量也需要增加。在得到表6所示的考虑乘客数增长系数时的车站检票机数量后，将表1中所示3座车站进、出站乘客数，以及检票机通过能力q=900人/（h·台）代入式（7），即可再次验算车站在运营期间发生紧急状况时所有进出站乘客通过进、出站检票机的疏散时间，计算结果见表7。

从表7所示的计算结果分析，在车站1内通过8台检票机疏散乘客的时间约为1.2min，

表6 考虑客流增长系数的地下车站内检票机数量

车站编号	乘客数量/(人·h⁻¹)		考虑乘客数增长系数后的检票机台数 n'_2				车站实际配置的检票机数量/台	
			计算值		选取值		进站	出站
	进站 W_1	出站 W_2	进站 n'_{c1}	出站 n'_{c2}	进站 n'_{c1}	出站 n'_{c1}		
车站 1	1793	1265	4.18	2.95	5	3	8	12
车站 2	1712	1216	3.99	2.83	4	3	8	10
车站 3	1979	1320	4.62	3.08	5	4	10	12

表7 乘客通过检票机紧急疏散的时间

车站编号	疏散乘客数 W_1+W_2/(人·h⁻¹)	检票机数量/台	疏散时间计算值 t_1/min	安全疏散时间 t_1/min
车站 1	3058	8	1.2	6
车站 2	2928	7	1.2	6
车站 3	3299	9	1.2	6

车站 2 内通过 7 台检票机疏散的时间为 1.2min；车站 3 内通过 9 台检票机疏散的时间为 1.2min。由此可见，按照增加检票机后计算得到的乘客通过检票机的疏散时间均小于《地铁设计规范》GB 50157—2013 中规定车站内乘客安全疏散不超过 6min 的规定。由此可见，上述 3 个车站在非付费区和付费区内设置的进站和出站检票机的数量是合理的，能够满足紧急状况下将站内乘客在 6min 以内安全疏散完毕。与各个车站内实际设置的检票机数量相比，实际三座车站内设置的检票机数量仍有冗余，见表6。

2 车站站台和站厅之间自动扶梯数量与楼梯宽度以及乘客的疏散时间

2.1 乘客安全疏散时间的计算

为便于运营和管理，城市轨道交通车站建筑的公共区需要划分为付费区和非付费区，以及运营和管理设备的安装区，并且需要用高度不小于 1.1m 的透视围栏将付费区和非付费区加以分隔。在非付费区内要设置连通地面出入口的通道口，并且还需要用人行楼梯和自动扶梯或步梯将非付费区与付费区加以连接，供乘客由非付费区经进站检票口至付费区的站台乘车或从付费区的站台经出站检票口至非付费区内出站。非付费区内的通道口和检票口的通过能力需要满足乘客安全疏散时间的要求。对于设置有站厅层和站台层的城市轨道交通车站而言，则需要设置联系站台层与站厅层的自动扶梯和人行楼梯。我国《地铁设计规范》GB 50157—2013 中推荐当站厅层和站台层之间的提升高度小于 10m 时可仅设置上行的自动扶梯，便于乘客上行出站，并设置供乘客双向通行的楼梯，同时要求自动扶梯的台数和人行楼梯的宽度应满足将车站站台上的乘客在 6min 内安全疏散至站厅公共区或其他安全区域。此外，规范中还给出了安全疏散时间 t_2 的计算方法，即：

$$t_2 = t_0 + \frac{Q_1 + Q_2}{0.9[(n_3-1)\eta_1 + \omega\eta_2]} \quad (9)$$

式中，Q_1 为远期或客流控制期超高峰小时 1 列进站列车的最大乘客数，人；Q_2 为远期或客流控制期超高峰小时站台上候车的最大乘客数，人；0.9 为扶梯和楼梯的使用率；n_3 为自动扶梯的数量，台；η_1 为自动扶梯的通过能力，人/(h·台)；ω 为人行楼梯的宽度，m；η_2 为人行楼梯的通过能力，人/(h·m)；其余符号的含义同前。

此外，从国内城市轨道交通车站的规模分析，车站的总长度通常为 150~300m，而站台的计算长度通常为 160m 左右。按照《地铁设计规范》GB 50157—2013 中的规定，车站站台和站厅公共区任一点至安全疏散口之间的距离不大于50m。因此在车站站台层的公共区域每间隔50m需要设置楼梯和自动扶梯，便于疏散乘客。以乘客在紧急疏散时的移动速度2.0m/s考虑，则其从车站站台区最远点到自动扶梯和楼梯口的时间需要25s。而式（9）中的$t_0=1\min$，即60s代表乘客在紧急状况下的反应时间，实际上t_0已经包含了乘客从站台最远段至自动扶梯和人行楼梯口的移动时间。

现就式（9）中车站内乘客数Q_1和Q_2的含义及其计算方法进行分析。《地铁设计规范》GB 50157—2013中将Q_1视作车站内1列进站列车的最大乘客数，如此取值并不符合城市轨道交通车站内列车运营的实际。城市轨道交通车站按照站台的类型可以分为岛式站台车站、侧式站台车站和导侧混合式站台的车站三种类型。且在城市轨道交通运营期间存在有上行线列车和下行线列车同时进站，并停站上、下客的状况。此时2列相向行驶同时进站并停靠的列车上均有乘客，因而计算安全疏散乘客的时间时应当考虑2列进站列车上的全部乘客，而不能仅考虑1列进站列车上的乘客。列车在岛式站台、侧式站台和岛侧混合式站台的车站中停车上、下客的平面俯视图见图3。

由于列车上的乘客数和线路中每个车站候车的乘客数是动态变化的，因而要准确计算车站内乘客的数量存在较大的难度。为便于设计，可根据预测或统计的车站早、晚高峰期的最大客流进行计算。即将Q_1取为预测的轨道交通车站内上行线列车和下行线列车同时下车并出站的最大乘客数W_2，而将Q_2取为车站内站台上等候上行线列车和下行线列车乘客的最大乘客数W_1，如此定义可使式（9）中的Q_1和Q_2概念更加清晰且便于计算。此外，预测的进站和出站乘客数W_1和W_2均为高峰小时内的人数，需要将其折算成高峰小时内每2列进站时需要疏散的上、下车的乘客数，因此可将

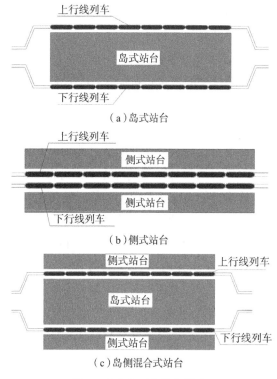

（a）岛式站台

（b）侧式站台

（c）岛侧混合式站台

图3 站台和列车停车模式

式（9）改写为：

$$t_2 = t_0 + \frac{k(W_1+W_2)T}{0.9 \times 30[(n_3-1)\eta_1 + \omega\eta_2]} \quad (10)$$

式（10）中的各个符号含义同前。

式（10）中人行楼梯通过能力η_2的取值可按照楼梯上乘客单向上行、单向下行和双向混行的设计模式来取值。《地铁设计规范》GB 50157—2013中给出的楼梯通过能力η_2的取值分别为：单向上行时$\eta_2=3700$人/（h·m）；单向下行时$\eta_2=4200$人/（h·m）；双向混行时$\eta_2=3200$人/（h·m）。作为连接站台与站厅之间的人行楼梯，在正常运营期乘客可双向混行，因此计算其宽度时应按照双向混行的通过能力进行设计，如此计算得到的人行楼梯宽度虽然偏于保守，但仍能够满足紧急状况时乘客从站台层经人行楼梯向站厅层单向上行疏散的通过能力。

为便于分析，现以表1中所示的3个车站进、出站乘客数为例，就连接车站站厅层和站

台层之间的自动扶梯数量和人行楼梯宽度，以及安全疏散时间进行计算。

2.2 自动扶梯数量的计算

自动扶梯的数量 n_3 按照式（11）进行计算：

$$n_3 = \frac{k(W_1 + W_2)}{\eta_1} \qquad (11)$$

式中，η_1 为自动扶梯的通过能力，车站付费区内的自动扶梯通常设置为 1m 宽的自动扶梯，其输送能力可按照楼梯的输送速度取值。

当自动扶梯的输送速度为 0.65m/s 时，其通过能力 η_1=8190 人 /（h·台），当自动扶梯输送速度为 0.5m/s 时，其通过能力 η_1=6720 人 /（h·台）。考虑到中老年乘客上下扶梯的便利性，以输送速度为 0.5m/s 的通过能力，即 η_1=6720 人 /（h·台）来计算自动扶梯的数量。

2.3 人行楼梯宽度的计算

在车站付费区内设置自动扶梯后，为保证紧急状况下司乘人员的安全疏散，还必须要设置人行楼梯，其目的在于当自动扶梯出现故障而不能使用时，站台上的乘客仍可以通过人行楼梯进行疏散。人行楼梯的宽度 ω 按照式（12）进行计算：

$$\omega = \frac{k(W_1 + W_2)}{\eta_2} \qquad (12)$$

式中，η_2 为人行楼梯的通过能力，按照双向混行的通过能力取值，即 η_2=3200 人 /（h·m）。

根据表 1 中 3 个车站统计的进、出站乘客数，将其分别代入式（10）、式（11）和式（12）即可计算得到 3 个车站内人行楼梯的宽度 ω、自动扶梯的数量 n_3，以及乘客利用人行楼梯和自动扶梯疏散的时间 t_2，计算结果见表 8。

从表 8 的计算结果分析，根据统计的 3 个车站内进、出站乘客数，在站台与站厅之间的自动扶梯仅可设置 1 台。若站台与站厅之间仅设置 1 台自动扶梯，则当该自动扶梯发生机械故障或需要检修时乘客无法使用，会给车站的中老年乘客带来不便。为便于中老年乘客出站，联系站厅和站台之间的自动扶梯宜设置为 2 台。此外，根据进出站乘客数计算的人行楼梯宽度为 1.28～1.44m 分析，对于上、下双向混行的人行楼梯宽度，《地铁设计规范》GB 50157—2013 中要求其宽度不少于 2.4m，故人行楼梯的宽度宜取为 2.4m，也可设计成宽度不小于 1.8m 的 2 部独立分开的人行楼梯。上述 3 个车站内的自动扶梯和人行楼梯的实际设置状况见表 8。

表 8　车站内自动扶梯数量、楼梯宽度和疏散时间

车站编号	自动扶梯数量 n_3/ 台			双向混行人行楼梯宽度 ω/m			乘客疏散时间 t_2/min	
	计算值	设计值	实际数量	计算值	设计值	实际数量	计算值	疏散时间控制值
车站 1	0.63	2	2	1.34	2.4	2.4	1.08	6
车站 2	0.60	2	2	1.28	2.4	2.4	1.08	6
车站 3	0.68	2	2	1.44	2.4	2.4	1.09	6

将上述的自动扶梯台数和人行楼梯的宽度设计值代入式（10）可计算得到相应此状况下乘客疏散的时间。按照表 8 中自动扶梯数量和人行楼梯宽度设计值计算后，乘客从站台层利用自动扶梯和人行楼梯安全疏散至站厅层的时间为 1.1min，满足 6min 内疏散至安全区域的

要求，所计算的数量是合理的。

3　结语

城市轨道交通车站中的售票机、检票机、自动扶梯和人行楼梯是车站建筑设计中的重要内容。我国城市轨道交通车站建筑中与此相

关的设计目前以《地铁设计规范》GB 50157—2013 为主要依据，随着国内金融支付方式多样化及城市人口老龄化问题的逐步凸显，车站建筑中供乘客使用的售票和检票机、自动扶梯和楼梯的设计理念也需要与之相适应。如何体现"以人为本"的设计理念，以及为乘客提供优质而公平的服务是城市轨道交通规划与设计中的研究内容之一，也是智慧城市设计与研究需要考虑的问题。传统的车站售检票模式和设计方法已不能适应新时期智慧城市和轨道交通发展的需要。本文结合成都地铁 6 号线 3 座地下车站的进、出站乘客数，对站内售票机、检票机、自动扶梯的数量，以及人行楼梯度宽度的计算与设计方法进行分析。基于国内金融支付方式的多样化，车站内售票机数量的计算可考虑进站乘客的购票率而加以折减，车站内的检票机、自动扶梯的数量和楼梯宽度及其通过能力应当考虑中老年乘客的通过时间，此外，计算乘客安全疏散的时间需要考虑车站内上行线和下行线 2 列列车同时进站的状况。针对城市人口老龄化的问题，可研制适用于中老年乘客的智能售票和检票方式，例如语音、面部和指纹识别等支付模式，进而提升城市轨道交通车站运营的效率和服务质量，使城市轨道交通成为城市居民和公众出行的首选交通方式。

参考文献

[1] 周晓军，周佳媚.城市地下铁道与轻轨交通 [M]. 第 2 版.成都：西南交通大学出版社，2016.

[2] 住房和城乡建设部.地铁设计规范：GB 50157—2013[S].北京：中国建筑工业出版社，2013.

[3] 周晓军.城市轨道交通路网中线路长度和线路覆盖强度的计算与分析 [M]// 智慧城市与轨道交通 2023.北京：中国城市出版社，2023：12-18.

[4] 周晓军.成都地铁地下无柱车站结构形式设计及工程应用 [M]// 智慧城市与轨道交通 2022.北京：中国城市出版社，2022：77-83.

[5] 权经超.北京市轨道交通车站自动检票机配置优化研究 [J].现代城市轨道交通，2022（5）：81-86.

[6] 吴娇蓉，冯建栋，叶建红.磁卡和 IC 卡并用检票闸机通行能力分析 [J].同济大学学报（自然科学版），2010，38（1）：85-91.

[7] 曾丽，唐莉英.基于客流特征下的成都地铁站闸机配置研究 [J].设计，2020，33（24）：103-105.

[8] 陈宇，刘晶晶，黄曼全，等.探讨地铁自动售检票系统（AFC）车站设备布置的原则 [J].中国安全生产科学技术，2020，16：82-85.

[9] 杨鑫宇.北京地铁双井站暂缓开通原因与客流分析研究 [M]// 智慧城市与轨道交通 2023.北京：中国城市出版社，2023：217-220.

[10] 杨鑫宇.北京地铁 16 号线南延段开通后达官营站客流流向研究 [M]// 智慧城市与轨道交通 2023.北京：中国城市出版社，2023：221-224.

[11] 杨旭.城市轨道交通自动售检票系统通行支付新技术应用研究 [J].科技创新与应用，2021（19）：129-131.

[12] 李清颖.浅谈人口老龄化、高度城镇化对智能轨道交通的影响 [M]// 智慧城市与轨道交通 2023.北京：中国城市出版社，2023：2-4.

[13] 张隽.新兴支付方式影响下城市轨道交通自动售票机配置数量的研究 [M]// 智慧城市与轨道交通 2020.北京：中国城市出版社，2020：38-40.

[14] 张良.基于数字孪生的城市轨道交通智能化运营研究 [M]// 智慧城市与轨道交通 2023.北京：中国城市出版社，2023：156-159.

[15] 赵疆昀，陈栓.城市轨道交通运营服务水平提升对客流影响研究 [M]// 智慧城市与轨道交通 2020.北京：中国城市出版社，2020：41-45.

2

第二部分
智轨工程建设

叠摞地铁区间的施工工序对地表沉降影响研究

王祐菁[1*]　刘　飞[1]　李月阳[2]　王伟锋[2]　袁正辉[3]

（1.北京建筑大学土木与交通工程学院，北京 100044；2.北京市轨道交通设计研究院有限公司，北京 102300；

3.天津智能轨道交通研究院有限公司，天津 301700）

摘　要：随着国家经济的发展，城市人口数量的增长对城市地面交通产生了较大的影响，为缓解日益增长的城市地面交通压力，我国开始着手发展城市地下轨道交通工程。但相比于地面交通网络的建立，地下轨道交通工程受影响因素更多，施工难度更大，且地铁区间往往设置在城市中心，故其施工控制要求更高。因此，研究地铁区间施工对地表沉降的影响是非常有必要的。文章以采用 PBA 法、CRD 法和台阶法施工的北京地铁 22 号线管庄站—永顺站区间为研究对象，采用有限元软件 MIDAS GTSNX 进行数值模拟，分析研究了多工法施工时，不同施工工序对地表沉降的影响。

关键词：地铁区间；PBA 法；CRD 法；台阶法；叠摞；地表沉降；有限元

引言

国家经济发展，人口涌向城市导致城市人口激增，对于城市交通产生了较大的影响，当前城市路面交通已经逐渐趋于饱和，交通拥堵和交通事故频繁发生。为了缓解地面交通的压力，发展地下轨道交通是必然的，但相比于地面交通网络的建立，地下轨道交通受影响因素更多，施工难度也更大，因此其施工技术要较为复杂[1-2]。现在隧道施工方法主要包括：新奥法、传统的矿山法、隧道掘进机法、盾构法、明挖法、盖挖法、浅埋暗挖法和地下连续墙等。且地铁车站一般位于城市中心，周边环境复杂，施工过程控制要求高[3]。因此研究地铁区间采用不同工法进行施工时地表沉降规律，从而保证工程施工的安全性是非常有必要的。

本文依托北京地铁 22 号线（平谷线）官庄站—永顺站区间暗挖法施工工段，研究多种暗挖法施工工法进行地下隧道工程的建造时，各工法的施工工序对地表沉降的影响。

1 工程背景

1.1 工程概况

管庄站—永顺站区间整体呈东西走向，从管庄站向东沿京通快速路辅路（建国路）前行，下穿通燕高速后沿通惠河北岸向东前行，穿越京承铁路后折向东北方向，进入八里桥市场到达永顺站。区间采用"暗挖法 + 明挖法 + 盾构法"施工，管庄站后因 3000mm × 2000mm 雨水管线与 Φ1350 污水管控制，区间先采用暗挖法施工；之后渡线区间 + 盾构始发井段区间采用明挖法施工，其余区间采用盾构法施工。本文主要讨论暗挖区间段，不同工序施工对地表沉降的影响。

1.2 工程地质

本工段范围内的土层可划分为人工堆积层、第四纪沉积层两大类，共划分为 9 个大层。

（1）人工填土层（第 1 大类）

包括黏质粉土素填土①层。

北京市教委项目：KM201810016005

* 王祐菁（1999—），硕士研究生在读，北京建筑大学土木与交通工程学院。E-mail：wangting779991@163.com

（2）第四纪沉积层（第2大类）

人工填土层以下为第四纪沉积层，其岩性主要以黏性土、粉土、砂土、圆砾及卵石交互层为主。包括粉土③₁层及粉细砂③₂层；细中砂④层，圆砾④₄层；粉质黏土⑤层和黏质粉土-砂质粉土⑤₁层；细中砂⑥层，粉质黏土⑥₂层；粉质黏土⑦层，细砂⑦₂层；细中砂⑧层；粉质黏土⑨层。

本场地有3层地下水，水层号为潜水（一）层、承压水（二）层、承压水（三）层。

2 施工工艺

区间暗挖段可分为南、北两部分：其中南侧暗挖段（一）为双洞叠擦标准断面，上层采用CRD法施工，下层采用台阶法施工；北侧暗挖段（二）为单跨双层拱顶直墙断面，采用PBA法施工。区间暗挖段地下水处理采用降水方式。

南侧暗挖段（一）上层CRD法施工采用初支外1.5m、初支内0.5m深孔注浆，配合φ108mm×400mm超前管棚。南侧暗挖段（一）下层台阶法施工采用DN32mm×300mm小导洞注浆加固。北侧暗挖段（二）PBA法施工采用初支外1.5m、初支内0.5m深孔注浆，配合φ108mm×400mm超前管棚。

2.1 CRD法

CRD法是在隧道开挖过程中，于断面中间施作竖向支撑，并将整个隧道断面在竖向支撑两侧分割成若干个台阶单元后分部开挖的施工方法[4]。它兼有正台阶法和双侧壁导坑法的优点，且洞跨可随机械设备等施工条件决定。CRD法一般适用于围岩较差、跨度大、地表沉陷难以控制的情况。

本工程CRD法施工工序如下（图1）。

（1）施作管棚及左上拱部深孔注浆，超前加固地层；预留核心土，开挖左上导洞土体，施作初期支护（含临时中隔壁及临时仰拱），

图1 CRD法施工步序图

及时封闭初支并背后注浆，打设锁脚锚杆加固拱脚。

（2）预留核心土，开挖左下导洞土体并施作初期支护，及时封闭初支并背后注浆，左下导洞与左上导洞掌子面前后错距至少10m，打设锁脚锚杆加固拱脚。

（3）待左侧导洞开挖支护完成并封端后，施作右上拱部深孔注浆，超前加固地层；预留核心土，开挖右上导洞土体，施作初期支护，及时封闭初支并背后注浆，打设锁脚锚杆加固拱脚。

（4）预留核心土，开挖右下导洞土体施作初期支护，及时封闭初支并背后注浆，右下导洞与右上导洞掌子面前后错距至少10m，采用锁脚锚杆加固拱脚。

（5）初支封端后，铺设防水层，施作仰拱二次衬砌。纵向分段拆除下部临时中隔壁（≤6m），待仰拱二衬的强度达到80%设计强度后，及时进行换撑。

（6）纵向分段拆除（≤6m）临时仰拱及上部中隔壁，利用模板支架施作仰拱上部防水及二次衬砌，封闭成环。

2.2 台阶法

台阶法是指先开挖隧道上部断面（上台阶），上台阶超前一定距离后开始开挖下部断面（下台阶），上下台阶同时并进的施工方法（图2）。

（1）施作拱部超前注浆小导管，超前加固地层；留核心土，开挖上部导洞土体，施作初

图2 台阶法施工步序图

期支护，及时封闭初支并背后注浆，打设锁脚锚杆加固拱脚。

（2）预留核心土，开挖下部导洞土体并施作初期支护，及时封闭初支并背后注浆，下部导洞与上部导洞掌子面前后错距至少5m，打设锁脚锚杆加固拱脚。

（3）初支封端后，铺设防水层，施作仰拱二次衬砌，待仰拱二衬强度达到80%设计强度后，及时进行换撑。

（4）纵向分段拆除（≤6m）临时仰拱，利用模板支架施作仰拱上部防水及二次衬砌，封闭成环。

2.3 PBA法

PBA（Pile Beam Arch）工法是近年来发展起来的一种新型的软土地层中结构浅埋暗挖的施工方法，有机地结合了明挖、盖挖及分步暗挖法，发挥其各自优势，又称为"洞—桩—墙"暗挖逆作法[5]。PBA工法机理是：利用小导洞和桩技术在对地层不产生大的扰动情况下，在暗挖小导洞中施作桩（Pile）、梁（Beam），形成主要传力结构，暗挖形成支撑在两个梁之间的拱（Arch，类似于盖挖法顶盖），一旦扣拱完成，即全面形成纵横向框架空间支撑体系，然后在其保护下可安全地进行基坑开挖、衬砌和内部结构混凝土浇筑作业。洞桩法的施工过程主要包括导洞开挖及支护、施作地下桩墙及导洞外侧部分回填、拱部开挖及支护、洞室主体开挖4个主要施工阶段（图3）。

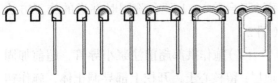

图3　PBA法施工步序图

（1）降水完成后，施作管棚及超前预注浆来加固地层，台阶法开挖导洞并施作初期支护。

（2）在导洞中施作桩顶冠梁和边桩。

（3）导洞内施作初支，初支与导洞间采用混凝土回填。

（4）施作拱部深孔注浆，自横通道搭设大管棚，台阶法开挖拱部土体（挖土过程中不得拆除导洞边墙），施作初支扣拱。

（5）拱部贯通后，分段截断导洞边墙，铺设防水层，后退浇筑结构拱部二衬。

（6）待拱顶混凝土达到设计强度后，沿车站纵向分为若干个施工段，分层向下开挖至主体板底标高。分段施作地模，铺设侧墙防水层，浇筑侧墙结构、中板结构和底板结构。

3　数值模拟

3.1　基本假定与相关简化

（1）采用有限元软件Midas GTSNX进行模拟；

（2）由于本文主要探讨地铁车站多工法施工时不同施工顺序对地表沉降的影响，故将模型简化为2D模型；

（3）本文中将采用地层结构法进行建模，即将结构与土层模型均建立出来；

（4）模型中土层采用修正莫尔—库伦模型，且地表和各土层均呈匀质水平分布；

（5）深孔注浆、管棚和小导管注浆等加固措施部分结构等效为加固土体，故也采用修正莫尔—库伦模型；

（6）初支、二衬和墙体等各结构采用弹性模型；

（7）模型的参数选取参考地质勘查资料，并结合软件的应用；

（8）结构部分网格划分尺寸为0.5，结构两侧共50m和上下涉及土层范围内网格划分尺寸为1，其余外侧地层网格划分尺寸为1.5；

（9）采用Midas软件模拟开挖时，模型边界据最外侧开挖结构中心线距离为3～5倍结构尺寸时，土体受施工开挖影响不明显，故模型尺寸设置为X×Y=185m×65m。

3.2 模型材料参数、边界条件与相关荷载

（1）材料参数

各层土采用修正摩尔库伦模型，单位为 kN/m^3、kPa 和 °。模型地层从上至下依次为：①黏质粉土素填土、③黏质粉土 - 砂质粉土、③粉质黏土 - 重粉质黏土、③黏质粉土 - 砂质粉土、③粉细砂、④细中砂、④圆砾、⑤粉质黏土、⑤黏质粉土 - 砂质粉土、⑤粉质黏土、⑥细中砂、⑥粉质黏土、⑥细中砂、⑦粉质黏土、⑦细砂、⑦粉质黏土、⑧细中砂和⑨粉质黏土。详见表1。

地层超前加固部分采用等效土层，该部分等效土层采用修正摩尔库伦模型。详见表2。

地铁车站各结构采用弹性模型。详见表3。

（2）边界条件

模型下表面设置固定端约束，两侧施加法

表 1 岩土材料参数

岩土名称	泊松比	重度 / (kN/m^3)	饱和重度 / (kN/m^3)	孔隙比	E50ref/ kPa	Eoedref/kPa	Eurref/kPa	ϕ /mm	c
①黏质粉土素填土	0.3	18	20.00	0.7	1600	1600	8000	8	10
③黏质粉土 - 砂质粉土	0.3	19.6	19.98	0.703	5400	5400	27000	20	21
③粉质黏土 - 重粉质黏土	0.32	19.5	19.53	0.784	4800	4800	24000	8	33
③粉细砂	0.28	19.5	20.00	0.7	22000	22000	66000	27	0
④细中砂	0.26	19.5	20.00	0.7	27000	27000	81000	30	0
④圆砾	0.26	20.5	20.63	0.6	34000	34000	102000	35	0
⑤粉质黏土	0.32	19.6	19.61	0.769	7800	7800	39000	9	35
⑤黏质粉土 - 砂质粉土	0.3	20.4	20.66	0.594	12600	12600	63000	24	18
⑥细中砂	0.26	20	20.00	0.7	25000	25000	75000	33	0
⑥粉质黏土	0.32	19.7	19.73	0.747	9000	9000	45000	10	35
⑦粉质黏土	0.32	19.6	19.60	0.77	11800	11800	59000	9	35
⑦细砂	0.27	20	20.00	0.7	24000	24000	72000	32	0
⑧细中砂	0.26	20	20.00	0.7	27000	27000	81000	33	0
⑨粉质黏土	0.32	19.6	19.41	0.806	13800	13800	69000	9	35

表 2 等效土层材料参数

土层名称	泊松比	重度 / (kN/m^3)	E50ref/kPa	Eoedref/kPa	Eurref/kPa	ϕ /mm	c
小导管等效土层	0.28	22	1000000	1000000	2000000	35	200
注浆与管棚等效土层	0.3	50	1000000	1000000	2000000	25	200

表 3 结构材料参数

结构名称	材料名称	弹性模量 /kPa	泊松比	重度 / (kN/m^3)
初支	C25	2.80E+07	0.2	25.5
二衬	C40	3.25E+07	0.2	25.5
回填	C20	2.55E+07	0.2	25.5
边桩、桩顶冠梁	C30	3.00E+07	0.2	25.5
侧墙、中板与底板	C40	3.25E+07	0.2	25.5

向约束。

（3）相关荷载

模型上表面施加 20kN/m 地面超载。

3.3　模拟施工方案

综合考虑实际的施工方案与软件的应用，将对该工程的施工工序简化为如下顺序：

（1）台阶法施工：①施作小导管超前地层加固；②开挖上部土体，并施作上部结构的初支；③开挖下部土体，并施作下部结构的初支；④施作结构二衬。

（2）CRD 法施工：①施作左侧深孔注浆与管棚超前地层加固；②开挖左上部分土体，并施作中隔板与左上部分结构的初支；③开挖左下部分土体，并施作中隔板与左下部分结构的初支；④施作右侧深孔注浆与管棚超前地层加固；⑤开挖右上部分土体，并施作中隔板与右上部分结构的初支；⑥开挖右下部分土体，并施作右下部分结构的初支；⑦拆除中隔板，施作结构二衬。

（3）PBA 法施工：①施作两侧导洞部分深孔注浆与管棚超前地层加固；②开挖导洞部分土体，施作导洞边墙；③在导洞内施作桩顶冠梁，施作边桩；④施作导洞内初支，并进行导洞边墙与初支之间的回填；⑤施作拱部深孔注浆与管棚超前地层加固；⑥开挖第一部分土体，施作初支扣拱；⑦截断导洞边墙，施作二衬；⑧开挖第二部分土体，施作侧墙和中板；⑨开挖第三部分土体，施作中板下侧墙；⑩开挖最后一部分土体，施作剩下的侧墙和底板。

本文研究不同工法施工工序施工对地表沉降的影响，故设置三种施工工况（表4～表6）。

工序 1：台阶法施工→CRD 法施工→PBA 法施工。

工序 2：CRD 法施工→台阶法施工→PBA 法施工。

工序 3：PBA 法施工→台阶法施工→CRD 法施工。

表4　工序 1 施工步骤

CS1	台阶法 - 小导管	CS8	CRD- 注浆 2	CS15	PBA- 初支、回填
CS2	台阶法 - 开挖支护 1	CS9	CRD- 开挖支护 3	CS16	PBA- 拱部注浆
CS3	台阶法 - 开挖支护 2	CS10	CRD- 开挖支护 4	CS17	PBA- 施作初支扣拱
CS4	台阶法 - 二衬	CS11	CRD- 二衬	CS18	PBA- 施作二衬
CS5	CRD- 注浆 1	CS12	PBA- 导洞注浆	CS19	PBA- 侧墙 1
CS6	CRD- 开挖支护 1	CS13	PBA- 施作导洞	CS20	PBA- 侧墙 2
CS7	CRD- 开挖支护 2	CS14	PBA- 边桩、桩顶冠梁	CS21	PBA- 侧墙 3

表5　工序 2 施工步骤

CS1	CRD- 注浆 1	CS8	台阶法 - 小导管	CS15	PBA- 初支、回填
CS2	CRD- 开挖支护 1	CS9	台阶法 - 开挖支护 1	CS16	PBA- 拱部注浆
CS3	CRD- 开挖支护 2	CS10	台阶法 - 开挖支护 2	CS17	PBA- 施作初支扣拱
CS4	CRD- 注浆 2	CS11	台阶法 - 二衬	CS18	PBA- 施作二衬
CS5	CRD- 开挖支护 3	CS12	PBA- 导洞注浆	CS19	PBA- 侧墙 1
CS6	CRD- 开挖支护 4	CS13	PBA- 施作导洞	CS20	PBA- 侧墙 2
CS7	CRD- 二衬	CS14	PBA- 边桩、桩顶冠梁	CS21	PBA- 侧墙 3

表 6 工序 3 施工步骤

CS1	PBA-导洞注浆	CS8	PBA-侧墙1	CS15	CRD-注浆1
CS2	PBA-施作导洞	CS9	PBA-侧墙2	CS16	CRD-开挖支护1
CS3	PBA-边桩、桩顶冠梁	CS10	PBA-侧墙3	CS17	CRD-开挖支护2
CS4	PBA-初支、回填	CS11	台阶法-小导管	CS18	CRD-注浆2
CS5	PBA-拱部注浆	CS12	台阶法-开挖支护1	CS19	CRD-开挖支护3
CS6	PBA-施作初支扣拱	CS13	台阶法-开挖支护2	CS20	CRD-开挖支护4
CS7	PBA-施作二衬	CS14	台阶法-二衬	CS21	CRD-二衬

4 计算结果分析说明

4.1 工序 1 地表竖向位移

台阶法施工完成后地表最大沉降发生在隧道结构中心线上，大小约为 20.2mm；CRD 法施工完成后地表最大沉降发生在隧道结构中心线上，大小约为 27.3mm；PBA 法施工完成后，即全部施工完工后，地表最大沉降点在地铁车站结构中心线偏向 PBA 法施工一侧，约为 38mm。

4.2 工序 2 地表竖向位移

CRD 法施工完成后地表最大沉降发生在隧道结构中心线上，大小约为 15.8mm；台阶法施工完成后地表最大沉降发生在隧道结构中心线上，大小约为 32.3mm；PBA 法施工完成后，即全部施工完工后，地表最大沉降点在地铁车站结构中心线偏向 PBA 法施工一侧，约为 40.7mm。

4.3 工序 3 地表竖向位移

PBA 法施工完成后地表最大沉降发生在车站结构中心线上，大小约为 87.6mm；台阶法施工完成后地表最大沉降发生在车站结构中心线偏左一侧上，大小约为 88.8mm；CRD 法施工完成后，即全部施工完工后，地表最大沉降点在地铁车站结构中心线偏向 PBA 法施工一侧，约为 89.8mm。

4.4 对比分析

对比三种工序地表最终竖向位移可知，采用工序 1 施工时，完工后地表最大沉降最小，大小约为 38mm；工序 2 次之，大小约为 40.7mm；工序 3 完工后地表最大沉降值最大，约为 89.8mm。

工序 1 与工序 2 同样都是先开挖叠落一侧再开挖 PBA 法大断面一侧，其区别在于工序 1 先开挖叠落隧道的下层隧道，而工序 2 先开挖叠落隧道的上层隧道。工序 1 下层隧道施工完成后的最大沉降为 20.2mm，再进行上层隧道的施工后最大沉降为 27.3mm，最大沉降值仅增加了 7.1mm；工序 2 上层隧道施工完成后的最大沉降值虽然只达到了 15.8mm，但再进行下层隧道的施工后最大沉降值达到了 32.3mm，增长了 16.5mm，这比第一步上层隧道施工引起的沉降还要大。综上可以看出，叠落隧道先施工上层隧道再施工下层隧道对土体的扰动要大于先施工下层隧道再施工上层隧道的。

工序 3 的最终沉降值远大于工序 1 和工序 2 的，这可能是由于先进行 PBA 大断面的开挖会影响土体的稳定性，而先施工左侧两个小断面的隧道，无论是施工前对地层的预加固，还是隧道自身的结构强度都使各层土体比原先的土层要稳定。

5 结语

（1）地铁区间多种工法施工的地表沉降曲线，同单个隧道施工或 PBA 法施工的沉降曲线相似，只是由于需要开挖的土体更多，故其地表沉降会更大。

（2）综合比较三种工序完工后最终沉降，工序 1 最终沉降为 38mm，工序 2 最终沉降为 40.7mm，工序 3 最终沉降为 89.8mm，可以发现采用工序一施工时的最终沉降最小。综上所述，未来有相似工程时可采用先开挖叠落隧道下层隧道，再开挖叠落隧道上层隧道，最后开挖旁边大断面结构处的施工工序。

参考文献

[1] 杨林. 浅埋暗挖法隧道施工技术的发展 [J]. 低碳世界，2013（14）：128-129.

[2] 闫继光. 城市地铁车站施工成本管理与控制措施 [J]. 四川建材，2022（6）：210-211.

[3] 杜宪武. 土砂互层下 PBA 工法地铁车站施工诱发地层变形规律研究 [J]. 施工技术（中英文），2022，51（11）：114-120.

[4] 高帅，胡明香，李文彪. 中隔壁法开挖工序对浅埋偏压小净距隧道稳定性影响研究 [J]. 北方交通，2021（11）：87-91，94.

[5] 张志勇. 地铁车站 PBA 工法导洞近接施工影响与分析 [J]. 现代隧道技术，2010（4）：94-100.

城市轨道交通环境振动风险因素调查与分析

吴宗臻 [1*] 邱 传 [2] 刘卫丰 [2] 王小锁 [1] 李春阳 [1]

（1.中国铁道科学研究院集团有限公司城市轨道交通中心，北京 100081；

2.北京交通大学，北京 100044）

摘 要：城市轨道交通运行引发的环境振动问题持续获得了学者们的关注。近年来对环境振动不确定性的研究使得从风险管理视角来探讨该问题成为可能。为建立以风险管理理论为基础的环境振动预测和评估体系，首先需要对涉及的风险因素进行识别。本文设计了调查问卷，邀请 38 位该领域专家对各个风险因素的发生概率和产生后果进行打分。问卷调查结果表明，从风险发生概率角度看，从业者应该重点关注预测方法和评价指标选择的合理性，以及标准和居民感受的适应性。从影响程度的角度看，减振产品相关的风险一旦发生，造成的后果最为严重。振动引发的二次结构噪声问题发生概率和造成后果得分均较高，值得从业者重点关注。

关键词：城市轨道交通；环境振动；风险因素；问卷调查

轨道交通是现代城市交通系统的重要组成部分，发展城市轨道交通是解决大城市交通问题的重要手段之一。近几十年来，随着我国经济的发展，许多城市都开始大力发展轨道交通事业。截至 2023 年 12 月 31 日，我国内地有 59 个城市投入运营城轨交通线路 338 条，运营线路总里程 11232.65km[1]。从全球来看，世界范围内共有 79 个国家和地区的 500 余座城市开通了轨道交通，运营总里程更是超过了 40000km[2]。在规模庞大的城市轨道交通网络中，列车穿梭运行产生的振动可能会对临近的居民、古建筑及精密仪器等产生不良的影响。建筑振动引发的二次结构噪声也会干扰居民的生活和休息[3]。

为了满足城市环境振动限值的要求，城市轨道交通网络中临近敏感目标的路段往往设计了不同等级的减振措施。另外，在运营的轨道交通线路周边新建建筑物可能需要增加额外的减振降噪成本。随着路网的加密，轨道交通的便捷可达和沿线居民的宁静生活越来越难以兼顾。这就使得城市轨道交通的环境振动问题持续获得了学者们的关注。

随着对该领域研究的不断深入，近年来，越来越多的学者意识到环境振动预测和实测中客观存在着不确定性[4]。其中有代表性的进展之一是将达标或超标视为随机事件，采用达标或超标概率的形式来评价城市轨道交通振动造成的环境影响。

考虑不确定性的环境振动评价方法涉及超标"可能性"的问题。而超标又会引发周边居民投诉、古建筑损伤和精密仪器无法正常工作等后果，造成经济和社会层面的不利影响，可以归纳为"损失"。在风险管理理论中，"可能性"和"损失"的统一就是风险，因此在风险

基金项目：中国铁道科学研究院集团有限公司科研开发基金（基金编号：2023YJ090）。

* 吴宗臻（1987—），男，博士，副研究员，主要研究方向为城市轨道交通减振降噪和动态检测。E-mail：wzzlogos@hotmail.com

邱传（通讯作者）（2000—），男，硕士研究生，主要研究方向为城市轨道交通减振降噪。E-mail：22121131@bjtu.edu.cn

管理框架下对城市轨道交通环境振动的预测和
评估进行理论研究就显得很有必要。

虽然在风险管理框架内描述城市轨道交通
环境振动尚未见诸报道，但是城市轨道交通建
设期间的风险管理研究为我们提供了启发和参
考。这些研究涉及城市浅埋大跨暗挖工程[5]、
隐伏溶洞地区隧道施工[6]，以及管线渗漏导致
的塌方等风险的识别和评估[7]。

和城市轨道交通工程建设期间的风险管理
研究主要集中于安全风险不同，运营期间地铁
引发环境振动一般不涉及安全性问题，而是包
含另外两个层面：一是振动超标的风险，二是
减振措施过量使用造成的投资风险。作为风险
管理的第一步，首先要识别引发这两类风险的
因素。本文首先归纳城市轨道交通环境振动控
制过程中可能引发风险的因素，然后邀请行业
内专家对这些因素引发风险发生的概率和造成
后果的严重程度进行打分，以期对各个风险因
素的重要性建立初步认识。

1 问卷调查

1.1 问卷设计

调查小组经过讨论，设计了关于风险因素
发生概率和产生后果影响程度的调查问卷。该
问卷包含 6 个一级指标和 40 个二级指标。一
级指标主要涉及：环评及环境振动预测、减振
产品、减振措施设计、减振施工、轨道交通运
营维护，以及其他因素。调查小组通过电子邮
件等方式邀请专家分别对某二级指标的发生概
率和影响程度进行打分。对于发生概率，分值
越高表示发生概率越大；对于影响程度，分值
越高表示一旦发生造成的后果越严重。

除了问卷表所列内容之外，对于专家认为
导致超标和投资浪费风险的其他因素也请专家
补充并打分，对于列表中专家不熟悉的领域，
请专家留空。

1.2 专家邀请

调查小组一共邀请业内从事本领域科研和
生产工作的 38 位专家参与本次问卷调查。这
38 位专家的工作单位涵盖了企业、高校和科研
院所（图 1）。其中 58% 的专家具有正高级职称，
21% 的专家具有副高级职称，剩余 21% 的专
家具有中级职称（图 2）。参与本次问卷调查的
专家从业时间分布广泛，有 39% 的专家在环境
振动控制领域从业时间在 20 年以上，24% 的
专家从业时间在 11～15 年，26% 的专家从业
时间在 6～10 年，还有 11% 的专家从业时间在
1～5 年（图 3）。参与调查问卷的专家覆盖了不

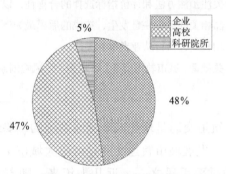

图 1 专家工作单位占比图

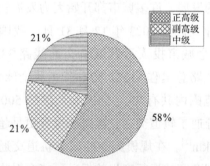

图 2 专家职称占比图

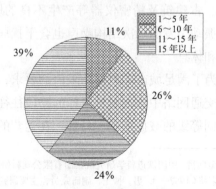

图 3 专家从业时间占比图

同年龄结构，能够较为广泛地代表从业者对本课题的认识。总体而言，参与问卷调查的专家从行业分布、专业水平和经验上能够代表本行业的整体水平，具有一定的权威性。

1.3 问卷发放与收回

本次调查共发放问卷 38 份，收回有效问卷 38 份，达到了预期效果。其中 13 位专家对问卷表进行了有益的补充。

2 结果分析

2.1 一级指标分析

对各个一级指标发生概率和产生后果的得分进行统计，得分的平均值和标准差如图 4 和图 5 所示。平均值越大表示发生可能性越大，标准差越小表明专家对于这一问题的共识度越高。

发生概率平均值得分最高的一级指标是"其他风险因素"，主要是与目前预测方法和评价指标的合理性、国家标准与实际需求的适用性，以及居民的感受有关。

影响程度平均值得分最高的一级指标是"与减振产品有关的风险因素"，平均影响程度为 0.72，这说明了与减振产品有关的风险一旦发生，所产生的后果最严重。另外，该得分

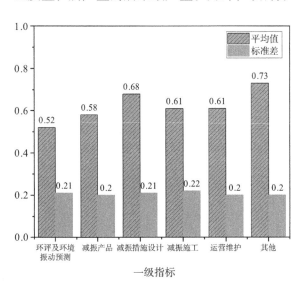

图 4　一级指标发生概率平均值及标准差

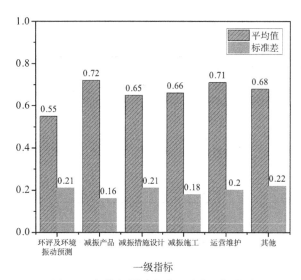

图 5　一级指标影响程度平均值及标准差

的标准差为 0.16，表明专家对这一问题共识度较高。

各个一级指标的平均发生概率和影响程度的标准差均在 0.20 左右，表明各位专家对于各个一级风险因素的发生概率及影响程度的共识程度较高，这也从侧面说明问卷结果是可靠的。

2.2 二级指标分析

表 1 和表 2 给出了发生概率平均值和影响程度平均值排名前 3 的二级指标，即风险因素的得分情况。其中"轨道减振措施未进行综合考虑频域、概率和长期服役性能的设计，仅依靠环评报告进行减振产品选型"得分最高，且标准差最低，需要重点关注。排名第 2 和第 3 的二级指标均与室内和室外的振动响应有关，可见对振动由室外到室内的传递关系也需要引起重视。

影响程度得分最高的二级指标是"振动会引发二次结构噪声，加剧居民的不适感"，该指标发生概率的得分也排在前三，表明二次噪声问题值得重点关注。排名第二的二级指标是"产品实际减振量低于设计值"，这提醒从业者在减振措施选型时要更加深入地研究。

表 1　发生概率排名前 3 的风险因素得分

一级指标	二级指标	平均值	标准差
与减振措施设计有关的风险因素	轨道减振措施未进行综合考虑频域、概率和长期服役性能的设计，仅依靠环评报告进行减振产品选型	0.83	0.15
其他风险因素	环评采用室外测点，居民是否投诉凭借室内感觉	0.79	0.19
其他风险因素	振动会引发二次结构噪声，加剧居民的不适感	0.77	0.15

表 2　影响程度排名前 3 的风险因素得分

一级指标	二级指标	平均值	标准差
其他风险因素	振动会引发二次结构噪声，加剧居民的不适感	0.78	0.17
与减振产品有关的风险因素	产品实际减振量低于设计值	0.77	0.16
与减振措施设计有关的风险因素	轨道减振措施未进行综合考虑频域、概率和长期服役性能的设计，仅依靠环评报告进行减振产品选型	0.76	0.21

2.3　专家补充的影响因素

除了问卷表中给出的影响因素外，部分专家认为还有其他因素可能会引发环境振动风险，可以归纳为以下几个方面：

（1）预测过程中未考虑基础设施病害（如隧道渗漏水、道床下脱空）和曲线线路、车站和区间连接处等结构对振动的影响。

（2）不同振动预测团队的经验、对标准的理解、对仪器的操作，以及数据处理方式存在差异。

（3）振动预测团队使用的参考线路与实际线路存在偏差，建设周期期间周边敏感点性质变化。

（4）车轮多边形、钢轨异常波磨导致轮轨关系随时间劣化，减振措施性能随时间降低。

3　结语

通过问卷调查，梳理了城市轨道交通环境振动相关风险的发生概率及影响程度，得出以下结论：

（1）风险发生概率的得分情况提醒从业者要重点关注预测方法和评价指标选择的合理性，以及评价标准和居民感受的适应性。

（2）从影响程度的角度看，减振产品相关的风险一旦发生，造成的后果最为严重。

（3）振动引发的二次结构噪声问题需要重点关注。

参考文献

[1] 侯秀芳，冯晨，燕汉民，等 . 2023 年中国内地城市轨道交通运营线路概况 [J]. 都市快轨交通，2024，37（1）：10-16.

[2] 韩宝明，余怡然，习喆，等 . 2023 年世界城市轨道交通运营统计与分析综述 [J]. 都市快轨交通，2024，37（1）：1-9.

[3] 辜小安 . 我国城市轨道交通环境噪声振动标准与减振降噪对策 [J]. 现代城市轨道交通，2004（1）：42-45，5.

[4] 马蒙，刘维宁，刘卫丰 . 列车引起环境振动预测方法与不确定性研究进展 [J]. 交通运输工程学报，2020，20（3）：1-16.

[5] 郑俊飞 . 城市浅埋大跨暗挖工程施工风险评估研究 [D]. 北京：北京交通大学，2021.

[6] 薛亚东，李硕标，丁文强，等 . 隐伏溶洞对隧道施工安全影响的风险评估体系 [J]. 现代隧道技术，2017，54（4）：41-47.

[7] 王帆，刘保国，亓轶 . 管线渗漏破坏下地铁隧道施工坍塌风险预测 [J]. 岩石力学与工程学报，2018，37（S1）：3432-3440.

基于 BIM 的铁路牵引变电所线缆敷设方法

吴荣超[1] 王 颖[2] 刘冰瑞[2] 王 威[2]

（1.中铁武汉电气化局集团有限公司，武汉 430074；

2.中铁武汉电气化设计研究院有限公司，武汉 430074）

摘 要：铁路牵引变电所线缆敷设是指在铁路牵引变电所内部或其与外部设备之间，为了传输电力、控制信号或通信信号而进行的电缆和光缆的安装工作，在实际施工中极为复杂，基于此，本文提出一种应用于铁路变电所的自动布线算法。该算法利用建筑信息模型（Building Information Modeling，BIM）中的三维空间数据，结合布线规则，自动完成电缆的路径规划和布设。此技术旨在提高铁路变电所布线设计的智能化水平，优化电缆布局，减少人为错误，提升施工效率，并确保电力系统的可靠性和安全性。

关键词：铁路牵引；铁路变电所；自动布线算法

在铁路电气系统中，变电所是关键的电力供应节点，负责将高压电力转换为适合铁路使用的电压等级，并通过控制电缆进行输电。由于铁路变电所结构复杂，设备众多，因此电缆的布线工作十分烦琐且至关重要[1]。传统的布线方法依赖于人工进行测量、规划和布线，不仅效率低下，而且容易出错，难以应对现代铁路建设的快速发展需求[2]。针对这些问题，本文提供了一种自动化的布线解决方案。《铁路变电所自动布线算法》通过读取和解析 BIM 模型中的数据，识别出电缆沟、支架、夹层洞口，以及室内外设备的位置和尺寸信息，运用先进的计算方法，考虑电缆的规格、类型及布线要求，自动规划出最优的电缆路径，实现高效、准确的布线设计。

1 现存问题

在铁路电气系统中，变电所是实现电力转换和分配的关键设施。随着铁路网络的快速扩张和电气化程度的不断提高，对变电所的设计、建造和维护提出了更高的要求。在铁路变电所的建设过程中，电缆布线是一个重要环节，它直接影响到整个电力系统的可靠性、安全性及后期的维护成本。

传统的铁路变电所布线方法主要依靠人工进行设计，包括测量现场、绘制布线图、计算电缆长度等步骤。这种方法存在以下缺点：

（1）劳动强度大：由于需要大量的现场测量和手工绘图，工作量巨大，耗时耗力。

（2）效率低下：传统的手工布线方式效率较低，无法快速适应现代铁路建设的紧迫进度要求。

（3）错误率高：人为操作容易出现错误，可能导致布线不合理甚至发生故障。

（4）难以优化：手工布线难以综合考虑所有因素，比如最短路径、电缆成本和未来维护等，因此不容易实现布线的全局优化。

为了克服上述现有技术的不足，业界一直在探索更加高效、准确的布线方法。随着计算机技术的发展，特别是 BIM 技术的广泛应用，为铁路变电所的布线设计提供了新的可能性。利用 BIM 模型可以获取详细的三维空间数据，包括电缆沟、支架、夹层洞口、设备位置等信息，这为实现自动布线提供了数据基础。

然而，尽管 BIM 技术提供了大量有用信息，但如何有效地利用这些信息进行自动布线，仍然是一个技术上的难题。目前市场上尚未有一种成熟的自动布线算法能够很好地解决这个问题，尤其是在规则复杂、限制条件多的铁路变电所环境中。

因此，开发一种结合 BIM 技术和自动算法的铁路变电所自动布线方法，成了行业内迫切需要解决的技术问题。

2 技术方案

2.1 数据输入与处理

（1）从 BIM 模型中提取关键信息，包括电缆沟、支架、夹层洞口，以及室内外设备的位置和尺寸[3]。

（2）对提取的数据进行预处理，包括数据清洗、格式转换和坐标系统统一。

2.2 布线规则设定

（1）根据铁路变电所的具体要求，设定布线规则，如电缆类型（高压或控制）、路径选择、支架使用等。

（2）规则还包括遇到交叉时如何上下错层排布，以及不同类型电缆的优先级等。

2.3 路径计算与优化

（1）利用图论中的最短路径算法，如 Dijkstra 或 A* 算法，计算从起点到终点的初步路径。

（2）考虑电缆面积要求和布线规则，对初步路径进行优化调整，以找到最佳布线方案。

2.4 布线模拟与验证

（1）在三维环境中模拟布线过程，确保路径无碰撞且符合所有预设规则。

（2）对布线结果进行验证，确保电缆布局满足电气安全和技术标准。

2.5 输出布线方案

（1）将最终的布线方案可视化输出，包括电缆的走向、弯曲点、固定点等详细信息。

（2）生成布线报告，包括材料清单、施工指导和成本估算等。

3 实施方式

3.1 关键信息

（1）BIM 模型

给予的模型包含电缆沟位置、支架位置、长度及高度、进入夹层的洞口位置及大小、室内外设备位置等三维信息，通过读取这些位置的信息，配合相应的规则完成自动布线。

（2）电缆支架桥架

场地和变电所模型里包含的走线支架，共分为电缆沟侧壁支架、夹层地面支架、夹层顶部吊架，线缆走在支架的上侧，根据需要排布，最多可以一层支架上布两层线，每层线均用线夹固定。

（3）电缆

电缆设置电缆种类、电缆面积（单芯直径＋芯数）、弯曲半径、颜色等参数。

（4）电缆槽

设置一个辅助电缆排布的放样族，该族为 U 字形，参数设置为宽度和深度，长度和空间位置信息由求解得出的路径确定。电缆槽路径首先确定起点和终点，在空间上连接起点和终点，再通过现有的土建模型在平面和垂直两个方向上取折点，完成平面和垂直两个面上电缆的排布。

3.2 高压电缆

（1）室内外设备预设

室外设备有绝缘子支架（预设编号 T 相、F 相）、变压器（预设编号为 1B、2B、3B、4B）低压侧绝缘子支架（预设编号 T 相、F 相）；室内设备有开关柜（预设编号为 KG201、KG202、KG203、KG204、KG211、KG212、KG213、KG214，区分 T 相、F 相）。

模型中室内外设备是线缆的起点与终点，每个设备应设置相应的线缆起点接口和终点接口，以便软件能自动完成设备间的连线。

（2）高压电缆布设

高压电缆的布设转角处要呈圆弧状，弯曲半径不能小于340mm，绕电缆裕沟布设，布设在电缆沟支架的最上面1～3层，同一变压器的同相电缆在支架上应同层敷设，不同回路27.5kV及以上单芯电缆应分层敷设在电缆支架上。平面图如图1所示。

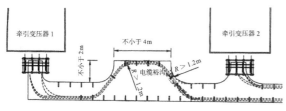

图1 电缆布设平面图

线缆在进出柜底时要集合成束，根据线缆总截面，分配对应数量的套管（预设的方套管和圆套管），通过套管进入柜体内；线缆从电缆沟进入室内，同样要成束后计算截面，分配相应的套管，通过套管进入。

线缆在模型中给予的支架上布设，根据起点与终点，通过就近的电缆沟进入室内，左侧的线缆走左侧支架，右侧线缆走右侧支架，遇到交叉则上下错层排布，以尽量避免交叉，以求解出最佳路径后，按电缆面积要求布设电缆。

3.3 控制线缆

（1）室内外设备预设

主变端子箱（预设编号为1B、2B、3B、4B）、流互（预设编号为101LH、102LH、103LH、104LH）、压互端子箱（预设编号为101YH、102YH）、断路器端子箱（预设编号为101DL、102DL）、隔开机构箱（预设编号为1011GK、1011DGK、1021GK、1021DGK、2111GK、2121GK、2131GK、2141GK、2113GK、2133GK）、集中接地箱（预设编号为JZ）。

室内设备有主变保护测控屏（预设编号为1B1、1B2、2B1、2B2，区分左右两侧，预

设编号为z、y）、馈线保护测控屏（预设编号为a相、b相，区分左右两侧，预设编号为z、y）、开关柜（预设编号为211、212、213、214，区分左右两侧，预设编号为z、y）、计量屏（预设编号为J，区分左右两侧，预设编号为z、y）、监控屏（预设编号为JK，区分左右两侧，预设编号为z、y）、直流屏（预设编号为ZL，区分左右两侧，预设编号为z、y）、交流屏（预设编号为JL，区分左右两侧，预设编号为z、y）。

模型中室内外设备是线缆的起点与终点，每个设备应设置相应数量的线缆起点接口和终点接口，以便软件能通过输入的起点、终点、线缆数量、截面积等信息，自动完成设备间的连线及排布[4]；接口数量应该预留足够，以提高模型及软件的复用性。

线缆在进出箱底或柜底时，要集合成束，根据线缆总截面，分配对应数量的套管（预设的方套管和圆套管），通过套管进入箱体或柜体内；线缆从电缆沟进入室内，同样要成束后计算截面，分配相应的套管，通过套管进入。

（2）低压及控制电缆布设

线缆在模型中给予的支架、吊架或走线架上布设，根据起点与终点，通过就近的电缆沟出入室内，左侧的线缆走左侧支架，右侧线缆走右侧支架，遇到交叉则上下错层排布，以尽量避免交叉，以求解出最佳路径后，按电缆面积要求布设电缆。

低压及控制电缆必须避开与高压电缆同层布设，监控系统线缆应排布在最下面一层支架上[5]。在普通支架上配置，不宜超过一层；在桥架上配置，控制电缆不超过三层，交流三芯电缆不超过二层。吊架上的电缆排布依次为电力电缆、控制电缆，如图2所示。

控制室内防静电地板下的电缆依据模型中给的走线架进行布设，室内电缆走线架如图3所示。

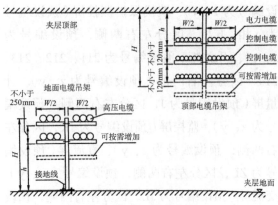

图 2　低压及控制电缆

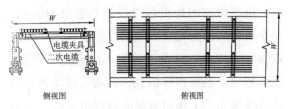

图 3　室内电缆走线俯视图

截面大小相近的控制电缆可以视情况排在同一层，布放路径应符合设计要求，电缆沟内的电缆排布时，最远处柜体的电缆排在电缆沟中心线并弯进柜体，从远向近的电缆依次从中心向两侧排布，排列整齐美观、无扭绞、无交叉。在电缆的终端处及位于电缆穿墙板处、夹层处，或电缆竖井进出口处的显著部位应调出和使用标志牌进行标识。

监控系统线缆布设时，同一系统、相同电压等级、相同电流类别的线路，可以在同一线槽的同一槽孔表示。但是，信号线和电源线要分离布放，间隔不应小于 300mm。多芯电缆的弯曲半径不应小于其外径的 6 倍，同轴电缆的弯曲半径不应小于其外径的 10 倍。

3.4　方式详述

（1）系统准备与配置

搭建一套完整的计算环境，包括数据输入、处理模块，路径规划引擎，模拟验证系统和报告生成器的服务器或云平台。根据铁路变电所项目的具体要求和现场条件，对算法参数进行精确配置，确保算法运行效率和结果的准

确性。

（2）数据输入与预处理

直接从 BIM 软件中导出相关三维模型数据，包括电缆沟的几何位置、支架的结构特征、夹层洞口的尺寸，以及室内外设备的空间坐标等。利用先进的数据处理技术清洗噪声和异常值，校准偏差，转换数据格式，并整合到一个统一的坐标系统中以便后续处理。

读取 BIM 模型中电缆沟位置、支架位置、长度及高度、进入夹层的洞口位置及大小、室内外设备位置等三维信息，形成二维平面图，如图 4 所示。

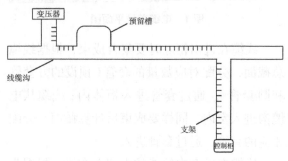

图 4　二维平面图

（3）布线规则设置

通过图形用户界面（GUI）收集用户的输入，设定包括电缆类型选择、优先级排序、支架分配策略、交叉避让处理方法等在内的详细布线规则。这些规则可以基于项目特定的要求进行调整，以适应不同的设计和施工标准。

解析处理电缆沟，生成电缆沟内廓线以及拐点链接线。如图 5 所示。

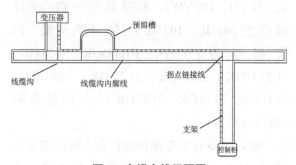

图 5　电缆布线平面图

（4）路径计算与优化

应用多种图搜索算法，结合启发式方法，考虑所有可能的走线方案，并根据预设的规则计算出最优或次优路径。在得到初始路径后，采用迭代算法和模拟退火等优化技术对路径进行微调，以更好地满足电缆面积要求和安全规范。利用图论中的最短路径算法，如 Dijkstra 或 A* 算法，计算从起点到终点的初步路径。

（5）布线模拟与调整

利用三维可视化工具呈现计算得出的电缆布局方案，允许工程师在虚拟环境中进行审查和修改。模拟过程中可检测冲突和潜在的风险点，并提供解决方案，直到确认最终无冲突且符合所有设计规范的布线方案。利用二次贝塞尔曲线（Bézier curve）和三次贝塞尔曲线优化设置线缆转角和跨层（图6）。

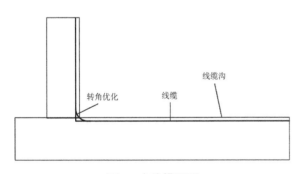

图6 布线模拟图

（6）方案输出与后续处理

将最终确定的布线方案转化为详细的二维施工图纸和三维可视化模型，同时生成材料清单和成本估算报告。提供完备的项目文档，包括施工指导手册、安全评估报告和维护指南，为施工和后期运维提供便利。

4 技术创新点

4.1 智能数据解析模块

模块能够识别并提取关键的空间元素，如电缆沟位置、支架结构、夹层洞口尺寸，以及各类室内外设备的具体坐标。

采用高效的数据处理算法，对提取出的原始数据进行清洗、校准和转换，确保输入数据的准确性和一致性。

4.2 动态布线规则引擎

设计了一个灵活的规则引擎，允许工程师根据具体的工程需求和现场条件，动态设置和调整布线规则。

此规则引擎涵盖各种布线约束，包括电缆类型选择、优先级管理、交叉避让，以及支架和路径选择策略。

4.3 高效路径规划算法

核心路径规划算法采用了多种图搜索技术，如 Dijkstra 或 A* 算法，结合启发式方法，以应对复杂多变的布线环境。

算法进一步考虑了电缆物理特性和安装要求，从而在保证安全的前提下，寻找到既经济又实用的最优路径。

4.4 交互式布线模拟系统

引入了一种交互式的布线模拟系统，该系统能够在虚拟环境中精确模拟布线过程，实时检测潜在的冲突和问题。

系统支持多角度视图切换和缩放功能，使工程师能够在不同视角下审视布线结果，确保设计的精确性和可行性。

4.5 详尽的布线输出报告

自动生成包含详细布线信息的输出报告，报告中不仅有布线方案的可视化展示，还包括材料清单、成本估计、施工指导和风险评估。

报告格式灵活，可根据不同的项目需求或标准要求定制，以满足各种工程和审计标准。

5 结语

与现有技术相比，本文提出的铁路变电所自动布线算法具有突出的实质性特点和显著的进步。其自动化程度高，能够在复杂的电气工程环境中提供快速、准确的布线解决方案。通过减少设计错误和优化电缆使用，本算法不仅节约了材料和人力成本，还为未来铁路变电所的维护和升级提供了便利。此外，该技术的通用性和适应性使其在不同规模和不同类型的铁路变电所项目中都有广泛的应用潜力。

参考文献

[1] 姜攀.基于 BIM 技术的地铁变电所电缆敷设优化技术研究 [J].铁道建筑技术，2024（2）：28-31，142.

[2] 潘东亮，何顺江.BIM 技术在牵引变电站中的应用 [J].集成电路应用，2024，41（2）：420-424.

[3] 祁忠永，王荣熙，鲍善晓，等.高速铁路智能牵引变电所技术研究 [J].铁道工程学报，2024，41（1）：76-80.

[4] 张恒.重载铁路牵引电缆贯通供电方案研究 [D].成都：西南交通大学，2020.

[5] 宋有鹏.研究电气化铁路牵引变电所接地网敷设接地问题 [J].建材与装饰，2017（10）：218-219.

可视化接地系统在智慧城市轨道交通的应用

唐洪福 *

（中交轨道交通运营有限公司，天津300199）

摘　要：为了确保市域轨道交通线路接触网接地作业安全，确保停电作业的可靠性，避免人为因素的误操作等影响，需开发可视化接地系统，利用技术手段替代人工挂接地线，实现自动接地。方法：阐述了可视化接地系统的优势，强调了可视化接地系统的必要性。以天津地铁11号线可视化结构为例分析了可视化接地系统的结构，并明确了可视化接地系统操作规定与操作指引。结果与结论：可视化接地系统显著缩短了断电验电和接地作业所需的时间，延长了日常检修的有效工作时间，并在提高现场作业效率方面发挥了重要作用。此外，自动化设备的应用还能够减少现场操作人员的需求，从而节省人力成本。

关键词：轨道交通；联锁关系；双确认；并控顺控；三工位接地刀闸

　　城市轨道交通作为现代城市交通系统的重要组成部分，对于缓解交通拥堵、提高城市运行效率具有重要意义。为了保障城市轨道交通生产运营安全，地铁设备需要夜间停电检修。为保障各专业施工人员安全，当作业人员及所持的工器具、材料、零部件等与接触网之间的安全距离不超过1m时，接触网必须停电并封挂地线。传统挂拆接地线完全依靠人工进行，需要多人配合完成，工作强度高、耗时较长，整个封挂、拆除过程需要耗时至少1h，工作效率低下[1-2]。

　　以中交轨道地铁运营为例，地铁运营检修维护时间为凌晨0:30～4:30，仅4h，停电和封挂地线时间过长进一步压缩了检修时间。尤其是在事故抢修时，停电和封挂地线时间过长，不利于运营秩序的恢复，容易造成不良影响。此外，在挂接地线的过程中，如果接触网上存在残余电压，会威胁到操作人员的人身安全。

　　天津地铁11号线采用接触网可视化接地系统，接地柜具备远程遥控、就地电动等自动化操作方式，能够大大缩短封挂地线的操作时间。在保证作业人员安全的情况下，降低了劳动强度，通过节约准备时间、延长现场作业时间，从而提高工作效率。

1　可视化接地系统的优势与必要性

　　（1）显著的安全保障：地铁可视化接地系统通过实时监测和显示接触网的带电状态，有效避免了传统接地方式中可能存在的漏挂、错挂地线等问题。此外，系统还具备防误闭锁功能，从而确保了地线操作的安全性与准确性。这大大降低了人为因素导致的安全事故风险，显著提高了地铁系统的整体安全性。

　　（2）提升作业效率：相比传统的人工接地操作，可视化接地系统通过远程控制和自动化管理，大大缩短了接地操作的时间。例如，在天津地铁11号线接触网停电检修时，可视化

---

* 唐洪福（1996—），男，中交轨道交通运营有限公司，综合监控调度。

系统可以在短时间内完成验电、接地等操作，从而提高工作效率。此外，系统还能自动记录和分析接地操作数据，为后续智能运维工作提供有力的数据支持。

（3）实现智能化运维：地铁可视化接地系统通过集成先进的监控、分析和控制功能，实现了对地铁接地设备的智能化管理。系统可以实时收集和处理各种数据，通过算法分析预测设备的运行状态，及时发现并处理潜在的安全隐患。同时，系统还可以根据实际需求进行自动调整和优化，从而提高地铁系统的运维水平。

（4）降低人力成本：可视化接地系统的自动化和智能化特点使得地铁系统对人工的依赖程度大大降低。通过远程监控和自动控制，可以减少现场操作人员的数量，降低人力成本。同时，系统的智能化管理也减少了人为因素导致的错误和损失，进一步提高了地铁系统的经济效益。

（5）实时性与动态性：地铁可视化接地系统具备实时性和动态性，可以实时更新和显示接地状态，使综合监控调度、车站、操作人员随时掌握地铁线路的接地情况。这种实时性有助于及时发现和处理潜在的安全风险，确保地铁系统的稳定运行。

（6）易于操作与维护：可视化接地系统的界面设计通常直观、简洁，操作人员容易上手。同时，系统还具备自我诊断和故障提示功能，一旦发生故障，系统会自动提示并给出解决方案，方便维护人员进行快速修复。

（7）可扩展性与灵活性：地铁可视化接地系统具备可扩展性和灵活性，可以根据地铁线路的发展和变化进行相应的调整和升级。无论是新增线路还是改造现有线路，系统都可以轻松适应，满足不同线路不断变化的运营需求。

（8）数据记录与分析：系统能够记录大量的接地操作数据，为后续的运维工作提供数据支持。通过对这些数据的分析，可以了解地铁系统的运行状况，预测潜在的安全风险，并制定相应的预防措施。

（9）环境适应性：地铁运行环境复杂多变，可视化接地系统具备较强的环境适应性。无论是高温、高湿，还是低温、干燥的环境，系统都能稳定运行，为地铁系统提供可靠的接地保障。

2 可视化接地系统分析

2.1 可视化接地系统结构分析

以天津地铁 11 号线可视化结构为例分析，可视化接地系统是基于 B/S 架构的主站监控系统，通过对现场接触网电压、接地开关工作状态的实时监控，并结合验电、电气闭锁等安全逻辑，将传统的以"人防"为主的接触网挂拆地线工作流程，转变为以"技防"手段为主的自动化挂拆地线流程，从而为城市地铁轨道交通系统的供电安全运营，提供更加可靠的防范技术，和更高的工作效率。

可视化接地装置主要由 PLC 控制器、高压验电装置、控制电机、接地开关、光纤收发器、网络摄像头、温湿度控制单元等组成（图1）。电动操作按钮和手动操作手柄可用于接地开关的就地分闸与合闸操作，其中电动操作按钮通过控制点击驱动接地开关动作，从而实现

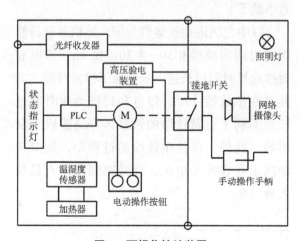

图 1 可视化接地装置

地线挂拆操作；手动操作手柄用于装置断电、电机故障等紧急情况下，通过手柄带动电机传动轴旋转，完成地线挂拆操作。

2.2 可视化接地系统分析

通过中央级远程集中控制、可视化站级控制、接地装置本体控制的三级控制形式，实现对接触网的远程接地，并对接触网带电状态、接地状态、自动接地设备运行状态进行实时显示，另外配以 LED 带电显示装置对接触网电压进行实时监测的系统[3-4]。

中央级控制是指通过安装于 OCC 处的中央级远程监控装置对可视化自动接地装置进行远程分/合闸操作。中央级控制为可视化自动接地系统正常操作模式。

站级控制是指通过安装于各牵混所的车站控制室内及车厂调度处的站级远程监控装置，对所辖可视化自动接地装置进行远程分/合闸操作。

就地控制是指通过就地电动或就地手动方式对自动接地装置进行就地分/合闸操作。

3 可视化接地系统操作规定与指引

3.1 可视化接地系统操作规定

可视化接地系统的倒闸操作是指可视化接地系统电气设备运行状态的变动，倒闸操作必须有综合监控调度的命令，任何在可视化接地系统上进行的作业都必须得到维修中心供电车间的批准。

可视化接地系统的倒闸操作必须两人执行，一人操作，一人监护，监护人必须具有一定资质和操作技能者担任。

正常的设备操作或检修应由综合监控调度根据操作或检修内容，发令给维修中心供电车间运行人员或检修人员确认后执行。

综合监控调度在下令时要对照可视化接地系统监控调度端后台相关界面逐项检查，不得主观臆测。如发现疑问或设备运行状态不清楚

时，应与现场人员联系，共同核实设备的运行状态，以确定正确操作。

维修中心供电车间操作人员在决定系统倒闸操作前，应及时与综合监控调度取得联系，确认道闸操作的供电分区的供电状态。在得到现场操作完毕的汇报后，应及时核对维修中心供电车间可视化接地系统监控调度端后台机界面的显示状态是否正确[5]。

倒闸操作人员进行操作时，若听到综合监控调度电话铃响时，应立即停止操作，迅速接听电话，问清原因后才继续操作。在操作中，若发现设备异常或操作顺序有问题而危及人身、设备或系统安全时，应立即停止操作，并报告综合监控调度，可采取必要措施，如切断电源等。

在进行可视化接地系统手动操作时必须穿戴绝缘手套、绝缘靴[6]。

3.2 站级合闸操作流程说明

（1）作业令系统向防误系统发送遥控合闸申请，防误系统进行防误逻辑检查，如果满足接地操作条件，则允许作业令系统遥控合闸，同时，防误系统遥控将遥控闭锁继电器解除闭锁，开放刀闸电动操作动力电源。

（2）作业令系统遥控合闸，验电闭锁控制器启动合闸。验电闭锁控制器自动验电，高于验电阈值时自动放电。如果不满足合闸逻辑条件（上网刀闸未分开或验电有电），验电闭锁控制器拒绝合闸，作业令系统终止接地操作。如果满足合闸逻辑条件（上网刀闸已分开，验电无电或残压高），验电闭锁控制器接通合闸回路，电机动作操作接地刀闸电动合闸。

（3）装置中有网络摄像头，在装有上位机软件的后台机可以看到接地刀闸合闸操作视频联动过程。检查接地刀闸已合闸到位，接地操作完成。

3.3 中央级多站批量合闸

作业令系统跨站批量选择需要进行合闸操

作的接地装置，向防误系统发送远程并控合闸申请，防误系统进行防误逻辑检查，如果满足接地操作条件，则允许作业令系统远程并控合闸，同时，防误系统遥控将申请操作列表中所有接地装置对应遥控闭锁继电器批量解除闭锁，开放刀闸电动操作动力电源。

作业令系统根据远程并控操作指令批量对接地装置启动遥控合闸，各个接地装置验电闭锁控制器启动合闸。验电闭锁控制器自动验电，高于验电阈值时自动放电。如果不满足合闸逻辑条件（上网刀闸未分开或验电有电），验电闭锁控制器拒绝合闸，作业令系统终止接地操作。如果满足合闸逻辑条件（上网刀闸已分开，验电无电或残压高），验电闭锁控制器接通合闸回路，电机动作操作接地刀闸电动合闸。装置中有网络摄像头，在装有上位机软件的后台机可以看到各个接地装置中接地刀闸合闸操作视频联动过程。检查所有批量操作的接地装置的接地刀闸已合闸到位，远程并控合闸操作完成。

3.4 作业令管理

通过作业令，可实现远程可视化接地的遥控操作。

（1）通常情况下，由中央级 OCC 控制中心管理员新建作业令，经 OCC 审核后执行。也可由站级管理员新建作业令，经 OCC 审核后，下发至站级执行。

（2）当车站与 OCC 系统通信故障时，通过解锁按钮开放操作权限，可由站级管理员新建作业令，不经过 OCC 审核，直接在站级执行。

（3）当作业令执行时出现操作异常或操作中断的情况时，可由中央级 OCC 控制中心管理员对该作业令强制取消。

（4）OCC 作业令执行结束后，由中央级 OCC 控制中心管理员申请销令，经 OCC 审核后，完成销令。车站作业令执行结束后，由站级管理员申请销令，经 OCC 审核后，完成销令。

（5）当车站与 OCC 系统通信故障时，车站作业令无法销令时，可由中央级 OCC 控制中心管理员对该作业令强制取消。

4 启示建议

增强系统的实时性与准确性：系统应进一步优化数据处理流程，减少数据从采集到显示的延迟时间。同时，可以考虑引入边缘计算技术，将部分数据处理任务下放到前端设备，从而进一步减少数据传输的延迟。以天津地铁11号线可视化为例，东丽六经路站时常出现可视化视频传输到中心失败的情况，影响正常运营拆地线送电。应提高传感器和测量设备的精度，确保接地状态的精确感知。此外，系统应定期进行校准和维护，确保测量数据的准确性。对于异常数据，系统应具备自动识别和过滤功能，避免误报和漏报。

提升用户界面与交互体验：简化操作界面，去除冗余功能，突出核心功能。同时，采用直观的图标和颜色来表示不同的状态和操作，降低用户的学习成本。增加智能提示功能，例如在用户进行关键操作时给出操作提示或警告。此外，可以引入语音交互功能，允许用户通过语音命令进行操作，提高操作的便捷性。

加强系统的可扩展性与兼容性：设计模块化的系统架构，使得新增功能或设备可以方便地集成到现有系统中。同时，系统应提供开放的接口和协议，方便与其他系统进行对接。确保系统能够兼容多种不同类型的接地设备和传感器。此外，系统还应考虑与不同厂家、不同型号的设备进行兼容，提高系统的通用性和灵活性。

完善数据记录与分析功能：建立安全可靠的数据存储机制，确保数据的完整性和可追溯性。同时，定期对数据进行备份和恢复测试，防止数据丢失或损坏。引入大数据分析技术，对历史数据进行挖掘和分析，发现潜在的运行规律和风险点。此外，系统还应提供可视化的数据报告和图表，帮助用户更好地理解数据和分析结果。

提高系统的环境适应性：针对地铁的特殊运行环境，系统应采用防水、防尘、防震等防护措施，确保设备在恶劣环境下的稳定运行。同时，加强设备的散热设计，防止因高温导致的性能下降或故障。选用高质量的材料和制造工艺，提高设备的耐用性和可靠性。此外，定期对设备进行维护和保养，延长设备的使用寿命。

强化安全保障机制：增加多重确认机制，确保用户在执行关键操作前进行二次确认。同时，设置操作权限和角色管理功能，限制不同用户的操作范围。系统应具备智能预警功能，及时发现并提示潜在的故障风险。同时，提供故障定位和诊断功能，帮助用户快速定位和解决故障问题。

加强培训与技术支持：定期对操作人员进行系统培训，提高他们的操作技能和应急处理能力。培训内容可以包括系统操作、故障处理、数据分析等方面。提供专业的技术支持和售后服务，及时解决用户在使用过程中遇到的问题。同时，建立用户反馈机制，收集用户意见和建议，不断优化系统的功能和性能。

通过改进建议的实施，地铁可视化接地系统将能够进一步提升其性能和可靠性，为地铁的安全生产运营提供更加坚实的技术保障。

参考文献

[1] 胡渊. 地铁接触网可视化验电接地系统设计方案研究 [J]. 科学技术创新，2019（19）：100-101.

[2] 高妍. 接触网可视化接地系统的应用分析 [J]. 集成电路应用，2020，37（9）：172-173.

[3] 徐劲松，张建昭，赖峰. 地铁接触网可视化验电接地操作管理系统研究 [J]. 轨道交通，2016（4）：80-82.

[4] 刘庆磊，沈宝平. 城轨全自动运行线路 OCC 组织架构与工艺布局研究 [J]. 郑州铁路职业技术学院学报，2024，36（1）：11-14.

[5] 曾德容. 地铁供电系统可靠性和安全性分析方法研究 [J]. 电力系统及其自动化，2008（1）：72-74.

[6] 李想. 接触网可视化接地管理系统在城市轨道交通中的应用探讨 [J]. 电气化铁道，2020，31（1）：57-59，63.

A型不锈钢车体结构分析研究

郑慧民 *

（太原轨道交通集团有限公司，太原 030000）

摘　要：本文介绍了某A型不锈钢车辆车体结构特点，并根据其特点简化车体几何模型，建立相应的有限元模型，根据相应标准对车体进行了强度、刚度、疲劳及耐撞性等相关仿真计算，结果表明车体结构满足相关标准及技术要求。

关键词：A型不锈钢；车体；仿真计算；有限元分析

引言

车体结构的性能是关系到列车运行安全的重要指标之一，必须满足相关标准的要求。为了保证地铁车体结构的性能满足设计要求，在地铁车体设计阶段通常采用有限元分析方法校核车体强度、刚度、疲劳及耐撞性等性能指标。通过有限元方法的数值结果能够发现地铁车辆结构设计的不足，进而能够及时修改原始设计方案，最终提高产品研发速度和质量，以及节约大量设计改造成本。

1　车体结构及材料方案

本文中车体主要结构由底架、侧墙、端墙、顶棚和玻璃钢司机室等部分组成。车体结构为轻量化整体承载焊接结构，能够承受垂直、纵向、扭转、自重、载重、牵引力、横向力、制动力等动、静载荷及作用力。

不锈钢车体结构设计最重要的为骨架结构的设计。端墙、侧墙、底架、车顶均为梁柱与外板组成的板梁结构。梁柱结构即为骨架结构。车体结构方案设计阶段，需考虑的最重要的问题即是梁柱的断面形式及骨架的对称性，尽量使整车的骨架结构形成闭环结构，保证车体结构承载的稳定性，避免出现载荷难以传递的情况。梁柱结构的断面尽量采用箱型结构断面，对抗扭曲及横向载荷非常有效，同时避免出现截面突变情况，如无法避免，尽量使截面突变处缓慢过渡[1]。

车体所用材料符合环境保护和维修维护的要求，车体主体结构采用不锈钢（SUS301L系列）符合 JIS G 4305 标准规定，SUS301L 不锈钢材料分为5种不同强度级，其化学成分和物理性能是一致的，显著的区别在于形变强化过程中压延率不同而产生的马氏体含量不同，导致力学性能也有较大差异。而马氏体组织的不锈钢在电弧焊过程中强度会受影响，马氏体越多，焊接性能越差。因此这些不同强度级别的不锈钢，其适用的焊接和冷加工方式也不同。其中 SUS301L-LT 材料强度最低，但轧制后平面度好、延伸率大，电弧焊加热对其机械性能没有影响，故点焊、电弧焊均可，适用于强度要求不高的部件冲压、拉弯、折弯加工；SUS301L- DLT 材料强度较低，二次压延率控制在 3%～8% 的范围内，残余应力小，常温蠕变较小，可保持良好的表面平直度，电弧焊加热对其机械性能没有太大的影响，故点

---

*　郑慧民（1986—），男，汉族，山西盂县人，硕士，目前从事电力机车、城轨车辆和段场工艺设备研究。

焊、电弧焊均可，适用于强度较低部件的折弯及拉延成型，尤其是不采用平整机进行压延的加工；SUS301L- ST 材料强度适中，二次压延率控制在 6%～12% 的范围内，压延后表面平度较好，材料加热后强度降低不明显，故以点焊为主，可以进行电弧焊，适用于强度要求较高零部件的拉弯或折弯加工后再拉弯加工[2-3]；SUS301L-MT 材料二次压延率控制在 9%～17% 的范围内，强度更高，但延伸率很低，受热后强度下降明显，尽量避免使用电弧焊而使用点焊，适用于要求高强度的复杂断面板类通长零件的折弯和辊压加工；SUS301L-HT 材料二次压延率控制在 20%～23% 的范围内，强度最高但延伸率最低，受热后强度突然下降，尽量避免使用电弧焊而使用点焊，适用高强度的复杂断面梁类通长零件的冷弯工艺[4-6]。

2 车体相关仿真计算

该车体结构主要采用壳单元进行离散，厚板和铸件采用体单元进行离散，焊点采用梁单元模拟，并充分考虑车体各部分连接的真实情况，设备质量以质量元的形式施加于对应安装位置，计算模型中包括 1267755 个节点和个 1409571 单元，有限元模型如图 1 所示。

图 1 车体有限元模型

2.1 强度及刚度仿真计算

通过仿真计算进行了结构的优化设计，使得车体静强度各工况下的 Von.Mises 应力均小于对应材料的屈服强度，车体结构静强度满足 BS EN 12663-1：2014 标准要求。车体强度满足在各种运营条件下承受的动载荷、静载荷及冲击载荷要求，并能满足各种工作条件的要求，如架车、起吊、救援、调车和列车连挂等，车体应力不超过安全许用应力值，不会产生永久变形。同时车体结构具有一定的垂向、横向、抗扭刚度，并满足车辆修理和复轨时的要求。车体刚度满足 AW3 载荷时上挠度大于 0mm，同时在最大垂直载荷作用下，车体静挠度不超过两个转向架中心距的千分之一，在所有载荷下，车门能正常工作。

2.2 疲劳仿真计算

目前，结构疲劳寿命评估的主要方法中，疲劳寿命评估方法采用材料 S-N 曲线和线性疲劳累积损伤理论，计算效率高，适用性广，基于断裂力学的疲劳寿命分析方法，考虑了结构的初始缺陷，更符合结构实际情况。

本项目评估标准采用 BS EN 1993-1-9：2005 Eurocode 3：Design of steel structures-Part 1-9：Fatigue。EN 1993 标准焊接接头共有 14 个等级，利用 Miner 线性损伤累积理论预测钢结构的疲劳寿命，其 S-N 曲线的数学表述形式如图 2 所示，相关疲劳计算工况如表 1 所示。

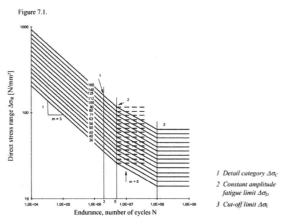

图 2 EN 1993 标准中的 S-N 曲线

经计算，在各疲劳工况下，焊缝和母材的累计损伤均小于 1，车体结构满足疲劳设计要求。

表 1 疲劳工况说明

载荷工况	工况描述	载荷	载荷位置	约束	约束点	疲劳周期
1	垂向疲劳	垂向：$(M_1 + M_{AW2}) \times 0.3g$	各质量作用点	$4 \times U_y = 0$ $1 \times U_x = 0$ $2 \times U_z = 0$	$4 \times$ 空气弹簧座 $1 \times$ 车钩座 $2 \times$ 中心销	10^7
2	横向疲劳	横向：$(M_1 + M_{AW2}) \times 0.3g$	各质量作用点	$4 \times U_y = 0$ $1 \times U_x = 0$ $2 \times U_z = 0$	$4 \times$ 空气弹簧座 $1 \times$ 车钩座 $2 \times$ 中心销	10^7
3	纵向疲劳	纵向：$(M_1 + M_{AW2}) \times 0.3g$	各质量作用点	$4 \times U_y = 0$ $1 \times U_x = 0$ $2 \times U_z = 0$	$4 \times$ 空气弹簧座 $1 \times$ 车钩座 $2 \times$ 中心销	10^7
4	乘客上下车疲劳	垂向：FM_{AW2}	底架波纹板	$4 \times U_y = 0$ $1 \times U_x = 0$ $2 \times U_z = 0$	$4 \times$ 空气弹簧座 $1 \times$ 车钩座 $2 \times$ 中心销	10^6

注：M_1 为车体整备状态质量，M_{AW2} 为定员质量，M_{AW3} 为超员质量。

2.3 耐撞性仿真计算

车体设计时考虑结构的耐撞性要求，以确保在发生碰撞时，吸能部件发生有序、可控的结构变形，通过这种方式，最大限度地消耗碰撞动能。

车辆碰撞是一个瞬态的复杂物理过程，它包括以大位移、大转动和大应变为特征的几何非线性，以材料弹塑性变形为典型特征的材料非线性和以接触摩擦为特征的边界非线性，这些非线性物理现象的综合作用结果使碰撞过程的精确描述和求解十分困难。碰撞过程的仿真是基于有限元方法的空间域离散技术和基于有限差分法的时间域离散技术。基于有限差分法的时间域离散技术有：隐式和显示仿真算法。由于车辆碰撞过程具有很强的非线性特征，且是一个瞬态过程，其物理本质决定了它的仿真只能采用足够小的时间步长，否则就会带来收敛性问题或过大的计算误差。考虑到隐式仿真算法必须迭代求解，其无条件稳定性特征在碰撞仿真中并无太多优势。因此，本项目碰撞过程的仿真采用显示仿真算法——中心差分法。

本项目评估标准采用 BS EN 15227-2008 A1-2010 铁路车体的防撞性要求。EN15227 标准在碰撞场景的建立上投入大量时间，该标准认为在建立合适的碰撞场景前应该充分考虑列车单元配置、列车单元的质量、构成列车单元车辆的机械特性、冲击速度、碰撞障碍物的特性等实际因素。根据 EN15227 标准里对铁路车辆防撞性设计类别的规定，属于地铁车辆，C-II 类别。参考标准中规定的撞击方案，拟定对地铁列车进行以下方案的抗撞性分析：地铁列车以 25km/h 的速度撞击另一列静止的地铁列车。EN15227 标准提出了地铁车辆耐撞性的评价总则，具体分为以下五个方面：

（1）减少爬车风险；

（2）以可控方式吸收碰撞能量；

（3）保持承载区域的结构完整性和生存空间；

（4）限制减速度，平均纵向减速度不超过 5g；

（5）减少脱轨风险并减轻与轨道多次碰撞所造成的后果。

经验证：依据 EN15227 标准的各项指标要求，本项目车辆耐撞性能满足标准要求。

3 结论和建议

通过以上计算与试验可以得出，该车体满足相关标准的要求。后续车辆设计时应强化设计源头控制，进行科学规范的技术设计，总结分析以往设计时出现的问题，避免出现类似重复设计问题，同时应注重制造过程质量控制，在提升操作人员技能、提高工装设备保障能力的同时，引入先进的焊接管理体系，以提升车辆的整体焊接装配质量，通过质量管控提升车辆整体制造水平。

参考文献

[1] 刘晓芳.不锈钢地铁车辆车体结构设计的要点分析 [J]. 山东工业技术，2014（20）：11.

[2] 杜鹏成，张蕾，吴磊，等.不锈钢新型车体强度分析 [J]. 内燃机与配件，2020（2）：51-52.

[3] 徐博雅.不锈钢地铁车辆车体结构设计的要点研究 [J]. 黑龙江交通科技，2018，41（8）：204，206.

[4] 孙彦，王万静，刘志祥.A 型不锈钢地铁车辆车体准静态压缩仿真与试验对比研究 [J]. 铁道车辆，2018，56（1）：7-10，4.

[5] 谢红兵，苏柯.安卡拉地铁车辆不锈钢车体的研制 [J]. 电力机车与城轨车辆，2017，40（2）：42-47.

[6] 林永乐，葛明娟.不锈钢车体结构的材料与焊接方法研究 [J]. 机械工程师，2017，（1）：233-234.

基于两种分析方法的不锈钢点焊地铁车体疲劳强度分析

邹　欣* 　陈博文　崔昺珅　吴　辉

（中车大连机车车辆有限公司，大连 116000）

摘　要：本文基于 BS 标准和 ASME 标准两种疲劳评估方法的基本原理，利用有限元技术对不锈钢点焊地铁车体进行疲劳强度分析，得到该车体的疲劳分析结果；并在分析原理及分析过程上对二者进行对比总结，为车体关键焊缝疲劳评估提供理论依据。

关键词：机械设计；不锈钢点焊地铁；疲劳分析；车体关键焊缝

引言

不锈钢点焊地铁车辆由于环保、耐腐蚀等优点被广泛应用于城轨行业，采用高强度不锈钢材料，侧墙和车顶等部件大部分以点焊形式连接，使得不锈钢点焊车的焊接性能得到了很大提升，但车体结构在实际运行中承受各种交变载荷，若引发车体疲劳断裂会造成严重的后果。为保证车辆安全运行，本文将利用基于名义应力法的 BS 标准和国际先进的基于结构应力法的 ASME 标准，分别对车体进行疲劳强度分析，找到车体疲劳薄弱的位置，并对两种评估方法进行比较。

1　有限元模型的建立

1.1　车体结构简介

某型不锈钢地铁车辆钢结构主体由底架、侧墙、端墙、车顶和司机室骨架五部分组成。该车体结构主要采用 SUS301L 不锈钢材料，具有强度高、抗腐蚀性能和抗高温氧化性良好等特点。表 1 给出了车体的主要技术参数。

1.2　车体有限元模型

依据车体几何模型，建立某型不锈钢地铁车辆车体有限元模型。为了计算的准确性，模

表 1　车体的主要技术参数

序号	参数名称	数值
1	车辆长度 /mm	19000
2	车辆定距 /mm	12600
3	车辆宽度 /mm	2800
4	车体钢结构重量 /t	8.65
5	车体整备 AW0 重量 /t	21.6
6	车体超载 AW3 重量 /t	21.1

型构成以任意四节点薄壳单元为主，三节点薄壳单元为辅，局部，如空气弹簧安装座等部位采用了实体单元进行模拟。整车车体有限元模型的单元总数为 1216782，节点总数为 1606807。图 1 给出了该车整车车体的有限元模型。模型中长度单位为 mm、力的单位为 N、

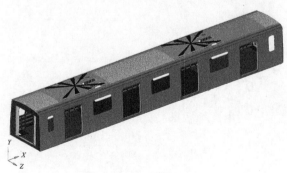

图 1　车体有限元模型

---

* 　邹欣（1987—），男，汉族，辽宁省大连市人，硕士，目前从事城铁车辆研发工作。E-mail：zouxin.dl@crrcgc.cc

质量单位为 t、应力单位为 MPa。

2 基于 BS 标准的车体疲劳强度分析

2.1 BS 标准简介

英国 BS 标准是国际公认适用性较高的疲劳评估标准。基于 Miner 损伤累积理论，疲劳损伤通常是由应力循环导致的，这种应力循环的特点往往高于疲劳极限。经过科研人员漫长的研究提出了用于描述疲劳性能的应力范围，它是循环应力两个相反峰值的代数差。在研究过程中还发现焊缝处及焊缝热影响区附近存在较大的残余应力，有的甚至达到了屈服点，外加应力循环特性对焊缝处及焊缝热影响区附近的实际循环应力无明显影响。使用 BS 标准进行疲劳评估时，针对具体不同的焊接接头形式共有 13 个等级可供选择。例如，当评价螺栓连接接头时需要采用 X 级，s1 级和 s2 级用于剪切疲劳评估。研究人员通过焊缝连接形式、循环应力相对结构的作用方向、焊接制造质量等级和检验方法，以及潜在的疲劳失效位置等特点来划分出典型接头连接类型，之后通过常幅或变幅疲劳试验得到 S-N 曲线，如图 2 所示。图 2 所示的 BS 标准的 S-N 曲线的横纵坐标分别是循环数和应力范围，并且是折线式的

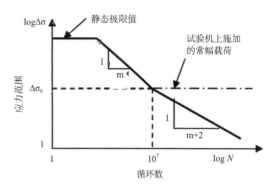

图 2　BS 标准的 S-N 曲线

双斜率曲线，对应于循环 200 万次的常幅应力范围的 FAT 疲劳等级是描述各种焊接接头疲劳强度高低的标志[1]。BS 标准中 S-N 曲线相关参数如表 2 所示。

2.2 基于 BS 标准的疲劳分析步骤

BS 标准允许在载荷复杂的情况下使用有限元法确定名义应力。在确定名义应力的过程中，可使用相对简单粗糙的有限元模型进行计算，但应使用节点力而非单元应力进行计算以避免应力被低估。利用 BS 标准进行车体疲劳强度分析主要包括如下步骤：

（1）依据 EN 12663—2010 标准确定疲劳分析计算工况。

（2）利用 ANSYS 软件进行车体疲劳工况的强度计算，按照主应力变化范围由大到小的

表 2　BS 标准中 S-N 曲线相关参数

级别	C_0	C_0		M	标准偏差，σ		C_2	$S_0\ N/mm^2$ ($N=10^7$ 循环次数)
		Log_{10}	Log_e		Log_{10}	Log_e		
B	2.343×10^{15}	15.3697	35.3900	4.0	0.1821	0.4194	1.01×10^{15}	100
C	1.082×10^{14}	14.0342	32.3153	3.5	0.2041	0.4700	4.23×10^{13}	78
D	3.988×10^{12}	12.6007	29.0144	3.0	0.2095	0.4824	1.52×10^{12}	53
E	3.289×10^{12}	12.5169	28.8216	3.0	0.2509	0.5777	1.04×10^{12}	47
F	1.726×10^{12}	12.2370	28.1770	3.0	0.2183	0.5027	0.63×10^{12}	40
F_2	1.231×10^{12}	12.0900	27.8387	3.0	0.2279	0.5248	0.43×10^{12}	35
G	0.566×10^{12}	11.7525	27.0614	3.0	0.1793	0.4129	0.25×10^{12}	29
W	0.368×10^{12}	11.5662	26.6324	3.0	0.1846	0.4251	0.16×10^{12}	25
S	2.13×10^{23}	23.3284	53.7156	8.0	0.5045	1.1617	2.08×10^{22}	82
T	4.577×10^{12}	12.6606	29.1520	3.0	0.2484	0.5720	1.46×10^{12}	53

顺序依次确定各工况下的疲劳评估点。

（3）根据各评估点的接头类型和受力状况，利用 BS 标准确定其疲劳等级和许用应力范围。比较各评估点应力变化范围是否满足使用要求。

（4）在第（3）步满足要求的前提下，分别计算各评估点在各个疲劳工况下的损伤值，并利用 Miner 损伤定理计算累积损伤。若累积损伤小于 1，则认为该评估点满足设计要求[2]。

2.3 疲劳载荷工况

依据 EN 12663—2010 标准，车体疲劳计算工况共三种，详见表 3。

表 3 车体疲劳分析工况

序号	名称	描述	约束
1	牵引制动	在垂向 AW2 载荷条件下，从最大牵引加速度至最大制动减速度状态变化（±0.15g），应承受 10^7 的交变载荷循环	车体与枕梁连接处施加垂向线位移约束，其中一侧再施加横向线位移约束。车钩座处施加纵向约束。在垂向 AW2 载荷条件下，从最大牵引加速度至最大制动减速度状态变化（±0.15g），应承受 10^7 的交变载荷循环
2	垂向振动	在垂向 AW2 载荷条件下，车辆能够承受 10^7 次垂向振动加速度为 ±0.15g 的循环载荷	
3	横向振动	在垂向 AW2 载荷条件下，车辆能够承受 10^7 次横向振动加速度为 ±0.15g 的循环载荷	

2.4 疲劳结果及评价

三种工况下的疲劳结果如图 3～图 5 所示。

表 4 列出了各焊缝和母材在不同疲劳工况下的应力值，从表中可以看出，焊缝和母材累积损伤均小于 1，满足疲劳强度设计标准。

3 基于 ASME 标准的车体疲劳强度分析

3.1 等效结构应力与主 S-N 曲线简介

基于断裂力学基本理论，并通过对大量试验数据的分析，可将整个裂纹扩展划分为 2 个阶段：短裂纹阶段（0 < a/t < 0.1）和长裂纹阶段（0 ≤ a/t ≤ 1）。于是基于 Paris 裂纹增长定律的一个两阶段裂纹增长模型：

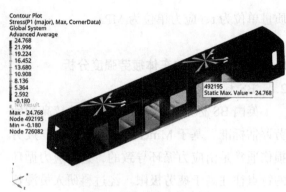

图 3 牵引制动应力云图

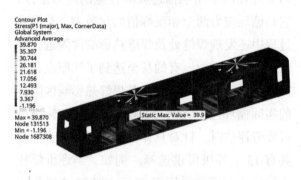

图 4 垂向振动应力云图

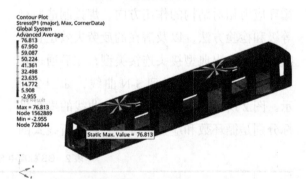

图 5 横向振动应力云图

表 4 疲劳载荷工况母材及焊缝疲劳强度评价

节点	工况 1	工况 2	工况 3	累计损伤
492195（母材）	24.8	0.4	8	0
803021（母材）	21.5	0.6	1.9	0
1562889（母材）	0.5	76.8	0	0.205
1573020（焊缝）	0.5	32.9	4.4	0.376
131513（母材）	0.1	7.9	39.9	0.211
1685086（焊缝）	5.4	15.2	12.5	0.27

$$da/dN = C(M_{kn})^n (\Delta K_n)^m \qquad (1)$$

通过两个指数参数 $n=2$ 及 $m=3.6$，将短裂纹增长与长裂纹的增长相结合，以一个相对裂纹长度来表达，则基于断裂力学从极小裂纹到最终破坏的疲劳寿命预测的表达式可写为：

$$N = \int_{a_i/t\to 0}^{a/t=1} \frac{t\,d(a/t)}{C(M_{kn})^n (\Delta K)^m} = \frac{1}{C}\cdot t^{1-\frac{m}{2}}\cdot (\Delta\sigma_s)^{-m} I(r) \quad (2)$$

式（1）和式（2）中，N 表示的是疲劳寿命值，M_{kn} 表示的是焊趾缺口导致的应力强度因子放大系数，ΔK 表示的是应力强度因子幅，其表达式如下：

$$\Delta K = \sqrt{t}\left[\Delta\sigma_m f_m(a/t) + \Delta\sigma_b f_b(a/t)\right] \qquad (3)$$

式中，$\Delta\sigma_m$ 代表结构应力的膜正应力范围分量，$\Delta\sigma_b$ 代表结构应力的膜弯曲正应力范围分量；$f_m(a/t)$ 和 $f_b(a/t)$ 分别为膜应力和弯曲应力单独作用时确定应力强度因子幅的无量纲权函数[3]：

$$f_m(a/t) = 1.12\sqrt{\pi\frac{a}{t}}$$
$$f_b(a/t) = 1.12\sqrt{\pi(a/t)}\left(1 - \frac{4(a/t)}{\pi}\right) \qquad (4)$$

$I(r)$ 为载荷弯曲比 r 的无量纲函数：

$$I(r) = \int_{a_i/t\to 0}^{a/t=1} \frac{d(a/t)}{(M_{kn})^n \left[f_m\left(\frac{a}{t}\right) - r\left(f_m\left(\frac{a}{t}\right) - f_b\left(\frac{a}{t}\right)\right)\right]^m} \quad (5)$$

$$r = \frac{|\Delta\sigma_b|}{|\Delta\sigma_s|} = \frac{|\Delta\sigma_b|}{|\Delta\sigma_m| + |\Delta\sigma_b|} \qquad (6)$$

令：$$\Delta S_s = \frac{\Delta\sigma_s}{t^{(2-m)/2m}\cdot I(r)^{1/m}} \qquad (7)$$

则有：$N = (\Delta S_s/Cd)^{1/h} \qquad (8)$

式（7）中，ΔS_s 就是等效结构应力变化范围的数学表达式，从式中可以看出，等效结构应力变化范围受到结构应力的变化范围 $\Delta\sigma_s$、板厚 t、膜应力与弯曲应力状态 $I(r)$ 三个参数的综合影响。式（8）为根据等效结构应力求解疲劳寿命次数的计算方程，并命名为主 S-N 曲线方程，式中 Cd 及 h 为试验常数，N 为循环次数。表 5 给出了不同概率分布下的主 S-N 曲线试验常数。

表 5　主 S-N 曲线参数表

统计依据	Cd	h
中值	19930.2	
$+2\sigma$	28626.5	
-2σ	13875.8	-0.32
$+3\sigma$	31796.1	
-3σ	12492.6	

3.2　基于 ASME 标准的疲劳分析步骤

根据以上对疲劳评估标准的对比分析，本节根据美国机械工程协会标准《ASME—2007》利用主 S-N 曲线法对车体几条关键焊缝进行了疲劳分析。主 S-N 曲线法可以有效保证有限元模型中焊缝疲劳评估值不受网格形状及大小的影响，且可以提供焊缝打磨后疲劳评估曲线。具体实施步骤如下：

（1）在不锈钢点焊地铁车车体有限元模型基础上对焊缝进行定义，并记录焊缝首尾单元号与节点号；

（2）将疲劳计算结果导入到软件中读取焊缝信息，并根据静力学分析结果对所定义的焊缝节点的等效结构应力进行换算；

（3）在分析软件中选取所需要的载荷谱循环方式，将其与各疲劳工况进行一一对应，选择 -2σ 主 S-N 曲线，其可靠度为 98%；

（4）在软件中对焊缝进行疲劳损伤的计算，得到总损伤，求得焊缝总的循环次数；如有需要的话，根据总的损伤还能够计算关键焊缝的疲劳寿命年限；

（5）对于上述焊缝进行进一步打磨处理，

选择 Steel Polished-2σ 主 S-N 曲线来计算焊缝的总损伤及疲劳寿命[4]。

3.3 车体疲劳评估位置

表6 评估焊缝位置说明

编号	位置名称
1	车钩座处焊缝
2	枕梁腹板处焊缝
3	枕梁腹板与补强梁处焊缝
4	牵引梁与枕梁腹板处焊缝
5	牵引梁与枕梁处焊缝

3.4 焊缝等效结构应力分析结果

结构应力和等效结构应力分布曲线的走势在一定程度上反映了相应焊缝上的应力集中，等效结构应力用于后续计算焊缝的疲劳寿命。

表7给出了各工况下五条底架焊缝的疲劳损伤，最后计算出各条焊缝的寿命次数。结果表明底架关键焊缝均满足疲劳强度要求。

表7 评估焊缝的疲劳寿命和最大总损伤比

焊缝编号	工况1	工况2	工况3	总损伤比
1	8.196E-10	2.833E-6	1.445E-6	4.273E-6
2	3.179E-8	7.241E-6	3.262E-5	3.487E-5
3	1.642E-4	2.436E-2	8.038E-3	3.256E-2
4	9.9E-7	3.438E-2	2.283E-4	3.461E-2
5	1.009E-5	1.689E-3	4.488E-4	2.148E-3

4 两种疲劳评估方法的对比

名义应力法与结构应力法都是对车体结构进行疲劳分析的有效手段，通过上述研究，二者在疲劳分析原理及分析过程方面也有明显的区别，现总结如下：

（1）有限元建模

名义应力法可针对车体结构的任意部位进行疲劳分析，并可对母材的累积损伤进行计算，在建模过程中无须对焊缝位置进行特殊定义。结构应力法则需根据焊接接头的实际尺寸建立焊趾单元和焊缝单元并定义焊线走向。此

外，由于名义应力法对网格较为敏感，因此应合理选择网格尺寸并提高网格质量，以免由于有限元建模的原因对计算结果产生不利的影响。而结构应力法具有网格不敏感特性，其网格尺寸的大小不会对计算结果造成影响，两种计算方法所采用的建模方式如图6所示。

图6 两种焊缝建模方法对比

（2）焊接接头的确定

BS标准提供了各级焊接接头的S-N曲线数据，然而仍存在一些焊接接头的几何形状及所受疲劳载荷无法与标准所匹配，焊接接头等级选取的不同导致使用BS标准的计算结果无法保证统一性。结构应力法则是考虑了焊接接头载荷模式和板厚因素后得到的统一的S-N曲线，适用于各种焊缝接头，且不需要确定焊缝等级，因此疲劳评估结果具有稳定性。所以，对于在基于名义应力法的标准中能够对应的焊接形式及S-N曲线数据的焊接接头，即标准接头，我们可以直接应用名义应力法计算其疲劳强度。但对于非标准焊接接头，使用主S-N曲线法进行疲劳强度分析较为准确，所以主S-N曲线法相比传统的名义应力法有着更为广泛的应用范围。

（3）疲劳评估点的选取

BS标准选取评估点是某条焊缝中主应力范围最大位置，其计算结果只针对某一节点，然而通过某一点主应力变化范围无法预测焊缝是否发生应力集中现象。然而结构应力法在有限元模型中定义了焊缝信息，所以可预测整条焊缝的疲劳寿命。通过计算所得的结构应力可判断焊缝是否存在应力集中现象，并识别应力集中发生部位。若焊缝某一节点的结构应力突

然增大或者减小，可认定焊缝在此处存在应力集中问题[5]。

5 结语

本文以某不锈钢点焊地铁车辆为研究对象，先利用基于名义应力法的 BS 标准对车体进行疲劳强度分析，接着选取 5 条底架关键焊缝，使用基于结构应力法的 ASME 标准进行疲劳强度分析，结果显示在两种分析方法下均满足疲劳强度要求。最后通过有限元建模、焊缝等级和疲劳评估点三个方面总结二者的区别，并对不同情况应用何种评估方法更加合理进行了总结。

参考文献

[1] 谢素明，兆文忠 . 基于ⅡW标准的提速客车转向架焊接构架疲劳寿命预测 [J]. 大连铁道学院学报，2006（3）：19-23.

[2] 刘伟，田铎 . 不锈钢地铁车辆车体结构设计的要点分析 [J]. 华东科技：学术版，2015（5）：438-438.

[3] 谢素明，莫浩，牛春亮，等 . 基于结构应力法的焊接构架应力状态研究 [J]. 大连交通大学学报，2019，40（1）：36-39.

[4] 张春玉，谢素明，程亚军 . 轨道车辆不锈钢车体焊点强度评估方法研究 [J]. 大连交通大学学报，2018，39（2）：43-47.

[5] 兆文忠，李向伟，董平沙 . 焊接结构抗疲劳设计理论与方法 [M]. 北京：机械工业出版社，2017：36-91.

机器视觉在动车组车号识别中的应用

苏玉东* 赵 宇 高 峰 张 旭

（天津哈威克科技有限公司，天津 301799）

摘 要：本文介绍了一种利用机器视觉进行动车组车号识别的方法。当列车经过采集区域，会自动触发相机采集动车组侧面的车号图像，运用图像处理算法对其进行预处理、特征提取和识别，实现了对动车组车号的快速识别。实践证明，该方法具有较高的识别准确率和效率，为动车组的管理和维护提供了有力的支持。

关键词：机器视觉；动车组车号；图像处理；车号识别

随着我国铁路的蓬勃发展，高速铁路网络建设取得了巨大的成就，覆盖了越来越多的城市和地区，为人们提供了快速、便捷、舒适的出行方式。人们乘坐动车组出行的趋势日益上升，动车组已经成为客运车辆的主力军。动车组车体上的编码是列车的唯一标识符，通常由数字和字母组成，被视为动车组的"身份证"。列车车号是车辆管理的重要依据，对动车组车号识别方法的研究，能够为轨旁监测设备提供动车组的基础"身份"信息，丰富轨旁设备的应用方式，对保障运输安全、提高运输效率、加强车辆管理等方面都具有重要作用。

1 列车车号识别技术

目前，常见的列车车号自动识别技术有基于射频识别（Radio Frequency Identification，RFID）技术的车号识别和基于机器视觉技术的车号识别。

铁路车号自动识别系统（Automatic Train Identification System，ATIS）最早将 RFID 技术用于国铁货车的车号识别，后来应用范围拓展到机车和企业自备车，再到客车和动车组，几乎覆盖了铁路中的全部车型[1-2]。系统由车载装置和地面设备构成，车载装置为电子标签，标签上会存储固定的车号信息，当列车经过线路上安装的 AEI 设备时[3]，AEI 利用无线射频方式读取标签上的车号信息。ATIS 的优势是读取速度快、准确率高，但是前期施工任务繁重，需要为所有被测车辆安装电子标签。并且，当动车组运行速度高于 300km/h，RFID 往往需要较高的工作频率来保证数据传输速率，导致读取距离变短，从而影响电子标签和读取器之间信号的稳定传输。

近年来，机器视觉技术发展迅速，已经成为人工智能领域的重要分支之一[4]。它利用成像设备和图像处理技术来模拟人类视觉系统，从而实现对目标物体的识别、检测、分类和跟踪等功能。基于机器视觉技术的车号识别是指通过在轨旁安装图像采集设备捕获车号图片，利用图像处理算法提取并识别车号信息[5-7]。相较于 ATIS 的工作方式，该方法具有实现简单、数据直观等特点。虽然利用机器视觉技术进行列车车号识别的方案与算法较多，但这些方法更多处于实验室研究阶段，实际应用中还

---

* 苏玉东（1972— ），男，汉族，黑龙江肇东人，博士，教授级高级工程师。E-mail：suyudong@htkrail.com

需要解决许多问题，如不同的天气和光照条件下会导致车号的亮度和对比度发生变化，从而影响识别准确率；列车在行驶过程中速度可能会发生变化，导致拍摄的车号图像模糊或变形；车号字符的清晰度可能会受到列车表面的污染、磨损或其他因素的影响；列车车号识别通常需要在实时性要求较高的情况下进行，识别算法需要具有较高的计算效率和实时性等。针对这些挑战，在综合分析动车组运行速度、车号类型等关键信息的基础上，采用高速采集相机结合补光设备拍摄的方式解决了光照和车速对车号图像影响的问题，并通过合理的算法设计、模型训练和优化，实现对动车组车号的高精度识别。通过该方法，能够有效应对背景干扰及识别效率低等挑战，提升车号识别的准确性和实时性。实践证明，所提出的方法在动车组车号识别领域具有显著的优势，在实际应用中具有广阔的应用前景。

2 动车组车号视觉识别关键技术研究

针对动车组车号视觉识别中存在的挑战，在方案设计时需要解决的问题如下：稳定、抗干扰的动作触发，清晰、完整的车号图片获取，快速、准确的图像处理。

2.1 自动触发

自动触发技术是指在动车组通过采集区域时，使用传感器和控制系统来实现自动触发采集设备动作的技术，是系统稳定工作的基础。在当前的铁路领域中，常用的触发方式包括但不限于以下几种：激光触发、磁感应触发、超声波触发和力传感器触发等，它们的触发原理及优缺点如表1所示。

表1 不同触发方式比较

方式	激光触发	磁感应触发	超声波触发	力传感器触发
触发原理	激光发射器发射一束激光，激光遇物体会被反射，进入接收器后进行触发	当列车经过传感器时，传感器利用磁场的变化产生电信号，执行触发动作	发射器发射超声波，声波具有反射特性，被接收器接收后产生触发信号	压电传感器：压电效应。压阻传感器：利用弹性变形改变电阻，引起电压变化
优点	响应速度快；无须物理接触；可以获得速度信息	稳定性好；使用寿命长；适应环境能力强	非接触式触发；可以精确检测距离；抗干扰能力强	传感器的安装和维护比较简单，成本较低；可以与其他系统集成
缺点	安装位置受限；受环境因素影响大	对外部磁场的干扰比较敏感，可能会导致误触发或触发失效的问题	检测距离有限，通常在几米到几十米之间；对物体形状和大小敏感	传感器的精度和稳定性可能受到温度、震动等环境因素影响

这些触发方式各有优缺点，应根据具体的应用需求和环境条件选择合适的触发方式。例如，激光触发具有较高的精度和快速响应能力，但在雨雪、雾霾等天气条件下可能会受到影响；在速度较高的运营线路上不宜安装电磁感应器，会产生一定的安全隐患；轨旁检测设备若能提供稳定的触发信号，不必安装新的触发装置。在保证线路运营安全的前提下，应选择施工难度小、工作稳定的触发方式。

2.2 图像采集

确保采集到的图片完整且清晰是进行图像处理的先决条件。动车组在高速行驶时，车号内容在相机视野内停留的时间极短，普通相机无法快速捕捉车号信息，并且拍摄出来的图片有拖影，不能满足实际需求。为了解决这一问题，通常使用具有较高帧率和快速曝光时间的工业相机进行车号内容的拍摄。市面上的工业相机分为面阵相机和线阵相机两种类型，二者都能够满足上述需求。但是，线阵相机使用一维线阵传感器逐行进行扫描，通常需要被拍摄物体匀速运动，这样可以确保每行扫描所获取的图像信息具有相同的时间间隔，从而避免拼接的图像模糊或失真，不适用于加速与减速阶段动车组的车号拍摄。将线阵相机扫描的数据进行拼接，也在一定程度上增加了数据处理的复杂性。相比之下，线阵相机成本更低，采集到的图片可以直接用于后端处理，更适用于动车组车号拍摄场景。

为了减少自然光线的干扰以及防止雨雪、杂物等附着在镜头表面对拍摄效果产生影响，通过延长防护罩的上沿和左右两端，可以提供额外的遮挡和保护，并且在安装时，将相机拍摄角度调整为平视或俯视，这些措施能够增强相机在恶劣环境下的防护能力，减少对相机的维护和清洁工作，延长使用寿命。

针对清晨和夜晚等光线不足的拍摄场景，一方面使用照明设备来增加光线，选用透镜角度可调节的 LED 灯作为补光灯，通过调节透镜角度，可以改变光线的发散程度和方向，将光线聚焦在需要照明的车号区域，避免对司机的视线产生干扰。另一方面自适应地调整相机的曝光时间，在保证拍摄出的图片无拖影的前提下，通过延长曝光时间让相机接收更多的光，从而增加照片的亮度和清晰度。

2.3 图像处理

动车组车号由数字和字母组成，图像处理就是利用 OCR 技术从图像中提取车号信息的过程，算法包含图像预处理、文本检测和文本识别三个步骤。动车组车号喷涂高度固定，因此呈现在图片像素上的位置也是固定的。在图像预处理阶段，通过纵向剪裁原图像以分割出车号区域，可以减少对无用内容的处理，降低计算资源消耗。随后，采用直方图均衡化算法提高字符与背景的对比度，能够提升后期字符的定位与识别精度。

准确的字符定位是成功识别字符的前提。

动车组车号为标准字体，字体颜色与背景颜色对比明显，在一张有文字的图像上，文字区域灰度值近似，文字笔画和背景之间的灰度值相差较大，因此文字区域可以视为最大稳定极值区域（Maximally Stable Extremal Regions，MSER）。首先对输入图片进行 MSER 处理，找到可能包含文字的全部区域，再对各区域找到其对应的最小外接矩形。使用非极大值抑制（Non-Maximum Suppression，NMS）对候选框进行后处理，去除过大、过小以及存在重叠部分的冗余候选框，筛选出准确的文字区域。最后对相邻的文字区域进行合并，从而完成车号区域的定位。车号定位流程如图 1 所示。

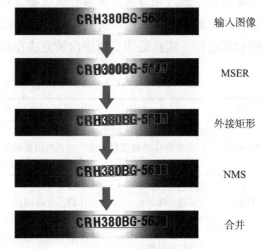

图1　车号定位流程

在文本识别部分，深度学习方法在这方面表现优异。为了提高模型在该应用场景下的鲁棒性和准确率，基于 CRNN 算法对真实场景中的车号图片进行针对性训练。训练是一个对参数不断调优的过程，为了防止出现过拟合现象，构建了不同场景下多种车型的车号数据集，共 3000 张，并按照 2:1 的比例划分为训练集与验证集，输入网络进行训练，关键参数配置见表 2，网络结构如图 2 所示。最终，将训练保存的模型转换为推理模型，并使用该模型进行文本识别任务。

表2　文本识别模型训练参数配置

参数	CNN	Epoch	Batch	学习率
值	MobileNetV3	100	64	0.001

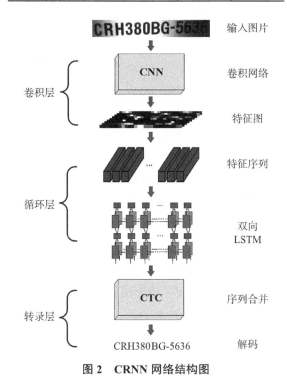

图2　CRNN 网络结构图

由于每节动车组车厢都有其唯一的编码，为了保证车号信息的完整性，需要对采集到的图片逐帧进行检测与识别。然而，动车组经过采集设备时，高速相机会拍摄近千张车身照片，这些图片中有很多是不含车号信息的无效图片，如果不加以任何分类地对其进行识别，会消耗大量的时间。通过查阅动车组车号命名方式[8]以及对途经动车组车号序列的观察，得出以下规律：

（1）车头位置编码由车型型号和车组号组成，以"CR"（China Railway 的缩写）或"CRH"（China Railway High-speed 的缩写）开头，以车组号结尾，车组号用 4 位阿拉伯数字表示。

（2）车厢位置编码形式为"2～3 位字母 + 6 位数字"的组合，字母位是车种代码缩写，后面 6 位数字中，前面 4 位是车组号，后面两位数字是编组顺位代码，由一位头车至二位头车的代码为 01、02、03，一直到 07、00 为止。

结合上述先验知识，为了提高车号识别效率，通过对识别出的车型号、车组号、车种代码和编组顺位代码推理演绎，就能够得到整列车的车号信息。

3　实验结果与先进性分析

通过对动车组车号视觉识别技术的研究，根据实际需要搭建出一套车号识别设备，并在动车组运行品质轨旁动态监测系统（TPDS）上开展应用，为系统提供过车车号信息。车号识别设备包含自动触发模块、图像采集模块、图像处理模块和安装架，图像采集设备如图 3 所示。触发模块的信号来自系统的力传感器，当车轮压过力传感器，传感器产生弹性变形并改变桥式电路的电阻，输出电压值发生变化，硬件模块采集这一电压变化，放大后通过比较器输出到继电器线圈，控制相机和补光灯设备动作。图像采集模块包含工业相机、定焦镜头和补光灯，通过安装架将其固定在轨旁立柱上。图像处理模块包含工控机和相关软件，用于处理车号图片并进行存储。

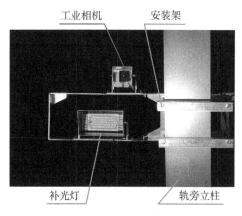

图3　图像采集设备

3.1　实验结果

该设备配合 TPDS 进行应用，分别安装在 250km/h 线路和 350km/h 线路进行试验，试验的持续时间均超过一年。经 TPDS 分析，通过车辆最低速度为 70km/h，最高速度为 310km/h。

设备运行期间，共完成 17876 列动车组车号识别，其中正确识别 17859 列，准确率达到 99.9%。经过应用测试，自动触发装置在列车通过时能够提供稳定的触发信号，并能有效驱动相机和补光灯工作。在不同光照条件下，对于高速通过的动车组，图像采集装置能够捕获到清晰的车号图像，结果如图 4 所示。处理软件在接收到相机端传来的图片后，基于训练过的 OCR 模型，在 1min 内完成图片的处理并形成完整的车号报文。

（a）早上 7:42

（b）中午 12:41

（c）下午 16:01

（d）晚上 20:31

图 4　不同时刻图像采集结果

3.2　先进性分析

通过与现有的动车组车号识别方法进行对比，本文提出的方法在实际应用中具有以下先进性：

（1）施工难度低：利用线路上 TPDS 的力传感器提供触发信号，未架设额外的触发设备，减少了施工难度。

（2）适应范围广：能够适应不同光照条件下高速与低速动车组车号图片的采集。

（3）识别精度高：通过制作动车组车号数据集并进行针对性训练，OCR 模型具有较强鲁棒性，识别精度更高。

（4）处理速度快：结合动车组车号命名方式的先验知识，能够快速生成完整的车号报文。

4　结语

通过对动车组车号识别现状的分析，提出一种利用机器视觉技术识别动车组车号的方法，并应用在 TPDS 上，实现了车号信息实时在线获取。该方法在识别速度和准确率上均满足系统要求，在一定程度上丰富了系统的功能，有效提高了动车组运行品质监测效率。同时，设备也可以配合其他轨旁应用系统进行安装和使用，能够满足不同场景下对于动车组车号的需求，具有较好的应用前景。

参考文献

[1] 刘洋，邵文东，曹玉峰，等. 我国铁路货车 RFID 应用技术研究与探讨 [J]. 铁道车辆，2021，59（5）：38-41.

[2] 马宏伟，郭志远. 动车组电子标签系统 [J]. 哈尔滨铁道科技，2015（2）：6-7，15.

[3] 胡博. 车号地面识别设备在 CIPS 系统的应用 [J]. 铁路通信信号工程技术，2023，20（6）：11-14，43.

[4] 朱云，凌志刚，张雨强. 机器视觉技术研究进展及展望 [J]. 图学学报，2020，41（6）：871-890.

[5] 夏凡. 基于机器视觉的铁路货车车号识别技术 [D]. 石家庄：石家庄铁道大学，2021.

[6] 杨吉. 基于图像处理的高速列车车号识别算法研究 [D]. 成都：西南交通大学，2017.

[7] 李晏良. 动车组高速运行下车号自动识别技术研究 [J]. 铁路节能环保与安全卫生，2021，11（3）：22-25.

[8] 郑涛. 浅析 CRH 系列动车组命名方式 [J]. 技术与市场，2020，27（12）：108-109.

太原市地铁 2 号线城市轨道交通
AFC 线路子系统筹备与建设

吕震东　齐敬飞　黄治渊

（太原中铁轨道交通建设运营有限公司，太原 030000）

摘　要：本文主要研究 PPP 项目下轨道交通 AFC 系统建设 AFC 线路子系统问题，AFC 系统在地铁管理系统中的应用极大地提升了地铁运营管理效率，实现了地铁售检票以及票务管理、收集数据和分析等工作的高度自动化，为运营公司及城市轨道交通业务主管部门提供业务辅助分析服务，同时实现了数据资产的整合优化。

关键词：城市轨道交通；票务管理；AFC 系统

1　项目背景

太原地铁 2 号线作为太原市开通的第一条轨道交通线路，且是第一条采用 PPP 模式建设运营的地铁线路，根据 PPP 项目合同，太原中铁轨道交通建设运营有限公司具有唯一的项目特许经营权，而票务管理及配套的自动售检票系统（Automatic Fare Collection System，简称 AFC）作为运营的关键方面，对客运收入的清分结算和运营补贴的工作起到了极为重要的作用，故 AFC 系统，特别是线路子系统（LC）筹备与建设更是重中之重，不仅提升了票务管理水平，更提升了地铁运营管理水平和乘客出行体验。

2　项目建设理念

城市地铁 AFC 系统是城市地铁运营中的一个核心系统，它不仅能够提高地铁运营的效率，还能够提升乘客出行的便利性。随着城市地铁的不断发展和壮大，AFC 系统也逐渐成为城市地铁必不可少的组成部分。

近年，AFC 系统在城市轨道交通建设和运营中受到高度重视。AFC 用作收集数据和控制实现票务管理的高度自动化，同时还能为城市轨道交通业务部门提供业务辅助分析服务。AFC 系统作为城市轨道交通向公众提供服务的窗口，是城市轨道交通系统运营服务的核心子系统。现阶段，AFC 系统一般具有五层架构（图 1）：

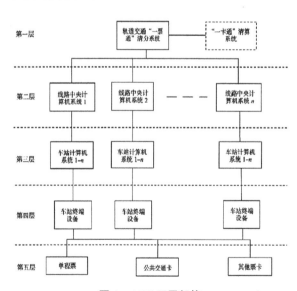

图 1　AFC 五层架构

第一层车票（TICKET）层。车票是乘客所持的车费支付媒介，乘客进站和出站的凭证，车票主要类型有单程票、储值类卡，均采用非接触式 IC 卡，及基于新技术的电子票卡和虚拟票卡。

第二层车站终端设备（SLE）层。由自动售票机、半自动售/补票机、进出站检票机等终端设备组成，分别完成售票、检票、验票和补票功能。

第三层车站计算机（SC）系统层。车站计算机系统其主要功能是对车站终端设备进行状态监控，以及收集本站产生的交易和审计数据，负责车站级的票务管理、交易与设备状态的采集、运行管理、客流管理、黑名单管理、软件版本管理、收益管理、统计报表。

第四层线路中央计算机（LCC）系统层。线路中央计算机系统其主要功能是收集本线路AFC系统产生的交易和审计数据传送给城市轨道交通清分系统，以及与其进行对账，是各线路的自动售检票系统的管理与控制中心，负责全线路级的票务管理、交易与设备状态的采集、运行管理、客流管理、黑名单管理、软件版本管理、收益管理、统计报表等。

第五层清分（ACC）系统层。清分系统其主要功能是统一城市轨道交通AFC系统内部的各种运行参数，收集城市轨道交通AFC系统产生的交易和审计数据并进行数据清分和对账，同时负责连接城市轨道交通AFC系统和城市一卡通清分系统，负责线网级车票管理、票务管理、运营管理和系统维护管理。

3 功能先进性

主要存在三种AFC系统的运行模式：正常运行模式、紧急放行模式、降级运行模式。

3.1 正常运行模式

正常运行模式包括：正常服务模式、关闭模式、维修模式、故障模式。所有车站设备可根据时间设定，自动按顺序开启和关闭，或手动开启或关闭。应能工作在正常服务模式、关闭模式、维修模式及故障模式下。

3.1.1 正常服务模式

除半自动售票机（BOM）外，所有车站设备在无故障的情况下，启动时应进入正常服务模式。当设备故障解除或欲将关闭模式的设备开启时应能通过中心计算机、车站计算机、本地控制或自动恢复为正常服务模式。在操作员登录后，半自动售票机（BOM）进入正常服务模式。

在正常模式下，车站设备应能处理乘客车票、发售车票或现金，检票机方向指示器应显示"通行"标志，各设备的乘客显示器应显示允许使用等信息。

3.1.2 关闭模式

通过车站计算机、中央计算机及本地控制，可将车站设备设置为关闭模式。半自动售票机在未登录前应为关闭模式。

在关闭模式下，所有设备应不能处理车票或现金，检票机方向指示器应显示"禁止通行"标志，检票机闸门应处于阻挡状态。检票机及自动售票机（TVM）的乘客显示器显示设备关闭信息，自动售票机的乘客显示器应不显示任何信息。

3.1.3 维修模式

通过本地控制，车站维护人员可将车站终端设备（SLE）设置为维修模式，对车站终端设备进行设备测试及维护。

在维修模式下，所有设备应不能处理车票及现金，但在特定命令下可以使用测试车票。检票机的方向指示器应显示"禁止通行"标志，检票机闸门应处于阻挡状态，各设备乘客显示器应显示设备暂停服务及相关的维修信息。

维修人员及管理人员应在设备上登录进入维修模式，对设备进行部件测试及维护。

3.1.4 故障模式

在车站设备发生故障时，设备应自动进入故障模式，应根据故障等级将设备关闭或继续服务。

设备若因故障而暂停服务时，乘客显示器应显示暂停服务等信息，检票机的方向指示器应显示"禁止通行"标志，检票机闸门应处于阻挡状态。设备应能自动对发生的故障进行检测，在故障恢复后，应自动退出故障模式。

3.1.5 离线运营模式

自动售检票设备应能在本机上保存相关的参数设置，并由 SC 定期更新。当设备与 SC 或 SC 与线路中心计算机网络中断时或无网络连接时，设备可在离线模式下运行，在此模式下运行时，设备应能保存至少 30 日的设备运行数据以及 7 日的交易数据，并可通过数据载体下载设备的运行信息数据，传送给上级设备。

当恢复网络连接时，可自动检测未上传的信息数据，并自动传送至上级设备。

3.2 紧急放行模式

紧急放行模式由 SC 系统启用（系统通过人工断电也可以实现紧急放行疏散乘客的目的）。设在 SC 的紧急按钮（EB）必须满足灾难情况下的可靠使用。紧急模式信息上传至线路中心，紧急模式状态下检票机门打开的信息传送至车站综控室的 FAS 系统。紧急模式信息上传线路中心，线路中心上传到 ACC，由 ACC 下载到全系统。其他车站终端设备（SLE）依据系统指令启用相应的模式，并记录车站被设置为紧急放行模式的时间。

（1）在紧急放行模式的状态下，车站内所有检票机将不对车票进行处理，同时检票机放行乘客紧急疏散。

在紧急放行模式时，乘客不需要使用车票，就可以自由离开车站。

在系统设置为紧急放行模式时，车站内的进站检票机都将显示"禁止进入"标志，同时所有的自动售票机（TVM）自动退出服务。

在某车站设置紧急模式期间，在该车站购买的单程票能在所有其他车站使用，乘坐车票票值相符的车程。

在设置紧急模式期间，在紧急放行车站进站的所有车票，在下一次进站时进站检票机将自动更新车票上的进出站标记，并不收取任何的费用。

（2）在当天设置紧急模式前，从其他车站进站而没有出站信息的所有车票，在下一次进站时，检票机将自动更新车票上的进出站次序信息，并不收取任何的费用。

系统允许时间将通过中央计算机设置，并下载到所有车站。超过系统规定的时间，这些车票只能通过半自动售票机更新。

（3）在紧急模式下，自动售票机应暂停服务并应在乘客显示器显示暂停服务及紧急模式等信息。半自动售票机应在乘客显示器显示紧急模式信息，提示操作员在完成最后一个交易后，通过操作退出服务模式（也可延时自动退出）。

设备在各种系统模式状态下，对车票有效性的检查内容应有所不同，以适应不同处理的需要。

系统在预知大客流在某一时刻将集中到达的情况下，为确保乘客安全迅速地进入车站，系统可预先发行标有进站信息的单程票，该票不设时间限定且经人工发售后，乘客不经检票直接进站，正常出站。对未售出的预制票，经 LC 授权后，车站可进行抵销处理。

3.3 降级运营模式

通过中央计算机、车站计算机及设备本地控制，可将设备设置为以下系统模式。

3.3.1 列车故障模式

当轨道交通列车出现运营故障，使部分车站暂时中止运营服务时，暂停服务的车站需要将 AFC 系统设备设置为"列车故障模式"。在列车故障模式情况下，已经购票未进站的乘客，可以在一段时间（时间段通过中央计算机设置）内继续使用该车票，乘坐符合票值的车程，也可退票。

已经进站的乘客，出付费区时，检票机将更新车票上的进出站标志，并且不收取任何费用，也可退票。对于乘次票，将不计作一程次。

由其他车站到达的乘客，检票机将更新车票上的进出站标志，是否收取相应的费用和收取费用的金额由中央计算机设置的参数控制，如果不收取费用可以退票，对于乘次票，将不计作一程次。

3.3.2 进出站次序免检模式

进出站次序免检模式允许乘客不检票进出付费区。AFC系统可设置"进出站次序免检模式"，允许乘客使用一张没有进站信息的车票进出付费区。中央计算机或者车站计算机可以设置对一个或几个车站的车票实行进站免检，在这种情况下，所有无进站信息的储值票、纪念票或者计次票等，出站检票机将自动扣除相应的车费或最短运距的车费，单程票则检查购票车站信息，如果是指定车站，则不检查进出站次序，并回收（但票值必须相符，否则补交相应的手续费）。

对一个或几个车站的车票实行出站免检，在这种情况下，所有无出站信息的储值票、纪念票或者计次票等，再次进站时检票机将自动扣除相应的车费或最短运距的车费。

3.3.3 乘车时间免检模式

由于轨道交通的原因，使乘客在付费区停留的时间超过系统设置的乘车时间，系统将设置"乘车时间免检模式"。在这种情况下，出站检票机将不检查车票上的进站时间信息，但是仍然检查车票的其他信息，所有车票按正常方式收取乘车费用。

若终端设备时钟出现故障不能正常判断车票时间有效性，系统应能自动启动时间及日期的免检模式。

3.3.4 车票日期免检模式

由于轨道交通的原因，导致车票过期。系统应能设置日期免检模式，在此模式下允许过

期的车票继续使用。

3.3.5 车费免检模式

由于某个轨道交通车站因为事故或者故障而关闭，导致列车越过该站后才停车，停车车站的系统将设置"车费免检模式"。被设置"车费免检模式"的车站，出站检票机将不检查车票的车费，并且回收所有的单程票，对于储值票根据系统设置的参数收取车费。

4 项目实现的主要目标

4.1 技术集成与标准化

AFC系统涉及的技术复杂，包括票务管理、自动售检票设备、通信网络等多个方面。如何确保各子系统之间实现无缝对接，满足地铁运营的高效性和稳定性要求，是建设过程中的一个难点。此外，不同设备厂商间的标准化问题也需解决，以确保系统能够顺利升级和扩展。

4.2 数据安全与隐私保护

AFC系统处理大量票务数据，包括乘客个人信息、交易记录等，因此数据安全性和隐私保护至关重要。如何在保障数据安全的同时，实现数据的共享和利用，也是建设过程中需要重视的问题。

4.3 系统维护与运营管理

AFC系统的稳定运行需要有效的维护和运营管理。随着地铁线路的扩展和客流量的增长，系统的复杂性和维护难度也会相应增加。如何建立高效的维护体系和运营管理机制，确保系统的长期稳定运行，是AFC系统建设的重要一环。

4.4 数据资产管理

LC系统通过集中管理和处理地铁线路上的票务数据，实现了数据的整合和标准化。这有助于提高数据的质量和可靠性，为地铁公司的经营决策提供有力支持。同时，通过对数据的深度挖掘和分析，还可以发现运营中的问题

和优化空间，推动地铁运营效率的提升。

4.5 运营效率提升

LC 系统通过自动化和智能化手段，简化了票务管理流程，提高了运营效率。例如，通过实时监控和数据分析，可以及时发现并解决运营中的故障和问题，确保地铁线路的稳定运行。此外，LC 系统还可以优化票务资源配置，降低运营成本，提高营利能力。

4.6 客户服务质量提升

LC 系统有助于提升地铁公司的客户服务质量。通过提供更加便捷、高效的购票和检票服务，可以提升乘客的满意度和忠诚度。同时，LC 系统还可以根据乘客需求和行为数据进行个性化服务推荐和营销活动策划，进一步提高地铁公司的市场竞争力。

从公司经营的角度出发，LC 系统的建设不仅有助于提升运营效率和服务质量，还可以通过数据资产的深度挖掘和利用，推动公司的创新发展。因此，在 PPP 地铁项目中，LC 系统的建设具有十分重要的意义。

参考文献

[1] 廖东玲 . 深圳地铁三期工程 AFC 系统建设与创新实践 [J]. 铁路技术创新，2016（6）：17-22.

[2] 王晓君 .AFC 系统标准化建设的技术探讨 [J]. 现代城市轨道交通，2018（2）：46-47.

面向地铁接触网的弓网离线电弧建模与仿真分析

郑慧民 *

（太原轨道交通集团有限公司，太原030000）

摘　要：地铁接触网能将电能输送至地铁，保障地铁的稳定运行。当接触网出现弓网离线电弧现象，会导致安全问题的发生。此次研究基于Habedank模型，引入横向吹弧作用，并在改进Habedank电弧模型的基础上，引入Sigmoid过渡函数，构建改进弓网离线电弧模型。结果显示，随着地铁速度的增加，电流波形基本不变，最大电流大小维持为750A左右。速度较小时，起弧电压与熄弧电压之间的电压差较小，为750V。速度增大，两者的电压差也增大，当速度达到200km/h时，电压差达到1500V。因此，改进后的模型能较好地表示出弓网离线电弧的电流和电压的特征，验证了模型的有效性。

关键词：接触网；弓网离线电弧；Habedank模型；Sigmoid函数

引言

地铁接触网的弓网是地铁供电系统中重要的组成部分，为列车提供电力，并负责传输电能。然而，在弓网运行过程中，由于接触网的不稳定性，以及列车与接触网之间的接触引起的摩擦和电弧放电等因素，会导致电弧的产生和扩展，增加地铁供电系统的损耗和风险 [1-2]。因此，对地铁接触网中的弓网离线电弧进行建模和分析具有重要的意义，能够更好地理解电弧的行为和特性，优化弓网设计，提高运行安全性，并减少电弧产生的损耗。现有关弓网离线电弧的研究，主要集中在改进参数，而关于Cassie模型和Mayr模型使用范围的研究较少。因此，此次研究基于Habedank模型，构建在横向吹弧作用影响下的改进电弧模型。并在改进电弧模型的基础上，引入Sigmoid过渡函数，保证Cassie模型和Mayr模型在适用范围内能最大效益地完成工作。

1 改进弓网离线电弧模型构建

1.1 改进基础电弧模型构建

弓网离线电弧是在高压设备或电力系统中，由于绝缘失效、电击等原因而导致的电弧放电现象。弓网离线电弧的产生可能会带来一定的危害和风险，弓网离线电弧的高温和能量释放可能引起附近物体或流体的燃烧，导致火灾或爆炸的发生 [3-4]。弓网离线电弧本身可能会导致电力系统的短路故障，引发不稳定电压、电流的传播和扩大，影响电网的安全和稳定运行。Habedank模型是基于传统的Cassie模型和Mayr模型改进的弓网离线电弧模型，其微分表达式如式（1）所示。

$$\begin{cases} \dfrac{1}{g_c}\dfrac{dg}{dt} = \dfrac{1}{\tau_c}\left(\dfrac{u^2}{u_c^2}-1\right) \\[2mm] \dfrac{1}{g_m}\dfrac{dg}{dt} = \dfrac{1}{\tau_m}\left(\dfrac{ui}{P_{loss}}-1\right) \\[2mm] \dfrac{1}{g} = \dfrac{1}{g_c} + \dfrac{1}{g_m} \end{cases} \tag{1}$$

式中，g、g_c、g_m 分别表示Habedank模

---

* 郑慧民（1986—），男，汉族，山西盂县人，硕士，目前从事电力机车、城轨车辆和段场工艺设备研究。

型、Cassie 模型和 Mayr 模型的电弧电导，τ_c、τ_m 分别表示 Cassie 模型和 Mayr 模型的电弧时间常数，u 表示 Habedank 模型的瞬间电压，i 表示瞬间电弧电流，P_{loss} 表示电弧的消耗功率，u_c 表示电压的梯度。Habedank 模型内部结构如图 1 所示。

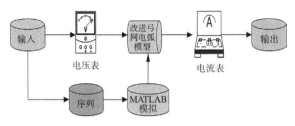

图 1 Habedank 模型结构图

燃弧阶段的弓网电弧的电压如式（2）所示。

$$u_c = 15 \times l \qquad (2)$$

式中，l 表示弓网离线电弧的长度。电弧长度和地铁的速度关系如式（3）所示。

$$d_{\max} = 1.535 \times 10^{-4}v^2 - 0.0505v + 5.842 \qquad (3)$$

式中，$d_{\max}$ 表示弓网电弧的最大离线距离，v 表示地铁的速度。当地铁在行进过程中，会受到气流吹弧的影响，分别为横向吹弧作用和纵向吹弧作用。横向吹弧作用下的电弧消耗功率和地铁速度的关系式如式（4）所示。

$$P = kd(v+10)^{1.5} \qquad (4)$$

式中，P 表示电弧一个单位长度下的消耗功率，k 表示一个常数，d 表示电弧的直径。当地铁的速度超过 108km/h 时，电弧直径与地铁速度和电流之间的关系式，电弧的消耗功率如式（5）所示。

$$\begin{cases} d = 0.81\sqrt{\dfrac{I}{v+10}} \\ P = 0.81kl(v+10)\sqrt{I} \end{cases} \qquad (5)$$

式中，I 表示电弧的电流。在横向吹弧作用下的 Habedank 电弧模型的公式如式（6）所示。

$$\begin{cases} \dfrac{1}{g_c}\dfrac{dg}{dt} = \dfrac{1}{\tau_c}\left(\dfrac{u^2}{(15l)^2} - 1\right) \\ \dfrac{1}{g_m}\dfrac{dg}{dt} = \dfrac{1}{\tau_m}\left[\dfrac{ui}{0.81l(v+10)\sqrt{I}} - 1\right] \\ \dfrac{1}{g} = \dfrac{1}{g_c} + \dfrac{1}{g_m} \end{cases} \qquad (6)$$

式中，$0.81l(v+10)\sqrt{I}$ 表示改进后的电压公式，$15l$ 表示电压梯度取值为 15V/cm。

1.2 基于 Sigmoid 函数的改进电弧模型构建

Mayr 模型和 Cassie 模型都是常见的电弧模型，两者都可以用来描述电弧放电时的电压和电流行为[5-6]。Mayr 模型通常用于描述高电流电弧行为，而 Cassie 模型则适用于低电流电弧的分析[7-8]。这两种模型都具有不同的假设和约束条件，在特定情况下，其中一个模型的电弧电压可能会大于另一个模型。因此，为了保证两种模型在适用范围内能最大效益地满足工作条件，引入过渡函数来建立模型[9]。如式（7）所示。

$$R_{\text{arc}} = \sigma(i)R_m + [1 - \sigma(i)]R_c \qquad (7)$$

式中，R_{arc}、R_m 和 R_c 分别表示三种电弧模型的电阻；$\sigma(i)$ 表示过渡函数，取值在（0，1]之间。在电弧模型中，过渡函数用于模拟电弧初始形成和熄弧过程中的非线性行为，常见的过渡函数包括 Sigmoid 函数、指数函数、对数函数等[10]。Sigmoid 函数是一种 S 形的特殊函数，常用于模拟具有渐进变化和饱和性质的过程。将 Sigmoid 函数应用于电弧电压模型中，可以更准确地捕捉电压在电弧形成和熄弧过程中的非线性行为[11]。过渡函数如式（8）所示。

$$\begin{cases} \sigma(i) = \exp\left(-\dfrac{|i|^n}{I_0^n}\right) \\ \sigma(i) = \dfrac{1}{1 + \exp\left(\dfrac{i^2 - I_0^2}{\xi}\right)} \end{cases} \qquad (8)$$

式中，i 表示串联电弧的瞬间电流，I_0 表示过渡电流，ξ 表示一个常数。因此，改进后的 Habedank 电弧模型电阻如式（9）所示。

$$R_{arc}=[1-\sigma(i)]R_m+\sigma(i)R_c \quad (9)$$

式中，过渡电流 I_0 取值为 0.10kA，常数 ξ 的取值为 $0.1I_0^2$。当 Sigmoid 函数趋近于 0 时，Habedank 电弧模型主要由 Mayr 模型进行工作，当 Sigmoid 函数趋近于 1 时，模型中主要由 Cassie 模型工作。引入 Sigmoid 函数改进后的 Habedank 电弧模型方程如式（10）所示。

$$\begin{cases} \dfrac{1}{g_c}\dfrac{dg}{dt}=\dfrac{1}{\tau_c}[\dfrac{u^2}{(15l)^2}-1] \\[2mm] \dfrac{1}{g_m}\dfrac{dg}{dt}=\dfrac{1}{\tau_m}\left[\dfrac{ui}{0.81l(v+10)\sqrt{I}}-1\right] \\[2mm] \dfrac{1}{g}=[1-\dfrac{1}{1+\exp(-\dfrac{i^2-100^2}{1000})}]\dfrac{1}{g_m}+[\dfrac{1}{1+\exp(-\dfrac{i^2-100^2}{1000})}]\dfrac{1}{g_c} \end{cases} \quad (10)$$

式中，τ_c 取值为 1.2×10^{-5}s，τ_m 取值为 8.95×10^{-5}s。Sigmoid 函数能够兼顾电弧的上升阶段、稳定阶段和衰减阶段，提供一个全局模拟电弧特性的方法[12]。引入 Sigmoid 函数改进后的弓网电弧模型结构如图 2 所示。

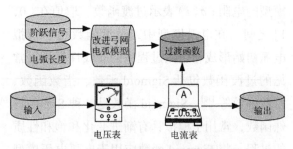

图 2 改进后的弓网电弧模型结构图

2 模型验证及仿真测试分析

2.1 基于 Sigmoid 函数的改进电弧模型测试与分析

为了验证引入 Sigmoid 函数的电弧模型实验结果与定性分析的一致性，将实验结果与仿真结果进行对比。牵引变压器的等效电阻和等效电压分别设置为 0.14 和 3.16，接触网导线的等效电阻、等效电压和对地等效电容分别设置为 2.95、23.50 和 0.081，地铁的等效电阻设置为 23.80。电弧模型的电流结果如图 3 所示。

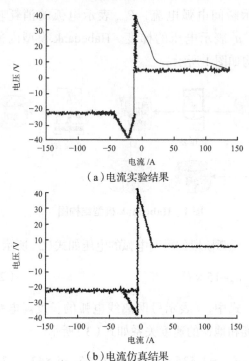

（a）电流实验结果

（b）电流仿真结果

图 3 电弧模型的电流测试结果与仿真结果对比

从图 3 中可以看出，电弧模型的电流实验结果正半周期最大值为 40V，负半周期最大值为 -40V。该结果和仿真结果波形基本一致，证明了引入 Sigmoid 过渡函数改进电弧模型是有效的。由于引入了横向吹弧的作用，随着离线时间的增加，电压也随之增大。电弧模型的电压结果如图 4 所示。

从图 4 中可以看出，电压实验结果的正半周期内最大值分别为 38V、30V 和 22V，负半周期最大值分别为 -34V、-20V 和 -18V。实验结果与仿真结果一致，验证了电压梯度、消耗功率的引进是有效的。

2.2 模型仿真测试与分析

由于地铁的弓网之间的离线距离与地铁的速度有关，因此研究地铁的行进速度和弓网电弧之间的影响情况。地铁的行进速度分别设置为 100km/h、150km/h 和 200km/h，电流仿真

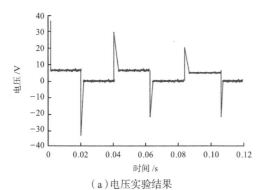

（a）电压实验结果

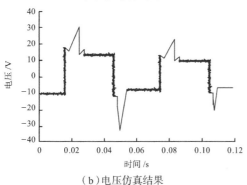

（b）电压仿真结果

图 4　电弧模型的电压测试结果与仿真结果对比

实验的结果如图 5 所示。

图 5 中，正负半周期内的最大电流值基本一致，波形呈现对称状态，最大电流大小为 750A 左右。因此，构建的弓网离线电弧模型中，电阻等参数虽然会随着速度的变化而变化，但是依然能保持地铁在运行过程中电流稳定输出。地铁的行进速度仍然分别设置为 100km/h、150km/h 和 200km/h，电压仿真实验的结果如图 6 所示。

从图 6 中可以看出，在速度为 100km/h 时，起弧电压与熄弧电压之间的电压差较小，

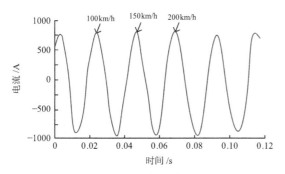

图 5　弓网离线电弧的电流图

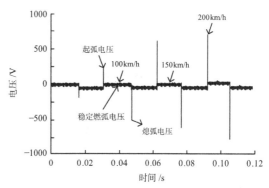

图 6　弓网离线电弧的电压图

为 750V。随着速度的增加，两者的电压差增大，当速度达到 200km/h 时，电压差达到 1500V。由于在地铁运行过程中，弓网离线电弧的弧长会随着速度的增长而被拉长，因此需要的电压更多，以此来维持地铁的正常行进。

3　结语

为了研究在地铁行进中，由于接触网不平而引起的弓网离线电弧现象，此次研究基于 Cassie 模型和 Mayr 模型，构建在横向吹弧作用影响下的改进 Habedank 电弧模型。并在改进电弧模型的基础上，引入 Sigmoid 过渡函数，实现 Habedank 电弧模型的动态电阻分配。仿真结果与实验结果的对比显示，弓网电弧模型的实验电流和电压曲线与仿真结果一致。仿真结果显示，地铁速度的增加，导致电流波形基本不变，最大电流大小维持为 750A 左右。速度较小时，起弧电压与熄弧电压之间的电压差较小，为 750V。随着速度的增加，两者的电压差增大，当速度达到 200km/h 时，电压差达到 1500V。因此，改进后的模型能较好地表示出弓网离线电弧的电流和电压的特征，验证了模型的有效性。此次研究对于地铁速度的取值较少，在之后的研究中应考虑更多的行进速度。

参考文献

[1] 景所立，魏隆，陈欢，等.低气压环境电气化铁路弓网

电弧放电特性研究 [J]. 铁道标准设计，2022，66（6）：138-145.

[2] 杨盼奎，佘鹏鹏，廖前华，等. 升弓过程中弓网电弧及接触线温升特性分析 [J]. 铁道标准设计，2022，66（3）：156-161.

[3] KANG J，WANG L，JIN H，et al. Proposed model of potential accident process at hydrogen refueling stations based on multi-level variable weight fuzzy Petri net[J]. International journal of hydrogen energy，2022，47（67）：29162-29171.

[4] 陆颖，王英，陈小强. 考虑过渡函数的电气化铁路弓网离线电弧建模与验证分析 [J]. 高压电器，2023，59（2）：97-103.

[5] 何志江，杨泽锋，王虹，等. 弓网电接触系统服役性能的纵向磁场优化 [J]. 电工技术学报，2023，38（5）：1228-1236.

[6] SABAU A S，TOKUNAGA K，GORTI S，et al. Thermo-Mechanical distortion of Tungsten-Coated steel during high heat flux testing using plasma arc lamps[J]. Fusion science and technology，2022，78（4）：291-317.

[7] 祁文延，王江文，韩宝峰，等. 基于反步法的弓网系统接触力跟踪控制策略 [J]. 计算机仿真，2023，40（1）：200-207.

[8] 苗真，张雷. 新趋近律的直流微电网母线电压滑模控制设计 [J]. 计算机测量与控制，2022，30（11）：104-110.

[9] MIRSKI P，CENIAN Z，DAGYS M，et al. Sex-，landscape-and climate-dependent patterns of home-range size-a macroscale study on an avian generalist predator[J]. Ibis，2021，163（2）：641-657.

[10] 王楠，周卫华. 一种低成本的继电器过零投切控制电路 [J]. 自动化技术与应用，2022，41（11）：39-42.

[11] 王玮. 谐振接地系统对弧光接地过电压的抑制建模及仿真分析 [J]. 微型电脑应用，2020，36（10）：171-173.

[12] HAFEZ M，DAVIS N. Outcomes of a minimally invasive approach for congenital vertical talus with a comparison between the idiopathic and syndromic feet[J]. Journal of pediatric orthopaedics，2021，41（4）：249-254.

城市轨道交通新一代智能安检系统

刘　刚* 雷方舟

（天津城市轨道咨询有限公司，天津 300392）

摘　要：本文对于城市轨道交通中安检问题现状进行了详细探讨，针对相关问题分析了可用的安检技术并详细比较了技术优缺点，基于此提出了新一代智能安检系统的规划及构架，在试点站进行了实际研发、验证、部署，并将实际经验案例进行了详细分享。该研究及实践成果对于城市轨道交通安检效能的提升有较大推动示范意义。

关键词：交通运输安全工程；背散射；太赫兹；智能；安检系统

城市轨道交通是城市公共交通系统的骨干，是城市综合交通体系的重要组成部分，其安全运行对保障人民群众生命财产安全、维护社会安全稳定具有重要意义。近十几年来，世界范围内针对城市轨道交通的恐怖袭击事件或灾难性事故屡有发生，造成巨大的人身、财产安全损失。近年来，天津市大力发展城市轨道交通建设，逐步形成地铁、轻轨、市域（郊）铁路等多元化城市交通设施，截至 2023 年 12 月，已开通运营线路共计 10 条，运营里程 309.94km，运营车站数 182 座。在建线路共有 9 条，至 2025 年，建成轨道交通里程将达到 513km，其中城市轨道 500km，市域（郊）铁路 13km，轨道线路基本实现双城重点区域全覆盖，未来天津城市轨道交通客流量将大幅度增长。天津是首都的"护城河"，确保天津城市轨道交通公共安全对服务国家大局具有重要意义。

1　公共安全分析

1.1　治安类

第一，暴力活动。暴力活动呈现年轻化、流动化、国际化趋势。第二，组织犯罪。违法犯罪活动日趋职业化、智能化，食品药品安全犯罪、电信诈骗犯罪等以组织犯罪形态出现，带来新的挑战。第三，群体事件。个体化事件向群体化事件转变，群体性事件表现方式呈现激烈化态势。第四，社会矛盾。各种社会矛盾因素越来越相互交织、连锁反应，个别利益诉求向群体利益诉求扩张，直接利益冲突向无直接利益冲突转变，具体利益诉求向抽象利益诉求拓展。

1.2　袭击类

随着交通、通信等各类科技的发展和互联网社会的到来，人员的流动性和信息传播的迅捷性均显著增强。因此不法分子各地流窜、策划联络等也更加容易，信息传播速度和覆盖面在现代社会都得了助力，造成事件的影响力也随之提高，其负面效益也随之波及更加广泛的人群。

我国对于社会治安和袭击类的早期预警和侦查还有待提升。安检作为交通运输安全工程的重要组成部分之一，在社会公共安全中发挥

项目基金：基于背散射技术的新一代智能安检系统（基金编号：津轨咨询科 2023-07-20A）。
* 刘刚（1982—），男，汉族，天津人，学士，目前从事智慧城市轨道交通技术研究。E-mail：22543087@qq.com

着越来越重要的作用。"十四五"规划中明确了"大安防"建设的目标和建设思路，安检向系统化、网络化、智能化发展成为必然趋势。

2 安检设备技术发展方向

安检设备通常是指机场、港口、海关、火车站、地铁站、大型活动举办地等场所使用的安全检查及探测设备，用以检测行人、行李或包裹中是否携带或隐藏了危险品、违禁物品、毒品等物品。目前世界常用的安检设备大致包括安全门、金属探测器、通道式 X 射线安全检测设备、集装箱检测设备、炸药探测自动检测设备等。

2.1 主流安检技术分析

轨道交通的安检场景，相比民航、铁路、快递、海关，是最复杂也是最具挑战性的。这取决于轨道交通运输的特点，它不仅仅是一个点对点的运输系统，还要考虑乘客的随机性、多元性、复杂性。公共交通不具备机场、海关的精细检测条件，却要面临更为庞杂的检测对象。这就决定轨道交通的安检场景，既要安全，又要通行效率；既要保证乘客的服务体验，还要有划算的经济成本。

按照被检测对象分类，轨道交通安全检测分为箱包检测和人体检测。

2.1.1 箱包检测

（1）X 射线透射技术

X 射线透射技术是箱包安检领域应用最为广泛的技术，原理为通过发射高能 X 射线穿透被检测物品，通过放置于光源另一侧的接收装置分析透射后的 X 光并转化为电信号，可以对被检测物的形状进行描摹来显示轮廓，并按照有机物、无机物（金属）和混合物三种类别界定被测物品的材质。其优势在于技术成熟、穿透力强、价格较低，是目前主流的箱包检测手段。但受限于成本，其搭载的探测器精度普遍较低，对于有机物等低原子序数构成的被检

测对象，无法检测射线前后的能级变化，因此无法实现对有机物的精准定性识别。

（2）三维 CT 技术

三维 CT 技术实际是医用 CT 技术的引申，其本质上还是利用高能 X 射线透射原理，搭载了精度极高的探测器，具有非常广域和精细的能量变化探测范围，通过射线前后能量的变化获取被检测物质密度和原子序数信息，借此来实现对轻物质、重物质的定性识别，但也存在成本极高、体积较大、检测过慢、辐射偏大等问题，目前应用在部分民航机场，不适合在轨道交通领域大范围推广。

（3）X 射线背散射技术

X 射线背散射技术基于康普顿散射理论，通过 $40 \sim 60kV$ 的管电压加速电子撞击金属钯，激发低能级特性的 X 射线。其遇到不同的物质会发生不同的散射。康普顿散射概率可以反映电子密度信息 ρe，而 ρe 与质量密度 ρm 有关系：$\rho e = Z \rho m / N0A$（Z 为原子核电荷数，A 为质量数，$N0$ 为阿伏伽德罗常数），除氢原子外，大部分物质 $Z/A=1/2$，则可认为 $\rho e = \rho m N0/2$，即康普顿背散射概率可以间接反映物质质量密度。基于以上特性，背散射对于低原子序数、低密度的违禁品（例如毒品、爆炸物等）具有较高的康普顿散射截面，能够产生较强的散射信号，因此背散射可成为安检领域很有潜力的违禁品检测技术 [1]。

因为背散射 X 射线的能量特性较低，因此辐射水平显著低于透射 X 射线，但也造成其穿透能力较低的特点。因此，在箱包检测设备上，可以同时部署两套检测系统，采用背散射—透射双源混合架构，以远低于三维 CT 扫描技术的成本获得对轻、重物质的定性识别检测能力。

2.1.2 人体检测

（1）电磁感应

金属导电体受交变电磁场激励时，在金属

导电体中产生涡流电流，而该电流又发射一个与原磁场频率相同但方向相反的磁场，金属探测器就是通过检测该涡流信号的有无以发现附近是否存在金属物。

采用电磁感应技术的金属安检门搭配手持金属探测器是目前轨道交通安全检测领域中应用最为广泛的人体安检设备。优点在于低成本实现了金属探测，且体积较小，易于部署。但是缺点很明显，整套系统只对金属敏感，无法检测诸如陶瓷刀等复合材质制成的管制器械，更无法对乘客随身携带的液体，以及易燃、爆炸物进行报警。

（2）X射线透射技术

其工作原理与应用于箱包安检设备的原理相仿，但为了降低辐射剂量，部分设备降低了照射时间，采取脉冲式间隔发射原理，但因为透射X射线穿透能力强，且辐射剂量仍然较高，容易引发舆情及社会风险，因此不推荐为轨道交通等领域面向公众大规模使用的技术。

（3）毫米波技术

毫米波成像主要是通过毫米波源发射一定强度的毫米波信号，通过接收被测物的反射波，检测被测目标与环境的差异，然后进行反演成像。成像系统可以对包括塑料等非金属物体进行检测，其受环境影响较小，获得的被检测对象信息，可以有效地进行三维成像。

毫米波的成像分辨力大约在3～7mm，目前在国内有一定范围的应用和推广，主要的应用环境在机场。当前市场上应用的毫米波设备仍旧以轮廓识别为主，还不具备对物质种类进行定性识别的能力。而且因为其波长较长，因此穿透能力较差，对冬季着装乘客的检测效果与夏季相比要显著下降（因此机场是较为可行的应用场景）。

（4）被动式太赫兹技术

太赫兹是一种波长介于红外线与微波之间的电磁波，波长在1mm～3μm之间，相比毫米波，太赫兹的穿透能力会更强。被动式太赫兹技术利用环境中已存在的太赫兹辐射，成像分辨率较低，但太赫兹不会引起对生物组织有害的电离反应，极大地弥补了X射线检测和其他检测技术的缺陷[2]，适用于对敏感目标的无损检测，但是因为太赫兹的波长和频率更接近红外线，会被外界环境的红外线干扰，难以满足轨道交通日益严苛的安全检测需要。

（5）主动式太赫兹技术

主动式太赫兹技术依赖于专门的激发源，如激光或电子源，通过调制激发源的性质产生太赫兹波，同时秉承了太赫兹本身的安全优势，主动式太赫兹可在安全检测、医学成像等多领域灵活应用。其产品形式相对复杂，包括太赫兹波源、探测器及数据处理系统。主动太赫兹成像相对于被动太赫兹成像具有更高的精度和灵敏度，受环境因素的影响较小，可提供更灵活的控制和更丰富的信息，能够"看到"大部分随身携带材料，如金属、陶瓷、塑料、货币、液体、凝胶和粉末，探测距离可达4～10m，成像速度可达6帧/s[3]，非常适合在安检设备、医学诊断、大气与环境检测、生物检测和通信中推广应用。

（6）背散射技术

采用单一背散射技术实现人体检测，其管电压一般为30～40kV，并搭载精度更高的探测器，来实现人体成像检测。成像精度（线分辨力）目前最高可以达到0.3mm，具有很高的清晰度，同时还可以实现对有机物的定性识别，解决了传统设备仅对金属敏感的缺陷，可以通过一次成像辨别诸如酒精、汽油、塑性炸药、火药等有机违禁品。金属检测方面，因为背散射光子的动量较低，因此容易被带有较高正电荷的原子核吸收，探测器接收不到反射回来的光子，对金属的成像一般以黑色表示，人体由有机物构成，底色是浅白色，反而可以凸显金属的形状。因此，利用背散射技术进行人身安检，可以同时对金属进行轮廓识别，对有机物违禁品进行定性识别（表1）。

2.2 传统安检存在的问题

目前全国轨道交通的安全检测工作主要按

表1 主流安检技术对比表

技术分类	毫米波	太赫兹	X射线背散射	X射线透射
辐射类型	电磁辐射		电离辐射	
波长	10～1mm	1mm～3μm	10nm～0.1nm	0.1nm～1pm
成像分辨率	5～7mm	被动式约10mm；主动式1～5mm	0.5mm	
穿透能力	一般	强	强	极强
检测速度	5s，较快	可实现无感非停留	3s，较快	3s，较快
是否具备定性识别能力	不具备	识域光谱技术	康普顿散射	一般不具备，三维CT具备
成本	较高	较高	较高	低

备注：波长越短，频率越高，穿透能力越强，成像越清晰。

照"人、物同检"模式来执行，在大客流冲击下，安检现有的技术水平、工作机制和管理模式与严苛的安检标准、运营效率之间的矛盾日益凸显。传统安检设备检测能力不足、安检队伍人力成本过高、乘客通行效率低、服务体验差及系统集成度低等问题已成为轨道交通安检质量提升和服务效能提升的瓶颈。存在的问题主要体现在以下方面：

（1）检测精度方面

既有安检系统无法一次性检测液体、易燃易爆等非金属有机物，高度依赖安检人员的经验，以及能力和责任心，容易造成漏检。

（2）投入成本方面

按照现有1机1门配置标准，每个安检点需配置5～7人/班次，按照最低5人标准计算，每个安检点的年人力成本约为75万元，天津轨道交通全线网年投入安检费用超过5亿元。

（3）通行效率方面

箱包检测方面，受检测原理限制，采用透射式技术的通道式X光机对金属类物品检测性能较好，但对有机物无法定性识别，还需要进行频繁的人工开包复验。

人体检测方面，严格人工手检的标准为6～10s/人，安检点每小时最高通过效率仅为

600人/h。如果加快手检速度，又无法兼顾安检质量。

（4）服务体验方面

对于非金属有机物类型的违禁品仍需要逐人摸排，拉低了乘客进站环节的通行效率和服务体验。另外因通行效率低，人员服务态度较差，安检环节极易引发乘客投诉。据统计，安检类投诉月均1000余起，占投诉总量的20%。

（5）管理难度方面

安检队伍总量大，流动性高，人员素质参差不齐，管理者还需要考虑考勤、排班、到岗率等问题，直接提升了管理成本。

综合以上问题，城市轨道交通通过改进管理手段、增加管理资源投入提升安检而取得的边际效益越来越低，而通过技术革新升级安检，已经成为行业主管单位、运营单位的迫切需求与共识。

2.3 安检系统的发展趋势

目前日益严峻的国际安全形势、新型软硬件技术的推动、基础设施的更新改造需求等因素，推动了安检设备市场的发展。我国政府高度重视公共安全领域的投入，大力扶持高新公共安全技术。安检系统也随着用户需求的不断

发展而呈现多样化、专业化的发展趋势，重点体现在以下几个方面：

（1）多样化

实践证明，依靠任何单一技术来解决安检问题是不切实际的。每项具体的安检技术从其诞生之日起，就决定了其具有某些技术优势的同时，也必然存在相对应的一些技术局限性。以上文提到的常用安检技术为例，用于常量炸药探测技术的双能X射线设备很难探测出隐藏的微量和痕量炸药，通常也很难通过它来判定液态危险品的危险程度；而用于微（痕）量炸药探测技术的离子迁移谱炸药探测仪能够判定具体炸药名称，却必须等待开机预热稳定，且需定期更换分子干燥剂等耗材；同样用于微（痕）量炸药探测技术的基于荧光淬灭技术的探测仪能够即开即用，却无法给出具体炸药名称，且需定期更换荧光管或荧光板等耗材。

因此，针对防爆安检工作实际需求的不同方面，研究开发基于不同技术原理的防爆安检设备，推动技术向多样化方向发展，是全面解决防爆安检问题必经的重要阶段。

（2）复合化

不同安检技术的研究将会产生不同的安检系统及设备。随着技术研究的逐步深入，必将推出大量新型安检系统及设备。然而，大量不同类型设备将会对安检实际工作带来诸多不便。因此，走复合化技术路线，整合现有不同技术手段，推出复合性防爆安检产品，将会成为防爆安检技术研究的新热点。目前，将背散射技术和双能X射线技术整合在一台箱包安全检测设备上，实现对普通行李包裹和行李包裹内液态物品探测是复合化安检技术的优选应用。

（3）智能化

国外智能化安检发展较早，美国TSA在2011年推出了"未来安检站"（Future Security Station）概念，欧盟在2012推出了"新一代旅客安检系统"概念，并开展了TASS（机场安全整体解决方案）项目研究[4]。

随着国内安检工作的布局范围越来越广，国内从事安检工作的人员越来越多。然而，由于安检员整体专业素质参差不齐，很难要求他们真正理解每台设备的技术原理，也很难保证每个安检员都能够正确操作使用设备并能通过设备准确判定是否有危险物品。因此，提高各类安检排爆设备的智能化水平，使设备在使用时给出的判定结果更加直观、明晰，是减少人为因素带来误判的重要途径之一。

（4）网络化

2008年以来，随着"物联中国"概念的提出，物联网概念、智慧城市概念持续发酵。已经启动的智慧城市建设对城市建设的方方面面均提出了智能化要求。安防工作也不例外，"智慧安防"当前已经成为安防工作发展的方向。所谓"智慧安防"，其实就是以信息化为核心，整合过去简单的安全防护系统，形成网络化的综合安防体系。作为智慧安防建设的重要方面，防爆安检领域也必将向着网络化方向发展。可以预见，在不远的将来，每台安检设备都将成为安检体系的一个感知终端，通过体系的网络层实现不同感知信息的上传，并通过体系应用层实现感知信息的汇总分析与综合研判，最终实现安检信息的综合化智能判断，从而大大提高安检效率，切实做好安检、防爆、反恐。

3 新一代智能安检系统探索与规划

3.1 背景

天津轨道交通集团"十四五"战略规划中提出，兼顾技术和管理创新，积极探索能够提高生产效率、降低生产成本的先进工艺、先进技术、管理模式和管理机制的应用；聚焦重点投资，对于有助于提高集团造血能力，符合天津市产业政策，有助于推动京津冀协同发展，坚持制造业立市的产业，要积极发挥集团投资人的优势，在人才、技术、渠道、市场方面支持被投资企业与集团深入开展项目合作。新一代智能安检系统将采用自主设计、联合研发、委托制造、多级销售的产业模式，致力于打造天津轨道集团智慧、先进、科技的自主品牌，对内覆盖集团自有运营线路，有助于降低运营成本，提高安全质量，改善运营服务水平，对外辐射外部市场，打通高端产业和优势价值的输出渠道，培育新的经济增长点。

3.2 研究方向

轨道咨询公司以国家"大安防"建设的规划为指导，以满足市场需求为目标，基于 X 射线背散射和太赫兹技术，综合运用了 5G、大数据、物联网、人工智能等复合技术，研发完整的智能安检系统，具备高精度、高效率、高可靠度的特性，实现箱包复合检测和人身无感安检的开发目标，打造安检管理生态系统，服务安检对象、强化安检质量、提升安检效率、降低安检成本，使安检与安防系统完全融合在一起，达到安检的网络化、复合化、智能化、信息化、平台化。

3.3 研究过程

1996 年，全球首台背散射人体安检设备在美国问世，后续背散射技术被广泛应用于安全、医疗、航天、航空、工业探伤和军事领域。1998 年，清华大学核物理应用研究院接受技术攻坚的任务，组织技术团队进行攻关，于 2003 年完成背散射飞点扫描核心技术研发，一举打破美国的技术垄断，2011 年背散射人体安检设备（原型机）研发成功；2022 年，轨道咨询公司与鲲勋公司合作，共同设计开发了基于背散—透射的混合检测架构，研发了基于背散射技术的新一代智能安检系统。

本项目拟采用的主动太赫兹技术引自国家大科学工程 EAST "人造太阳"团队，其在太赫兹技术领域研究 20 余年，从事 EAST 国家大科学工程—等离子体太赫兹偏振干涉仪测量

研究，具有国际领先研究水平，长期从事太赫兹激光诊断及关键技术研究，在太赫兹激光源、太赫兹成像、太赫兹激光干涉仪等技术领域处于国际领先水平。

系统采用产业合作模式，合作单位具备背散射、太赫兹成像的核心技术，以及核心设备定制研发条件。设备整装方面与中车四方（天津）公司合作，其作为世界一流的轨道交通装备制造企业，拥有先进的高端装备制造生产线，具备自动焊接、自动化工装、自动调试试验等能力，其产品的制造平台及生产工艺流程满足精益生产模式需求，能够适应多元化市场的转变，具备多品种快速转换和并行生产能力。基于中国电信天翼云资源、算力及 5G 能力，打造安全、可靠、稳定的平台运行基础底座，建立场景模型，通过数据中台能力加载，实现各类数据融通，为未来实现数据要素成果奠定核心基础。

3.4 研发验证

（1）背散射技术

采用的背散射扫描成像技术进行箱包检测，通过采用偏心圆桶的 X 光机点扫描向被检物发射单束光 X 射线，迅速地对检测对象进行横向和纵向扫描，背散射探测器捕捉每个扫描点被人体/箱包 180° 反散射回来的光子，处理生成截面图像。X 射线在遇到不同原子序数的物质的时候会发生不同的背散射现象。对目标物背散射回来的 X 射线的收集、处理，通过软件算法，对原始图像的背散射信号进行梯度增强，提升信号在有效检测区间的分辨率，提升不同物质采集结果的区分度，最终呈现如照片一样的高清晰图像。背散射扫描成像如图 1 所示。

（2）太赫兹技术

采用太赫兹成像技术进行人体检测，搭载高功率太赫兹激光光器光源，通过稳定输出 0.65T 频段的太赫兹激光，照射到被检测对象

图1　背散射扫描成像图

表面后，接收系统接收太赫兹波并将其转换回电信号；太赫兹调制器负责将太赫兹信号进行精确调制，使其能够更好地和物体进行互动；而信号处理系统则负责将接收到的信号进行分析处理，从而获取关键信息。相较于行业内其他主／被动太赫兹产品，优势在于通过搭载自主化太赫兹激光器（源）、太赫兹光学器件、材料，太赫兹探测器，太赫兹图像数据处理硬件、软件等，实现更高频段的太赫兹频段，从而提升了检测图像的精度和分辨率，改善了过往太赫兹产品存在的分辨率低、穿透力差、系统工作不稳定与核心零部件依赖进口等问题。

（3）判图技术

智能安检系统融入智慧城轨技术发展潮流，增加分布控制、自动判图等新技术，开发专用于箱包双源混检系统的智能识图软件，通过软件算法实现自我学习，具备智能判图、违禁品主动框选和报警联动功能。爆炸物粉末、毒品、存储液体的容器可通过一次成像判定状态，无须进行开包复检，简化安检流程，实现传统设备向智能安检设备的转变。面向未来，以政府和公安部门关于安防网络平台系统建设的需要为筹划，保留数据接口，形成有效数据流，可接入公安安防平台系统。

（4）云平台技术

包含智能分析中心、大数据中心和物联网管理中心，实现安检信息汇总管理、数据分析、挖掘、信息发放、数据共享、安检级别控制、设备管理维护等。智能分析中心实现智能识别、数据分析、数据挖掘等工作，并且将结果推送至用户端，以及安检大数据中心；大数据中心实现数据汇总、统计、存储，通过安检云平台，实现系统监控、监管、共享、管理，向用户、公安部门实时共享和告警推送；通过物联网控制中心可以实现指定一台或多台安检设备的软件升级、故障排查，以及安检级别的设置，临时提升或下调安检级别，实现临时针对某类违禁品的重点检测；与现有的安防网络实现无缝融合，联防联控，将安检与安防融为一体。

3.5　系统构成简介

3.5.1　智能检测系统

（1）背散-透射双源混合箱包安检仪

采用了背散-透射的混合技术架构，具备三视角立体成像能力，系统搭载AI智能识图模块，利用背散-透射的融合算法，采样物品的轮廓和物质种类信息，通过一次过机，复合检测，实现真正的定性识别，既能降低开包复检的频次，也能规避人工识图引起的漏检（图2）。同时，系统还采用了端边云架构来实现集中判图与报警信息推送，再通过AI技术可自动快速识别潜在的危险物体，辅助判图员更快速、更精准判图，达到安检判图减员增效的目的[5]。

图2　背散-透射双源混合箱包安检仪

（2）通道式快速无感人体检测仪

使用太赫兹主动成像技术，研发具备高精度三维立体成像能力的人体检测设备，搭载智能识别算法，具有违禁品自动检测和报警功能，能够准确识别危险品、管制刀具等隐匿违禁物品，并采用"精准画像"的形式进行绿色健康的人体安检，检出图像分辨率高、清晰度好，为旅客提供非接触式的无感安检体验（图3）。

图3 通道式快速无感人体检测仪

（3）集中判图模块

基于云边端架构，通过5G定制网络连接，实现远程判图和集中判图。集中判图系统具备灵活部署、分布显示、结果同步、权限切换等优势，与安检云平台连接，兼容智能识别与人工辅助标注两种模式，并能根据不同客流特点，实行匹配的行包和决策机制。

3.5.2 智能管理模块

研发满足多维度管理需求的人员管理模块，通过生成的车站三维矢量地图，搭配人员可穿戴终端，基于5G专网环境实现考勤认证、轨迹巡控、动作检测等功能，真正降低车站对安检人员的管理负担。

3.5.3 智能处置模块

针对安检查获的违禁／限带物品，开发由快速智能处置台、双向存储柜、视频监控及电子标签模块构成的智能处置系统，全方位优化危险品登记、存储环节的工作流程。

3.5.4 安检票检合一接口

融合安检—验票环节，打通数据接口，通过开放地铁APP授权申请，在乘客安检的同时完成"刷脸验票"，实现真正意义上的安检票检合一，提升乘客进站体验。

3.5.5 安检云平台

应用云计算、大数据、物联网、人工智能、5G等新兴信息技术，将安检云平台作为智能安检系统的网络服务底座，采用数字孪生技术绘制可视化管理界面，集成安全态势感知、设备状态控制、人员管理统计、物资定位管理、风险告警提示等系列功能，实现一平台管所有的功能与定位。

3.6 应用及实践

新一代智能安检系统目前已在天津地铁5号线文化中心站、6号线解放南路站完成试点部署，作为首批次试点车站进行功能验证和管理融合，取得了良好的社会效益和经济效益，对于交通运输安全工程提供了示范借鉴。后续将作为天津轨道集团重点项目，进行线网范围内的大力推广。

参考文献

[1] 唐添, 徐捷, 王新, 等. 飞点扫描X射线背散射系统研究[J]. 上海: 光学仪器, 2019, 41（5）: 76-84.

[2] 周强国, 黄志明. 太赫兹成像技术研究进展及应用[J]. 红外技术, 2022, 44（4）: 328-342.

[3] 蒋林华, 王尉苏, 童慧鑫, 等. 太赫兹成像技术在人体安检领域的研究进展[J]. 上海理工大学学报, 2019, 41（1）: 46-51.

[4] 蒙格泰. 人工智能在安检中的应用[J]. 工程管理, 2023, 4（7）.

[5] 张森, 于敏, 等. 基于网络化集中判图的城市轨道交通新安检系统设计[J]. 城市轨道交通研究, 2021, 24（7）: 174-177.

城市轨道交通刚性接触网换线及塌网应急能力提升研究

于秋波　陆　军　陈　振　陈旭哲

（天津津铁供电有限公司，天津 300000）

摘　要：随着城市轨道交通越来越多地使用接触网设备，接触线更换或者接触网抢修就成了维护人员必须面对和解决的问题，而应急处置的效率是制约城市轨道交通服务水平的关键指标，节省一小时应急处置时间，往往能够产生巨大的社会效益。本文从地铁接触网故障的角度出发，研究快速救援、提升时效的方法，通过对抢险工作流程化、抢险环节前置筹备、抢险物资提前配置、风险提前预判和控制等方面开展研究，达到快速应急处置的目的。

关键词：城市交通；快速救援；配置；组织架构；接触网；塌网

引言

近年来，地铁接触网的设备故障抢险受到越来越多的关注。因为接触网没有降级措施，无法像变电所有两段母线可以降级供电互为备用，一旦接触网塌网或损坏，列车无法取电，滞留在区间，修复的难度较大，一般抢险时间在 3～8h，严重影响行车秩序，影响行车安全，可能导致部分车站停运，地铁小交路运行，给乘客的出行带来不便。

2012 年 9 月 8 日，某地铁 1 号线区间接触网接触线脱落，造成接触网短路跳闸，列车 113 名乘客区间疏散，地铁停运 1 小时 5 分钟。2021 年 4 月 3 日，某地铁 2 号线列车弓网故障，导致 50m 刚性接触网塌网，小交路运行，导致中断行车 6 小时 24 分钟[1]。1992 年 1 月，在潘坊隧道内发生弓网故障，接触网断线，中断行车 6 小时 40 分钟[2]。从以上案例可以看出，刚性接触网因其供电原理，无备用，其损坏后必然会导致地铁中断运行或小交路运行，而且根据事故范围和受损程度，恢复设备运行的时间较长。

综合国内研究发现，轨道交通领域遇到应急事件，一般的处置方法是根据影响行车的情况开行轨道车组运输接触线、承力索等备件来抢修，采用可视化接地装置提升应急时效，采用梯车作业等抢修方案[1][3]，处理故障前对电客车限速[4]，或从日常建立健全的接触线类故障排查检修体系开展故障预防工作[5]，也有针对特殊区段定制专用抢修装置，高速铁路方面也有采用新技术 6C 监测和提供可靠的设备视频与参数信息，提前发现受电弓或者接触网故障问题。指导现场维护或抢险的研究[6]，大多是采用提升技术能力、提升抢险工具、降低故障风险、系统化应急管理体系[7]、健全培训体系、提升培训效果[8]、建立故障抢修专家系统[9][10]、优化工区位置和人员配置[11]来提升应急时效。以上研究可以从一定程度提升应急效率，但是有特殊区段、定制系统或设备的局限性，不容易普适性推广，且提升应急时效没有案例验证和量化。针对城市轨道交通供电接触网应急抢险方面的研究较少，缺乏系统性的应用研究。本文根据供电接触网专业故障特点，进行专项故障抢险能力提升，分析断线和塌网的成因及破坏影响，再从抢险全流程出发，对物资、人员、风险、处置环节等方面进行研究，制定高效、安全的应急前置措施和专业队伍要求，旨在指导专业队伍在较短的时间内完成设备故障处理，恢复正常供电模式，保障地铁运营效率，经现场案例实践，具有较好的应用价值。

1 刚性接触网断线和塌网的因素分析

1.1 接触线出槽

接触线出槽会形成硬点，影响弓网运行，恶劣情况下会有异常磨耗，甚至有弓网故障和短路情况发生。接触线出槽原因主要有三个：①接触网在安装时，接触线产生硬弯、汇流排钳口有损伤，在运行中热胀冷缩作用下，使得接触线发生脱槽。②接触线在安装时汇流排内有脏污残渣，或洞顶漏水腐蚀汇流排，导致接触线与汇流排钳口锈蚀，长时间侵蚀情况下将钳口胀开，接触线出槽。③汇流排是铝制品，接触线是铜合金，膨胀系数不同，温度变化下伸缩量不同，在遇到钳口异常情况下脱槽。

1.2 化学锚栓松脱

接触网设备通过在隧道洞顶埋置化学锚栓承载设备重量，一旦化学锚栓松脱，将导致接触网基础参数超限，容易引发弓网故障。化学锚栓松脱的原因主要有：①土建施工基础原因，水泥砂浆凝固不足以承载接触网设备重量，长时间运行导致失效。②化学锚栓直埋不合格，未按照工艺进行清灰、灌胶、植栓固定和拉力测试。

1.3 弓网故障

弓网配合经常受到外界环境的影响导致弓网产生故障，如短路、燃弧、磕碰、塌网等现象。同时，也会因为受电弓和接触网维护不到位，产生配合异常，经长时间互相作用后，导致弓网故障发生。轻微弓网故障会造成汇流排挂伤、碳滑板缺块，严重时会造成接触网设备弯曲损坏、受电弓变形，影响运营。原因主要有：①设备缺陷长时间未发现。②区间存在异物侵限问题。

2 制约刚性接触网塌网应急抢险效率的环节与情况

2.1 抢险物资运输难、风险大

接触网抢险备件有接触线、汇流排、吊柱等，接触线线盘体积较大，一般直径1.4m，宽度0.7m以上，重量约2t，汇流排单根长12m，吊柱单个重上百斤。而且抢险中需要用到汇流排切割机、放线架、钢筋剪等大而重的工具。这些大体积、大重量的备件和工具需要从站外搬运至站内、从站厅到站台，再到区间，搬运过程极为不便，无形中增加了抢险的难度。而且在装载、运输、搬运这些备件的过程中也有较大风险，需要制定严密的控制措施。

2.2 分工组织不合理

遇到断线或塌网故障，仅接触网抢险队人员就有一二十人，应急处置环节和注意事项较多，单纯靠现场的临时指挥远远不够，也比较低效，这就需要建立一套应急组织或分工，形成固定方案，提前预想和布置，再加以演练，才能避免发生故障时现场混乱的情况。

2.3 备件种类多、加工安装难度大

在既有线路抢修刚性接触网难度较大，需要拆除上百米接触线，更换受损底座、绝缘子、汇流排等设备，还需要在现场测量受损设备的长度和数量，量裁适当的汇流排、接触线进行更换。以上施工都需要将上百斤的备件架设至4m高空，由两组或多组登高人员协同安装，往往需要近20人协调配合，来保证安装质量。

同时区间不同位置塌网故障所需的抢修备件种类是不一样的，根据天津地铁6号线设备安装结构，分为有底座、有吊柱、无底座、绝缘横撑等形式。

3 应急提升措施

3.1 大型备件和工具的运输难题

可以定制做成内径1100mm、外径

1200mm、宽 650mm 左右体积小的线盘，线盘上根据锚段长度定制一锚段的接触线。这种小线盘重量可以控制在半吨，运输起来容易很多。若有条件，提前踏勘现场，可以在有条件的岔区渡线区域分别存放一个小线盘、放线架、一根汇流排及汇流排终端，将极大缩短抢险时间和降低抢险难度。同时在沿线工区建立物料库，放置抢险工具，确保抢险队及工具可以短时间内到达（图1、图2）。

图1　区间存放线盘　　图2　区间存放汇流排

大型备件若没有区间存放的条件，需要提前踏勘全线各站电梯位置及尺寸，必要时使用电梯从站外运输至站台，线盘运输过程中还要用槽钢防护车站地面，防止压损车站瓷砖。提前与管理电梯的客运或机电专业沟通，车站垂直电梯能否使用运输接触线（电梯载重和尺寸应满足安全要求）。可以提前踏勘全线各站的站厅至站台、地面至站厅的电梯尺寸，以及电梯的具体位置，制作成表格，方便应急时判断和使用。在应急时如果可以使用电梯运输时，电梯内提前放置好钢板或槽钢做好防护，另外1人提前进入电梯，线盘进入电梯后将线盘扶稳，防止磕碰电梯，需要注意进出电梯不要碰电梯门，易发生电梯故障。

如果车站没有可以使用的直梯，要注意接触线在卸车时，正确使用捯链，固定线盘必须牢靠，防止滑脱、断裂造成人员受伤、接触线损坏；使用楼梯时，注意地锚必须牢固，防止

运输过程中地锚拔出造成人员受伤、接触线损坏。接触线盘自上向下运输过程中，人不得站立在线盘下方。

3.2　分工和组织难题

通过复盘塌网处置全过程及处置需求，将抢险人员按照功能和流程需要分为6个小组：地线组、抢险施工组、备件组、工具组、运输协调组、信息汇总及指挥组，并对6个小组提前制定好工作职责、工作内容和工作牵头人。根据抢险过程，制定处置流程，指导现场抢险。

地线组抢险人员最先到达故障地点，要积极开展施工登记，进入小站台查看故障情况和范围，上报设备受损情况及所需备件类型数量；办理抢险票，仔细观察受损情况及所需备件类型数量，及时和抢险队长、调度做好信息沟通；停电后下区间在故障范围两端验电挂地线。

抢险施工组分为清理受损设备、恢复故障设备两大环节，清理受损设备环节需要组装梯车、扶梯车、受损部位汇流排切割；接着评估现场定位点是否可用，是否牢固，尽量不重新打眼安装底座等，评估需要重新打眼的点位有几处（本着先通后复的原则）；如果受损位置在上网缆附近，要检查电缆有无破损，绝缘是否良好，并考虑重新制作电缆端头；协助停运列车出清故障区域。恢复故障设备环节人员对点位打孔及预埋锚栓，点位安装，并准备线盘，更换接触线，数据调整及力矩紧固，绝缘测试。

备件组要保证现场使用备品备件准确快速到位，根据现场反馈情况，将所需备件结合各工区储存情况列成清单通知各工区工长携带备件赶赴现场；负责所有备件现场清点、出清、消耗统计；对接触线、汇流排等重要备件做好现场把控，确保安全。

工具组人员需要保证现场使用工具准确快

速到位，根据现场反馈情况，将所需工具结合各工区、储存情况列成清单通知各工区工长携带工具赶赴现场，负责所有工器具现场清点、出清、消耗统计。对放线架、角磨机、切割机、打孔机、电锤、发电机等重要备件做好现场把控，确保安全。

运输协调组需要协调租借车辆、自有车辆运输工具、备件等物资，快速联系随车吊、货车等车辆到达车辆段运输汇流排、接触线、吊柱、放线架等大件物资；及时协调抢险车及配合解决备品备件组、工具组运输问题；沟通外部门，方便物资领用和运输。

信息汇总及指挥组主要组织抢险力量，按照应急预案有效组织抢险，结合现场情况及时启动抢险预案，各组、各工区启动抢险工作；重要部位现场指挥，及时解决问题；需要其他维管项目、施工项目等外部支援的，及时协调；需要大库内备件不能满足现场使用的，及时协调外部力量库房进行借用。现场修复后上报总指挥可以恢复行车，组织电客车降速20km/h通过故障区域，在车站留守人员或添乘观察弓网配合情况，观察无影响后可以正常运营（图3）。

3.3 备件种类多、备件加工和安装难题

遇到抢险事件为了能够第一时间运输备件物资，需要未雨绸缪。根据各区间设备特点，将不同类型的受损设备备件及时梳理清单，在料库分类摆放，比如有底座的备件物资、单支悬挂定位点的备件物资、有吊柱的备件物资、哈芬槽道定位点备件物资、绝缘横撑备件物资、岔区分段备件物资等（图4）。

为了便于抢险，提高抢险时效，降低线盘、汇流排的运输风险，维修室勘查区间要有可以存放大型备件的位置。将线盘、汇流排分散存放至区间，备用应急。为了在设备故障时保障设备抢修和小交路运行同时进行，需要尽可能将接触线线盘、汇流排存放至每个岔区之

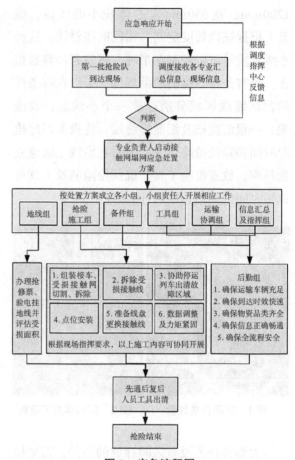

图3　应急流程图

图4　备件库示意图

间。一般在岔区或者车站人防门位置，都留有长条状开阔位置。当需要从区间汇流排存放点进行运送汇流排、线盘到达抢险现场时，需要用2台梯车的底座、放线架进行运输。

提前确定存放位置，要求存放位置能满足线盘汇流排12m长度。另外注意汇流排不得

侵线，存放后必须固定良好，防止汇流排因为车辆进过气流、震动造成汇流排窜动。

要提前预制短接头汇流排，提前剪裁和打孔，现场在小站台位置提前植入胀栓用于吊装线盘至放线架上，便于人工放线。然后登高人员和主要组织人员需对设备安装工艺熟练掌握，线下实操达标，抢险时达到快准稳的效果。

4 实训效果

天津地铁 6 号线按照以上措施提前将人员分工，建立组织架构，踏勘全线直梯位置、载重及尺寸，与各专业积极沟通评审方案可行性；且为了方便抢险按需预制线盘、放线架，开展打孔植栓等工作，制定现场应急处置方案；现场 3 个工区，8 个值班点存放各类应急备件、工具物资，能够做到抢险及时组织调配。专业内进行桌面演练 3 次，对于人员组织重合和备件物资到达速度慢等问题进行了整改。2022 年 6 月进行实战演练换线工作，取得了较好的效果。整体抢险时间从 5h 提升至 3h，提升幅度超过 30%。大大提升了换线及塌网处置的时效。

5 结论与展望

本文通过分析刚性接触网换线及塌网原因、研究应急处置的难点和制约因素，制定了针对性的解决措施、人员分工和处置流程，天津地铁 6 号线接触网维修部实战演练了各项应对措施，验证了措施的可行性，很大程度上提升了组织效率和应急抢险的时效。面对日益严格的运营要求，应急抢险能力成为衡量一支合格维护队伍的硬性指标。本文研究的应急处置措施，能够大大提升接触网专业队伍的应急能力，同时我们还在不断探索应急能力提升的措施和方案，不断改进，全力以赴满足市民安全舒适的出行需求，提升地铁运维质量。

参考文献

[1] 彭章硕 . 地铁刚性接触网塌网故障应急方案优化研究 [J]. 现代城市轨道交通 .2021（9）：54-57.

[2] 郑文勇，何春生，黄金灿 . 隧道内接触网故障抢修装置研制与应用 [J]. 电气化铁道，2001（4）：36-38.

[3] 曾纯昌 . 地铁接触网承力索长距离损坏故障抢修方案 [J]. 电气化铁道，2013，24（4）：42-44.

[4] 韩乾 . 地铁高架段线路接触网悬挂异物的应急处置 [J]. 城市轨道交通研究，2018，21（7）：161-164.

[5] 施伟峰 . 城市轨道交通供电系统中刚性接触网常见故障与优化思考 [J]. 城市建设理论研究，2023（13）：4-6.

[6] 支俊杰 . 供电 6c 系统在高速铁路接触网故障抢修指挥中的应用 [J]. 科技风，2018（20）：158.

[7] 张黎璋 . 城市轨道交通运营设备故障抢修与应急管理 [J]. 机电工程技术，2019，48（8）：284-287.

[8] 易刚 . 接触网故障抢修问题与处置建议分析 [J]. 中国战略新兴产业，2017（28）：196.

[9] 郭保生，邵华平 . 电气化接触网故障抢修专家系统的研究 [J]. 职业圈，2007（5）：156，165.

[10] 卢光俊，张孟豪 . 基于 CiteSpace 的地铁应急领域研究前沿与热点分析 [J]. 科技创新与应用，2023，13（13）：88-94，98.

[11] 张韬 . 关于提高高铁接触网大型故障抢修能力的思考 [J]. 电气化铁道，2023，34（S1）：114-117.

基于综合支吊架技术在太原轨道交通机电工程优化研究

栗　岗　曹　军　李　康

（太原中铁轨道交通建设运营有限公司，太原 030000）

摘　要： 针对传统综合支吊架技术在城市轨道交通车站及设备房中存在施工复杂及管线杂乱等问题，同时为了适应城市轨道交通智能化运维研究的发展趋势，以太原城市轨道交通 2 号线车站及设备房为研究对象，提出综合支吊架优化改进方法。结合不同专业的管线分布，将风、水、电等管线进行优化布置，从而满足不同专业的检修作业空间。同时针对该方法延伸至站厅公共区及设备房进行优化布局。该方法在保证最优管线分布的同时预留出检修通道。通过合理负载计算、检修时间成本分析，结果表明该优化技术在人工检修成本上得到优化提升。

关键词： 城市轨道交通；机电安装工程；综合支吊架优化技术；检修时间成本分析

在城市轨道交通车站设备房间的机电线缆安装过程中，由于车站内部机电设备构造较为复杂，例如通风空调、动力照明、FAS、BAS、通信线缆，以及信号线缆等多专业管线众多，且管线分布较为密集并布局复杂[1]。车站，如设备机房、设备区走廊吊顶、出入口及风道都为各个专业管线分布较为密集，同时各个专业不同管线安装要求、净高，以及检修方式的不同使得合理化排布车站机电工程设备变得尤为重要[2]。因此，国内外学者针对城市轨道交通机电工程优化的问题提出了解决办法。王峰国[3]通过计算支吊架自重力，通过受力分析改变数据排布管线标准，从而优化综合管线施工方式。卢炯平[4]研究基于 BIM 的地铁车站管线综合支吊架施工技术，从施工角度分析地铁机电管线综合支吊架布置技术特点与设置方法，从而达到提高施工质量、改善现场施工环境的目的。EM Dias 通过对巴西地铁系统变电站现有自动化系统进行分析，提出了地铁系统整流变电站自动化系统集成的建议，以及在实施该建议的情况下可能获得的可靠性收益。Nie ZQ[5]采用了综合的地下连续墙质量

控制方法，达到了环保、施工安全和经济的目标。尚增军[6]在天津地铁 6 号线结合 BIM 模型进行了管线综合、机房管道工厂化预制、综合支吊架排布、电缆电线模型建立。郑成浩[7]针对广州地铁提出了在建设项目全生命周期过程中具体的应用点，同时结合广州地铁线网运营指挥中心项目解决广州城市轨道交通机电工程优化。

本文针对传统地铁机电工程管道分布的缺陷，提出了综合支吊架优化改进方法，同时实现设备室及站台公共区的优化延伸，在满足不同专业管线正常传输的前提下，通过综合支吊架优化各个专业管线分布，从而处理不同专业作业所产生的交叉施工等问题，有效解决现今管线杂乱及检修作业效率低下等问题，使得设备管线安装更加整齐美观的同时，还有效提高人员检修的便捷性。

1　轨道交通机电工程管线分布简要概述

1.1　设备区走廊机电工程管线分析

太原市城市轨道交通 2 号线系统专业性较强，接口较为广泛，同时可靠性较高，但站内

设备走廊空间较为狭小，场地较为复杂。设备走廊所涉及的专业主要包括设备区内装修、通风空调、低压配电与动力照明、给水排水与消防、FAS、BAS，同时涉及管线的专业还有供电、通信、信号等17种工程类型，使得管线综合排布难度较大[8]。17种工程专业进行比较，其中通风及空调工程的安装较为复杂，因此在安装过程中还需要注重安装方式是否安全。在太原轨道交通2号线中依然存在三大问题，首先是线路长度较长，管线跨度较大，数量较多；其次是工班人员技术有限，较复杂的管线工艺难以掌握；最后为客流量的日益增多使得较为杂乱的管线具备一定的安全风险。太原城市轨道交通2号线设备区走廊设计净空高6.05m，走廊宽度2.15m，而吊顶以上的机电安装空间则是2.45m左右，其机电工程管线分布如图1所示。

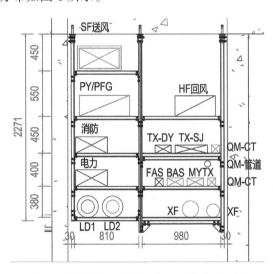

图1 太原地铁2号线机电工程管线分布图

其中XF为消防管道，垂直高度为0.15m；TX-DY为通信电源线，垂直高度为0.1m；HF与SF分别为回风管道及送风管道；TX-SJ为通信数据线缆，垂直高度为0.1m。因此在2.45m的空间内，实现风水电的合理布局优化。其中在走廊设备区的管线布置及设计高度具体数据如表1所示。

表1 设备区走廊剖面管线数据表

名称	设计标高/m	宽×高/mm	垂直高度
送风管	5.625	500×250	0.25
FAS	3.05	100×100	0.1
通信电源线	3.65	200×100	0.1
通信数据线	2.85	400×100	0.1
动照桥架	4.2	400×200	0.2
BAS桥架	3.25	200×100	0.1
消防水管	3.3	DN150	0.15
消防水管	3.02	DN200	0.2
排风/排烟管	5.225	630×250	0.25
气灭线槽	3.05	100×100	0.1

依据实际太原轨道交通2号线综合支吊架的安装方式，叮满足不同专业的传输要求，但该方式的管线分布会使得日常检修维护变得较为困难，不利于日常检修作业。因此，从有效提升施工作业角度考虑，针对综合支吊架排布管线进行优化分析，在满足检修的同时提高其安全性的角度进行优化则变得尤为重要。

1.2 城市轨道交通公共区走线方式分析

在城市轨道交通车站公共区中，由于主题车站以及必要设施装修等问题，使得不同专业走线的方式面临更加严重的困难。在太原轨道交通2号线建设过程中，由于需要考虑车站内引导指示标识的设计、车站的设计风格，以及空间照明等问题，对进出口人行通道的照明设计、站厅区域照明设计，以及应急疏散区域照明设计等进行了优化，提高太原轨道交通2号线进出口人行通道的安全性，种种设计使得公共区域设备设施走线较为困难。目前车站管线主要有支吊架进行支撑，针对给水排水设备则是位于地下站厅层、站台层板下位置布置水管，通过确定安装位置与标高等安装参数，从而确定合适的安装位置。针对消防管道的安装，则是通过确认立管阀门布放位置，确认消防立管的标高。太原地铁2号线站厅管线分布如图2所示。

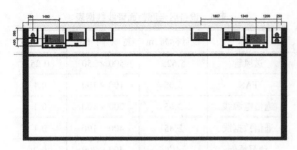

图2 太原地铁2号线站厅（站台）管线分布

例如龙城公园站站厅较短，面积较小，通过抬高车站中跨，勾勒出木色屋架和梁柱关系。车站站台柱子为灰色花岗石，稳重大方；车站侧面采用层叠的灯带，营造明亮舒适的空间氛围。龙城公园站总长度为290m，标准段宽度为21.6m，标准高度为13.67m，总建筑面积为19460.97m²；车站共设置7个出入口，车站A1出入口建筑面积为145.1m²，A2出入口建筑面积为145.1m²，B出入口建筑面积为144.8m²，C出入口建筑面积为123.3m²，D3出入口建筑面积为145.1m²，主体为地下两层岛式车站，其中地下一层为站厅层，地下二层为站台层。车站公共区面积为1807m²（按每平方米3人计算），大约可容纳5421人，站台计算长度140m，站台宽12.5m。站台可容纳乘客的有效面积为1269m²，大约可容纳3807人。

太原地铁2号线站厅由于不同专业管线排布方式不同，使得设备设施在综合支吊架上的安装变得较为杂乱，不利于各个专业人员对管线的运营维护，因此基于站厅管线排布等问题，站厅公共区的管线优化则变得尤为重要。

2 基于综合支吊架技术机电工程优化分析

2.1 设备区走廊机电工程管线分析

设备区走廊优化以保证施工检修为前提，将不同专业设备进行合理划分，满足各个专业传输的需要，保证各个专业的正常运行。因此在优化后的设备区走廊管线分布同时考虑日常

维护时间成本。在满足检修的同时，则需要将风管、桥架等支吊架进行载荷分析，方案一保证优化后设备区走廊机电工程管线的合理优化布置。由于地铁站内设备区走廊高度宽度都不同，因此针对不同类型走廊则进行优化，针对传统高度6.5m，宽度2m走廊优化如图3所示。

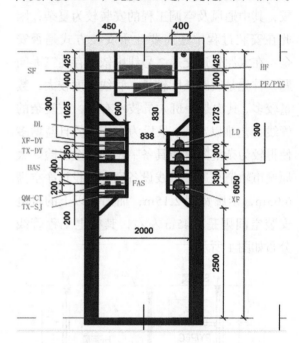

图3 设备区走廊机电工程管线优化模型一

在图3的优化过程中，首先由于自身高度较高，则可以采取强弱电线缆与水管走墙，风管走顶的方式，该方式有效解决了不同专业交叉施工所造成的影响，间距0.45m也保证机电专业人员检修的可行性，同时针对烟感报警装置预留出0.4m，方便消防专业对于烟感报警装置的检修。同时针对高度较低，但宽度相同的走廊，则是将线缆走地，方案二通过减少设备占用空间高度的方式进行优化，具体优化如图4所示。

从图4中可以看出，针对较低的高度，为了便于设备交叉检修，通过将线缆走地，同时加入静电地板进行保护，预留出2.5m的空间满足正常通过需求，检修空间则为0.59m，完全可以满足交叉作业需求。该方案则是针对高

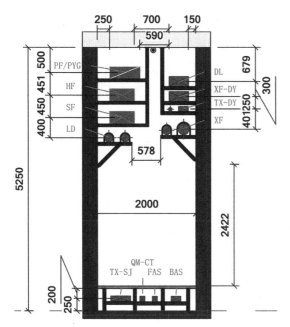

图4 设备区走廊机电工程管线优化模型二

度与宽度较低的情况进行优化。当然针对设备区走廊也存在高度较低、宽度较宽的情况，方案三具体的优化方式如图5所示。

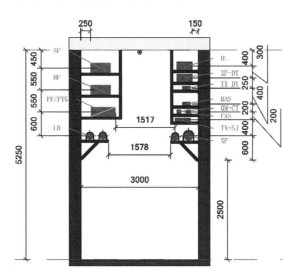

图5 设备区走廊机电工程管线优化模型三

从图5中可以看出，该方案针对宽度为3m、高度为5.25m的设备区走廊，将风、水、电管线放在墙面两侧，并用支吊架进行固定，利用自身较宽的优势将设备放在两端，预留出1.517m的检修空间，便于不同专业同时针对不同设备进行检修操作。同时将烟感报警装置

放置于上方，便于消防专业对于烟感报警的巡查工作。同时当有左侧风管需要向右侧送风时，还需考虑风管的转向位置，具体如图6所示。

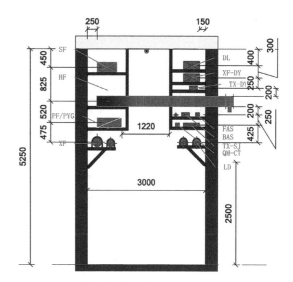

图6 设备区走廊机电工程管线优化模型四

图6方式使得检修空间较大，但机电设备较低，存在员工误碰误触的情况，为了有效提高设备高度，通过牺牲检修作业空间的方式，将风管置于顶部，从而有效提高设备的整体高度，减少误碰风险，方案四具体的优化方式如图7所示。

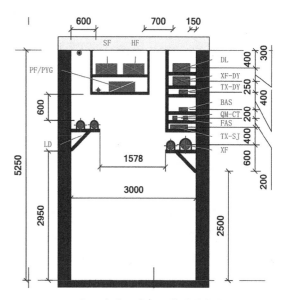

图7 设备区走廊机电工程管线优化模型五

从图 7 可以看出，将排烟管道置于顶部后，虽减小了施工作业空间，但使得设备高度进行了有效的提升，减少人员的误碰，提高了设备的安全性。同时排烟管道 0.6m 的空间满足专业检修需求，并且不会对强弱电专业检修造成影响，因此该方案虽然牺牲部分检修空间，但有效提升了设备保护度。不同设备区走廊机电管道优化方式如表 2 所示。

表 2 设备区走廊剖面管线数据表

序号	项目 优化方式	设备区走廊机电工程管线优化方案一	设备区走廊机电工程管线优化方案二	设备区走廊机电工程管线优化方案三	设备区走廊机电工程管线优化方案四
1	工程建造困难度	★★	★★★	★	★★
2	交叉施工困难度	★★	★★★	★	★★
3	设备保护度	★	★★	★★	★★★
4	建成后整体观感	★★	★★	★★	★★
5	经济成本	★★	★★★	★★	★
6	检修预留空间	838mm	590mm	1517mm	1578mm
7	地面设备维护情况	×	√	×	×
8	各种优化方式存在的劣势	针对走廊高度较高，宽度较窄的优化方式，采用强弱线缆走墙、风管走顶方式，自身检修预留空间较小，交叉施工可行性不高	针对走廊高度较低，宽度较窄的优化方式，采用线缆走地，风、水管走墙方式。工程建造困难度与经济成本较高，产生的经济成本高	针对走廊高度较低，宽度较宽的优化方式，采用风、水、电管线均走墙方式。设备自身距离较近，容易出现误碰误触情况	针对走廊高度较低，宽度较宽的优化方式，通过提高设备高度从而牺牲检修空间，交叉施工困难度有一定提高

说明："√"肯定，"×"否定；"★"程度低，"★★"程度适中，"★★★"程度高。

针对设备区走廊的不同高度、不同宽度，本文共提出 4 种优化方式，四种优化方式都考虑了设备的安全性及交叉施工的便捷性，同时通过预留出屋顶与设备线缆的高度有效解决结构性漏水堵漏的问题，所预留出的检修空间完全满足施工需求。在考虑便于检修的同时，也具备一定的美观性及设备设施安全性。同时该方式不仅对太原城市轨道交通 2 号线的机电设备走廊优化具有一定的优势，针对全国城市轨道交通设备区走廊管线分布也具备一定的借鉴意义。

2.2 城市轨道交通公共区线缆走线优化

太原地铁 2 号线全线车站装修主题为"寻梦晋阳"，造型提取中国古建筑结构和色彩元素，以"暖黄灰"作为空间主要色彩格调，在保证简洁大气的前提下于细节处展现当地特色文化。全线 23 座车站按照装修类型分为 10 座特色站、9 座标准站及 4 座裸装站。同时站台公共区线缆横纵向管线众多，包括给水排水、强电、弱电及暖通等专业，站台公共区域设计专业系统较为复杂，整体的优化原则是小管径管道让大管径管道，工程量少的管道让工程量多的管道，压力管让重力自流管，容易施工的管线避让不容易施工的管线，检修频次低的管线避让检修频次高的管线，常温管道避让低温或高温管道等，确保在美观的前提下保证交叉施工顺利进行。

太原城市轨道交通 2 号线车站站厅及站台优化使用 Revit 软件，主要将专业分为暖通、给水排水及电气三个专业，其中暖通部分则是分为大系统与小系统进行建模分析，车站公共区机电设备优化后如图 8 所示。

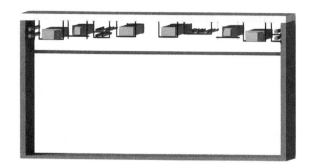

图8 车站公共区机电设备优化模型

在基于车站公共区优化完成后可以有效将给水排水系统、暖通系统及电气系统进行有机融合，通过综合支吊架技术，在提升美观的同时对于检修大大提高了便捷性，采用 Revit 三维模型有效克服 CAD 二维图纸施工的弊端，优化了多专业系统集成管理，在保证美观的前提下使得运行维护更加方便，避免不同专业交叉施工的不便性。

3 机电工程优化分析验证

3.1 合理负载计算分析

在城市轨道交通设备区走廊机电工程管线优化分析的同时，还需要将优化后综合支吊架进行负载计算分析。根据图 5 优化方式进行分析，综合支吊架安全等级为一级，且安装后永久不会挪动，根据建筑结构可靠性设计统一标准，永久负载系数为 1.3，同时综合支吊架耐久度则是 20 年，则重要性系数为 1.1，自重仅在永久荷载处设置自重乘数为 1.0[9]。

在安装过程中，横杆与竖杆采用 90°，4 孔连接，其中底座与单拼槽钢竖杆连接通过 2 个连接螺栓相连。同时底座承载力设计值为 9kN，锁扣承载力为 5kN，连接螺栓承载设计值 5kN，M12 自切底锚栓承载力设计值为 15.6kN。其中当设备区走廊水平间距为 3m 时，针对不同专业的断面载荷进行计算，以通信线缆为例，通信等效线荷载为：

$$L \div 100 \times 3/A = B_{\text{TX}} \qquad (1)$$

式中，L 为线荷载，A 为分布宽度，B_{TX} 为通信线缆所承担的等效线荷载。同时圆管，例如送风管的计算为集中力，送风管等效集中力计算为：

$$L \div 100 \times 3/A = B_{\text{SF}} \qquad (2)$$

式中，L 为管荷载，B_{SF} 为送风管道所承担的等效线荷载。根据动照管线及风管管线采用 41D 双拼 U 型钢。竖杆则是采用 41U 型钢，中间竖杆选用 21D 双拼型钢。因此根据计算结果，进行受力及变形计算：

结构受力：构件应力 192MPa ＜ 215 MPa，满足受力要求。结构变形分析：管道支吊架抗弯强度如下：

$$\frac{1.5M_x}{r_x W_{rx}} + \frac{1.5M_y}{r_y W_{ry}} \leq 0.85\sigma \qquad (3)$$

经过式（3）计算得知优化后综合支吊架最大横向位移 3.3mm，且低于 5mm，达到结构未变形需求。

支座反力分析：优化后综合支吊架立杆底座反力为 5.7kN，满足 9kN 的 41 底座的要求。

横杆剪力分析：横杆与竖杆连接处最大剪力设计值 1.5kN，满足 90°，连接杆 5kN 的要求。

竖杆受力验算：采用 41U 型钢截面进行计算分析，其中 41U 型钢截面面积为 245.1mm²。其中横截面的截面应力计算为：

$$f = N_t / A_n \qquad (4)$$

式中，f 为截面应力，N_t 为各断面最大轴拉力设计值，A_n 为钢的横截面积。经计算可知满足国家标准，可以满足要求。根据设备区走廊综合支吊架优化后的负载分析计算，该优化方式可以满足国家标准要求。

3.2 优化综合支吊架经济成本分析

针对车站设备区走廊综合支吊架优化分析，在优化后会产生 1.517m 的施工作业区域，完全可以满足人工作业需求。同时通过改变综合支吊架的结构方式，有效提高检修空间，针对其经济成本进行分析，优化设计图 9 与优化前图 1 进行分析。

图 9　优化设计综合管线支吊架

考虑到城市轨道交通设备区走廊和机电系统管线的复杂程度，以及综合管线尺寸，在优化前综合支吊架使用数据为 14.255m，而优化后使用综合支吊架数据为 13.926m，采用 5 号槽钢计算，每套优化前重量为：

$$14.255 \times 5.44 = 77.5472kg \qquad (5)$$

同时优化后数据 13.926m，每套优化后重量为：

$$13.926 \times 5.44 = 75.75744kg \qquad (6)$$

根据太原市 2023 年钢市场价格调查，该钢价格为 4480 元 /t，每套综合支吊架节约成本为：

$$1.78976 \div 1000 \times 4480 = 8.01 \qquad (7)$$

由式（7）可以算出，每套综合支吊架优化后可以节约成本为 8 元。同时依据图 9 管线的布局可知，消防水管与电力线缆靠下使得留出一部分的检修空间，同时风管位于最上方，因此，在检修过程中预留 1517mm 的检修通道，便于人员对综合支吊架进行维护，通过增大检修空间方式确保人员登高的安全作业。

4　结语

本文结合太原轨道交通 2 号线，针对设备区走廊，将车站环控、电气、给水排水等专业在模型中立体表现，提出了综合支吊架优化方案，同时针对信号设备室线缆分布问题，提出了避免通风口的优化方案，在不影响设备的同时对用线长度进行优化，有效降低线缆经济成本。最后针对综合支吊架优化后结果进行负载计算分析及运营检修分析，证明本文提出的优化方式基于综合支吊架技术在太原轨道交通机电工程的应用是有效的。在今后城市轨道交通管线安装工程施工过程中，可以增加新技术的创新与应用，例如 BIM 技术、综合支吊架与 MR 技术的相互融合，从而实现管线在综合支吊架的预安装，尽可能减少施工过程中所出现的问题。该方案不仅对太原城市轨道交通具备良好的优化作用，同时针对全国城市轨道交通设备区走廊及信号设备室也具有一定的适用性。

参考文献

[1] 宗广辉，陈佳军，李晓玉 . 基于 BIM 的地铁车站管线综合支吊架施工技术 [J]. 住宅与房地产，2019（36）：213.

[2] 李虎军 . 地铁车站机电工程综合支吊架系统现状问题分析 [J]. 现代城市轨道交通，2018（5）：45-47.

[3] 王峰国 . 一种新型地铁车站机电安装中的综合管线施工方式 [J]. 时代汽车，2022，381（9）：36-38.

[4] 卢炯平 . 基于 BIM 的地铁车站管线综合支吊架施工技术 [J]. 城市住宅，2019，26（7）：28-30.

[5] NIE ZQ, WANG QH, MENG SP, et al.Key construction technology of diaphragm wall in Yanji street station of Shanghai subway M8 line[J]. Construction technology, 2008.

[6] 尚增军，高义，刘雪童 . 推广 BIM 技术实现管理跨越：BIM 技术在天津地铁 6 号线工程中的综合应用纪实 [J]. 安装，2018，312（7）：16-18.

[7] 郑成浩 . 广州地铁项目 BIM 技术的典型应用 [J]. 城乡建设，2016，504（9）：96-97.

[8] 党晓鹏 . 装配式管线支吊架在地铁机电设备安装中的应用 [J]. 住宅与房地产，2017（32）：112-113.

[9] 李建军 . 地铁车站综合支吊架结构设计要点 [J]. 铁道建筑技术，2021（3）：39-43.

天津地铁 9 号线二期电客车空调变频改造

田杨杨

（天津津铁轨道车辆有限公司，天津 300451）

摘 要：天津地铁 9 号线二期电客车在半寿命修修程中开展了由定频空调改为变频空调的改造，对空调机组硬件结构进行了适应性改造，电气控制柜按照新的控制原理图进行了布线，通过变频改造可实现降低能耗，提升客室温度舒适性。

关键词：电客车空调；变频改造；节能；温度舒适

天津地铁 9 号线二期电客车在半寿命修修程中开展了由定频空调改为变频空调的改造，对空调系统机组、电气控制系统进行了改造升级优化设计，变频器与空调机组实现了一体化组装，使设备布置简单、安装简易、操作安全；压缩机采用变频压缩机，具有噪声低、效率高的优点；新的控制系统增加了故障自动诊断、实时诊断功能。本次改造方案可为同行业地铁电客车空调变频改造提供参考。

1 系统方案

1.1 空调机组结构组成

空调结构由室内腔、压缩机腔、室外腔组成，压缩机腔与室外腔由中隔板密封隔离（图1）。机组工作时，冷凝水及雨水可顺利地从排水孔排出，出风口及回风口均无水滴吹出或滴落。

空调系统由 2 套独立制冷系统组成，制冷回路由压缩机、冷凝器、电子膨胀阀、蒸发器等主要部件组成，通过铜管钎焊连接形成封闭的制冷系统。

（1）压缩机

压缩和输送制冷蒸气，将蒸发器中的低温低压气态制冷剂压缩为高温高压气态制冷剂送入冷凝器，是整个系统的心脏。

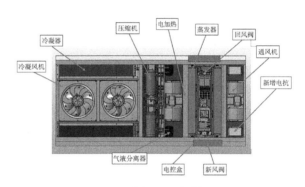

图1 空调机组结构图

变频可根据客室需要自动调节频率，实现制冷能力调节，保证在任何工况下实现空调机组制冷量和客室热负荷相匹配，保证客室舒适性。

（2）电加热

对新风及空调机组的回风组成的混合空气进行加热，实现对客室内温度的提升。

（3）冷凝器

将制冷剂在蒸发器中吸收的热量和压缩机消耗功所转化的热量排放给室外空气。

热泵运行时，作为蒸发器使用。

（4）干燥过滤器

吸收制冷剂中的水分和杂质，保证系统干燥洁净。

（5）电子膨胀阀

实现适时优化系统制冷剂流量，保证任何

工况下的最佳能效比输出。

（6）蒸发器

制冷剂蒸发的同时吸收经过表面的室内空气热量，达到客室降温的目的。

热泵运行时，作为冷凝器使用。

（7）气液分离器

分离制冷剂气体和液体的部件，避免压缩机出现湿压缩。

（8）冷凝风机

强制室外空气流经冷凝器与制冷剂进行换热。

（9）通风机

强制室内空气流经蒸发器与制冷剂进行换热。

1.2 空调机组系统原理

空调系统由2套独立制冷系统组成，制冷回路由压缩机、冷凝器、电子膨胀阀、蒸发器等主要部件组成，通过铜管钎焊连接形成封闭的制冷系统。

空调机组制冷时，压缩机将低温低压的气态制冷剂压缩成高温高压的过热气体进入冷凝器，通过冷凝风机使外界空气与冷凝器进行强制换热，冷凝成液体；冷凝器内的液体通过电子膨胀阀进行节流降压进入到蒸发器，通过通风机使客室回风及外界新风组成的混合空气与蒸发器进行强制换热，蒸发器内的液体蒸发成为低压气体，再被压缩机吸入，完成一个制冷循环。压缩机连续工作，达到连续制冷的效果。

从回风口吸入的车内空气与从新风口吸入的新风混合后，在通风机的作用下经过蒸发器除湿降温并由送风口吹出，向车内提供冷量，在制冷系统连续工作下使车内温度逐渐降低，并由空调机组本身自动控制车内温度。

在制热循环中，四通换向阀通电，将制冷循环中的冷凝器和蒸发器进行调换，此时原冷凝器作为制热循环的蒸发器使用，原蒸发器作为制热循环的冷凝器使用，工作原理与制冷循环一致。图2为变频空调系统原理图。

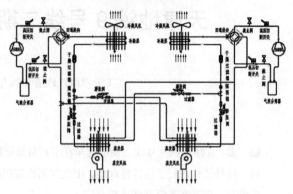

图2 客室空调原理图

2 电气改造方案

电气控制采用成熟方案，通风机、冷凝风机采用原车定速控制方案，压缩机改造为变频控制方案，此方案已在国内多个主要城市运营使用。

（1）增加电控盒

空调机组回风口（回风阀上方）增加电控盒，电控盒内安装有压缩机变频器和IO板。压缩机变频器可对压缩机运行频率进行无级调速，变频器具有输出过流过载保护、输入过压欠压保护功能，可为压缩机稳定工作提供可靠电源。IO控制器具有驱动变频器、风阀、电子膨胀阀等负载部件的功能，可实时检测高低压开关、传感器、模拟量信号等，具有与控制柜空调控制器等设备通信功能。

（2）更换温度传感器

更换原空调回风温度传感器和新风温度传感器，增加冷凝器、蒸发器、送风温度、压缩机排气、吸气温度传感器及电子膨胀阀等控制部件，可以更好地实现空调制冷量调节及保护。

（3）新增电抗器

变频改造后在空调机组内部增加谐波抑制电抗器，谐波电压可控制在5%左右，满足《电动车组辅助变流器》TB/T 3411—2015中关于非线性负载谐波电压≤10%的要求。

（4）电连接器定义

空调机组主回路连接器 X11 与原车电气接口保持一致，保护回路连接器 X12 不再使用，控制回路连接器 X13 电气接口适当调整。

3 机组改造方案

空调机组结合检修整体重新布局，以满足新增加部件有足够安装空间。

（1）室内顶盖用快开锁锁紧固定，并设置铰链和顶盖支撑杆，盖板下部件为电控盒、蒸发器、混合风滤网、新风滤网、空气净化装置、通风机和风阀，在需要维护的时候可用快开锁钥匙快速打开顶盖，并用支撑杆支撑住顶盖，方便检修和维护电控盒、混合风滤网等部件；室外顶盖用螺栓紧固，盖板下部件为冷凝器、冷凝风机、干燥过滤器和视液镜等部件。

（2）增加空气净化装置

在回风口回风阀及新增变频电控盒之间增加低温等离子空气净化装置，可以有效杀菌和净化空气中有害物质。

（3）更换新风滤网及混合风滤网

将原空调机组的新风滤网及混合风滤网进行换新，规格、型号及尺寸保持不变。将新风滤网安装在机组外部挡雨板内。

（4）压缩机固定架更改

将原空调压缩机更换为松下三洋 C-SWS225H00F 卧式变频压缩机，采用定制减振器进行固定安装；切除原空调压缩机安装架，新增新压缩机固定支架，可以避免移除原固定支架造成的壳体变形及对强度的影响。

（5）新增电控盒

为实现压缩机变频控制，空调机组需要增加一个电控盒，放置在回风口上方，机壳增加相应的固定支架。

（6）压缩机更换

将定速压缩机更换为松下三洋 C-SWS225H00F 卧式变频压缩机，为成熟可靠产品，已在我司大量项目中进行使用验证，满足本项目制冷及制热需求。

（7）两器更换

根据大修要求，对换热器重新进行核算设计，采用原固定方式，对两器进行更换，同时更新固定孔位置。两器采用铜管铝翅片结构，使用寿命不低于 15 年。

（8）制冷系统更换

制冷配件更换为与变频压缩机相匹配的制冷配件，包括高低压力开关、气液分离器、干燥过滤器；新增电子膨胀阀、视液镜、四通阀。

（9）新增截止阀

主要用于切断或开通气、液管路，充注制冷剂，方便安装和检修，无须动焊。

（10）架修部件更换

针对架修要求，需要对减振器、风阀执行器、保温材料、紧固件等进行更换。

（11）壳体改造

壳体在保证整体框架不变前提下，根据更换部件固定要求、管路布置要求及走线要求，新增或去除固定支架、走线扎及钣金开孔。

4 控制改造方案

空调机组有两种控制方式："集控"和"本控"，可以通过车控器上的触摸屏进行设置。

当列车正常运行时，各车控器的触摸屏默认"集控"时，空调机组由司机室集中控制，为集中控制方式。

当列车检修或进行调试时，各车控器的触摸屏可以实现对本车辆的空调机组单独控制，为本控方式。缩写和定义：Tin 为车内环境温度、Toa 为车外环境温度、Ts 为设定温度。

4.1 集控模式

集控模式是指 TCMS 通过列车总线对空调模式进行设定，实现空调的正常运转。集控模式下设有"停止""自动""制冷""制暖""除湿"（通信协议确定）等模式，集控模式下目标温度可通过空调控制器进行设置，制冷设定温度范围为19～27℃、制暖设定温度范围为12～18℃，可同时设定。

（1）制冷模式

当空调机组收到TCMS发送的"制冷"模式命令后，空调工作在"制冷"模式。制冷模式下客室内设定温度通过空调控制器进行设定。

预冷：在初始上电开机，空调机组收到TCMS发送的"制冷"模式命令后，自动检测是否达到预冷条件（空调机组首次开机，且Tin≥Ts+3℃时，空调进入预冷），如果达到条件，直接进入预冷模式；进入预冷模式后，空调新风阀关闭，回风阀打开，空调运行在全回风模式，以使客室内温度迅速降低；当车内温度与设定温度差值小于3℃或预冷时间达到设定时间时，将停止预冷进入正常工作状态（图3）。

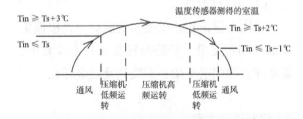

图3 制冷模式运行图

制冷模式下，通风机和冷凝风机均工作，压缩机开始时以高频工作，达到迅速制冷的效果。当客室温度接近设定温度时，降频低功率运行，达到节能和维持温度的效果，冷凝风机根据冷凝器外排管温度适时启停。

空调反馈"制冷"模式到HMI，在HMI上显示"冷气"。

（2）制暖模式

当空调机组收到TCMS发送的"制暖"模式命令后，空调工作在"制暖"模式（图4）。

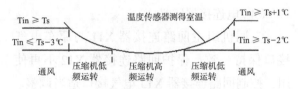

图4 制暖模式运行图

制暖模式下，客室内设定温度通过空调控制器进行设定。

当车外温度不低于-13℃时，若车内温度低于设定温度时，压缩机开启，根据设定温度与实际车内温度的差值，自动控制压缩机频率进行制热，同时开启一组客室电加热。

预暖：在初始上电开机，空调机组收到TCMS发送的"制暖"模式命令后，自动检测是否达到预暖条件（空调机组首次开机，且Tin≤Ts+3℃时，空调进入预暖），如果达到条件，直接进入预暖模式；进入预暖模式后，空调新风阀关闭，回风阀打开，空调运行在全回风模式，以使客室内温度迅速升高；当车内温度与设定温度差值小于3℃或预暖时间达到设定时间时，将停止预暖进入正常工作状态。

制暖模式下，通风机和冷凝风机均工作，压缩机开始时以高频工作，达到迅速制暖的效果。当客室温度接近设定温度时，降频低功率运行，达到节能和维持温度的效果，冷凝风机根据冷凝器外排管温度适时启停。

热泵制热运行一段时间后，若车内温度低于设定温度≥3℃时，控制客室电加热开启辅助制热，使车厢温度尽快达到设定温度。当车内温度等于设定温度时，控制关闭1组客室电加热。

Toa≤-13℃时，若车内温度低于设定温度时，新风预热器开启。空调控制器根据设定温度与实际车内温度的差值，控制客室电加热开启与关闭（图5）。

当空调内部辅助电加热运行后，室内环境温度上升时：

当Tin＞Ts+2℃时，关闭1组空调内部辅

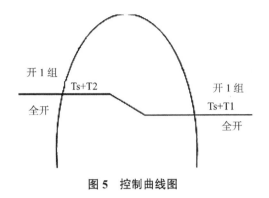

图5　控制曲线图

助电加热，关闭 1 组客室电加热；

当 Tin ＞ Ts+4℃时，关闭 2 组空调内部辅助电加热。

室内环境温度下降时：

当 Tin ＜ Ts+3℃时，空调内部辅助电加热开启 1 组；

当 Tin ＜ Ts+1℃时，空调内部辅助电加热开启 2 组，30 s 后客室电加热开启 2 组。

初次上电按温度上升趋势处理。

空调反馈"暖气"模式到 HMI，在 HMI 上显示"暖气"，若只开启客室电加热，空调反馈"客热"模式到 HMI，在 HMI 显示"客热"。

（3）自动模式

当空调系统接收到 TCMS 发送的"自动"模式命令时，空调工作在"自动"模式。空调控制器通过检测客室内外温度，自动进行预冷、预热、制冷、制热、通风工况。在自动制冷工况时，空调机组将根据空调控制器设定温度，控制空调系统工作。

模式判定：

空调系统通过检测车厢外部温度，自动判定机组的运行模式。

Toa ≤ 16℃时：空调机组运行制热模式；

当 16℃＜ Toa ＜ 19℃时：空调机组运行通风；

当 Toa ≥ 19℃时：空调机组运行制冷模式。

空调根据运行模式反馈到 HMI，在 HMI 上显示"暖气"\"通风"\"冷气"模式。

（4）除湿模式

当空调机组检测到的相对湿度 RH ≥ 65%，且 Tin ≥ Ts+1℃，空调机组自动进入除湿模式。

进入除湿控制后，当室内湿度 RH ＜ 60% 或室内环境温度＜ 20℃时，自动退出除湿模。

除湿模式压缩机按照除湿频率（EEPROM 中设定）运行，通风机、冷凝风机正常运行。

除湿模式下，空调通风机、冷凝风机正常运行。

空调反馈"冷气"模式到 HMI，在 HMI 上显示"冷气"模式。

（5）停止模式

当在司机室操作台上选择停机，则空调在接收到 TCMS 发送的"空调停止"模式命令后，要求机组部件全部关闭，此时回风阀挡板处于全关位置，新风阀处于全关位置。

空调反馈"空调停止"模式到 HMI，在 HMI 上显示"空调停止"模式。

（6）应急通风模式

当空调机组收到"应急通风"硬线信号时，空调进入应急通风模式。冷凝风机、压缩机等部件停止工作，回风阀全关，新风阀全开，空调全新风状态运行。

空调反馈"应急通风"模式到 HMI，在 HMI 上显示"应急通风"模式。

4.2　本控模式

本控模式指单独通过车控器对空调模式进行设定，本控模式优先级高于集控模式。空调机组车控器为液晶屏显示界面，设有"本控模式"。"本控模式"中设有"停止""通风""手动冷""手动暖"和"自动"等工作模式。

在车控器主界面，触摸"本控模式"按键，进入本控模式界面，本控模式界面包括模式选择按键、设定温度选择按键、"确定"按键、"返回"按键（按"返回"返回主界面）。

"设定温度显示"栏显示车控器所在车厢的空调机组当前的设定温度。当工作模式为

"通风""自动"时，设定温度右侧的上下键不可用，"设定温度显示"栏显示自动；当工作模式为"手动冷"及"手动暖"，可调节右侧的上下键，设定温度可调范围为19～27℃（制冷）、12～18℃（制暖）。

选择模式和设定温度后，点击"确定"按键，确定选择的模式和设定温度，并退出用户模式界面，进入主界面。

4.3 试验模式

在车控器主界面，触摸"试验模式"按键，空调进入试验测试模式界面。进入试验模式，空调的开关机由应急模式中的开关按钮控制。"试验模式"设有"试验冷测试""试验暖测试""试验通风测试""关闭试验模式"。

4.4 压缩机控制

（1）压缩机开启时

当压缩机开启个数等于1个时：

①开启无故障的一台压缩机。

②都没有故障时，开启运行时间短的一台压缩机。

当压缩机开启个数等于2个时：空调机组压缩机全开启。

（2）压缩机关闭时

当压缩机目标个数等于1个时：如果此时空调有两台压缩机运行，则关闭运行时间较长的一台。

当压缩机目标个数等于0个时：空调机组压缩机全关闭。

4.5 风阀控制

本项目设置4档风量调节，为25%、50%、75%、全开。在正常工作模式时，新风口根据载客量信号自动开启到合适的位置。在紧急通风状态时，新风口全开，以便达到技术要求的新风摄入量。

新风量、回风量的调节通过控制器控制新、回风阀开度实现。

控制方式为：控制器上电开机，控制器给

风阀开启信号，风阀全开启后反馈信号到控制器，检测反馈信号，如没有检测到反馈信号，报风阀故障。

5 控制柜改造方案

（1）主回路进电

增加空调控制柜总断路器，取消1Q\2Q断路器，空调控制柜AC380V由端子排进电改为断路器进电。并在总断路器下方增加电能表，电能表与空调控制器采用RS485通信，将能耗数据传输给空调控制器，实现能耗记录功能。

（2）通风机回路

原方案采用"接触器+热过载保护继电器"的方式供电；改为"电动机断路器+接触器"方式供电，可实现通风机的短路、过载保护。

（3）冷凝风机回路

原方案采用"接触器+热过载保护继电器"的方式供电，一个接触器控制2台冷凝风机的运行；改为"电动机断路器+接触器"方式供电，2台冷凝风机分别控制，可实现每个冷凝风机回路的短路、过载保护。

（4）压缩机回路

原方案：采用"接触器+热过载保护继电器"的方式供电。

改造方案：取消原车压缩机接触器、过载保护继电器，控制柜内增加压缩机回路断路器，机组内增加变频器进行压缩机控制，具有过欠压、短路、过载保护等功能。

（5）空调控制器

原车采用PLC及触摸屏控制，网关为RS232转RS485网关。

改造方案：取消原车PLC、显示屏，增加朗进专用空调控制器：可以实现逻辑运算、驱动输出、输入检测、通信和人机交互等功能；通过车控器触摸屏显示界面，可查询空调机组当前运行状态、故障信息、进行工作模式和温度的设定等。取消原车RS232转RS485网关，使用 HDLC 网关，实现整车 RS485 与朗进专用空调控制器 RS485 同步通信。

（6）更换接触器型号

空调控制器接触器控制端口输出电压为 DC110V，因此将原控制柜线圈电压为 AC220V 的接触器更换为线圈电压为 DC110V 接触器。

6 结语

天津地铁 9 号线通过开展变频空调改造，可进一步降低电客车能耗，电客车温度控制更加精准，客室温度更加舒适，为广大乘客提供更加优质的乘车服务。

天津地铁 9 号线电客车新增蓄电池牵引改造

田杨杨

（天津津铁轨道车辆有限公司，天津 300451）

摘　要： 天津地铁 9 号线为应对车辆在意外情况下丧失正常牵引功能，保证车辆在异常情况下具备自身动车能力，在车辆上增加蓄电池牵引功能。通过蓄电池牵引功能改造在 AW0-AW2 载荷工况下，2 动 2 拖四辆编组列车具备通过蓄电池牵引运行能力，同时也可用于段场内的日常调车作业。

关键词： 电客车牵引系统；蓄电池牵引；应急牵引；改造

天津地铁 9 号线途经 21 个站点，其中 16 个为户外高架站点，为应对车辆在意外情况下丧失正常牵引功能，保证车辆在异常情况下通过自身牵引动力可运行至最近车站，在站台安全疏散乘客，为此天津地铁 9 号线在电客车上开展新增蓄电池牵引改造。通过蓄电池牵引功能改造在 AW0-AW2 载荷工况下，实现 2 动 2 拖四辆编组列车具备通过蓄电池动力牵引运行的能力，同时也可用于段场内的日常调车作业。

1　改造方案

1.1　设计目标

本次蓄电池牵引要达到的具体目标为，在 AW2（201.44t）载荷下，电客车具备以 5km/h 速度在 25‰ 的坡度上行走的能力。

1.2　设计方案

列车蓄电池牵引模式是由蓄电池直接提供电源到牵引逆变器，由牵引逆变器带动牵引电机，列车在库内进行低速运行。蓄电池牵引需要多个牵引设备的协调工作，蓄电池牵引模式下各个系统实现以下功能：

闭合蓄电池牵引箱内接触器，牵引电机为蓄电池牵引特性；高速断路器强制断开；辅助电源停止工作；制动采用纯空气制动；网络系统采集并记录相关数据。

增加蓄电池牵引功能，需要更新列车高压电路和牵引系统控制原理。

（1）列车高压电路

列车需要新增设备"蓄电池牵引接触器箱"，内部增加蓄电池牵引接触器及相关的保护器件，用于连接蓄电池电源和牵引逆变器，VVVF 箱牵引控制器需增加 DO 板卡及对应连接器和线缆，用于控制蓄电池接触器及状态反馈。

蓄电池牵引箱内设有接触器及控制继电器，用于连接或断开蓄电池电源；设有高压二极管，防止牵引逆变器侧可能出现的高压对蓄电池组造成损伤。当前车辆编组为 =Mcp×T=T×Mcp=，蓄电池组设在 T 车，牵引逆变器输入电路设在 Mcp 车，蓄电池牵引箱设在 T 车。

（2）控制原理

在司控台合适位置设置蓄电池牵引投入按钮，该按钮为自锁按钮。在需要进行蓄电池牵引时，司机按下该按钮：

蓄电池牵引命令通过列车线送入牵引控制器和辅助控制器。

牵引控制器判断当前车辆速度；如果车辆正在行驶过程中，忽略该信号。

如果车辆已经停止，牵引控制器断开 HB。

牵引控制器检测 HB 已经断开。

牵引控制器闭合蓄电池牵引接触器。

牵引控制器检测蓄电池牵引接触器已经闭合。

牵引控制器按照约定的蓄电池牵引特性控制牵引电机。

进入蓄电池牵引模式后，VVVF 不进行电制动，司控器的档位 100% 对应牵引转矩最大点。系统的控制原理如图 1 所示：

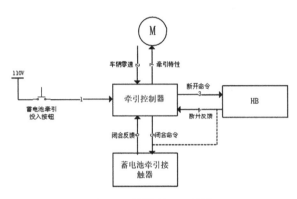

图 1　系统控制原理图图

（3）增加蓄电池牵引箱保护逻辑

在增加了蓄电池牵引箱后，需对增加的器件增加相关的保护逻辑，主要为接触器不闭合和不断开故障逻辑，并将产生的故障信息通过网络协议发送至网络系统，用于提示司机或检修人员。

此功能的增加将会影响与网络系统的通信协议，需要与网络系统沟通并更新升级。

（4）车辆控制原理

在库内调车或应急情况下，由继电器控制实现蓄电池在任意一端司机室被投入，蓄电池通过 DC/DC 升压模块及蓄电池牵引接触箱的转换控制实现给 VVVF 供电，从而实现蓄电池牵引功能。

2　蓄电池牵引能力分析

2.1　牵引能力计算分析

按照工程车辆设计制造载荷要求，牵引计算采用列车的总重如表 1 所示。

表 1　计算用列车重量

载荷	列车重量 /t
空车车重（AW0）	146
定员载荷（AW2）	201.44
超员载荷（AW3）	213.92

2.1.1　牵引和电制动基本特性

根据天津地铁 9 号线牵引性能需求，列车在半磨耗轮径、AW2 载荷及蓄电池输出情况下，牵引特性曲线区域划分如下。

情形一：平直道，AW0 工况，限速 5km/h：

恒转矩区：0～0.7km/h；恒功区：0.7～5km/h。

情形二：坡度（25‰）中山门站、大王庄站进站处，AW2 工况，限速 5km/h：

恒转矩区：0～3.35km/h；恒功区：3.35～5km/h。

2.1.2　蓄电池牵引特性

（1）在 AW0 载荷、限速 5km/h、平直道运行 2km 工况下计算分析

蓄电池峰值功率：21.12kW；蓄电池稳定功率：8.75kW；需要 40.38Ah 的蓄电池容量，持续运行时间为 1476s（图 2）。

（2）在 AW2 载荷、限速 5km/h、坡度 25‰ 运行 500m 工况计算分析

蓄电池峰值功率：174.05kW，蓄电池稳定功率：147.74kW，需要 167.06Ah 的蓄电池容量，持续运行时间 368s（图 3）。

（3）蓄电池动力牵引计算结果汇总

按照牵引特性计算的结果，在蓄电池容量为 126Ah×2 的情况下对蓄电池供电方式下的瞬时功率、稳定功率、行进距离等进行仿真，按照蓄电池的电压 DC500V，仿真计算的参数结果如下，以下结果为两组蓄电池汇总后的特性。

1）AW0 载荷（平直道），限速 5km/h 的工况

这种工况下，蓄电池峰值功率：21.12kW，蓄电池稳定功率：8.75kW，行进距离：2km，

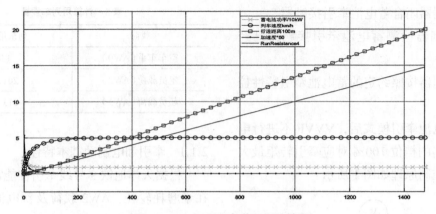

图 2　AW0 工况平直道运行特性图

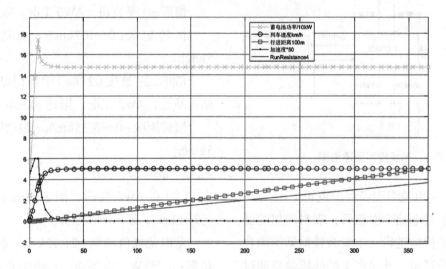

图 3　AW2 工况 25‰ 坡度运行特性图

需要蓄电池容量：40.38Ah；行进时间：1476s。

2）AW2 载荷（25‰），限速 5km/h 的工况

这种工况下，蓄电池峰值功率：174.05kW，蓄电池稳定功率：147.74kW，行进距离：500m；需要蓄电池容量：167.06Ah，行进时间：368s。

辅助供电需要电池容量为：20.34kW×368s/3600＝2.1kWh/ 列；换算成容量 2.1kWh/列 /110V＝19Ah。所以需要蓄电池容量共计 19Ah+167.1Ah＝186.1Ah/ 列。

3　蓄电池设计方案

3.1　蓄电池配置

每列车配置 2 个蓄电池箱，每个蓄电池箱标称电压为 110.4V，容量为 140Ah。每个蓄电池箱中装有 2 组蓄电池，各由 3 个电池模组串联组成，分装到两个小车上。蓄电池箱模组使用 14Ah，2.3V 电芯，采用 5 并 16 串的组合形式，每个蓄电池模组额定容量 140Ah（25℃，14Ah×5×2），额定电压 36.8V（2.3V×16）。根据系统电压 110V，计算出需配置 3（110V/36.8V）个该模组串联，再将同样串联的 3 个模组并联组成 140Ah 的系统。

3.2　蓄电池系统原理

每个蓄电池箱内部装有升压装置，BMS 控制板，灭火装置，熔断器，接触器，隔离开关等外围电路器件。

蓄电池组为储能元件，在应急时为车辆提

供电力。蓄电池组额定电压为 110.4V，由两组各串联 3 个电池模组后并联组成，每个电池模组电压为 36.8V，包含 80 片单体电芯，通过 5 并 16 串的方式连接。

蓄电池箱内部设有升压装置（图 4），可将蓄电池 DC110V 输入电源升压到 DC500V 输出，用于蓄电池牵引供电。

电池管理系统 BMS 主要作用是保证电池在使用过程中的安全性。BMS 对电池模组进行状态监控，监控内容包括电压，温度，充放电电流，通过对比设定值可以实现电池异常报

警、电池异常保护等。BMS 分为主控板和从控板两部分。从控板主要负责采集单体电压和温度，通过 CAN 通信传送给主控板。主控板可综合判断蓄电池的工作状态，为车辆提供电池状态通信信息。上传电池电压充满信号，要求车辆停止充电；上传电池亏电信号，要求车辆切断负载回路（图 5）。

接触器 KM6 控制蓄电池充电电路接通与断开，QF27 和 QF27A 作用是接通和切断蓄电池回路，在检修的时候需要先切断蓄电池输出，避免触电。

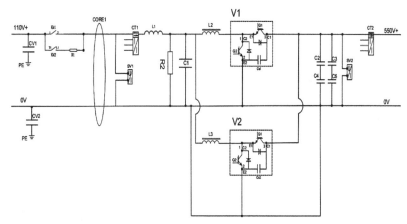

图 4　蓄电池箱升压装置电路图

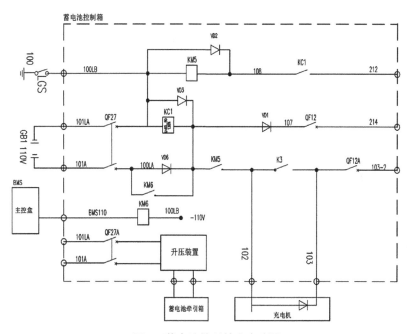

图 5　蓄电池控制箱主电路图

蓄电池箱内部设置灭火系统，灭火系统由火灾探测报警器、灭火瓶和无源启动模块组成。火灾探测器可实时监测防护区域内温度、烟雾，在火灾隐患期及发生初期，能够及时探测到火情，并发出火灾预警、报警信号，达到预定灭火条件的，将控制启动灭火瓶组。

蓄电池箱内部设置温度传感器，用于检测箱体的整体环境温度。

4 新增设备及牵引接口

4.1 新增设备

需要新增蓄电池牵引箱，箱内包含蓄电池牵引接触器、控制继电器、高压防反二极管等。

（1）线径选取

对蓄电池牵引计算，平直道 5km/h 限速工况下，稳定运行时功率为 8.75kW。25‰ 坡道，5km/h 限速工况下，稳定运行时功率为 147.74kW。

根据以上结果，蓄电池电压按 DC500V 进行计算，参照标准 EN50355，穿管系数按 0.8 计算，环境温度系数和工作温度系数按 1 计算，操作不连续的校正系数可按 1.49 进行选取。

（2）熔断器选取

选用最小熔断器额定电流 I_u ＝系统中的额定电流 I_n/总体修正系数 K_u。

总体修正系数 $K_u = K_t \times K_e \times K_v \times K_f \times K_b$ （1）

式中：

——K_t，环境温度：40℃＝0.9；

——K_e，热连接：70%＝0.95；

——K_v，风冷：None＝1.0；

——K_b，负荷常数：＝0.8～0.4（主要是考虑启动峰值电流问题，一般变频器启动考虑 0.6 左右，直接起动为 0.4 左右，由于本系统中软起动不考虑尖峰电流，所以负荷常数取 0.7）。

总体修正系数为：

$$K_u = K_t \times K_e \times K_v \times K_f \times K_b$$
$$= 0.9 \times 0.95 \times 1.0 \times 1.0 \times 0.7 = 0.599。$$

选用最小熔断器额定电流 I_u ＝系统中的额定电流 I_n/总体修正系数 K_u。

根据实际熔断器产品的标称电流划分，选择靠近的熔断器产品等级，对于平直道工况和 25‰ 坡道下的蓄电池牵引熔断器的选型，其标称电流分别为 50A 和 250A（表 2）。

表 2 不同工况下的选型

运用工况	系统额定电流 /A	熔断器额定电流 /A
AW0，平直道 5km/h 速度运行 2km	8.8	8.8/0.599=14.7
AW2，25‰ 坡道 5km/h 运行 500m	148	148/0.599=247

（3）防反二极管选取

由于防反二极管的作用为防止高压直接接入蓄电池，故所用防反二极管的耐压等级为 DC2000V 以上，结合平直道蓄电池牵引计算数据，故防反二极管选取的基本参数为：额定电压 DC4000V，额定电流 435A。

4.2 VVVF 箱新增接口

（1）增加高压接口

VVVF 箱外部接口需增加高压接口，在现有 VVVF 箱壁增加两个格兰头进线孔（蓄电池正负进线），因此需要现车进行打孔作业和视作业状况补漆并安装格兰头。箱体内变更高压接线端子排型号及接线铜排，以连接蓄电池电源输入。外部增加接线如表 3 所示。

表 3 外部增加接线参数

端口号	功能说明	起始端	终止端	耐压（V）线径 /mm²	备注
550B	蓄电池进线 ＋	VVVF	蓄电池牵引箱	3000，50	新增
550A	蓄电池进线 －	VVVF	蓄电池牵引箱	3000，50	新增

（2）增加板卡、连接器

VVVF 箱内牵引控制器需再增加一块 DO 输出板卡 TX13 及对应连接器，用以控制蓄电池牵引箱内继电器，该继电器用于控制蓄电池牵引接触器闭合及断开，连接器端口功能如表4所示。

表4　连接器端口功能

连接器	端口	功能说明	起始端	终止端	耐压（V）线径/mm²	备注
TX13	Z32	蓄电池牵引接触器1控制	TX13	CN12.17	750，1.5	新增
	D28	110+	TX13	XT1.3a	750，1.5	新增
	Z26	蓄电池牵引接触器2控制	TX13	CN12.18	750，1.5	新增
	D30	110+	TX13	XT1.3b	750，1.5	新增

5　结语

天津地铁9号线通过蓄电池牵引功能改造，电客车可实现在AW0-AW2载荷工况下具备通过蓄电池动力牵引运行的能力。正线紧急故障情况下，可通过蓄电池牵引到达最近的车站，对乘客进行紧急疏散，降低事故影响，同时蓄电池牵引功能也可用于段场内的日常调车作业，提高电客车调车、转线等作业效率。

冷压焊接局部换线工艺在天津地铁 5 号线的研究与应用

张新然* 高文硕 陆 军 金战军

（天津津铁供电有限公司，天津 300170）

摘 要：刚性接触网因其结构简单、占用空间小、载流量大、不易产生断线等优点被广泛应用于城市轨道交通地下线路中，但其整体弹性较差，较易出现接触线异常磨耗问题，当线面磨耗到限后需进行接触线更换，本文主要对一种运用冷压焊接技术进行局部换线新工艺进行探讨。

关键词：刚性接触网；接触线磨耗；局部换线；冷焊工艺

刚性接触网接触线磨耗状况是决定其运行质量的关键参数，在日常刚性接触网维护工作中，应加强接触网磨耗参数监测力度，确保一旦出现较为严重的磨损和损耗现象时，能够及时有效地给予更换。接触线以锚段作为一个独立单位，磨耗情况非连续均匀，磨耗到限点位往往在局部产生，但邻处并无异常磨耗，而现有接触线磨耗到限后，通常使用整锚段换线方式，一定程度上造成了资源浪费。

因此，有必要采取措施进行换线方式的优化，有的放矢，有针对性地对局部磨耗到限区段进行替换。

1 城市轨道交通刚性接触网异常磨耗现状

以天津地铁 5 号线进行分析。天津地铁 5 号线于 2018 年 10 月开通运营，其中刚性接触网区段共计 250 锚段，标准锚段长度为 360m，采用铜银合金 CTA150 接触线，最大允许磨耗宽度 14.4mm，当接触线磨耗宽度到达 13mm 时，纳入异常红线大磨耗点位重点监测管理，同步启动换线前期准备工作。截至 2023 年 12 月，因局部异常磨耗导致接触线换线 10 个锚段，此 10 个锚段详细情况如表 1 所示。

可见，5 号线异常磨耗点位分布具有规律

表 1 异常磨耗明细

区间	磨耗到限定位点	异常红线磨耗长度 /m	位置
金钟河大街	S46-31	12	列车启动加速区 21m
北辰道	S16-27	24	列车启动加速区 124m
文化中心至天津宾馆	S84-06	22	列车启动加速区 204m
昌凌路	S103-27	11	列车启动加速区 134m
北辰科技园北至丹河北道	X09-37	10	列车启动加速区 198m
西南楼	X79-05	11.5	列车启动加速区 131m
中医一附院	X105-35	12	列车启动加速区 8m
建昌道至金钟河大街	S43-03	10	列车启动加速区 201m
津塘路至下瓦房	X67-46	13	列车启动加速区 201m
津塘路至下瓦房	X68-02	14	列车启动加速区 193m

* 张新然（1997—），男，汉族，天津市人，大学本科，助理工程师，目前从事天津地铁供电接触网运营维护。E-mail：1205682723@qq.com

性，主要集中在列车启动加速区200m范围内，一般持续10～25m。当列车电客车启动加速时，初始速度低且瞬时取流较大，同时车体本身的机械振动现象加剧，弓网匹配关系变差，使得接触线电气磨耗及机械磨耗较一般运行区段均有一定增加。机械和电气的双重作用，加剧了接触线的磨耗[1]。

由于上述特性，出站区域接触线局部大磨耗是很难避免的，现有整锚段换线方式虽可以解决异常磨耗区段问题，但也将其余磨耗正常的接触线同步替换掉，这些接触线并未达到使用寿命，这无疑是一种资源浪费，很大程度上增加了运营维护费用。因此，从降本增效的角度，对症下药，针对性地更换掉大磨耗点位是解决局部磨耗偏大的根本途径。目前，部分城市地铁参照柔性接触网局部换线方式，通过剪断拆除磨耗到限接触线、将新线嵌入汇流排、打磨新旧线接头进行作业，但此种工艺会使原来连续的接触线在接头处产生断点，导致弓网硬点出现，同时为防止新线脱槽，需额外对新接触线进行加固，存在一定技术难点[2][3]。

轨道交通接触网担负着把从牵引变电所获得的电能直接输送给电力机车使用的重要任务。接触网接触线的对接必须可靠、牢固，保证导电性，才能保证电客车的稳定运行。

2 冷压焊接技术原理与应用

冷压焊接利用金属表面的原子间结合力和弹性变形的特性，将两个金属部件通过高压力的方式进行连接。当两个金属表面受到高压力时，它们之间的电子云产生弹性变形，接触面积随之增大，使表面上原始阻碍焊接的保护膜破裂，并使暴露的纯净金属基体紧密接触，在微观上形成了原子间的共价键。这种原子间键合是基于金属表面的原子间结合力，而不是基于熔化的金属填充材料的流动，不会改变材料的性质和结构，不会产生应力、变形、裂纹等缺陷，也不会造成色差或氧化等问题[4]。

因此，将冷压焊接工艺应用于新旧接触线连接，能满足其可靠、快速、低成本的要求。以天津地铁5号线采用的铜银合金CTA150接触线进行冷压焊接试验，得到的新旧接触线焊接样品拉断力均大于原线材设计最小拉断力52.85kN，焊接后的接触线测得与接触线损坏前的状态完全一致，接触线没有软化区、热影响区和脆性中间相，材料组织状态保持不变，接触线的机械强度、刚度、导电性能等未造成影响，焊接后接触线焊口平顺，样品如图1所示。在进行拉断试验过程中未在焊口处断开，接触线焊口强度不低于原线材水平，试验记录见表2。因此，通过一种专用接触线焊接模具实现新旧接触线冷压焊接，并将冷压焊接工艺运用于刚性接触网局部换线中，具备实施可行性。

表2 试验记录表

样品	拉断力 /kN	样品	拉断力 /kN
1	59.5	6	60.51
2	59.5	7	56.06
3	55.45	8	53.79
4	55.04	9	65.55
5	55.98	10	75.41

图1 冷压焊接接触线样品

3 接触线冷压焊接局部换线工艺

3.1 旧接触线拆除

确定接触线断线位置，用油性笔在汇流排和接触线上做好标记。接头位置尽量选择线面完好，不在汇流排接头处且尽量靠近定位点的地方，尽量避开曲线和坡道处，拆下汇流排终端的导线固定螺栓，安装放线小车，对需更换的接触线从锚段终端开始卸除，将需更换的旧接触线从汇流排放出，同时清除汇流排上的油污杂物，直至到达标记点处时，此部分接触线每隔 2～3m 使用断线钳剪断，接触线放至超过预定的接头处不小于 5m 时停止，超出部分接触线作为接触线焊接模具夹持预留量。在标记点处剪断接触线，并用锉刀和砂纸处理端头截面。夹持预留部分接触线使用铁丝、扎带固定至汇流排上。

3.2　新旧接触线冷压焊接

从线盘开始放出新接触线，使用导线校直器校直新旧接触线，完成后手动把接触线装入设备两侧夹持组件中，使两端接触线在焊接模具中心相互接触；断线接头在左右两端模具中心，使用丝锥固定工具送线，过程中应确保新旧线对接中心重合，使两端接触线超出焊接模具长度相等；进行自动加压焊接，焊接完成，接触线取出进行初步打磨，将其放入打磨机中，两端固定牢固；使用液压剪切除外围大的飞边，再手动将打磨刀靠近接触线后锁死，启动电机使刀具旋转，转动手轮使切刀沿接触线方向进给；旋转切除掉焊接飞边，飞边打磨后使用角磨机焊接接头处进行精磨，确保接头处无突出平滑过渡，上方凹槽尺寸与原接触线一致，保障汇流排钳口夹持可靠[5]。

3.3　焊接接触线安装

调整放线小车准备安装新焊接接触线，将小车前绳索进行拉动，扶正导线，确保其保持在笔直的状态，使焊接后接触线燕尾端位于汇流排开口正下方，同时用毛刷在导线两边凹槽内均匀涂入导电油脂，直至放线小车到达汇流排终端弯曲端前，匀力拉动放线小车，把导线导入弯曲端。全部导入后，缓缓释放完张力，锯断导线，按设计要求外露留出 150～200mm

导线，紧固弯曲头处螺栓。

3.4　冷滑

轨道车以 5～15km/h 的速度通过局部换线锚段，受电弓应无刮碰、安全距离满足设计要求；重点检查通过新旧接触线冷焊接头时，往返转换应平滑接触，无碰弓、刮弓、脱弓现象。

4　应用及推广价值

已在天津地铁 5 号线北辰科技园北预留线 X02 锚段进行现场试验，当晚夜间作业历时 2h 完成 X02-02 至 X02-03 跨中点位冷压焊接局部换线，新老接触线焊接完成，如图 2 所示；焊接接触线成功放入汇流排钳口内，如图 3 所示，项目成功落地，验证了工艺可行性。

图 2　接触线现场冷压焊接

图 3　焊接后接触线放线

以天津地铁 5 号线为例，整锚段 360m 换线成本约 6.6 万余元，使用冷压焊接局部换线工艺，在不包含冷焊焊接设备使用费条件下，假设换线点位为中间点位，最大换线点位仅为 180m，接触线换线最大成本总计为 3.3 万余元，每锚段换线可至少节省成本 3.3 万余元，在经济性效益对比方面，具备推广价值。

5 结语

刚性接触网接触线异常磨耗问题已成为行业痛点及难点。如何满足接触线换线需求，以最优的投入产出比解决问题需要不断的研究探索。利用冷压焊接工艺进行局部换线虽还处于试验阶段，因其是在室温下通过施加压力使金属产生强烈的塑性流变而形成接头的固相焊接方法，匹配发展要求，投入应用并不断积极优化各项工艺流程势在必行。

参考文献

[1] 郭刚，杨晓梅 . 城市轨道交通刚性接触网异常磨耗机理及防控建议 [J]. 企业科技与发展，2022（7）：100-102.

[2] 刘伟，等 . 刚性接触网局部换线工艺探究 [J]. 科学与财富，2019（36）：356.

[3] 陈孝友，杜宇，杨星星 . 浅谈刚性接触网局部换线接头工艺 [J]. 建筑工程技术与设计，2017.

[4] 俞高波，等 . 冷压焊工艺技术的原理及应用 [J]. 现代焊接，2002（5）：45-46.

[5] 王莉雲，等 . 一种接触线焊接模具及接触线焊接设备 [P]. 中国：ZL201822258161.7，2020.2.14.

第三部分

智轨运营与维护

轨道交通供电系统智慧运维方案解析

宋 芮

（天津津铁供电有限公司，天津 300392）

摘 要： 当前国内地铁运营单位尚未形成成熟的、可借鉴的智能运维方案，行业内相关标准也在积极地探索中，鉴于供电可靠度与维保成本管控要求的持续提高，供电维保工作正面临着日益严峻的挑战。为此，天津地铁供电专业依托多年业务经验的积累，以及近年来在信息化、智能化、智慧化方面的不断探索，正全面开展地铁供电专业的智慧运维方案规划与实践应用工作。

关键词： 智慧运维；城轨供电；技术规划；实践应用

1 背景

1.1 智慧城轨

在当今高速发展的时代，交通强国战略是国家发展的重要支撑。智慧城轨作为城市交通的关键部分，对推动城市经济社会发展、改善人民生活水平至关重要。近年来，我国在智慧城轨领域取得显著成果，展现出蓬勃发展的态势。

智慧城轨运用现代信息技术手段，实现高效、安全、便捷和可持续发展，涵盖规划、建设、运营、管理等多个环节，旨在提升城市轨道交通的整体水平和服务质量。

1.2 提质增效

聚焦"提质增效、降本增效"总要求，探究制约供电可靠性提升、维保成本管控能力提升、运维管理效率和效能提升的痛点难点，围绕"智能遥控、智慧生产、智慧管理"精准发力，打造应急快速响应、维修精深精准、管理便捷高效，以及人机深度交互的供电智慧运维示范项目。

1.3 运维难点

随着供电系统对可靠性的要求日益严格和维保成本控制的需求增强，供电专业正加大投入，加强对设备维保。然而，传统的"计划修+故障修"的维修检修方式已难以满足当前降低故障率的需求。因此，对关键设备运行状态进行实时装填监测变得至关重要。

既有设备管理信息化水平不足，管理效率和效能亟须进一步提升。在数字化转型和智慧化建设的推动下，轨道交通供电专业正积极适应供电可靠度提升和维保成本管控的新要求，紧抓智慧地铁发展的契机，致力于推动设备管理信息化从粗放型向精细化转变，运用数字化思维提升管理效率和效能，以推动地铁供电运维保障的高质量发展。

2 供电智慧运维建设路径

2.1 指引方针

以"提质增效和降本增效"为目标，供电专业深究制约管理效率提升、运维效能提升的痛点难点，基于近年来在智慧运维方面的实践和总结，以挖掘需求为切入点，围绕"智慧城轨"特征，初步完成供电专业顶层整体架构设计，聚焦智能遥控、智慧生产及智慧管理三大核心板块，构建一个以变电及接触网设备设施台账履历为基础，各类感知层采集数据为核心，生产技术安全业务数据闭环处理为导向，以设备结构树模型、故障分析树模型、标准作业全过程管理等技术方法为手段，建立融合、互联、可视类脑的供电智慧运维体系。

2.2 基本框架

智慧运维需经历对象数字化、执行智能化到决策联动智慧化的发展。在拟定建设目标时，应求有效用、能复用、可推广，并考虑功能效用、落地条件、建设成本、后期维护等因素，以取全局最优解的思路搭建供电智慧运维架构（图1）。

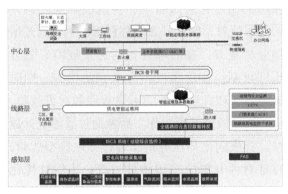

图1 供电智慧运维架构

调研轨道交通公司发现，常用的两网融合方式有：设防火墙和前置机，用网闸控制数据单向传输；建辅助生产网，进行数据过渡，与生产网单向传输。而供电智慧运维平台采用集中管理，分散、分层、分布式结构，由中心层、线路层、感知层构成业务架构，包括应用层、支撑层、感知层。

中心层是供电智慧运维平台的大脑，提供云服务，与地铁运营信息化系统深度融合，形成数据联动，夯实跨专业联动基础。同时，实现多线路信息集成，提升生产管理工作效率。

线路层是供电智慧运维平台的躯干分支，作为维保决策终端，组建专网实现通信，采集生产数据，为维保人员提供数据支撑和决策依据。

感知层是供电智慧运维平台的神经末梢，采集各类感知终端数据，为线路层、中心层提供数据支撑。实时监测设备状态和环境状态，及时发现安全隐患和缺陷，保障设备安全稳定运行。

2.3 总体目标

（1）智能遥控方面，针对直接影响行车的系统故障，开发应急倒闸功能，实现"直流框架保护动作""直流电缆短路""400 V三级负荷失电"等一键隔离功能，快速应急响应恢复供电。

（2）智慧生产方面，通过深入研究关键设备运行劣化机理，差异化拟定并调整临界阈值，掌握设备状态变化趋势，构建变电无人化巡检、接触网安全在线监测、设备健康度评测、故障专家分析指导等模型，实现设备系统差异化精准维修。

（3）智慧管理方面，基于合规性管理的本质要求，探究明确各管理环节的底层逻辑与关联关系，进一步精细化管理工作标准，从而实现"维修工单自动派发""故障处置分析预防一体化""施工作业全过程管理""应急联动处置"等管理功能。

2.4 具体方案

2.4.1 智能遥控

（1）主站环网开关一键程控

实时掌握各主站运行工况及负荷状态，联动专家诊断与分析结论，输出最佳环网倒闸方案，开发一键程控功能，大幅缩短应急倒闸时间。

（2）直流系统故障一键隔离

系统通过采集分析事件记录、开关分合状态、牵引网压等信息，自动触发倒闸方案，在判断故障匹配且满足越区双边供电的前提下，自动触发越区双边供电倒闸提示及一键程控方案，实现直流牵引故障点的精准定位及高效倒切。

（3）400 V三级负荷智能投退

联动专家诊断与分析结论，动态计算动力变压器负载率及车站负荷水平，智能输出

400V三级负荷投退方案，实现车站动照负荷的一键投入。

2.4.2 智慧生产

（1）变电无人化巡检

通过建立变电所"一项日巡＋专项特巡"数据模型，根据模型属性抽取电力监控PSCADA数据中的开关位置、通信状态、报警信息、故障录波等数据源，综合调用在设备设施关键点位已加装的有害气体、温湿度、水浸等在线监测数据，实现变电所监测数据的集约化管控、故障预判及联动处置，自动生成巡检报告，提高巡检质量。

（2）接触网安全在线监测

接触网安全在线监测系统对包括接触网设备、区间隔离开关、电缆及支架桥架、隧道环境（异物、漏水）等设备设施全范围监测，实现接触网设备几何参数、磨耗等数据测量，以及其附属设施的状态监测，实现接触网的安全在线监测，在接触网系统发生异常前提前预判，实现接触网零故障。

（3）故障专家分析

编制变电（直流系统框架泄漏、变压器电缆头击穿、环网电缆击穿、变压器超温报警、动力变开门报警、接触网短路等）及接触网专业（导高、拉出值、磨耗、燃弧、压力、硬点等）的全故障树模型，精细化设备故障现象、原因诊断、备件及工具、作业人员技能、修复步骤，实现对人员开展设备故障的全过程指引。

2.4.3 智慧管理

（1）维修工单自动派发

基于对触发维修工单的动因分析，系统自动关联巡视、检修、故障维修等信息，通过调用巡检计划、故障临时措施库等基础数据，实现工单自动填写、派发和流转，提高了填写准确性、派发规范性和管理效率。同时在故障工单处理时关联施工作业板块，完成施工计划的申请—填报—审批等流程，并记录处理过程、处理措施、物资消耗等信息，与故障板块实现信息流通。实现根据故障类型自动判断携带物资的种类与地点查询，自动完成施工计划的提报与审批。

（2）故障处置分析预防一体化

通过构建故障提报—接报—派发—响应—处置—分析—归档等业务流程，实现故障的闭环管理及处置环节的全过程追溯。通过设备履历的精细化层级管理，实现故障与元器件的关系映射，便于开展故障溯源。平台通过增加分析环节，在故障处置后通过故障失效分析即可制定相应整改清单及预防措施，同时故障可关联此类设备的历史故障和常见故障，便于开展故障溯源工作。后期通过故障统计数据，开展同比环比分析，通过抓取典型故障，有针对性开展故障预防性处置，为后续优化维保策略提供数据支持，将常见的故障案例、解决方案和处置技巧整理入库，逐步建立完善的案例知识库。

（3）施工作业全过程管理

通过构建施工作业管理模块，实现作业申报—审批—组织—记录填写的全过程管理。一是实现施工申报后生成维修作业工单，实现工单推送、接单、维护、记录、结单等功能，通过维修作业工单，串联所有施工流程和记录；二是通过检修过程中电力监控信息，辅以智能地线、视频识别、风险控制等技术，实现检修作业的安全措施监督；三是通过维修检修工单与生产计划管理系统关联，实现检修工单数据自动填报生产周报，省去人工录入生产数据环节；四是依据生产计划任务，分解并生成检修作业周计划申报信息，减少人工施工申报录入工作，最终形成生产计划分解—施工作业执行—生产计划兑现的闭环维修管理流程。

（4）应急联动处置

通过将变电所基础信息、人员值班信息、

应急实训信息集成于系统中，实现应急资源的集中管理、调配。与故障板块、应急指挥系统相关联，基于故障信息自动触发应急管理系统，实现应急抢险指挥，并与施工、物资板块对接，实现人员、物资、工器具的合理调度，提高应急处置时效性。

3 应用效果

智慧运维方案落实后，供电系统故障应急响应时间预计缩短 50%，实现维修模式由"计划修 + 故障修"向"预防修 + 状态修"的渐进转变，降低设备故障率约 30%，在变电智能运维试点站实现无人化巡检，减少巡检工作量约 70%，维保管理环节工作量压缩约 30%，管理效率显著提升，基于供电运维新模式的推广应用，助力供电专业维保队伍核心竞争力打造。

参考文献

[1] 中国城市轨道交通协会. 城市轨道交通大数据平台技术规范：T/CAMET 11003—2020[S]. 北京：中国铁道出版社，2020：8

[2] 中国城市轨道交通协会. 中国城市轨道交通智慧城轨发展纲要 [R].2020.

[3] 刘纯洁. 上海智慧地铁的研究与实践 [J]. 城市轨道交通研究，2019（6）：1.

"数据赋能"下的车辆智慧运维系统研究

王潇奕　张晓宇*

（天津津铁轨道车辆有限公司，天津300380）

摘　要：随着云计算、大数据、物联网、人工智能、5G等新兴信息技术的飞速发展，城市轨道交通行业的智能运维水平也取得了长足的进步，智能运维建设已经逐步进入城轨全行业。车辆智慧运维系统是城市轨道交通行业"信息化"与"工业化"深度融合的重要研究系统，智慧交通是信息技术与轨道交通深度融合的新业态。本文从数据赋能角度出发，深挖数据的可用性。基于数据"实时性"及"连续性"两大特点，探索"数据赋能"下的车辆智慧运维系统的应用研究，实现建立了应急指挥平台的智慧应急管理体系，以及创立了车辆检修新模式的重要探索。

关键词：交通运输工程；智慧运维；数据；应急管理；检修管理

天津轨道交通车辆智慧运维体系建设以创建智慧运维天津模式为战略导向，聚焦运维管理突出问题，立足城轨车辆运维自身需求，围绕"在线"为核心，构建以"车辆状态在线"为总体目标的车辆智慧运维体系。以智慧诊断模型为基础，结合大数据分析手段，实现车辆关键设备系统的劣化预警与健康评估，构建车辆系统部件级状态维修模式，全面提高设备可靠度与健康度。

系统的车辆维修模式，周期的确定是车辆专业根据列车运行时间和维修间隔进行人工排布，"定时修"便于列车有顺序地进入修程，但不可否认的是，此种维修方法存在设备"过度修"的可能性，无法规避因周期性修程产生的物料及人力成本浪费。轨道交通行业发展至今，在逐步探索信息化和工业化高层次的深度融合，以信息化为支撑，追求可持续发展模式。对于城市轨道交通车辆的智慧运维来说，如何灵活运用数据，将数据发挥出最全面、最深度的效用具有重要意义。

天津津铁轨道车辆有限公司（以下简称"津铁车辆公司"）以天津地铁10号线为试点，多维度进行数据赋能，数据"实时性"表达列车当前状态，数据"连续性"打下检修决策基础，搭建了基于车辆智慧运维系统的城市轨道交通车辆检修与应急处置自动化平台，为运营安全及车辆检修降本增效起到至关重要的影响：一是应急处置效率提升近80%，无须30s即可掌握列车状态；二是延长检修周期，全面推行四日检，逐步探索八日检；三是提升检修效率，缩减人员配置50%以上；四是关键系统实现状态修，缩减均衡修作业工时；五是解决行程开关、板卡针脚、司控器磁极凸轮等检修盲点问题，从安全、效率、效益三个方面为"提质、降本、增效"这一目标提供有力保障，实现精细化检修。

1　系统概述与架构

车辆智能化管理系统是一套支持列车运营检修维护的地面软件系统平台，由车载智能设

---

*　王潇奕（1997—），男，汉族，天津人，大学本科，目前从事轨道交通技术管理工作。E-mail：elegantwxyy@163.com
　　张晓宇（1994—），女，汉族，安徽人，大学本科，目前从事轨道交通技术管理工作。E-mail：xyzmay05@163.com

备、地面机房、地面软件构成，系统结构为数据采集管理系统、车地无线传输系统、地面专家分析系统，车地无线传输系统借用信号系统和 PIS 系统的无线传输通道。主要功能是依靠列车 TCMS 网络和智能以太网，并借助无线传输通道或者公共网络实现车辆各子系统基础数据落地。地面搭建综合监控分析平台，通过浏览器便可实现车辆状态实时监测，故障自动报警等功能，从而为列车运行提供远程专家技术支持和远程诊断。

TCMS 网络系统的 MVB 总线数据，基于 MVB 总线进行采集。主要用于车辆综合状态的实时监控及远程故障的实时提醒。信号种类主要包括硬线采集信号数据、各子系统 MVB 通信传输状态及故障数据等。列车各子系统详细状态信息主要包含牵引系统、制动系统、辅助系统、车门系统、空调系统、走行部检测系统、PIS 系统，以及其他模块状态信息，如子系统通信状态、报警状态、旁路状态、紧急制动状态等模块信息。

正线列车相关的关键系统或部件设备状态、故障信息采用信号专业提供的 LTE 通道进行实时车地无线数据传输，落地到 DCC 数据服务器，用于实时了解、指导正线列车的排故，以提高列车安全性和可靠性。列车回段后，通过通信专业提供的库区 WLAN 网络，批量下载智能化系统数据到 DCC 数据服务器。所有数据统一落地到 DCC 数据服务器，DCC 数据服务器具备对外访问接口，在通路具备的前提下，OCC 可实时访问 DCC 的应用服务器显示页面（图 1）。

2 数据"实时性"应用板块

原先列车在正线或检修区域发生故障时，车辆调度、运转、行车调度、司机四方进行沟通，存在沟通点位多、沟通内容重复、司机忙于回复等多方问题导致精神紧张从而故障定位

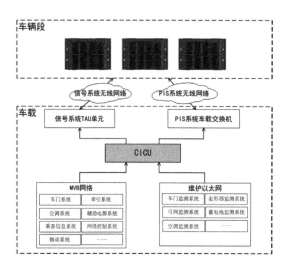

图 1　系统架构图

不准的问题。区别于传统的故障沟通过程。针对列车正线运行应急处置板块，系统搭载车辆自诊断、一步排故"故障树"、TCMS 系统 HMI 屏同步投射等多种功能板块，实现故障精准定位、排故"一针见血"，从原先的司机口述沟通升级为地面人员同步查看故障及故障点位，效率提升 80% 以上。

2.1　一步排故"故障树"精准锁定故障点位

津铁车辆公司自主完成故障树逻辑梳理、数据点位选取、排故逻辑编辑等全部技术工作，结合列车实时传输的上万条 MVB 及以太网数据，将影响列车动车的条件分为牵引封锁及制动不缓解。基于区分电气电路故障及设备本身故障的研究思路，搭建分级监测框架，"牵引封锁"二级为司机室主控、库用插座、客室门、司机室门等 9 项监测点，"紧急制动不缓解"二级为信号紧急制动指令、超速、总风压力低、驾驶端疏散门等 12 项监测点，实现列车无法动车时精准锁定故障点位的重要功能，为地面人员指导排故提供强有力依据。

以总风压力低为例：

（1）总风压力低于 6bar：制动通过 MVB 中 xD0 端口发送总风压力至网络。试验时通过人为进行总风排风至低于 6.0bar，列车施加紧急制动，故障树总风低于 6bar 报红。

（2）总风压力开关电路故障（开关或继电器），常开触点未闭合：在风压正常时，总风压力开关继电器得电。当实际风压大于6bar，电路故障状态下，总风压力开关继电器常开触点无法得电闭合，紧急制动环路失电，列车施加紧急制动。

2.2 车辆"自诊断"实时反馈车辆异常状态

按钮按压到位、旁路操作正确、断路器处于闭合位往往是影响列车排故效率的关键。针对按钮按压不到位的情况，系统可监测17种涉及司机日常及排故操作的按钮，当按压时长小于设置时间时，地面可立即接收到"某车XX按钮按压时间过短提醒"；针对旁路或其他影响行车的开关误操作的问题，系统监测21类开关，列车上电后系统进行对比判断，可精准监测司机操作，避免因打错旁路或误碰开关而导致的影响行车的问题；针对关键断路器位置无法判断的问题，以天津地铁10号线为例，系统监测全列车共计66个断路器状态（包含客室），若有断路器位置处于断开状态，TCMS屏上报红弹屏显示、地面弹出相应预警，有助于指导司机第一时间确认客室电气柜中监控的故障盲点。

2.3 HMI屏实时投射同步列车状态

以往的正线应急排故中，地面人员了解车辆状态的唯一途径为司机口述，天津地铁10号线智慧运维系统实现列车HMI屏全天候实时投射功能，包含列车牵引、制动状态、故障履历等关键板块，地面人员使用系统即可进行列车运行状态监测，故障发生时可第一时间确认车辆具体故障及各关键系统状态，便于地面人员精准进行指导。

2.4 远程下载ER数据及录像缩短多时等待时间

天津地铁10号线智慧运维系统搭载远程下载网络数据功能，实现ERM被动上传数据，缩短多小时等待时间。原先正线故障需等待列车回库后进行数据下载，等待时间长、故障数据确认不及时，影响列车的整体运用安排。如今可选择单车单天数据下载，也可选择全部列车十天数据下载，数据传输周为100ms，提升了智慧运维数据传输精度。同时，地面端可快速下载列车各时段各点位录像，二者结合大幅提升排故效率，也便于地面人员锁定故障点位。

3 数据"连续性"应用板块

除车辆信息化系统可实时同步设备故障至地面端外，天津地铁10号线车辆智慧运维系统搭载80个预警模型，覆盖牵引、制动、电气、PIS、弓网、走行部等多个子系统，结合该智慧运维系统，建立智能检修机制，可缩减班组人员配置、减少人工检修项点，节省人力及工具成本。同时，基于智慧运维系统的天津地铁10号线状态修维修模式的探索，为延长设备检修周期、延长设备使用寿命提供有力理论依据。天津地铁10号线从双日检到四日检，再到八日检的探索，成功缩减日检人员配置50%以上，大幅降低人力成本。

（1）基于自动化检测，由"人工检"变为"主动检"，由"月检"增频至"实时检"

此系统在修程的基础上，抓取关键数据、自主编制预警逻辑，实现车辆上电状态时的"主动检测"。将原先人工确认及使用工具测量的项点，直接由系统实现，满足预警设置条件的检测时，系统实现全天候的实时检测，直接输出检测结果，如空簧压力测量、空压机打风逻辑、主控手柄级位测试等。同时，原先每月或每半年测试的项点，通过智慧运维系统的运用，变为满足条件即可检测，实现项点"实时检"，如列车管路气密性。

（2）运用智慧"大脑"，完成"双日检"向"四日检""计划修"至"状态修"转变，由"四日检"探索"八日检"

国内地铁线路多采用以运行里程及运行时长为标准的"计划修"检修模式，小级别修程采用日检、月修 / 均衡修模式。天津地铁 10 号线各系统原维修模式为双日检及均衡修，基于智慧运维系统预警模型的建立，目前天津地铁 10 号线电客车选取部分电客车开展"四日检"及"状态修"检修模式的试点研究。制动搭载 23 个智慧运维模型，实现从中继阀、空重阀等部件级至气路、电路等系统级的制动静动态状态监测。天津地铁 10 号线智慧运维系统空调子系统配备多场景的故障监测及预警模型监控手段，49 处故障情景，涵盖通风机、冷凝风机、电子膨胀阀等关键部件，从系统功能性及乘坐舒适性出发，所有列车同步部署了 8 个预警模型。预警模型的建立，已实现列车部分系统延长检修周期的变更，实现电客车从"双日检"向"四日检"转变，从"计划修"向"状态修"转变。

3.1 修程"扫盲"，实现系统精细化检修

针对司控器、网络输入输出单元等监测不便、测量不便、故障影响大、正线应急处置难的问题，智慧运维系统搭建多个检修盲点监测模型，如司控器牵引、制动指令一致性、板卡针脚有效性，可判断相关行程开关动作有效性或板卡针脚数据接收有效性，利用库内检车、正线 ATP 驾驶即可实时检测，在现有检修修程的基础上，扫除了修程检修盲点项目，实现部件触点级、针脚级的精细化检修。

3.2 大数据积累，延长设备使用寿命

天津地铁 10 号线聚焦设备劣化趋势，运用大数据积累，实现设备状态监测，构建空压机打风效率、空调制冷效率等多个设备劣化走势监测的预警模型，采用数据及图形同时展示的方式，方便使用人员直观监测设备状态，为设置修程周期、细化检修项点、明确检测方式提供数据支撑，为延长设备使用寿命提供理论依据。

4 主要创新点与效益

（1）率先构建车辆全生命周期闭环管理的智慧运维体系，实现车辆智能化列检和部分系统状态修应用落地。一是以列车运营安全保障为出发点，构建完整的车地一体的车载、地面、轨旁融合体系，从数据采集、数据传输、模型验算、报警展示、检修运维等各个环节，实现运营维护的健康状态快速评估及寿命预测。二是以车辆检修规程为出发点，挖掘车载和轨旁监测系统数据价值，构建能够替代检修项点的 PHM 模型，在维修内容不变的前提下，利用模型健康评估替代人员检修工作，覆盖电气、制动、车门、空调等七大系统。

（2）率先搭建基于智慧运维系统的多维智能应急指挥平台，实现车辆故障的自动诊断、精准定位、快速排故，极大地提升应急处置效率。一是依据车辆系统原理，挖掘海量运营实时数据价值，搭建了"牵引封锁、紧急制动未缓解、整列车门无法打开，不能升弓"等应急排故故障树，实现车辆故障的自行诊断、精准定位，指导司机快速精准排故，避免"一剑封喉"故障的发生。应急处置效率提升 80%。二是依据列车上开关量、状态量信息，构建了车辆自诊断模型，对车辆上关键开关、旁路、气路塞门、列车广播报站模式、按钮按压时长等状态进行监控及自诊断，避免了由于人员的误操作导致的正线事件发生，防止列车带"病"出库。三是通过在地面部署上位机软件，建立车地通道，实现对 ERM 离线数据进行远程下载功能，解决传统的现车下载方式时效性差、方式单一的缺点，正线应急效率极大提升。同期对比天津地铁 4 号线、5 号线开通一年多的正线故障数量（图 2），4 号线第一年共计 5 个行车故障，5 号线为 6 个，而 10 号线应用智慧运维系统有效降低了影响行车类故障概率，无晚点事件发生，大幅提升了正线列车排故效率，全年未发生晚点行车事件，提升了乘客的

出行体验。

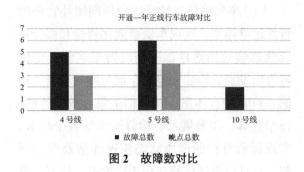

图 2　故障数对比

（3）率先提出构建"自动化列检＋人工八日检""均衡修＋状态修"的车辆维修新模式，实现检修维护体系的重塑。应用智能设备自动化检测，代替人员检修，将列检周期从双日检调整成"自动化列检＋人工八日检"模式，均衡修调整为"均衡修＋状态修"模式，精简维修人员、降低检修强度、提升检修效率。之前人工检修，间隔周期4日，全年累计执行1825列次；现在自动列检＋人工检修，间隔周期8日，全年累计执行913列次，将列检班组由5人调整至4人，总计可缩减4人，全年节省人力成本98.56万元左右，综合考虑可减少一线检修人员15%左右，进一步优化检修维护架构。

5　结语

　　"智慧运维"是应用数据和智能技术的一种赋能手段，"智慧运维"的本质仍然是运维、管理，其内核仍然是以保障运维安全、优化运营效能、提升服务质量为目标。津铁车辆公司充分挖掘各智慧运维系统潜力，以"提质""降本""增效"为根本，打造以"车辆智慧运维"为核心的全业务管理体系。

　　通过多维度运用车辆数据，天津地铁10号线搭建应急指挥平台，大幅降低正线多方沟通时间，有效提升车辆排故效率，化被动为主动，综合多方技术实力，保障列车平稳运行。同时，基于自建函数关系，系统运行多个自编辑逻辑预警模型，从检修项点替代、设备劣化趋势、设备盲点检测等方向出发，天津轨道交通打造多线路、多专业、多业务的综合管控维护平台，促进新型维保新模式自上而下的建立，助力轨道运营进行数字化、智慧化转型。同时坚持"以需求为导向"，充分总结车辆运维的难点、痛点及挑战，推动建设符合自身的车辆智慧运维系统建设，深入开展智慧运维与生产场景融合，优化维修策略，打造专业精细化管理，构建车辆智慧运维生产管理体系，助力智慧运维发展，为实现"提质增效、降本增效"的高质量发展目标作出贡献。

参考文献

[1] 国家发展改革委员会.国家发展改革委关于培育发展现代化都市圈的指导意见,发改规划〔2019〕328号.2019.

[2] 中国城市轨道交通协会.中国城市轨道交通智慧城轨发展纲要[R].北京,2020：11.

[3] 胡佳琦.上海市轨道交通车辆智能运维系统研究与应用[J].现代城市轨道交通,2019（7）：5.

[4] 郑为军.地铁车辆检修自动化设备探讨[J].内江科技,2019,40（12）：73-73.

[5] 曾声奎,MICHAEL G P,吴际.故障预测与健康管理（PHM）技术的现状与发展[J].航空学报,2005,26（5）：626-632.

轨道智能分析评价关键技术研究及应用实践

杨　梅[1*]　麻全周[1]　李　洋[1,2]　胡梦超[1]

（1.天津智能轨道交通研究院有限公司，天津 301700；

2.中国铁道科学研究院集团有限公司城市轨道交通中心，北京 100081）

摘　要：轨道作为行车基础设备，其状态的好坏对列车运行安全和线路服务质量具有重要影响。本文系统梳理了轨道的检测内容、数据指标和评价方法现状，在此基础上建立了轨道智能分析评价标准化流程，以及智能分析与评价方法。在传统采用"阈值"法基础上，本文创新性提出了轨道综合评价方法，综合运用动静态数据，实现轨道的健康状态综合评价。该方法在工务智慧运维系统中进行工程应用，工程指导意义较好。

关键词：轨道交通；轨道几何；多维分析；状态评价

引言

我国轨道交通发展迅速，截至 2023 年底，我国内地 31 个省（自治区、直辖市）和新疆生产建设兵团共有 55 个城市开通运营城市轨道交通线路 306 条，运营里程 10165.7km[1]。轨道的作用是引导机车车辆的运行，直接承受来自列车的荷载，并将荷载传至路基或者桥隧结构物。轨道结构应具有足够的强度、稳定性和耐久性，并具有固定的几何形位，保证列车安全、平稳、不间断地运行。因此，可以说轨道结构的性质和状况决定了列车的运行品质[2]。

轨道的几何尺寸历史数据，体现了轨道的质量情况，对铁路工务部门有深远的作用。而根据所依据的原理之间的不同，可以分为静态检测和动态检测，两种历史数据对于铁路工务均具有指导意义[3]。

轨道几何动静态检测会产生大量的检测数据，但只是反映了轨道的瞬间状态，只有将这些数据长期积累后才能发现轨道质量状态变化的趋势及规律[4]。当前工务部门在实际工作中恰恰忽略了对检测数据的长期积累和综合分析，本文综述了轨道几何检测内容和轨道几何数据指标体系及评价方法现状，构建基于软件平台的轨道智能分析评价标准化流程，提出如何利用历史检测数据进行轨道状态分析的方法，从动静态关联分析、多期数据叠加分析、变化趋势分析、超限分布统计分析等角度，确定了轨道智能分析和评价维度，以软件平台为载体，支撑工务养护维修辅助决策。

1　轨道几何检测现状

1.1　检测内容

轨道几何检测分为动态检查和静态检查。轨道动态几何检查一般采用轨道检查车、综合检测车测得，检测项目包括高低、轨向、轨距、水平、三角坑、车体垂向振动加速度、车体横向振动加速度七项。轨道静态几何检查一般采用轨检小车、轨距尺、弦线测得，检测项

基金项目：基于综合检测技术的城轨交通基础设施病害智能识别方法与健康状态评估模型研究课题（基金编号：L221001）、城市轨道交通基础设施数字化模型快速建立方法及关键技术研究课题（基金编号：2023YJ087）。

*　杨梅（1990—），女，汉族，河北省定州市人，学士，目前从事轨道交通基础设施智慧化研究。E-mail：252872271@qq.com

目包括轨距、水平、高低、轨向、三角坑、曲线正矢。

（1）轨距

轨距在我国指钢轨踏面（顶面）下 16mm 范围内两股钢轨工作边之间的最小距离[5]（图1）。超限的轨距变化容易引发线路病害的加剧，如轨道几何尺寸不良、轨枕损坏等，进而影响铁路线路的使用寿命。

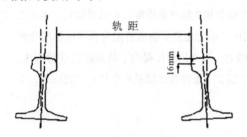

图 1　轨距测量位置

（2）水平及三角坑

水平是指轨道左右两股钢轨顶面的相对高差[6]。水平差是指在一段规定的距离内，一股钢轨的顶面始终比另一股高，高差值超过容许偏差值（图2）。三角坑（也称扭曲）是在规定长度内左右两股钢轨交替出现的水平差超过规定值的状态（图3）。

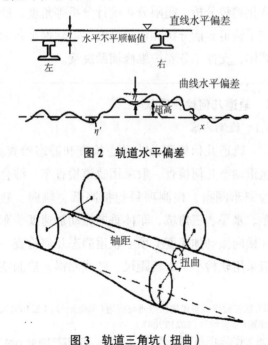

图 2　轨道水平偏差

图 3　轨道三角坑（扭曲）

三角坑将使同一转向架的四个车轮中，只有三个正常压紧钢轨，另一个形成减载或悬空。如果出现较大的横向力，就可能使悬浮的车轮只能以它的轮缘贴紧钢轨，在最不利条件下甚至可能爬上钢轨，引起脱轨事故。

（3）高低

轨道沿线路方向的竖向平顺性称为高低。轨道高低不平顺（图4），会引起轮轨间的振动和冲击，加速道床变形，进而扩大不平顺，加剧轮轨的动力作用，形成恶性循环。

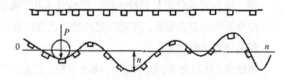

图 4　（动态）轨道高低不平顺

（4）方向及正矢

轨道的方向是指轨道中心线在水平面上的平顺性[7]。曲线轨道方向的保持由曲线正矢偏差来控制。相对轨距来说，轨道方向往往是行车平稳性的控制性因素。只要方向偏差（图5、图6）保持在容许范围以内，轨距变化对车辆振动的影响就处于从属地位。无缝线路地段的轨道方向不良，有可能在高温季节引发胀轨跑道事件，严重威胁行车安全。

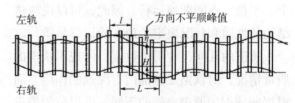

图 5　直线轨道方向偏差

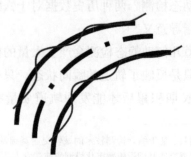

图 6　曲线轨道方向偏差

1.2 数据指标体系及评价方法

通过对轨道交通多个规范[8-10]进行调研梳理，总结出当前轨道状态评价主要分为静态状态评价和动态评价，静态状态评价结合轨道几何阈值超限情况、轨道结构状态进行分项评价和综合评价，动态状态评价主要依据轨道动态几何检测数据进行局部峰值评价和区段均值评价。

1.2.1 静态状态评价

基于轨道日常检查、定期检查、专项检查与监测数据和信息，每年应至少进行一次静态状态评价，包括分项评价和综合评价，两类评价均采用扣分法进行。轨道静态几何尺寸指标作为评价体系的一部分。轨道静态几何采用阈值法划分为作业验收、计划维修、临时补修三道防线，使轨道几何尺寸经常保持良好和质量均衡。

1.2.2 动态状态评价

（1）局部峰值评价

局部峰值评价是衡量轨道局部不平顺的方法，该方法从轨道的几何尺寸指标和舒适度指标的角度选取评价指标，包括高低、轨向、轨距、轨距变化率、水平、三角坑、车体垂向振动加速度和车体横向振动加速度。

局部峰值评价（表1）以单线公里为评价单元采用扣分法的方式来评定轨道的质量[8]。局部峰值评价的扣分总数为各项轨道动态几何尺寸超过容许偏差管理值的扣分总和。轨道动态几何尺寸容许偏差管理值分为4级，其中Ⅰ级为保养标准，Ⅱ级为计划维修标准，Ⅲ级为临时补修标准，Ⅳ级为限速标准。[11]。

（2）区段均值评价

区段均值评价是衡量线路区段整体不平顺的方法。这种方法是测量并记录被测轨道区段中全部测点的幅值，所有幅值都作为轨道状态的一个元素参与运算。区段均值评价通常以轨道质量指数（Track Quality Index，简称TQI）

表1 局部峰值评价标准

等级	扣分总数	扣分标准	扣分总和
优良	S < 50	超过Ⅰ级每处扣1分；	$S = \sum_{i=1}^{4}\sum_{j=1}^{M} K_i C_{ij}$
合格	50 ≤ S ≤ 300	超过Ⅱ级每处扣5分；超过Ⅲ级每处扣100分；	S—整公里扣分总数；K_i—各级偏差扣分数；C_{ij}—各项目各级偏差个数；
失格	S > 300	超过Ⅳ级每处扣301分	M—参与评分的项目个数

为评价指标，以单线200 m轨道为评价单元，采用基于标准差的统计值来量化反映轨道区段整体不平顺状态的好坏[8, 12]。TQI值越大说明整体不平顺状态越差，轨道几何尺寸的各项指数的空间曲线越粗糙；反之，TQI值越小说明整体不平顺状态越好，各项轨道几何尺寸的空间曲线越光滑[13]。

2 轨道智能分析及评价技术

2.1 智能分析评价流程设计

基于上文中的静态状态评价和动态状态评价方法，设计将检测数据从收集–分析–评价–结果展示等关键步骤标准化，旨在实现数据的高效处理、准确分析和可视化展示。

轨道动态几何数据分析评价体系流程总体分为数据集成、数据清洗处理、评价指标计算、结合评价标准的超限判别、多维度分析及分析结果生成等。流程图如图7所示。

轨道静态几何数据分析评价体系流程总体分为参数配置、数据上传、数据处理（TQI计算、结合评价标准的超限判定）、多维度分析及分析结果展示。流程图如图8所示。

2.2 智能分析技术

2.2.1 关联分析

为更好地分析轨道几何单点超限问题，需要关注超限点处相关的检测数据情况，关联线路基础设施进行综合分析评价。传统的关联分析，需要工程师同时利用数据分析软件与线路

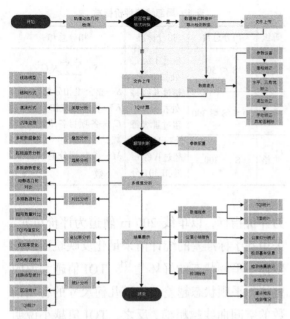

图7　轨道动态几何智能分析评价流程

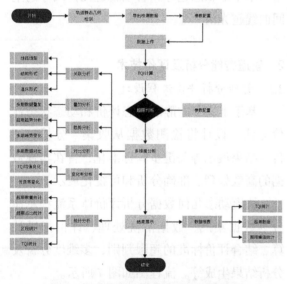

图8　轨道静态几何智能分析评价流程

设计图纸、台账等多种材料，由多人同时开展分析工作，这种方式存在工作效率低下、信息不够集成化、数据可视化不够直观等不足。

在轨道动静态几何关联分析方面，以波形图的形式实现多通道检测数据状态变化的可视化呈现，超限点位置标记结合结构形式、线路线型、道床形式等基础设施台账进行关联分析。最终达到不同数据之间的关联，实现了对动静态几何超限问题的分析和评价。相比传统

数据关联分析作业，提高了数据的可视化程度，方便用户更加直观地理解数据之间的关系，进而提升了工作效率。

2.2.2　叠加分析

线路运行时，由于列车重载、弯曲和变形等各种因素，轨道几何会逐渐发生变化。单个时间点的轨道几何数据，可能会导致无法准确评估轨道状况，无法及时采取措施进行修复和维护。因此，需要对轨道几何数据进行多期叠加分析，以便了解轨道几何参数的变化趋势和演变规律。

传统的轨道几何数据叠加分析通过人工手动对比多期数据的方式，这种方式存在效率低下、易出错、不够准确等弊端。为解决这些问题，通过数据清洗处理将往期历史数据进行存储，通过自定义选择的方式，实现对轨道几何多期数据叠加分析。这种方法不仅提高了分析效率，还大幅度降低了人为因素的影响，提高了数据分析的准确性。

2.2.3　趋势分析

为在较早的阶段检测到轨道几何问题的发展情况，帮助工程师了解轨道几何的变化趋势，预测未来可能出现的问题并采取相应的措施。需要对轨道几何数据进行趋势分析，及时发现问题进行维修整改。

传统的轨道几何趋势分析方法通常需要人工处理大量的数据，将数据进行分组和分类，再通过图表或其他方式进行分析和展示。但这种方式过程复杂，分析结果难以准确预测未来的变化趋势。为解决以上问题，通过收集多期检测数据，将超限数量进行对比，利用趋势分析方法建立趋势模型，预测轨道几何参数的变化趋势，通过趋势曲线将结果可视化呈现。

2.2.4　对比分析

为了解线路运维状况的变化，比较不同时间或不同位置的轨道几何数据，进而发现变化和趋势，需通过对比分析手段实现数据的多期

对比，评估轨道几何的变化趋势和变化幅度。原有的对比分析采用人工进行比对，需查看全线波形图，对波形异常问题点处理更新。且只能实现2期数据对比，进行往期数据对比时间较长且烦琐。

为提高轨道几何数据对比效率，通过采用自动化的方式，利用数据挖掘和分析技术，实现动静态几何关联对比，同时还可对不同期次之间的数据进行对比分析，直观展示超限点位，进行问题点及问题地段的对比跟进，通过TQI计算实现变化量的环比、月度、季度、年度的对比。

通过这种对比方式，大大增加数据量和分析深度，发现潜在问题和规律，实现更加直观的数据可视化效果。

2.2.5 变化率分析

为了更好地了解轨道质量的演变趋势，为轨道的运营和维护提供参考依据，需要对轨道几何数据变化率进行分析，以预测轨道几何的未来发展趋势。传统的轨道几何变化率分析手段通常采用人工将不同时间段、里程区段的轨道几何数据进行手动对比、评价，计算变化率，但此种方法容易出现误差，无法应对大量数据的变化率分析。

为了解决这些问题，通过计算TQI均值，将不同时间段的TQI均值作为数据点，判断其变化率。同时，对于线路优良率，将轨道几

何TQI值达到或超过一定标准的里程所占总里程的比例进行计算，通过百分比的形式表示，实现线路质量评价。

通过以上方式对TQI均值变化及优良率变化情况进行分析，减少了误差，提高了分析的精度和可信度以及分析效率。

2.2.6 统计分析

为更全面地了解轨道质量的状况，发现问题，并制定针对性的解决方案。传统的轨道几何数据统计分析方法只能提供单一维度的数据，难以进行全面的比较和分析，也难以提取出轨道质量的变化规律。为了解决这个问题，通过结合结构形式、线路区段、道床等维度的统计方式对轨道几何数据进行量化评估，分析超限情况，得出各项指标的统计数据，如均值。这种方式可以帮助运维人员发现轨道质量的空间变化规律，进而更好地定位问题所在。同时，可以对不同结构形式、区段、道床的轨道进行比较，找出问题所在，从而优化维护方案。

通过这种方式，可以更加全面地了解轨道质量的状况，及时发现问题并解决，提高轨道的运营和维护效率。

2.3 智能评价技术

轨道状态评价采用计权重的多项指标综合评价（图9），以单线公里作为评价单元，评价结果分三级，满分100分，扣分后分值

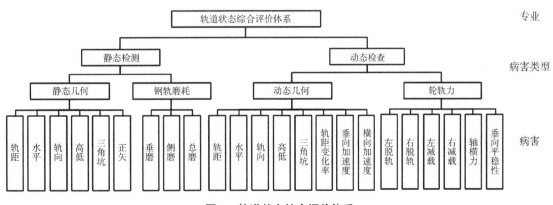

图9 轨道状态综合评价体系

85～100分为1类（优良），60～85分（不含）为2类（合格），不足60分为3类（失格）。

针对轨道平顺性、磨耗、轮轨关系等检测数据，基于层次分析法，建立轨道状态综合评价体系，考虑各级指标的影响赋予不同的权重，同时根据不同行驶速度等级标准参数规范对轨道基础设施各类检测问题进行分级，对不同级别病害设定扣分标准。轨道健康状态评价得分按照式（1）进行计算：

$$(S)=100-\sum_{i=1}^{N}K_i \qquad (1)$$

式中，K_i为病害项扣分，K_i=病害设置的扣分×病害权重×病害类型权重×专业权重；N为本期评价单元内病害数量。

3 技术特点及优势

3.1 检测数据分析评价流程标准化

改进传统数据分析评价模式，建立标准化的智能分析操作流程和规范，这些标准和规范涵盖数据集成、数据清洗处理、评价指标计算、结合评价标准的超限判别、多维度分析及分析结果生成等各个环节，具有规范性、系统性、可复制性的特点。通过制定统一的数据分析评价流程，确保每个步骤都有明确的指导，所有参与人员都遵循相同的操作准则，提高分析的客观性和一致性。同时通过标准化技术，从数据的输入到输出，各个环节相互衔接形成一个完整的闭环，提高分析评价的准确性和可靠性。

3.2 多维度智能分析

随着检测技术的不断进步和迅速发展，检测精度和数据的可靠性大大提高。检测数据作为指导养护维修的重要依据，运维部门对检测数据的分析水平和能力直接影响维保决策的准确性。在传统运维模式中，数据的分析主要依赖现场工程师参考规范阈值判定的方式进行，该方式往往只能对单一指标进行单期次评价，

严重受限于数据分析的维度和深度，不利于维保作业的开展。

构建多维度分析方法，涵盖对比分析、统计分析、趋势分析和关联分析等多维度。如通过动静态几何的关联分析，可以验证和校准各自的检测结果，发现静态检测无法发现的潜在问题。通过自定义多期数据叠加分析，可以更好地了解轨道几何参数的变化趋势，及时发现潜在问题，为后续的检测和维护工作提供有力的支持和参考。通过趋势分析，可以对轨道几何数据进行长期变化趋势的分析和预测，从而发现轨道几何数据的周期性变化规律，辅助判断轨道几何数据是否存在潜在的问题和隐患，提前制定更加精准的维修和保养方案。

3.3 轨道状态综合智能评价

轨道状态综合评价技术实现了一种新的轨道设备综合评价方法。首先基于层次分析法和检测项目构建了三层指标体系，第一层指标包括静态检测和动态检查；第二层指标包括静态几何、钢轨磨耗、动态几何、轮轨力；第三层指标数量较多，共23项。其次将不同病害类型进行分级，不同病害等级采用差异扣分，结合各层指标的权重，构建轨道状态综合评估模型。此方法将线路整体进行单元划分，精细化区段网格化，全面考虑多个维度和因素，对目标对象进行多角度、多层次的评估，避免单一维度评估可能带来的片面性和误导性。

4 结语

本文针对轨道动静态几何的检测数据和评价方法，构建了智能分析评价的标准化流程，并成功应用在某城市工务智能运维平台中，改变了传统工务检测数据人工分析模式，规范了数据分析评价过程。通过对检测数据的深度挖掘与分析，系统且全面揭示轨道几何状态，协助工务养护维修人员更加深入了解数据的内在规律和关联联系，提升了数据分析效率，将原

始数据与分析结果共享在平台上，解决了检测－分析－维修部分数据不对称的问题，对提高数据分析效率、保证列车运行安全和提升线路服务质量具有意义。

参考文献

[1] 佚名. 2023 年城市轨道交通运营数据统计分析 [J]. 现代城市轨道交通，2024（3）：131-132.

[2] 高亮. 轨道工程 [M]. 北京：中国铁道出版社，2015：7.

[3] 邱荣华，詹璐，赵扬，等. 基于车体振动加速度的北京地铁轨道状态管理研究 [J]. 都市快轨交通，2020，33（4）：28-31.

[4] 吴霞. 铁路轨道状态分析方法研究 [D]. 北京：北京交通大学，2008.

[5] 李成辉. 轨道工程 [M]. 重庆：重庆大学出版社，2014.

[6] 熊仕勇. 轨道不平顺检测系统中关键技术研究 [D]. 成都：西南交通大学，2018.

[7] 轶南. 基于现代检测技术的高速铁路曲线状态评价与整正方法 [D]. 成都：西南交通大学，2014.

[8] 全国城市客运标准化技术委员会. 城市轨道交通设施运营监测技术规范 第 4 部分：轨道和路基：GB/T 39559.4—2020[S]. 北京：中国标准出版社，2020.

[9] 北京市交通委员会. 城市轨道交通设施养护维修技术规范：DB11/T 718—2016[S] .2016.

[10] 中国铁路总公司. 普速铁路线路修理规则：TG/GW 102—2018 [S]. 2018.

[11] 程康. 兰新高速铁路某区段路基沉降整治措施及治理效果研究 [D]. 兰州：兰州交通大学，2018.

[12] 许雯. 利用轨道质量指数 TQI 值合理安排线路养护维修周期的方法研究 [D]. 兰州：兰州交通大学，2015.

[13] 曲建军. 基于提速线路 TQI 的轨道不平顺预测与辅助决策技术的研究 [D]. 北京：北京交通大学，2011.

因果深度学习在轨道交通智能运维上的应用

林森[1] 陶冶[2]* 易彩[2] 张维浩[2]

（1.中车青岛四方机车车辆股份有限公司，青岛 266111；

2.西南交通大学轨道交通运载系统全国重点实验室，成都 610031）

摘 要：轨道交通智能运维是轨道交通智能化的重要环节。本文综述了因果深度学习理论基础及其在轨道交通智能运维中的应用。首先对因果理论的基本概念进行了介绍，包括因果关系、关联、干预和反事实，并概述了常用的因果模型。随后说明深度学习的基本原理及其存在的局限性，强调引入因果推理机制对于提升模型可解释性和稳定性的重要性。接着探讨轨道交通智能运维技术的发展现状与挑战。在此基础上重点阐述因果深度学习在轨道交通智能运维中的应用。通过分析相关研究，展示了因果深度学习在提高故障检测性能、预测准确性及模型可解释性方面的优势。最后，文章总结了因果深度学习在轨道交通智能运维中的潜力和前景，并对未来的研究方向进行了展望。

关键词：因果关系；深度学习；轨道交通；智能运维

引言

随着轨道交通行业的快速发展，如何确保车辆及其关键部件的安全、高效运行成为亟待解决的问题。轨道交通智能运维技术作为应对这一挑战的关键手段，通过集成先进的信息采集、处理和分析技术，实现了对轨道交通车辆及其关键部件的实时监控、故障诊断、预测性维护和健康管理。然而，传统的基于统计相关性的方法在处理复杂多变的轨道交通数据时，往往难以揭示变量之间的因果关系，导致模型在解释性，稳定性等方面存在不足。将因果深度学习引入轨道交通智能运维，旨在通过结合深度学习的强大数据驱动能力和因果推断的解释性优势，提升模型的性能和应用效果。

1 因果深度学习理论基础

1.1 因果理论概述

（1）因果理论简介。因果理论是一门研究因果关系及其如何影响现象的学科，它试图揭示事件之间的内在联系和作用机制。这门理论起源于统计学，但随着时间的推移，其应用已经扩展到自然科学和社会科学的各个领域。因果理论的核心在于区分"关联"与"因果"，即在观察到的两个事件之间，不仅存在统计上的关联性，还要探究是否存在一种因果上的直接影响。因果理论中因果关系，因果效应与因果推断的关系如图 1 所示。

（2）因果概念阐释。在因果理论中，最基本的概念是"因果关系"，这被定义为当一个变量（原因）发生变化时，会导致另一个变量（结果）也发生变化的关系。例如：吸烟（原因）可能增加患肺癌（结果）的风险。除了因果关系外，还有几个关键概念，包括反事实（counterfactual）、干预（intervention）和混杂因素（confounder）[1]。反事实考虑的是未发生事件的潜在结果；干预是指在实验中主动改变

---

* 林森（1987—），男，山东省栖霞市人，硕士，高级工程师，研究领域：轨道交通产品整车设计、整车控制、故障诊断、PHM 等。

陶冶（2001—），男，硕士研究生在读。E-mail：peach20425@163.com

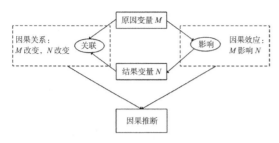

图1 因果理论关系图

一个或多个变量；混杂因素是指能同时影响原因和结果的外部变量，它们可能会误导对因果关系的判断。

（3）因果模型概述。为了更准确地理解和分析因果关系，研究者们发展了多种因果模型，其中最为广泛认可的包括鲁宾因果模型（RCM）、结构因果模型（SCM）[2]。RCM 侧重于研究单个处理效应。SCM 则使用有向无环图来描述变量之间的因果网络，不仅能估计效应，还能识别和推断出因果结构。这些模型为因果推断提供了数学化的工具，使得研究者能够在复杂的数据中识别和验证因果关系。

1.2 因果深度学习概述

（1）深度学习简介。深度学习，作为人工智能领域中一个非常活跃的分支，它以一种模仿人类大脑处理信息的方式，通过构建多层的神经网络来学习复杂的数据特征。这种技术能够处理和分析大量的数据，从而在图像识别、语音识别、自然语言处理等领域展现出惊人的能力。深度学习的核心是神经网络，这些网络由多个层次组成，每一层都包含多个神经元，它们通过加权和激活函数来处理输入数据。随着数据的流动，网络逐渐学习到数据中的模式和结构。通过这种方式，深度学习模型能够识别图像中的物体、理解语音指令，甚至生成文本和音乐。随着计算能力的提高和大数据的普及，深度学习在近年来取得了巨大的进展。它已经成为推动许多行业创新的关键技术，从医疗诊断到自动驾驶汽车，深度学习的应用正在不断扩展。

目前，深度学习模型通常以数据驱动、关联学习和概率输出为特点，通过统计建模来捕捉变量间的关联关系，但这种方法缺乏有效的因果推断能力，导致模型在复杂因果关系处理、可解释性、稳定性等方面存在不足，如表 1 所示。例如，在图像识别任务中，如果训练数据存在偏差，模型可能会错误地将某些特征与目标变量关联起来，从而影响其泛化能力。这种偏差可能导致模型在面对新的、未知的数据时表现不稳定。具体来说，深度学习模型可能面临以下三个问题：①模型会将其他对象识别为目标对象；②模型会使用某些特征来预测目标对象；③模型在不同的测试数据上表现差异大。

表1 未考虑因果的深度学习问题与不足

复杂因果关系问题	未考虑因果的深度学习模型难以区分数据中的因果关联和虚假关联，尤其是在数据匮乏或规律持续变化的环境中，其泛化能力往往不如人脑
稳定性问题	未考虑因果的深度学习模型在训练时通常依赖于独立同分布的假设；然而在实际应用中，这一假设很难满足，由于缺乏因果推断能力，深度学习模型在面对新的、未知的环境变化时，往往无法有效调整其决策策略，从而导致性能下降
决策局限性问题	在需要高度决策支持的领域中，未考虑因果的深度学习模型的决策大多依赖于历史数据的统计规律，而无法考虑潜在的因果机制。这可能导致模型在面临新的、复杂的决策场景时，无法做出合理的判断
可解释性问题	未考虑因果的深度学习模型由于其复杂的结构和非线性的决策过程，往往难以被人类理解和解释。这导致在模型出现错误或不合理决策时，人们难以找到问题的根源并进行改进

这些问题的根源在于当前的深度学习技术主要停留在关联分析阶段，尚未实现因果推理的跨越。为了提高模型的可解释性和稳定性，引入因果推理机制至关重要。Judea Pearl 提出的人工智能发展模型包括关联、干预和反事实三个阶段，其中后两者属于因果推理的范畴[3]。表 2 是对这三个阶段的概述。

表 2   关联，干预和反事实概述

关联	大多数现有的深度学习模型仍处于这一阶段，主要关注变量间的关联性
干预	通过调整一个变量来观察其对结果的影响，解决的是因果关系中的"因之果"问题
反事实	在干预的基础上进行反向思考，探究导致特定结果的原因，解决的是"果之因"问题

（2）因果深度学习。因果深度学习是一种结合了深度学习的强大数据驱动能力和因果推断的解释性优势的新兴技术。它不仅能够识别数据中的模式，还能揭示变量之间的因果关系，这对于理解和预测系统行为至关重要。近年来，有相当一部分学者将因果关系考虑到深度学习当中，以此来提升模型的性能。梁天飚等[4]提出了一种基于因果推理的深度学习方法，用于解决复杂花纹织物在视觉检测中的缺陷识别问题。构建了结构因果模型，并通过因果干预策略阻断背景特征的干扰，建立了缺陷特征敏感性神经网络（DFSNN），有效提高了缺陷识别的准确率。袁振等[5]介绍了一种利用因果推理进行垃圾分类的新方法。针对长尾分布的 TrashNet 数据集，作者提出了一种分类框架，通过因果推理找出输入样本的直接因果效应，采用迁移学习减少训练参数量，并结合因果干预与反事实推理进行去混淆训练，显著提升了尾部类别的识别效果。谢俊威[6]提出了一种结合因果推断和神经网络的遥感影像分类方法。通过引入因果概率图模型和反事实内容解释，构建了因果神经网络（CANN），以提高模型的泛化能力和可解释性。研究还提出了一种数据增强策略，通过分析反事实解释结果来优化模型表现。陈宇轩[7]研究了深度因果表征学习及其在少样本学习任务中的应用。作者提出了一种结合因果推断的自监督学习方法，通过构建因果图模型，并利用独立因果机制来提升学习特征的泛化性和鲁棒性。

2   轨道交通智能运维现状及挑战

2.1   轨道交通智能运维的发展现状

轨道交通智能运维技术是应对当前轨道交通行业快速发展和设备运维需求的关键技术之一。随着城市化进程的加速和城市人口的增长，轨道交通因其高效、环保等优势，成为解决城市交通压力的有效途径。智能运维技术通过集成先进的信息采集、处理和分析技术，对轨道交通车辆及其关键部件进行实时监控、故障诊断、预测性维护和健康管理，从而提高运营效率，降低维护成本，确保运行安全。图 2 展示了轨道交通智能运维的基本框架。

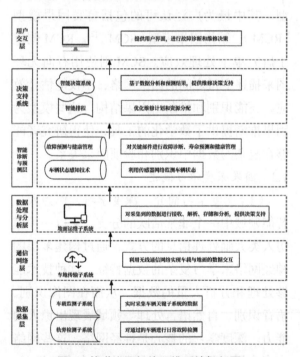

图 2   轨道交通智能运维系统框架图

智能运维技术的发展不仅提升了轨道交通系统的安全性和可靠性，也降低了运维成本，提升了服务效率。石卫师等[8]研究了城市轨道交通中道岔转辙机的智能运维系统，指出了传统监测系统的不足，并提出了一个集成关键状态感知、故障智能诊断、状态预警和健康评估的智能系统。该系统已在南宁轨道交通 4 号线和 5 号线成功应用，有效提升了运维效率和安全性。张潇帅[9]介绍了上海轨道交通蒲汇塘数字化运维中心采用 Zabbix 构建的集中监控平台，分析了平台的建设需求、功能设计和实施方案，展示了 Zabbix 在智能运维中的应用效果，并提出了优化建议，以提高监控效率和系统可靠性。倪弘韬等[10]针对智能运维中的数据耦合性问题，提出了数据解耦方法，通过统计和数据驱动的方式定义耦合性和独立一致性，使用多种模型对数据进行解耦处理，提高了故障预测的准确性，降低了虚警率。皮魏[11]提出了针对城市轨道交通车辆智能运维系统的信息安全技术方案，包括安全分区、边界隔离、纵向认证和集中监管等措施，旨在保护系统免受恶意攻击和非法入侵，确保系统的安全性和运维的高效性。

智能运维技术在轨道交通领域的应用正逐步深入，未来的研究和发展需要集中于提高系统的稳定性、优化算法性能，以及制定相应的技术标准和规范，以实现轨道交通智能运维技术的广泛应用和深入发展等方面。

2.2 轨道交通智能运维面临的挑战与问题

（1）数据处理能力需求高。随着轨道交通车辆的运营，会产生海量的实时数据。这些数据的有效采集、存储、处理和分析对于智能运维至关重要。然而，现有的数据处理技术在面对大规模、高增长的动态数据时，可能存在处理速度慢、存储能力不足等问题。

（2）故障预测的准确性。轨道交通智能运维系统需要准确地预测车辆及其关键部件的故障和剩余使用寿命。这需要依赖于先进的传感器技术、数据分析和机器学习算法。但是，由于轨道交通环境的复杂性和多变性，以及设备运行状态的不确定性，实现高准确率的故障预测仍然是一个挑战。

（3）决策支持的智能化。智能运维系统需要为维修决策提供科学、准确的依据。这涉及对大量数据的深入分析和理解，以及在复杂情况下做出快速而准确的决策。当前的决策支持系统可能在实时性、适应性和个性化方面存在不足。

（4）技术集成与协同。轨道交通智能运维系统需要集成多种技术，如物联网、大数据、云计算、5G 通信等，以实现车辆、基础设施和运维管理系统之间的高效协同。然而，不同技术之间的融合、数据格式的统一，以及接口的兼容性等问题仍然是需要解决的挑战。

3 因果深度学习在轨道交通智能运维中的应用

3.1 故障识别与诊断

在轨道交通智能运维系统中，故障识别与诊断是确保车辆运行安全的关键环节。因果深度学习凭借其强大的数据处理和模式识别能力，能够深入挖掘设备和设施运行数据中隐藏的故障模式及潜在因果关系。这一过程超越了传统基于统计相关性的方法，通过构建因果图、因果网络等模型，直接揭示变量间的因果链条，使技术人员能够直观地看到故障是如何由一系列前因后果逐步演变而成的。郑舒文等[12]提出了一种基于因果路径图卷积神经网络（GCN-CP）的复杂机电系统故障检测方法。该方法首先利用因果发现算法结合专家经验构建监测变量之间的因果图，描述变量间的因果关系。然后，提取因果路径作为图卷积网络的输入，捕捉故障沿因果关系传递的影响，从而提高故障检测的性能和模型的可解释性。作者使用了高铁制动系统的真实故障检测数据集进行验证。结果表明，与支持向量机（SVM）、人工神经网络（ANN）、卷积神经网络（CNN）和传统图卷积网络（GCN）等方法相比，GCN-CP 在 F1-measure 和 Matthews 相关系数（MCC）两个评价指标上平均提升超过 5%，展现出更好的性能和泛化能力。此外，GCN-CP 还能够识别出对故障检测结果影响最大的关键因果路径和变量，增强了模型的可解释性。

3.2 预测性维护

预测性维护是轨道交通智能运维的重要环节，因果深度学习为预测性维护注入了活力。通过整合车辆，轨道历史故障记录、车辆运行状态、环境参数等多维度数据，因果深度学习模型能够学习并理解设备性能衰退与故障发生之间的内在因果关系。模型不仅能够预测轨道交通系统何时可能出现故障，还能进一步细化到预测故障的具体类型、影响范围及严重程度。这种精准的预测能力使得运维团队能够提前规划维护任务，采取针对性的预防措施，有效避免意外停机，降低维护成本，并提升整体运营效率。同时，结合物联网（IoT）技术，实时监测数据的反馈进一步增强了模型的动态调整能力，确保预测结果的持续准确性和有效性。唐鹏等[13]提出了一种新颖的深度因果图建模方法；并采用田纳西 – 伊斯曼过程进行仿真验证，结果表明所提方法能有效进行故障检测和诊断。该方法首先利用循环神经网络构建深度因果图模型，并通过引入 Group Lasso 稀疏惩罚项自动检测工业过程中变量间的因果关系。然后，基于学习到的条件概率预测模型，为每个变量建立监测指标，并通过融合这些指标得到综合监测指标，实现对整个工业过程的故障检测。一旦检测到故障，该方法通过构建变量贡献度指标来隔离故障相关变量，并利用局部因果有向图诊断故障根源和辨识故障传播路径。基于此建立适应的维修策略，实现预测性维护。

4 总结与展望

本文综述了因果深度学习理论基础及其在轨道交通智能运维中的应用。通过引入因果推理机制，因果深度学习在提升模型可解释性、稳定性和预测准确性方面展现出了巨大潜力。在轨道交通智能运维领域，因果深度学习已成功应用于故障识别与诊断、预测性维护等多个环节，有效提高了运维效率和安全性。然而，当前的研究仍处于初步阶段，尚存在诸多挑战和问题需要解决。未来，随着因果推理理论和深度学习技术的不断发展，因果深度学习在轨道交通智能运维中的应用将更加广泛和深入。通过持续的研究和创新，因果深度学习将为轨道交通智能运维技术的发展注入新的动力，推动轨道交通行业向更加安全、高效、智能的方向发展。

参考文献

[1] 李家宁，熊睿彬，兰艳艳，等.因果机器学习的前沿进展综述[J].计算机研究与发展，2023，60（1）：59-84.

[2] YAO L Y, CHU Z X, LI S, et al. A survey on causal inference[J]. ACM Transactions on Knowledge Discovery from Data（TKDD），2021，15（5）：1-46.

[3] 龚鹤扬.基于信息视角的因果建模及其在互联网个性化激励增益建模中的应用[D].合肥：中国科学技术大学，2021.

[4] 梁天飚，刘天元，汪俊亮，等.因果推理引导的复杂花纹织物缺陷视觉检测深度学习方法[J].中国科学，2023，53（7）：1138-1149.

[5] 袁振，刘进锋.一种基于因果推理的垃圾分类方法[J].计算机科学，2023，50（S2）：944-949.

[6] 谢俊威.基于因果推断和神经网络的遥感影像分类研究[D].北京：北京建筑大学，2023.

[7] 陈宇轩.深度因果表征学习及其应用[D].成都：电子科技大学，2022.

[8] 石卫师，黄祖宁，商晖.城市轨道交通道岔转辙机智能运维系统研究[J].都市快轨交通，2024，37（3）：69-74.

[9] 张潇帅.基于 Zabbix 的城市轨道交通智能运维体系集中监控平台建设[J].城市轨道交通研究，2024，27（S1）：110-115.

[10] 倪弘韬，胡佳乔，吴强，等.面向城市轨道交通智能运维的数据耦合性与独立一致性研究[J].城市轨道交通研究，2024，27（5）：6-10.

[11] 皮魏.城市轨道交通车辆智能运维系统信息安全技术方案[J].城市轨道交通研究，2024，27（6）：281-285.

[12] 郑舒文，王冲，刘杰.基于因果路径图卷积神经网络的复杂机电系统故障检测方法[J].系统工程，2024.

[13] 唐鹏，彭开香，董洁.一种新颖的深度因果图建模及其故障诊断方法[J].自动化学报，2022，48（6）：1616-1624.

城市轨道交通轨道短波病害智能监测研究

李春阳* 魏炳鑫 王文斌 朱 彬 李玉路

（中国铁道科学研究院集团有限公司城市轨道交通中心，北京 100081）

摘 要： 城市轨道交通中轨道的周期型和冲击型短波不平顺病害可能会带来安全隐患并影响乘坐舒适性。在智能运维背景下，本文介绍了轨道短波不平顺的信息化监测流程。首先通过轴箱振动加速度对周期型和冲击型短波病害进行智能识别。对于钢轨波浪形磨耗，在传统惯性基准法的基础上，提出运用经验模态分解和小波降噪的方法对时域信号进行处理，然后设计积分器对处理后的信号进行积分。对于冲击型病害，选取适当的分析窗长，通过时频分析获得二维图像，建立不同病害的测试集，然后采用图像识别技术对全线的病害进行筛查。对识别出的轨道短波病害进行人工复核来提高准确率，同时复核结果也可用来完善机器学习的训练数据集。提出了短波病害的分类流程，便于进行自动化处理和信息管理。建立轨道短波病害智能化监测系统来管理监测数据，并嵌入到城市轨道交通智能运维平台中。轨道短波不平顺智能监测技术为城市轨道交通的安全、可靠和舒适运营提供了有力支撑。

关键词： 城市轨道交通；短波不平顺；智能运维；图像识别

随着近年来城市轨道交通智能运维理念的提出，各个专业的智能化、信息化升级逐渐得到业主和学者们的高度重视。目前该领域的研究正如火如荼地进行着[1]。城市轨道交通基础设施设备的智能化运维应该能够实现数据的自动化处理和分析、可视化展示和智能运维管理等基本功能[2]。其典型思路是采用人工智能、图像识别、大数据及大语言模型等新兴技术手段对监测数据进行科学分析并制定合理的维护策略，最终达到降低运营设备设施故障率、提高运营可靠性、降低运营成本的目的[3-4]。

在城市轨道交通中，周期型和冲击型短波不平顺病害的监测和治理一直是线路养护维修的重点领域。在智能运维理念逐渐得到推广的背景下，对轨道短波病害的识别、信息管理和治理工作也需要借助信息化手段，实现智能化管理，为城市轨道交通的安全舒适运行提供保障。

根据城轨智慧运维的现实需求，本文介绍了轨道短波不平顺病害智能监测的流程，包括短波病害的快速识别、二次复核、分类管理，以及智能监测系统的开发。

1 短波病害快速识别

1.1 识别方法

常见的检测轨道几何的方法是采用轨检系统检测轨道的动态几何。但是轨检系统记录的数据在空间上的采样间隔较大，能够反映波长在数米以上的轨道不平顺。对于检测轨道短波病害则无能为力，因此对于轨道短波病害的识别和记录需要借助其他方法。

在列车运行过程中，轨道短波不平顺会引起轮轨接触力的变化，形成瞬时冲击，进而引发下部轨道和上部转向架及车厢的异常振动。

基金项目：中国铁道科学研究院集团有限公司科研开发基金（基金编号：2022YJ042）。

* 李春阳（1990—），男，助理研究员，主要研究方向为城市轨道交通动态检测和减振降噪。E-mail：cyli@rails.cn

轴箱直接和轮对相连，轨道短波不平顺产生的振动通过轮对传递到轴箱上，如果忽略轮对的弹性，那么轴箱的横向和竖向振动响应可以直接反映轨道短波不平顺对车辆–轨道系统产生的激扰[5-6]。

轴箱振动加速度的测量相对简单方便，能够安装在运营电客车上或者城轨综合检测列车上记录轴箱振动响应随里程的变化特征。加速度采样频率高，通常可以达到2000Hz以上，从精度上可以识别出短波病害。

因此，短波病害智能监测的第一步就是测试运营过程中列车的轴箱振动加速度信号，识别出钢轨波浪形磨耗和冲击型短波病害，为短波病害数据库的建设、分类分级和智能监测系统的开发提供基础。

1.2 周期型病害

城市轨道交通轨道的周期型短波不平顺病害的典型代表就是钢轨的波浪形磨耗（波磨）。车辆在经过波磨区段时，轮轨之间产生剧烈的相互作用，在一定时间段内累积较大的能量，可能会造成车辆–轨道系统的结构损伤，且会产生较大的噪声，影响运营安全性和乘客舒适性，需要重点监测。

目前钢轨波磨的检测包括直接测量法和间接测量法。后者利用车辆的振动和噪声等车辆动力学指标进推算出钢轨波磨的波长、波深等参数。其中轴箱振动加速度能够和轨道动态几何、轨道巡检等项目的检测同步进行，在波磨分析中一直起着重要的作用[7]。

在传统惯性基准法的基础上，引入新的数据处理方法，通过车辆轴箱振动信号识别出钢轨波磨区段的波形。针对振动信号非平稳、非线性的特点，运用经验模态分解和小波降噪的方法对时域信号进行处理。然后设计积分器对处理后的振动信号进行积分。为保证检测精度，最后将积分结果进行高通滤波以便消除轨道长波不平顺的干扰。目前该技术已经在多条地铁

线路上应用，取得了良好的效果。

1.3 冲击型病害

对于振动信号而言，频率信息是至关重要的，通过直接测试得到的时域信号开展冲击型短波病害的识别存在困难。另外，随着计算机视觉技术的发展，许多高效、可靠的二维图像识别技术已经被开发出来，并在人脸识别、车牌识别、农作物识别等诸多领域取得了广泛的应用[8]。如果能够将一维振动信号，例如车辆轴箱加速度时间序列转换成二维图像信号，那么就可以借助图像识别的各种有力工具实现短波病害的识别。

时频分析是将一维时域信号转化为二维图像信号的最佳方案，这样的结果包含了波形信息的频域信息，能够反映信号的本质特征，易于和轨道短波病害建立联系。由于傅里叶变换适用于平稳信号，短波病害激发的振动信号和轨道具体的位置有关，呈现出较为明显的非平稳性，因此采用小波变换的方法选取合适的分析窗长进行时频分析。

按照图像识别的一般步骤，首先需要收集既有的病害造成的轴箱振动加速度时频图的图像特征建立训练集。通过现场踏勘等方式将轨道病害和时频图的图像特征建立联系，给图像添加标签，建立用于智能化识别算法输入的训练集。各种冲击型短波病害的时频特征如图1所示。

建立训练集之后，采用智能图像识别算法Alex-NET卷积神经网络模型对每一个滑动窗长内的时频图进行对比分析，自动识别出该段钢轨的短波病害或者判断为状态良好的钢轨。以钢轨焊接接头不良为例，该算法的识别准确率达到了93%左右[9]。

2 短波病害复核

2.1 人工复核

对于识别出钢轨短波病害，需要借助人工

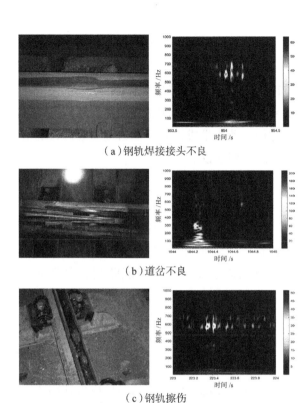

（a）钢轨焊接接头不良

（b）道岔不良

（c）钢轨擦伤

（d）轨下不良

图1　不同冲击型短波病害时频特征

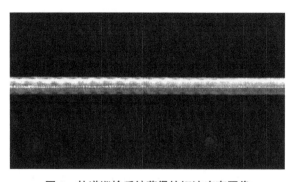

图2　轨道巡检系统获得的短波病害图像

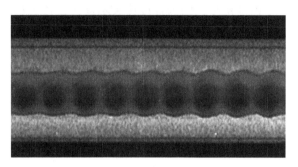

图3　钢轨表面检测系统获得的短波病害图像

校核来提高识别准确率，校核的依据是轨道巡检系统拍摄的巡检图像。第一种获得钢轨表面图像的方法是通过车载轨道巡检系统。该系统通过高分辨率线阵相机按照等距扫描的方式对轨道的图像信息进行采集。其拍摄的短波病害图像如图2所示。

由于钢轨光带反光程度较高，在轨道巡检中，可能会出现过度曝光的问题。第二种获得轨道图像的方法是凭借专门的钢轨表面检测系统，该系统可以通过电驱小车或者电客车搭载，其拍摄的短波病害图像如图3所示。

2.2　训练集完善

人工复核结果可以进一步作为有监督机器

学习算法的训练样本，进一步提高模型的识别准确率，形成正向循环。

3　智能监测系统

3.1　短波病害分类

为实现对某条线路的轨道短波病害进行全局描述和信息化管理，需要对病害进行分类。根据周期型和冲击型短波病害的时频域特征，结合既有的钢轨损伤分类分级标准，归纳出短波病害分类流程如下：

（1）通过运营电客车或城轨综合检测列车车辆动力学响应测试系统，获得列车轴箱振动加速度信号。

（2）采用小波变换和经验模态分解等数据处理方法，然后选取适当的分析窗长进行时频分析，获得某里程区间范围内的轴箱振动加速度信号的二维图像。

（3）采用图像识别、深度学习等方法判断是否为周期型短波病害，如果是，则判断为钢轨波磨病害，进一步地，对波长和波深等参数进行识别；如果不是，则判断为冲击型病害或者正常钢轨。

（4）利用神经网络模型，对冲击型病害类型进行判断，初步结果判断为正常钢轨、轨下不良、道岔不良、焊接接头不良等类型。

（5）初步判断为道岔不良的，和基础设施台账进行对比，核查该冲击型病害所在里程是否位于道岔区，如果是，则判断为道岔不良。

（6）初步判断为焊接接头不良的，核查病害间距是否为25m，如果是，则判断为焊接接头不良。

（7）如果并非焊缝问题，则判断为钢轨擦伤、硌伤或剥离掉块等病害。

（8）通过巡检图像、实地观测等方法复核病害的类型和位置。

（9）对各种病害进行编码标记和里程对齐，录入信息化管理系统。

3.2 智能监测与分析

在城市轨道交通基础设施智能运维平台中嵌入轨道短波不平顺病害智能监测系统。结合智能运维平台在多源数据分析方面的优势，该智能监测系统可以调用车辆动力学、轨道巡检等多源数据对轨道短波不平顺病害进行自动分析和展示。对于分析结果，工作人员可以结合巡检图像等信息进行二次复核，以保证识别的准确性。

对于周期型短波病害，该智能监测系统可自动抓取车辆动力学系统中的轴箱垂向振动加速度数据，并基于预设的阈值实现钢轨波磨区段的自动检测与分析。对于冲击型病害，该系统可以实现不同病害的自动分类。

在数据展示方面，在空间上可以显示某条线路的短波不平顺分布情况，还可以对不同短波病害进行区段统计。对于需要关注的重点区域，系统会自动给出提示。还可以和轨检数据、基础设施台账等进行关联分析，探讨波磨等短波病害产生的原因。在时间上，该系统可以对多期监测数据进行对比分析和趋势分析。

该系统还内置了短波病害的治理措施，针对检测后快速响应的实际需求，该系统还设计了自动导出报告的功能，可以对当期的测试结果进行自动化生成，并根据目前短波病害的情况给出处理建议。

4 结语

通过对城市轨道交通轨道短波不平顺病害进行识别、分类和信息化管理等流程，可以实现对轨道短波病害的智能监测。主要结论包括：

（1）对于周期型短波病害，在传统惯性基准法的基础上，运用经验模态分解和小波降噪方法对时域信号进行处理，然后设计积分器对处理后的信号进行积分，最终可以得到钢轨波浪形磨耗波形。

（2）对于冲击型短波病害，选取适当的分析窗长，通过时频分析获得二维图像，建立不同病害的测试集，然后采用图像识别技术对全线的病害进行筛查，对识别出的轨道短波病害进行人工复核来提高准确率。

（3）提出了短波病害的分类流程，建立轨道短波病害智能监测系统来管理监测数据，并嵌入到城市轨道交通智能运维平台中，实现对轨道短波不平顺病害的高效管理。

参考文献

[1] 徐晓迪. 轨道短波病害时频特征提取和动态诊断方法研究 [D]. 北京：中国铁道科学研究院，2019.

[2] 赵正阳，王文斌，陈万里，等. 城轨基础设施智能运维平台设计与应用 [C]// 中国城市科学研究会. 2023 年. 智慧城市与轨道交通峰会论文集，2023.

[3] 蔡宇晶，高凡，孟宇坤，等. 城市轨道交通设备智能运维系统设计及关键技术研究 [J]. 铁路计算机应用，2023，32（7）：79-83.

[4] 张磊，樊茜琪，韩斌，等. 城市轨道交通基于智能运维的维护管理新模式研究 [J]. 铁路技术创新，2023（3）：157-162，169.

[5] 刘金朝, 陈东生, 赵钢, 等 . 评判高铁轨道短波不平顺病害的轨道冲击指数法 [J]. 中国铁道科学, 2016, 37（4）: 34-41.

[6] 王凯峰, 李明航, 李玉路, 等 . 基于城轨电客车轴箱振动加速度的轨道短波不平顺识别方法 [J]. 现代城市轨道交通, 2023（1）: 90-94.

[7] 晏兆晋, 高翠香, 徐晓迪, 等 . 基于车辆响应的高速铁路周期性轨道短波病害时频特性分析 [J]. 中国铁道科学, 2020, 41（1）: 10-17.

[8] 张松兰 . 基于卷积神经网络的图像识别综述 [J]. 西安航空学院学报, 2023, 41（1）: 74-81.

[9] 吴泽宇, 王文斌, 魏志恒, 等 . 基于智能图像识别的轨道交通钢轨焊接接头识别 [J]. 城市轨道交通研究, 2023, 26（10）: 11-16.

图像识别技术在轨道交通供电安全检测上的应用

白佳凯[1*]　魏志恒[1]　戴华明[2]　周于翔[1]　刘斐然[1]

[1.中国铁道科学研究院集团有限公司城市轨道交通中心，北京 100081；

2.铁科院（北京）工程咨询有限公司，北京 100081]

摘　要："受电弓－接触网"系统是城市轨道交通的重要组成部分，其运行状态直接影响电客车供电系统的运行安全，因此在线路建设运行期间对该系统进行检测以保证电客车电力传输的可靠性和安全性至关重要。传统的人工巡检方法效率低、劳动强度大，受检测人员主观判断影响较强，难以满足日益增长的运营需求，给城市轨道交通的运营保障和进一步健康发展带来了挑战。图像识别技术则因其智能化程度高，检测灵活性强且精度较高的特点，近年来在城市轨道交通系统安全状态检测中逐步得到广泛应用。本文将从受电弓状态检测与接触网状态检测两个方面对图像识别技术在城轨供电安全检测上的应用进行概述，分析各类检测技术的原理及优缺点，并对图像识别技术应用于城市轨道供电系统检测领域的未来进行展望。

关键词：轨道交通；图像识别；综述；供电安全检测

截至 2023 年 12 月 31 日，我国内地地区已有 59 个城市开通城轨线路城市轨道交通，投运线路总长度 11232.65km，地铁 8547.67km，占比 76.10%。"十四五"期间，国内城轨运营里程预计新增 3000km，仍处于快速发展期[1]。随着线网规模逐步扩大，城轨基础设施服役年限逐渐累积，城轨设备故障及设施老化等问题引起的运营故障率和维修成本日益增多。弓网系统作为城市轨道交通供电系统中的关键组成部分，担负着牵引网电能输送给电力机车使用的重要任务。由于受电弓与接触网之间力学、电气作用相对复杂，其故障率一直较高，严重影响城市轨道交通的安全。因此如何运用先进的检测技术及检测模式实现城轨供电系统状态检测，从而保证列车平稳、安全运行是城市轨道交通行业面临的一大难题。

目前弓网检测主要采取人工检测、接触式检测、非接触式测距技术检测，以及非接触式图像处理技术检测四种技术手段[2]。传统弓网检测以人工作业检测作为主要手段，需要检修人员依靠目视对受电弓及接触网异常状态进行判断，检修效率较低且受人为因素影响较大，检测精度不高。接触式检测及非接触式测距检测则主要采取在检测系统当中集成相应接触式/非接触式传感器的方式对弓网各项技术指标进行检测[3-5]，相对于人工检测，检测精度及检测效率大幅提高，但各种检测设备检测项目相对单一，检测多项项点时整体检测系统结构相对复杂，灵活性较差。基于非接触式图像处理技术的弓网检测方法相比其他三种技术

基金项目：北京市自然科学基金—丰台轨道交通前沿研究联合基金（基金编号：L231005）；铁科院（北京）工程咨询有限公司科研开发基金（基金编号：2022ZXJ004）。

* 白佳凯（1998—），男，汉族，黑龙江省哈尔滨市人，硕士，目前从事城市轨道交通检测设备研发工作。E-mail：1073999140@qq.com

手段而言智能化程度高，检测灵活性强且精度较高，因此近年来得到越来越广泛的应用[6-8]。本文将主要从受电弓状态检测与接触网状态检测两个方面，针对图像识别技术在城轨供电安全检测上的应用进行概述，并总结展望图像识别技术在城轨供电安全检测方面的研究趋势与研究前景。

1 图像识别技术在受电弓状态检测上的应用

"受电弓－接触网"系统是电气化铁路重要组成部分，而受电弓碳滑板作为电力机车的核心受流部件，其状态直接影响着电力机车是否能够正常运行。21世纪初，国内外的专家学者对受电弓异常状态的自动化检测做了大量的研究，先后提出光纤检测、激光检测和超声波检测等方法，为受电弓碳滑板检修提供了更加高效的检测手段。随着技术的进步，上述方法的局限性越来越多，主要体现在精度不足、成本较高和鲁棒性差等问题。近年来随着深度学习等技术的发展，越来越多的学者开始尝试将计算机视觉技术引入到受电弓检修行业中[7-8]。

1.1 受电弓磨耗检测

近年来随着地铁线网的不断发展，运营客流量不断增加，受电弓碳滑板磨耗程度呈不断加快之势[9]。因此针对受电弓碳滑板磨耗的自动化检测方法逐渐成为研究热点。国内外基于图像处理技术对受电弓磨耗进行检测主要可分为传统图像处理方法与基于卷积神经网络进行检测两种方法[10]。

传统图像的处理方法主要基于检测系统观测下受电弓结构边缘轮廓分明的特点（图1），

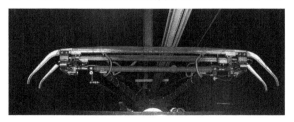

图1 弓网检测系统下受电弓图像

对受电弓进行边缘检测、直线检测等算法处理后，对受电弓碳滑板位置进行定位，并随后根据其边缘图像进行磨耗程度判断检测[11]。文献[12]基于传统图像处理方法，对图像进行Canny边缘检测、Hough变换等处理后截取碳滑板区域，选取滑板颜色直方图与其边缘轮廓曲线作为特征提取，基于SVM向量机进行碳滑板破损判别。文献[13]针对传统基于Canny算子的边缘检测方法检测精度低，且边缘线段连续性较差的问题，提出了一种基于Canny准则的多尺度小波边缘检测算法，相对传统边缘检测算法，边缘细节更加清晰且保持较强的单边响应能力。文献[14]则首先使用各项异性扩散和双边滤波相结合的级联滤波器对图像进行去噪后，采用Scharr算子确定边缘梯度幅值，并引入Otsu算法根据图像灰度分布特点自主确定灰度分割阈值；最后利用形态学思想和Zhang-Suen细化算法对边缘轮廓进一步完善，消除边缘中可能出现的细微空洞，进而进行高精度碳滑板边缘检测。

基于传统图像处理方法进行受电弓磨耗检测相对来说易于实现，但因该方法碳滑板难以精准完全提取，以及泛用性、鲁棒性较差的问题，使得其无法广泛应用于检测系统当中。近年来，基于深度学习方法进行受电弓磨耗检测逐渐成为研究热点。其主要依靠卷积神经网络对图像中受电弓位置及碳滑板边缘进行提取，对提取后的边缘图像进行二次处理从而实现受电弓磨耗程度判别。

文献[15]基于MaskR-CNN网络对滑板区域进行定位后对目标图像进行二次截取，根据二值化后的滑板图像进行磨耗程度计算。文献[16]针对碳滑板磨耗边缘难以精准、完整提取的问题，提出了一种应用自适应思想的改进Canny算子实现较为完整的碳滑板磨耗边缘提取，并针对该方法算法速度较慢、实时性较差的问题，分别使用基于U-Net改进的LK-U-

Net 网络及引入 SEM 模块的 Pidinet 网络提取碳滑板磨耗边缘，实现较高效率的碳滑板完整边缘图像提取。

1.2 受电弓裂纹检测

受电弓裂纹的成因通常包括长期的机械疲劳、环境腐蚀，以及与接触网的摩擦接触等因素。裂纹的产生可能导致受电弓功能失效，影响列车的正常运行，甚至可能引发安全事故。因此定期进行受电弓裂纹的检测对于确保列车安全运行至关重要。通过使用先进的图像识别技术进行分析，可以及时发现受电弓的微小裂纹，从而在问题恶化前进行维修或更换，保障列车的安全、可靠运行。

文献[15]采用传统图像处理方法对受电弓滑板裂纹进行检测，利用图像平滑、直方图均衡等方法去除光照对受电弓影响后，对预处理图像进行膨胀腐蚀操作，接着进行连通域标注，利用裂纹的面积与边缘线的面积有明显差别的特性从而筛选出滑板上的裂纹。文献[17]采用基于局部方差的局部对比度增强算法对裂纹图像进行图像增强后，利用 Hough 变换检测图像中的横向直线从而截取滑板图像，采用基于移动平行窗扣（TPW）的滑板裂纹识别方法检测滑板上表面是否存在裂纹。文献[18]采用在 U-NetEncoder 部分的下采样阶段逐层添加 CBAM 注意力机制的方法使 U-Net 能够提取到更多有效的全局和局部细节信息，从而提升网格对滑板裂缝的检测能力。

1.3 受电弓其他病害检测

在城轨列车运行过程中受电弓还可能出现中心线偏移、羊角缺失等病害，以上病害皆会影响列车的动力供应和运行稳定性，利用图像识别技术对以上病害进行检测同样具有重要意义。

弓头中心线偏移定义为弓头结构中心到轨道中心的偏移距离。中心线偏移可能导致受电弓与接触网的接触不良，进而影响列车的动力供应和运行稳定性。目前受电弓中心线偏移测量大多基于模板匹配方法定位受电弓两侧羊角特征点后得到受电弓中心点位置，将受电弓中心点位置列坐标与标准中心值做差，从而得到受电弓中心线偏移量[19-21]。

针对羊角缺失病害的检测主要通过对图像进行滤波处理后利用卷积神经网络实现羊角特征提取、判别等操作。在文献[22]中作者融合 Gamma 变换与 CLAHE 算法大幅减轻了光照对图像质量的影响，分别使用 YOLOv4 与 FasterR-CNN 网络对受电弓羊角的异常状态进行了检测，并分别使用两种算法对比，结果显示整体来看两种算法准确率与召回率皆在94% 以上，但在视频帧数方面 YOLOv4 具有更大优势。文献[23]基于图像目标检测网络算法模型 YOLOv3 对受电弓及羊角缺陷分别进行一级定位与二级定位，并进行异常检测，经测试检测准确率达到 90% 以上。文献[24]中作者为降低模型的参数数量、保证模型的计算速度，采用 NIN 全卷积神经网络作为骨架网络对图像进行羊角破损、形变识别操作，识别准确率达 84%。

2 图像识别技术在接触网状态检测上的应用

城市轨道交通接触网主要分为刚性接触网及柔性接触网两种（图2），刚性接触网悬挂主要应用于地下段隧道区间，主要由支持定位绝缘装置、接触线、汇流排等组成，结构相对简单，可靠性较高。柔性接触网结构则主要适用于地面线路及高架线路，结构相对复杂，由支柱基础、支撑装置、定位装置及接触悬挂四部分组成，可靠性相对较低，检测维修工作量大。由于城市轨道接触网在列车运行过程中承担着电力供应的重要职责，接触网状态决定着电力传输效率及车辆运行状态安全，因此对城轨接触网状态进行检测具有重要意义[25-26]。

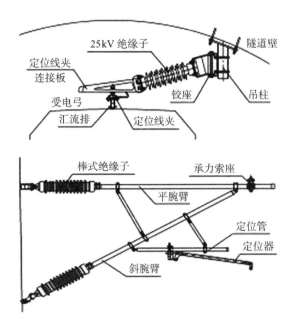

图 2　刚性与柔性悬挂架空接触网结构

2.1　接触网磨耗检测

电力接触网是电力机车动力输送的主要通道，接触网长期与受电弓的滑动接触会使接触线产生磨损导致接触线截面积减小，从而导致列车电气传输效率下降、能耗增加，乃至对列车行驶安全产生隐患。为了确保接触网导线与受电弓的受流质量，以及城轨电客车的供电安全，接触线磨耗检测至关重要。由于传统的人工定点接触线磨耗检测方法存在工作强度大、效率低、不准确等问题，因此采用机器视觉技术进行接触线磨耗检测成为一种有效的解决方案。目前主要运用单目相机、双目相机及结构光检测三种方案对接触线磨耗进行检测。

单目检测方案具有的图像处理算法的整体设计要求较高、鲁棒性差[27]的特点使其无法被广泛应用于接触线磨耗检测当中。双目立体视觉检测方案主要通过两个摄像头获取不同视角的图像从而获得接触线的三维信息，并将图像中的像素坐标转换为世界坐标系下的物理坐标，以计算接触线的磨耗。因双目立体视觉方案具有测量精度高、检测范围大等优点，使得该方法被广泛应用于接触线磨耗的测量当中。

文献[28]设计了一种基于双目视觉的接触线磨耗在线检测系统，针对以往双目视觉方案算法运行时间较长、误差较大的问题，应用递归逼近高斯滤波方法提高速度，并对磨耗误差进行了详细的分析，测量精度可达 0.55mm。文献[29]针对刚性接触网几何参数测量中定位效果不佳的问题提出了一种改进的 TLD 定位算法，在检测阶段采用改进核相关滤波算法 SVM 对其进行替换，并在跟踪阶段引入接触网运动特征，并采用改进的 KCF 算法，从而有效改善接触网定位效果。

基于结构光的检测方案则主要通过结构光相机对接触线底部轮廓进行扫描，获取接触线轮廓图像，利用表征接触线轮廓边缘的特征点进行磨耗角度测量，从而获得更精确的磨耗数据。相对于单目相机监测方案与双目相机检测方案，结构光检测方案可以在获取磨耗具体数值的基础上获取接触线轮廓图像，从而更直观地了解接触线磨耗的具体形态。如文献[30]基于结构光的解相位技术获取接触网图像的三维信息后对图像进行滤波去噪及边缘检测处理后得到接触线磨耗程度。文献[31]使用 2D 激光传感器检测接触网的轮廓数据，通过对点云数据进行预处理、补充、拟合，确定接触线圆心的位置后通过接触线圆心和接触线的几何特点计算接触线的磨耗。文献[32]采用线结构光三维测量原理提取结构光中心条纹，建立接触网检测区域深度信息的三维空间模型，并采用双重均值的方法计算接触网区域深度值，进而得到接触网的缺陷程度情况。综上，基于结构光的接触网导线磨耗检测方法在轨道交通维护中具有广泛的应用前景，有助于确保城轨供电系统的安全可靠运行。

2.2　接触网悬挂病害检测

城轨电客车运行时间长、频率高的特点使得城轨接触网零部件的受力及振动频率大幅增加，接触网零部件的安全问题尤为突出。因此对接触网零部件状态缺陷的检测对保障列车正常运行有着重要意义。目前城轨接触网悬挂检测系统主要通过在车辆顶部安装高清相机、补光灯等部件采用补偿光源照明拍摄目标区域，实现行车沿线接触网悬挂设施高清成像，从而清晰反映出相机可视范围内存在的接触网零部件的松脱、断裂、缺失、破损等故障信息[33]。

文献[34]采用 SURF 算法提取绝缘子特征后，通过色彩空间转换、特征提取等方式确定绝缘子颜色特征从而实现污秽的识别与分类功能。文献[35]采用基于 HOG 特征结合支持向量机的方法实现每一片绝缘子的精准定位，基于绝缘子投影实现破损检测。文献[36]利用 SIFT 算法在接触网支撑与悬挂装置图像与标准旋转双耳图像之间进行局部特征点匹配实现旋转双耳的定位，随后利用边界追踪方法提取上边界曲线，并与正常情况下弯曲度曲线在对应点作差分从而判断是否有故障存在。文献[37]采用 SURF 局部特征提取法对管帽、开口销等待识别图像特征进行提取，并基于 AdaMiX 模型进行图像识别操作，检测成功率在 90% 以上。文献[38]利用模板匹配方法计算目标图像与样本模板间的相关匹配亮度，实现销钉缺失、绝缘子闪络等病害检测。文献[39]基于改进后的 YOLOv4-tiny 算法实现绝缘子脏污、T型螺栓、底座螺母松动等病害的识别，总精度达 90% 以上。

由于接触网零部件种类数量较多，背景环境相对复杂，使得基于深度学习方法的图像识别技术在检测精度、检测效率上，以及鲁棒性上相对传统图像处理方法更佳，因此更加广泛地应用到接触网悬挂病害检测当中。

2.3 接触网燃弧检测

城轨接触网燃弧是由于受电弓与接触网在动态运行过程中的接触不稳定，导致空气间隙被击穿引起的放电现象。这种现象可能因为受电弓滑板与接触线之间的分离、电流变化、速度变化等多种因素引起。燃弧的危害包括对接触网和受电弓滑板的严重烧蚀，长期作用下可能导致接触线表面不平滑，甚至导致断线，严重影响弓网受流质量和列车运行的安全性。传统图像处理方法主要基于燃弧发生瞬间其周围亮度与整体环境之间存在较大差异的思路设计整体检测算法，如文献[40]设计了一种针对光源特征的自适应算法，对采集视频的每一帧利用灰度直方图进行自适应阈值判断，并选取两个峰值间的谷底值作为新阈值从而将改帧图像转化为二值图像，并对处理后图像进行检测。

深度学习方法同样在接触网燃弧检测过程中有所应用。文献[41]基于改进 FasterRCNN模型对燃弧区域进行提取，并基于改进 VGG16 网络和改进 FasterRCNN 模型的对燃弧图像进行分类与定位。文献[42]基于 CNN模型来检测弓网系统中的电弧并获取其大小。然而由于电弧样本较少，使得在使用深度学习训练模型时面临着用于数据样本不足的问题。针对此问题，文献[43]采用生成对抗网络的方法将电弧迁移到列车正常运行的图片当中从而扩充弓网电弧图片数据集，并通过相关滤波器验证了生成图片的可行性。

3 结语

本文从受电弓状态检测及接触网状态检测两个方面介绍了图像识别技术在城轨供电安全检测上的应用。伴随着城轨线网规模的不断扩大及安全要求的不断提高，以小型设备和人工目视检查为主的检测方式已经不能满足城轨的检测需求[44]。随着近年来深度学习及人工智能等领域的迅速发展，图像识别技术将在城轨供电安全领域拥有更加广泛的应用前景[45-46]。未来图像识别技术在城轨供电安全检测上的应用将在以下方面进行进一步提升：

（1）多模态融合检测：在检测图像外考虑融合其他传感器数据，如红外图像、激光雷达等，实现对城轨供电系统的多模态融合检测以提高识别的准确性和鲁棒性。

（2）实时性和效率：进一步优化算法，提高识别速度，使其适用于更复杂的实时系统，实现高精度实时检测。

（3）自适应学习：探索自适应学习方法，使系统能够自动适应不同场景和环境的变化，进一步推动检测系统智能化发展。

综上，可以预见随着计算机硬件的进步和算法效率的提升，基于机器视觉的检测技术将与深度学习、人工智能等尖端技术相结合，其在轨道交通状态检测中的应用将变得更加广泛和成熟。这些技术的融合将极大地增强城市轨道交通供电系统的安全性和可靠性，为城市轨道交通基础设施养护维修和管理人员提供养护维修建议及技术决策支持，成为城市轨道交通安全、秩序、舒适和经济的运营重要保障。

参考文献

[1] 张文韬，卢剑鸿，姜彦璘.智慧城轨发展现状分析及建议[J].现代城市轨道交通，2021（1）：108-111.

[2] 韩志伟，刘志刚，张桂南，等.非接触式弓网图像检测技术研究综述[J].铁道学报，2013，35（6）：40-47.

[3] 刘芳，王黎，高晓蓉，等.受电弓与接触网间的接触压力检测研究[J].电力机车与城轨车辆，2006（6）：19-21，54.

[4] 尹保来，王伯铭.超声波测距原理在受电弓磨耗检测中的应用[J].机车电传动，2008（5）：57-59.

[5] 孙丰晖，王伯铭.双滑板受电弓磨耗的超声波检测方法[J].机电产品开发与创新，2011，24（3）：129-131.

[6] 杨卢强，韩通新.基于高清图像处理的弓网检测识别算法[J].铁道机车车辆，2016，36（5）：82-84.

[7] 周琼珺，严燕，范佳佳.弓网监测系统在地铁车辆上的应用[J].电力机车与城轨车辆，2020，43（4）：88-90.

[8] 林更泽，林美莲，何洪伟，等.城轨列车车载网轨隧综合智能检测系统设计研究与应用[J].现代城市轨道交通，2021（S1）：86-90.

[9] 蒋灵君.刚性接触网线路车辆碳滑板异常磨耗分析[J].现代城市轨道交通，2011（3）：43-45.

[10] 印祯民，李春广，曾要争.弓网检测系统在全自动无人驾驶地铁中的应用[J].城市轨道交通研究，2018，21（6）：131-135.

[11] 李永光，李晨亮，李立照，等.受电弓碳滑板病害边缘检测技术研究[J].中国铁路，2018（6）：76-81.

[12] 杨卢强.基于机器学习的接触网图像检测的研究[D].北京：中国铁道科学研究院，2017.

[13] 张辉，罗林，王黎，等.基于改进多尺度小波的受电弓滑板边缘检测[J].信息技术，2015（3）：190-192，196.

[14] 杨君，郭佑民，王建鑫，等.基于改进Canny算法的受电弓碳滑板边缘检测方法[J].机车电传动，2023（4）：90-97.

[15] 孙悦.城轨列车受电弓滑板裂纹与磨耗检测研究[D].南京：南京理工大学，2021.

[16] 王棣青.城轨列车受电弓碳滑板磨耗边缘提取技术研究[D].北京：北京交通大学，2023.

[17] 陈双.基于图像处理的受电弓故障检测算法研究[D].南京：南京理工大学，2017.

[18] 赵大可.基于深度学习的城轨列车受电弓碳滑板表面掉块及裂纹检测[D].北京：北京交通大学，2023.

[19] 朱均，黄丹丹，郑晓飞.列车受电弓轨旁检测系统的应用研究[J].科技与创新，2021（23）：170-171，174.

[20] 胡雪冰.基于图像处理的受电弓故障在线检测系统研究[D].南京：南京理工大学，2019.

[21] 江伟，张宝林.列车受电弓在线自动检测系统的应用研究[J].城市轨道交通研究，2021，24（3）：200-202，206.

[22] 寇皓为.基于计算机视觉的受电弓羊角异常检测与分类系统研究[D].成都：西南交通大学，2022.

[23] 王鲲鹏，李伟.基于深度学习的受电弓羊角异常智能检测方法[J].中国设备工程，2023（9）：192-194.

[24] 胡斌.基于机器视觉的受电弓状态在线检测技术研究与应用[D].厦门：厦门大学，2020.

[25] 赖文烨.地铁接触网检测技术及发展应用分析[J].现代城市轨道交通，2018（8）：21-24.

[26] 魏秀琨，所达，魏德华，等.机器视觉在轨道交通系统状态检测中的应用综述[J].控制与决策，2021，36（2）：257-282.

[27] 毕铁艳.电力机车接触线动态磨耗检测技术研究[D].大连：大连交通大学，2005.

[28] 王延华，李腾.基于双目视觉的接触网磨耗在线检测研究[J].计算机工程与应用，2018，54（5）：242-246.

[29] 李昊.基于双目线阵视觉的刚性接触网几何参数测量技术研究[D].成都：电子科技大学，2023.

[30] 吴旭东.基于3D相机的接触网导线磨耗测量方法分析[J].运输经理世界，2024（1）：155-157.

[31] 聂箫.轨道交通接触网磨耗和弓网动态几何参数检测算

法研究 [D]. 成都：西南交通大学，2022．

[32] 刘贺．基于线结构光的轻轨接触网缺陷三维检测方法研究 [D]. 重庆：重庆大学，2017．

[33] 马志鹏，袁万全，周于翔，等．基于YOLOv4 目标检测算法的城市轨道交通刚性接触网悬挂状态智能检测系统的设计与应用 [J]. 城市轨道交通研究，2023，26（10）：153-157．

[34] 高宇．基于机器视觉的接触网绝缘子污秽检测技术研究 [D]. 兰州：兰州交通大学，2017．

[35] 游诚曦．基于接触网成像技术的绝缘子故障检测方法 [J]. 现代城市轨道交通，2019（10）：5-10．

[36] 韩烨，刘志刚，韩志伟，等．基于SIFT 特征匹配的高速铁路接触网支撑装置耳片断裂检测研究 [J]. 铁道学报，2014，36（2）：31-36．

[37] 张丕富．图像识别技术及神经网络在接触网病害识别中的应用研究 [J]. 电气化铁道，2018，29（6）：73-76．

[38] 谢大鹏，孙忠国．图像识别技术在接触网悬挂状态检测中的应用 [J]. 电气化铁道，2014（2）：34-36．

[39] 陈茹．城轨交通接触网悬挂状态智能检测算法及应用 [J].

中国铁路，2024（2）：161-167．

[40] 赵明杰．基于图像处理的接触网状态检测研究 [D]. 成都：西南交通大学，2013．

[41] 叶鏖．基于图像深度学习的弓网燃弧检测方法研究 [D]. 成都：西南交通大学，2022．

[42] HUANG S，ZHAI Y，ZHANG M，etal.Arc detectionand recognition in pantograph-catenary system based on convolutional neural network[J].Information Sciences：An International Journal，2019，501：363-376．

[43] 郑伟航．基于视频的城市轨道交通弓网电弧检测 [D]. 郑州：郑州大学，2022．

[44] 靳守杰，魏志恒，王文斌，等．城市轨道交通综合检测车应用分析 [J]. 现代城市轨道交通，2021（11）：69-73．

[45] 王黎，赵娜，王强．城市轨道交通电客车技术发展趋势展望 [J]. 现代城市轨道交通，2022（7）：1-4．

[46] 李义岭，喻彦喆，姚克民．城市轨道交通智能化及可持续发展现状分析与展望 [J]. 现代城市轨道交通，2021（11）：90-94．

太原市轨道交通服务质量评价结果分析与服务质量提升措施

夏　伟　郝欣雨　刘飞龙

（太原中铁轨道交通建设运营有限公司，太原030000）

摘　要：乘客对城市轨道交通服务质量的要求越来越高。本文介绍了城市轨道交通服务质量评价体系；对太原城市轨道交通线网服务质量第三方评价结果进行了分析，了解和把握了太原轨道交通的服务现状，发现了运营服务中的薄弱环节；提出了具有针对性的城市轨道交通服务质量提升措施。

关键词：城市轨道交通；服务质量评价；乘客满意度；提升措施

城市轨道交通是城市公共交通的骨干，其运行状况与其功能密切相关。城市经济的快速发展提高了居民出行的频率。为满足居民出行需求、缓解道路交通压力，提高城市轨道交通服务质量显得尤为重要。本文通过分析太原轨道交通 2021—2023 年服务质量评价结果，剖析影响服务质量评价的主要因素，制定提升轨道交通服务的有效措施，加强服务保障，提升服务能力。

1　城市轨道交通服务质量评价概述

为规范城市轨道交通服务质量评价工作，推动城市轨道交通服务质量提升，根据《交通运输部关于印发〈城市轨道交通服务质量评价管理办法〉的通知》（交运规〔2019〕3 号）和《交通运输部办公厅关于印发〈城市轨道交通服务质量评价规范〉的通知》（交办运〔2019〕43 号）要求，城市轨道交通所在地城市交通运输主管部门或城市人民政府指定的城市轨道交通运营主管部门负责组织开展本行政区内的城市轨道交通服务质量评价工作，评价应遵循合法、合理原则，坚持客观公正、实事求是，坚持公开公平，坚持以乘客为中心。开展城市轨道交通服务质量评价的目的是建立常态化的服务质量监督机制，了解和把握轨道交通的服务现状，及时发现运营服务的薄弱环节，采取有针对性的改进措施，不断促进轨道交通服务能力提升，满足居民出行需求，改善居民生活环境，促进民生改善。城市轨道交通服务质量评价体系评价内容包括乘客满意度评价、服务保障能力评价及运营服务关键指标评价 3 个部分，基础分值为 1000 分。

表 1　2021—2023 年太原市城市轨道交通 2 号线服务质量第三方评价结果

项目	2021 年	2022 年	2023 年
乘客满意度评价	280.8	281.52	282.15
服务保障能力评价	292.7	296	296
运营关键指标评价	380	376	384
服务质量评价线路得分	918.5	953.52	957.15

由表 1 可见，太原市城市轨道交通 2 号线服务质量逐步提升。

2　太原市城市轨道交通服务质量评价结果分析

2.1　乘客满意度评价结果分析

对第三方评价结果进行统计分析发现，从线路运营服务具体表现来看，乘客对于咨询、投诉和安全感比较满意。

经对不同出行目的的乘客满意度进行统计分析，可以看出出行目的不同的群体在相同的服务条件下其乘坐体验感存在明显不同，以就医为目的的乘客对轨道交通2号线有更高的期望，需要为此类乘客群体提供有针对性的特性服务，如加强医院信息指引提示、保障无障碍设施的在用状态等。

2.2 服务保障能力评价结果分析

对第三方评价结果进行统计分析发现，从具体表现来看，乘客对于问询、乘车和购检票比较满意。

在乘客进出站方面，标志标识、一卡通方面需要进行重点提升。车站出入口附近城市轨道交通导引标识的设置需进一步完善，方便乘客确认地铁位置；部分车站的站内导向标识不够连续，站外无障碍设施指引不够醒目。

2.3 关键运营指标评价结果分析

对第三方评价结果进行统计分析发现，在关键运营指标方面，客运设施可靠性得分较高，而行车服务得分相对较低，主要为"客运强度"指标得分偏低。

太原轨道交通2号线沿线部分地区尚未开发完成，且目前尚未形成网络化运营态势，可达地区和站点仍比较单一，因此对乘客的吸引力较低，导致线路"客运强度"指标得分偏低，待沿线开发完成和1号线建成开通后，预计客运量将有一定幅度的提升。

3 影响城市轨道交通服务质量评价的主要因素

根据太原市城市轨道交通服务质量评价情况，影响城市轨道交通服务质量评价的主要因素为安全感、便捷性、功能性和舒适度。

（1）安全感：体现为乘客在进出站、候车、乘车等全过程感觉安全可靠。城市轨道交通在确保运营安全有序的基础上，应为乘客提供优质温馨的服务，让每一位乘客都能快乐准时地启程，安全舒适地到达。安全感是影响服务质

量评价的最基本条件与因素。

（2）快捷性：是城市轨道交通所必须要具备的功能。如果轨道交通不具备便捷功能，其发展就变得毫无意义，不仅起不到缓解交通压力的作用，还在无形中增加了交通管理的负担。因此，前期设计时，应合理布局主要车站，以及线路途经的商业办公区域、学校、住宅、生活商圈等，以满足不同人群的出行需求。

（3）功能性：主要是指车站在满足乘客基本交通出行需求的基础上，应完善智慧系统、导向标志系统与基础服务设施等，使乘客能够享受到完善的服务。

（4）舒适度：是影响服务质量评价的重要因素。舒适度主要体现在：车站、客室环境的整洁性、温度适宜性，列车运行的平稳性、噪声的可控性，以及便民设施齐全、服务人员礼仪规范等。城市轨道交通具有较好的乘车条件，但仍需不断完善。

4 城市轨道交通客运服务质量提升措施

4.1 提升内部管理

（1）提高乘车安全性。安全是影响服务质量评价的重要因素。因此在城市轨道交通发展过程中，必须要充分重视安全问题，为乘客营造安全的出行环境。为保证乘客安全出行，避免乘客在乘车过程中出现踩踏事故，客运部门需要不断优化乘客乘车环节。首先优化时刻表，调整换乘站列车行车间隔，适当错开列车到站时间，避免换乘期间出现乘客抢上抢下行为，造成拥堵与踩踏。其次合理规划车站空间，采用铁马等保护乘客安全，在规定的空间内对乘客走向进行控制。最后在各项措施实施过程中，客运部门需要从乘客角度思考问题，增设各类标志，方便乘客出行。

（2）保持设备正常运转。城市轨道交通服务质量的有效提升离不开基础设备的正常运转，要维护基本设备的持续、可靠运行，主

要从以下几方面加以改进：一是定期维护设备，任何设备经过长时间运行都有可能产生各种运行故障，因而，要对设备定期开展检修，并将检修时间固定化、检修责任落实到个人。二是定期与设备提供方进行沟通，实时掌握设备软硬件更新的最新情况，并使轨道交通所使用的设备与最新设备形成同步发展，提升设备的运营效率。三是依靠自身研发力量，对关键性技术、设备进行攻关，尽可能解决基础设备运行中的瓶颈问题，必要时也可联系外部研发团队进行合作。基于基础设备的优化提升，一方面可以对城市轨道交通的正常运营提供保障，确保运营不出基本问题，不影响基本服务质量；另一方面，以基础设备的稳定可靠为依托，不断拓展其他辅助设备及软件设备，形成促进城市轨道交通提升的全面性、系统性设备保障。

（3）设置科学的导向标识。导向标识具有重要的导引作用，不仅可以帮助乘客迅速地确定方位，找到进口及出口，也可以保证交通的便捷、通畅。针对目前全国城市轨道交通导向标识方面存在的主要问题，应该从以下几个方面加以改进：一是增加轨道交通的地上导向标识，尤其是在近地铁、公交站附近设置导向牌，明确轨道交通的主要方位、便捷达到路线，使乘客能够以最快速度获取乘车信息。二是导向标识的设计需更加明确、人性化。轨道交通站内外导向标识的设计需要符合乘客的常识认知，不能制定不易理解，甚至容易产生误导性的标识；同时标识的设计也要考虑不同人群，尽量满足不同乘客的诉求。三是辅助导向标识的补充，可以在正常的导向标识外增加人工导向、语音导向等多种辅助导向标识，提高轨道交通服务的创新性与质量。

（4）创造舒适的乘车环境。城市轨道交通具有较好的乘车条件，车站和列车上装有空调，车站内设有自动售票系统等乘客自助服务设备，其舒适性优于公共汽车。如太原市轨道交通2号线推出"冷暖车厢"服务，"冷暖车厢"分为强冷、弱冷两种模式，列车1节和6节设定为"强冷车厢"，温度设置为24℃左右；列车2节～5节设定为"弱冷车厢"，温度设置为26℃左右，采用"同车不同温"分区控温的方式，满足不同乘客的差异化需求。为助力无障碍人士出行，太原市轨道交通2号线在车站站台设置候车座席、在列车上设置爱心座席，为老人、孕妇、残疾人等乘客提供方便，也有助于提高服务质量。

4.2　加强外部合作

（1）加大宣传力度，鼓励乘客文明乘车。乘客文明乘车能够在一定程度上减轻相关工作人员的压力，还能够推动城市轨道交通发展。可采用多种宣传方式，如广告、车载电视等，全面动员广大乘客，提高乘客文明乘车的意识。

（2）不断加强与车站周边政府部门的联系，共同推进文明城市、文明乘车目标建设，不断提高乘客文明乘车意识。在应急处置方面，需要加强与车站周边政府部门的协调，尽量缩小紧急情况对乘客造成的影响。

（3）定期开展服务质量的调查与分析，通过调查问卷、乘客座谈等形式。根据调查情况，不断完善服务。对服务质量进行评价，主要是为促进城市轨道交通不断发展。将服务质量作为开展工作的目标，激励员工不断提高服务质量，提高工作效率，推进工作高质量开展。

5　结语

城市轨道交通服务质量的提升是一项系统性工程，其主要路径有科学设计导向标识；采用多元化票务政策；提升安检工作效率和服务质量；加强站台岗引导、规范文明乘车秩序；提高工作人员素质、健全服务管理制度；确保基础设备稳定可靠；加深乘客互动了解。在具体的实现执行过程中，要根据不同城市的发展特色及具体服务问题进行路径的选择，且提升路径也要根据存在问题进行动态化调整。此外，城市轨道交通优化路径的执行过程中，离不开切实有效的保障措施，应该从组织、制度、人力、文化进行保障措施设计，扎实推进城市轨道服务质量的持续提升。

参考文献

[1] 李林波，郭晓凡，傅佳楠，等.基于云模型的城市轨道交通乘客满意度评价[J].同济大学学报（自然科学版），2019，47（3）：378-385.

[2] 黄维华，廖东升，卢洁辉.浅谈城市轨道交通乘客满意度调研[J].现代城市轨道交通，2008，2：37-39.

城轨车辆走行部 PHM 智能管理系统研究及实践

张 标¹* 麻全周² 李 洋²,³ 王月杏²

（1.天津一号线轨道交通运营有限公司，天津300101；2.天津智能轨道交通研究院有限公司，天津301700；

3.中国铁道科学研究院集团有限公司城市轨道交通中心，北京100081）

摘 要：运用 PHM、数字孪生、大数据等技术，研发设计了城轨车辆走行部 PHM 智能管理系统，涵盖实时监测中心、健康管理中心、事件管理中心、数据分析中心、资源管理中心五大中心，可实现走行部系统的状态实时监控、故障预警告警、健康评估与寿命预测，提升走行部系统运维安全保障能力，降低其故障率。

关键词：轨道交通；走行部；PHM；数字孪生；智慧运维

现代城市轨道交通列车运营速度提高、高峰时段载客量增大、线路和运营里程不断增加，基础设施设备的故障率随之攀升，导致运维难度和工作量倍增。2020年3月，中国城市轨道交通协会发布了《中国城市轨道交通智慧城轨发展纲要》[1]，明确指出要结合设备故障预测与健康管理，建立实现设备全生命周期管理的智能运维分析系统。故障预测与健康管理技术（Prognostic and Health Management，简称 PHM）利用先进的传感器技术，采集设备系统运行状态信息，运用算法模型，实现监测设备的健康状态管理和故障预测。

走行部作为车辆系统的关键设备，承载整个列车的重量和多种作用力，受到摩擦、振动和冲击等影响较大，存在裂纹、磨损或紧固件松弛等安全隐患。车辆走行部具有设计结构复杂、部件组成复杂、故障率高且故障隐蔽等特点。现有检修模式仍以计划修、故障修为主的情况下，存在实时性差、漏检风险大、检测结果综合性差、无法提前预警等弊端。为提升车辆走行部系统的运维管理水平，本文运用智能 PHM 技术，研发设计车辆走行部 PHM 智能管理系统，实现走行部系统的实时状态监控、故障预警告警、健康状态评估及预测，提升走行部系统运行的安全性，推动维修模式从计划修、故障修向状态修转变，降低维修成本[2]。

1 走行部检修业务现状

1.1 系统组成及常遇故障

走行部是城轨车辆在牵引动力作用下保障列车沿轨道线路运行的重要系统，具有走行、牵引导向、缓冲、减振、制动等功能，保障车辆安全平顺地沿钢轨运行并通过曲线。走行部的功能实现主要依赖转向架，转向架主要包括构架、轮对轴箱装置（车轮、车轴、轴箱装置）、牵引装置、驱动装置（牵引电机、齿轮箱）、基础制动装置、一系悬挂系统、二系悬挂系统，示意图如图1所示。

转向架结构复杂，零部件多，因此走行部系统是列车子系统中发生故障最多的系统。走行部故障类型如表1所示。

基金项目：城市轨道交通基础设施数字化模型快速建立方法及关键技术研究课题（基金编号：2023YJ087）。

* 张标，男，目前从事轨道交通运营管理。E-mail：641568242@qq.com

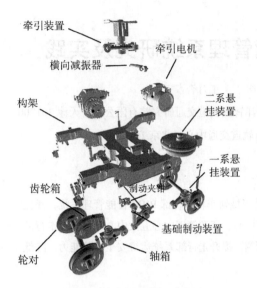

图 1　转向架结构示意图

表 1　走行部系统主要故障清单

部件	故障	部件	故障
传感器 1	轴箱传感器故障	传感器 2	轴箱传感器故障
	电机传动端传感器故障		电机传动端传感器故障
	齿轮箱传感器故障		齿轮箱传感器故障
轴箱	轴箱温度高	基础制动装置	轴盘损坏
	轴箱体有油脂		主变压器风机异响、振动
	轴箱体前盖故障		周盘及闸瓦温度过高
	轴箱防振橡胶变形		制动夹钳间隙过小
车轮踏面	车轮剥离		抗蛇形减振器故障
	轮对擦伤		主变压器风机异响、振动
	轮盘漏油	齿轮箱	齿轮箱漏油
	车轮踏面损伤		齿轮箱损伤
	轮盘损伤		齿轮箱小齿轮外筒偏移
架构	架构裂纹		齿轮箱油脂过期
	转向架节点破损		齿轮箱温度高

1.2　检修模式及现状分析

目前国内城市轨道交通车辆检修项目主要分为：列检（日检）、月检、定修（年检）、均衡修、架修、大修[3]，检修策略主要包括计划修和故障修。走行部的日常检修主要以目视、耳听的方式完成检修任务，检修精确度较低，难以发现隐患，重要故障依赖于架大修[4-5]。

同时，走行部的检修频率较低，检修项点多，拆卸复杂度高，检修费用较高。

2　系统架构设计

2.1　系统架构

以需求为导向，运用 PHM 技术、数字孪生技术、大数据技术等，研发设计车辆走行部 PHM 智能管理系统，实现车辆走行部的状态实时监控、故障处理处置、故障预测和健康管理、设备台账履历管理，总体架构如图 2 所示。

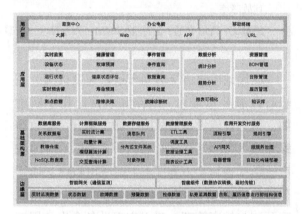

图 2　车辆走行部 PHM 智能管理系统总体架构

（1）边缘层

边缘层主要用于收集整车走行部数据，负责各类数据协议转换与边缘处理，以此构建系统数据基础。该层包含智能网关、智能组件，实现通信网络的状态监测、数据协议解析、数据转换与传输，传输数据包括走行部状态数据、实时监测数据、故障数据、预警数据、检修数据、车辆运行数据等走行部 PHM 智能管理涉及的数据种类。

（2）基础架构层

基础架构层提供数据集成整合能力，为应用层提供技术支撑。从数据库服务、计算框架服务、数据存储服务和数据管理服务四个方面，支撑应用层数据展示、数据调用、模型计算；提供流程引擎、规则引擎、微服务 API

（Application Programming Interface，应用程序接口）网关、微服务治理能力、自动化构建部署和容器管理，支撑应用开发、模型动态调整、功能模块耦合、系统自动化运维和持续集成。

（3）应用层

应用层对车辆走行部进行实时监测、健康管理、事件管理、数据分析和资源管理，提供各项应用功能的交互操作，实现对走行部的故障预警、健康评估、寿命预测和维修指导。

（4）用户层

系统主要面向地铁运营部门和检修部门，提供监控中心、终端办公电脑和移动终端的多端服务方式。

2.2 数据中台

数据中台可实现多源数据的整合、加工、存储，实现标准化，走行部 PHM 智能管理系统数据中台如图 3 所示。

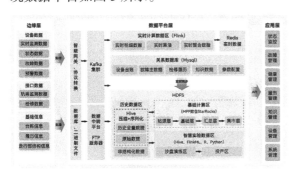

图 3　数据中台架构

数据中台可实时接入走行部系统的状态数据、基本信息、环境数据等，经过 ETL 标准化处理，存放于数据中台的数据系统层。数据系统层分实时计算数据区（Flink）、关系数据库（MySql 等）、历史数据区（Hive）、基础计算区（StarRocks 等）、智慧实验数据区（Hive、Flink ML、R、Python）。数据系统层提供可配置的协议转换规则，进行数据解析和重映射，实现数据中转，保障数据响应速率。

3　系统功能

车辆走行部 PHM 智能管理系统支持实时监测、健康管理、事件管理、数据分析、资源管理五大功能模块。功能架构如图 4 所示。

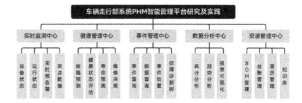

图 4　走行部 PHM 智能管理系统功能架构

（1）实时监测中心

实时监测中心具备车辆走行部设备及部件状态、列车运行状态、测点信息的实时监测功能，实现异常状态的实时预告警功能。同时，通过对各项监测指标的占比统计、趋势统计、分类统计等分析手段，多维可视化呈现设备的状态。

（2）健康管理中心

健康管理中心包括故障预测、健康状态评估、剩余寿命预测和维修决策功能模块。其中，故障预测模块基于预测模型、故障树机理预测系统未来发生故障的可能性、发生故障的时间及发生故障的部件。健康状态评估模块通过健康等级评定算法和模型，量化走行部整体健康状态，基于评估结果从总体上把握系统性能的优良程度，进行健康度趋势分析，提前感知系统性能下降。剩余寿命预测模块基于劣化度模型预测走行部各部件剩余工作时长。维修决策模块结合故障预测结果、健康评估结果和剩余寿命预测结果，提前安排运维计划和实施维护活动，健康管理中心为系统的维修决策提供依据，为精确化维修提供技术支持。

（3）事件管理中心

事件管理中心包括事件查询、数据查询、事件处置和故障诊断树功能模块。其中，事件查询模块以列表形式，全面展示历史故障、预警、模型事件信息，并支持查询和导出功能。

数据查询模块以波形图形式展示系统测点参数变化趋势数据，通过设置参数阈值，判断参数超标情况，辅助用户开展深度故障诊断研究。事件处置模块展示故障处理状态和处置措施。故障诊断树模块明确故障详细机理和联系，实现故障现象自动匹配故障原因功能，支撑故障定位和走行部全生命周期运维。

（4）数据分析中心

数据分析中心包括趋势分析、统计分析和报表可视化功能模块，实现对走行部各部件故障的发展轨迹与规律进行全方位分析和可视化展示，提升诊断的准确率。其中，趋势分析模块包括转向架冲击 dB 值趋势、冲击 SV 值趋势、振动值趋势、故障预警发生趋势、轴箱温度变化趋势等。统计分析模块通过整合故障信息、部件检测参数、健康评估等数据和智能算法，完成各类数据的统计计算。上述数据分析以图表等可视化形式展示，直观表达走行部运行状态。

（5）资源管理中心

资源管理中心包括 BOM（Bill of Materials，物料清单）管理、台账管理、履历管理和知识库功能模块。BOM 管理模块提供转向架结构和物料信息的全面描述。台账管理模块通过建立一车一档，精准查询到各线路、各辆车的转向架设备信息。履历管理模块可实时查询到走行部各部件的故障信息、维修记录信息、更换信息等。设备信息和参数、检修维修技术规程、故障案例和经验、模型参数等均纳入知识库管理模块，为检修决策、模型计算提供支持。资源管理支持编辑和导出功能，便于人工留档管理。

4 关键技术

4.1 数字孪生技术

数字孪生模型作为可视化手段之一，在车辆走行部 PHM 智能管理系统的实时监测中心、事件管理中心等功能模块中得到运用。模型构建依托的数字孪生技术以数字化方式对物理实体进行建模和描述[6]，目前已在城市管理、智能驾驶[7]、设施设备智能运维[8-9]等领域开展应用，解决了复杂系统状态的监测和预测问题。针对走行部运行工况、运行环境随机性大，结构和故障机理复杂的特点，建立走行部数字孪生体，实现走行部状态监测和预测。

基于数字孪生建模技术，对转向架和运行场景进行实体建模，在信息空间建立走行部的数字镜像。充分考虑转向架物理实体的几何尺寸、纹理、结构外形等信息，通过 BIM、3DMax 等三维建模软件，建立转向架三维可视化模型，然后导入三维模型引擎，作为走行部数字孪生驱动对象，如图 5 所示。三维模型融合轴箱温度、电机电流、车辆速度、轴承振动和冲击等测点监测数据、历史故障数据、预警数据等动态数据，实现对转向架可视化模型的动态驱动，形成走行部数字孪生体。

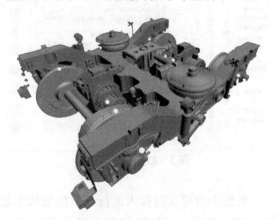

图 5 转向架三维可视化模型示意图

孪生体的应用价值在于信息快速生产能力和"数据－模型"配准能力。车辆走行部 PHM 智能管理系统将走行部各类历史数据与神经网络、贝叶斯算法等大数据技术融合，挖掘出测点监测数据与故障预、告警的影响机理，形成多元数据与故障、部件的映射关系，进而达到转向架三维模型与物理实体实时同步配准效果，实现转向架的数字孪生体实时反映走行部结构和状态、输出故障预测结果功能，提升处理响应速度。

4.2　数据处理技术

车辆走行部 PHM 智能管理系统支持多种数据接入协议，提供数据接口供信息交互和高级功能模块随时调用。大量运行数据和状态数据在实时完成粗处理后投放到 kafka 消息中心中，之后围绕业务算法模型计算，模型计算结果最终落入到 MPP（Massively Parallel Processing，大规模并行处理）架构的分布式关系型数据库 Greenplum 中。

在模型计算前，需对数据进行预处理，剔除错误信息和干扰信息。处理后的业务数据录入面向列式存储的分布式数据库 HBase 中进行存储及查询管理。此外，系统借助 Unity、E-Chart 等技术，实现数据可视化展示。

4.3　智能 PHM 技术

智能 PHM 技术通过整合故障物理学、机器学习、人工智能等技术，进行状态监测、故障综合诊断、故障预测、健康管理和维修决策[10]。走行部 PHM 实现故障预测、健康评估和寿命预测。

用人工神经网络和时间序列算法进行多元数据知识规律挖掘，通过训练走行部关键部件传感器监测的轴箱温度、电机电流、轴承振动和冲击等实时监测数据，结合历史数据和故障数据，建立故障预测模型，结合实时数据分析结果，预测故障发生概率。基于 Petri 推理技术和故障树模型，实现故障快速准确定位，完成部件故障预测。基于大数据分析技术，建立部件性能退化模型，设置失效阈值和失效概率，并结合部件运营里程、动作次数、设计寿命，实现部件寿命预测。

在智能 PHM 技术运用中，走行部具有结构复杂性和健康状态模糊性特点，因此，基于系统结构构建健康状态评估指标体系，将

层次分析法和模糊理论结合，并基于随机森林、神经网络算法，实现权重动态变化，建立走行部健康状态变化模糊综合评估模型，实现走行部健康评估功能，模型将在应用中反复优化和调整参数，不断提高评估结果的稳定性和准确性。

最后，融合故障预测、健康评估结果、寿命预测和修程信息，应用运筹优化算法提出走行部维修计划优化建议，支撑状态修。

4.4　智能分析技术

4.4.1　历史数据分析

通过 K-Means 聚类分析、时间序列分析、耦合分析，对走行部轴箱、齿轮箱、电机等部件的振动、冲击、温度等参数的发展轨迹和规律进行全方位分析，统计系统故障和预警事件，生成诸如报警预警趋势、故障类型统计、故障等级统计、故障部件统计等统计图，从不同维度和颗粒度识别数据变化，并为使用者提供运维决策辅助。

4.4.2　实时数据分析

基于指数平滑的 EWMA 趋势预测算法，利用大数据技术将历史温度数据、冲击数据和振动数据进行统计分析和建模，分析未来测点数据变化趋势。并运用 3Sigma 算法进行异常检测运算，建立测点异常检测模型。对测点实时监测数据与定义阈值区间和模型结果进行对比分析，若监测数据超出阈值或与常态数值偏离度超过一定范围，系统将触发数据异常告警。

5　系统应用成效

本文研发的城轨车辆走行部 PHM 智能管理系统，充分考虑走行部结构复杂、故障隐蔽性强的特点，实时监测测点参数趋势，实现智能预警、健康评估和寿命预测。系统已在天津某线路开展应用，实现可视化信息管理。

（1）智能化技术赋能，精准健康管理

利用数字孪生、智能 PHM、大数据等新

兴技术赋能，融合性梳理多维度因素对走行部健康的影响，全面评估车辆走行部健康状态。评价结果有助于管理者了解系统整体退化机理，提前开展健康管理措施，预防故障发生，提高系统寿命。

（2）故障集中预告警，提高故障处理时效性

走行部 PHM 智能管理系统首页集成所有故障信息、预警信息、实时监测信息和统计分析信息，包括故障级别、预警等级、故障处理情况，并从列车维度统计走行部事件排行、事件数量等，管理人员可实时查看系统首页，了解故障最新信息，避免故障逐级报批，提高故障处理时效性。

（3）优化检修模式，节约运营成本

系统消除了传统检修模式具有滞后性和复杂性的弊端，实时监测故障和健康状态，智能化解决计划性返厂导致的过修问题，并实现故障定位和智能化推送检修策略功能，提高了检修效率，实现故障修向状态修转变，达到降本增效的目的。

（4）利用可视化技术，提升管理能力

走行部 PHM 智能管理系统的走行部数字孪生体为运营和检修管理提供了可视化界面，管理人员可基于数字模型远程查看走行部物理实体运行状态，并将经过智能分析后的状态数据、故障数据、检修信息等以图表等统计形式

展示，管理人员可实时、直观地查看测点监测数据变化趋势、走行部健康趋势、预告警情况等，提高了故障处理响应能力和故障预测能力，提升了信息管理水平。

参考文献

[1] 中国城市轨道交通协会. 中国城市轨道交通智慧城轨发展纲要 [R]. 2020.

[2] 邬春晖, 夏志成, 高一凡, 等. 城轨列车走行部地面检测系统研究与设计 [J]. 都市快轨交通, 2021, 34（4）: 69-74.

[3] 戴杰. 地铁运营车辆检修管理模式研究 [J]. 现代城市轨道交通, 2024（3）: 82-89.

[4] 张磊. 地铁车辆转向架大架修工艺设计研究 [J]. 铁道车辆, 2019, 57（10）: 42-44, 5.

[5] 魏宇堂, 马雪琳, 王西焕, 等. 城轨转向架大修工艺探讨 [J]. 中文科技期刊数据库（文摘版）工程技术, 2022（6）: 76-79.

[6] 庄存波, 刘检华, 熊辉, 等. 产品数字孪生体的内涵、体系结构及其发展趋势 [J]. 计算机集成制造系统, 2017, 23（4）: 753-768.

[7] 王跖, 朱波, 谈东奎, 等. 基于数字孪生的智能驾驶汽车整车在环测试系统研究 [J]. 农业装备与车辆工程, 2024, 62（3）: 22-27.

[8] 陈华鹏, 鹿守山, 雷晓燕, 等. 数字孪生研究进展及在铁路智能运维中的应用 [J]. 华东交通大学学报, 2021, 38（4）: 27-44.

[9] 符润泽. 城市轨道交通数字孪生运维管理系统 [J]. 现代城市轨道交通, 2023（8）: 100-104.

[10] 李小东, 霍苗苗, 黄贵发等. 基于在线监测数据的城轨车辆走行部轴承状态修 [J]. 电力机车与城轨车辆, 2022, 45（6）: 128-132.

城市轨道交通蓄电池智能运维探索

张　标

（天津一号线轨道交通运营有限公司，天津300350）

摘　要：直流供电系统作为城市轨道交通重要电源，保障地铁后台设备安全高效运行，是地铁运营安全非常重要的一部分，而其中作为供电电源的直流电源蓄电池的安全可靠更不可忽视。本文通过重点分析目前行业内蓄电池的维护运营存在的困难点，针对蓄电池的智能运维管理提出构建蓄电池智能监测系统。通过对蓄电池系统实时监测、远程核容、故障诊断和预警技术，实现对蓄电池系统的全面监控，形成一整套关于电池各项关键技术参数（电压、电流、内阻、极柱温度、漏液情况、电池容量等）的大数据。通过大数据处理和分析平台构建蓄电池系统故障库，可实现故障的实时更新和智能研判，并形成对故障等异常状态的预警，为地铁蓄电池系统服务质量的提升和智能运维提供重要的技术支撑，也将为既有蓄电池系统的改造和新建线蓄电池系统的布置优化提供重要的依据。

关键词：地铁；蓄电池；实时监测；漏液监测；远程核容；故障预测与健康管理

1　蓄电池维护现状分析

随着城市轨道交通的不断发展，对轨道交通系统的可靠性要求越来越高，作为交通系统的关键，后备电源蓄电池系统的可靠性也是运营部分重要的关注对象。由于蓄电池设备的增多、服役时间的增长，蓄电池设备存在老化问题、运营环境存在干扰等现象，难以对蓄电池的运行状态进行有效监测，并进行故障诊断和预警，因此蓄电池的维护日渐成为地铁安全非常重要的一环。

蓄电池组作为轨道交通设备运行的保障能源，是后备电源系统的最后一层保障，至关重要。蓄电池机房极易受到电磁环境、气象条件等环境条件的影响，同时，蓄电池设备长时间未工作导致硬件老化、内阻增大等均会使得蓄电池质量产生较大的变化，甚至影响列车控制业务。图1为正常情况下，蓄电池作为后备能源。

图2为故障情况下，蓄电池为设备供电。

现有的蓄电池使用方式存在一定缺陷，后

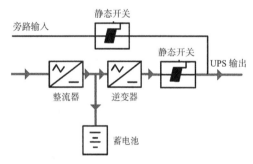

图1　蓄电池在系统中工作示意图（1）

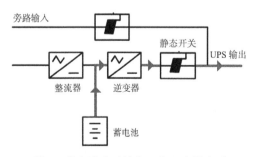

图2　蓄电池在系统中工作示意图（2）

备电源蓄电池组的现有串联运行方式，很容易造成蓄电池不均衡、一致性变差，造成部分蓄电池欠（过）充。电池过充会造成电池失水、电解液干涸、热失控，导致发鼓、漏液，甚至爆炸；电池欠充将导致蓄电池极板硫化，电池容量下降，结果是高的越来越高、低的越来越低，恶性循环，最终导致蓄电池组很快报废，实际使用寿命远比理论设计的寿命要短。

运行维护管理模式也比较落后，主要靠人工现场测量、巡查、记录，通过监控串口与站后台通信，最多也只是实现了直流母线电压、蓄电池组电压、充电机交流电压，以及蓄电池组出口熔断器等部分信息的在线监测。但蓄电池单体电压、内阻一般没有上传，对电池的性能无法全面掌控，只能等出现问题就更换，这无疑给运营带来巨大的成本投入，而且存在极大的安全隐患，因此必须尽快对蓄电池进行更好的智能运维，消除安全隐患，减少维护人员的工作量，让后备电源做到真正的无忧。

2 问题分析

2.1 蓄电池自身的性能缺失

目前轨道交通行业中，基本采用的都是阀控铅酸蓄电池（VRLA），俗称"免维护"蓄电池，所谓"免维护"仅指无须加水、加酸、换液等维护，其无须维护的优点，也正是容易导致维护管理上的疏忽点。

（1）电池的自放电导致电池本身容量的缺失，电池开路时由于自放电使电池容量损失，自放电通常主要在负极，因此负极活性物质为较活泼的海绵状铅电极，在电解液中其电势比氢负，可发生置换反应，若在电极中存在着析氢过电位低的金属杂质，这些杂质和负极活性物质能腐蚀蓄电池，结果负极金属自溶解，并伴有氢气析出，从而容量减少。

（2）阀控式密封铅酸蓄电池故障的原因很多，如电池失水过多，甚至干涸而引发的一系列性能变坏的问题；如内阻增大、热失控、电池性能不均匀，个别电池提前失效等，缺乏相应的性能监控及检测手段。蓄电池的现状说明蓄电池的性能还有待提高，从维护和管理方面

还需不断完善。

2.2 蓄电池组维护现状困难点

由于轨道交通行业的独特性，在蓄电池组的日常巡检和年检的计划中，主要会遇到以下几个难点：

（1）电池劣化隐患难以发现

蓄电池组是由多节单体电池串联组成，而单节电池，如同木桶的不同板块，电池组的真实容量是由最小容量的单节电池决定。在现有的电池日常维护模式下，对蓄电池的管理仅仅停留在对单体电池浮充电压监测或内阻检测的水平，电池电压或内阻是无法表征电池的真实荷电量的，这就造成电池管理不够精细，无法及时发现电池劣化现象。

（2）缺乏抑制电池劣化速度的有效手段

整组电池通过直流开关电源统一充电，由于电池一致性的差异，势必造成每节电池充电不均匀，不能充饱的电池会产生劣化，劣化的电池内阻继续增大，且会随着充、放电的循环往复，使这种差异不断增大造成恶性循环，直接导致电池容量快速下跌，电池的快速劣化将给后备电源供电系统带来一定的安全隐患。

（3）电池容量核定工作操作烦琐，费时费力

传统的电池容量核定方法，虽然是目前准确掌握电池容量的有效手段，但需要维护人员携带专用测试设备到达站点现场进行测试，设备拆接线烦琐，且测试过程需要全程值守，测试时间长，费时费力，效率低下，需要大量的人力、物力、财力，对维护人员也需要很强的专业经验。

3 解决方案

3.1 蓄电池智能监测系统

城市轨道交通线路分布在隧道、高架桥及城市楼宇等多种环境，且部分蓄电池系统长时间未运营，实现对蓄电池系统的实时、准确监测等对于保障列车的可靠、高效运行具有重要

意义。蓄电池在线监测和远程核容系统在运营过程中会产生大量的信令数据、日志数据及维护数据等海量数据，随着大数据技术的日趋成熟，对蓄电池系统数据的组织管理和处理分析可实现对蓄电池系统运行状态的精准故障诊断和预警，对于蓄电池的技术革新与系统维护具有重要的参考价值。

3.1.1　蓄电池在线监测技术

（1）蓄电池在线监测系统，物理硬件上增加传感器，每节电池上增加单体采集模块，对单节电池的电压、内阻、极柱温度等进行采样，采样信息通过组端收敛模块进行收集。组端收敛模块对组端电压、充电机电压、电流进行采样（图3）。单体采集模块及组端收敛模块组成的蓄电池综合管理系统的硬件部分，配合后台管理软件及各功能的算法模型，实现了整套系统的运行。

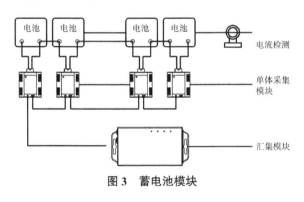

图3　蓄电池模块

（2）为了确保系统的安全性，并提高数据测量结果的精度，监测系统采用光电隔离器和内部电路板进行隔离。单体监测模块设计为双接口的接线模式，相邻的蓄电池单体之间采用串联总线进行连线，摒弃烦琐的接线方式，单体监测模块独立供电，保证了系统的稳定性和美观性，并且在产品的精度上也有所提高。

（3）蓄电池远程核容通过"无缝连接技术"，将全在线充放电节能模块改造安装到蓄电池组充放电回路中，确保蓄电池组保持实时在线的状态，若放电过程中市电突发中断，蓄电池组会立即切入供电工作状态进行供电，保障系统安全。蓄电池组放电过程中，如果达到系统预先设定的容量、电压、时间等指标阈值，系统会自动转换为充电模式，对蓄电池组进行充电恢复。

3.1.2　蓄电池系统漏液监测技术

蓄电池的状态直接影响着 UPS 等部件的正常工作和信息化设备供电系统的安全，蓄电池是不间断电源的核心部分，蓄电池在充电的过程中易出现漏液，蓄电池漏液除造成蓄电池过早损坏外，同时蓄电池组或单体电池会通过漏出的电解液、电池架、导线等形成正负极之间的回路，产生漏电流或电气短路，会对机房的环境、信息化设备、人身安全等造成危害，特别是电池漏液短路往往引起火灾，只能等电池放电燃烧完毕。

该系统漏液检测功能：同时采用绝缘阻抗和短路电流的综合检测方法，防范电池发生电池漏液带来的风险，通过监测分析电池正、负母线上的电流均衡等情况，当发现任何电池任何一级因为电池漏液短路造成电流失衡时，系统会产生告警，并告知用户引发告警的原因，方便用户及时排除故障隐患。

漏液监测原理如图4所示。

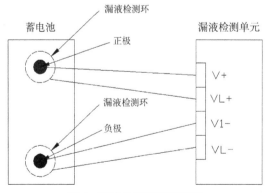

图4　蓄电池漏液监测原理

3.1.3　蓄电池远程核容技术

地铁直流系统蓄电池的日常运维工作，主要是靠人工进行各个地铁基站蓄电池组的逐一巡检及充放电运维。根据蓄电池运维规范，新电池组每2年进行一次深度容量核对测试，4年以上的电池组每年必须进行最少一次深度容量核对。人工运维存在运维时间长，设备投入大，效率低下等问题，蓄电池远程核容技术就可以完美解决这些问题。

逆变直流电源蓄电池远程核容技术装置采用逆变并网技术；回馈逆变装置将电池组电能回馈到电网中，即可通过常规市电负载对蓄电池组进行核对性放电容量测试；放电结束后，限流充电模块模拟自动充电，三段式智能充电模式保证电池组充满且不损伤。大数据管理平台对电池的动态参数进行汇总、分析、处理，形成专业报表，可实现电池组全面监测、智能告警、远程核容作业，助力电源智能化运维。系统图如图5所示。

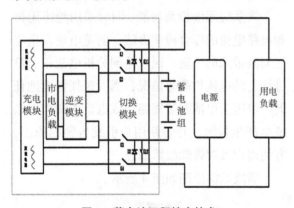

图5 蓄电池远程核容技术

放电时，常闭接触器 K11、K12 断开，常开接触器 K2、K3 闭合，将蓄电池组脱离系统，由放电模块消耗蓄电池组的电量，通过功率模块自动调节至设置的放电电流恒流放电。

当放电停止条件达到时，自动转为稳流充电，放电模块停止工作，K2、K3 保持闭合，K1、K4 再闭合。限流充电模块开始工作，充电电流小于浮充电流且蓄电池组和电源压差小于一定值时结束充电，常开接触器 K1～K4 断开，常闭接触器 K11、K12 闭合，蓄电池直接恢复在线，由整流器直接给蓄电池浮充充电。

系统电源取自蓄电池组，保证系统工作不受市电影响，在市电断电后可保证用户负载的供电不间断。

系统具备直流输入过压保护功能、直流输入欠压保护功能、直流输入极性反接保护功能、交流并网逆相序保护功能、交流并网过压保护功能、交流并网欠压保护功能。

3.1.4 基于大数据平台式处理预警和诊断技术

轨道交通蓄电池数量众多、运营环境复杂多变、传输媒介形式不一，以及长期放置所导致的设备老化等使得蓄电池系统性能指标呈现出健康和安全上的多样性。鉴于地铁不同线路之间的客流具有紧耦合特征，全网通信系统的性能保障至关重要，而作为供电电源的直流电源蓄电池的安全可靠更不可忽视。基于大数据构建蓄电池系统故障数据库，涵盖单体内阻、温度、电压，漏液情况，蓄电池组电流电压等关键数据，根据实时监测数据与数据库进行匹配，对当前运行态势进行研判，进一步分析故障类型，并给出应对机制建议。基于机器学习等人工智能方法分析运行态势的走势，进而实现对潜在故障可行性的分析和预警，为地铁蓄电池系统的日常运维提供技术基础。

4 效益分析和推广应用前景分析

4.1 效益分析

近年来因直流电源出现问题导致电力系统重大事故的案例时有发生，造成重大的经济损失和不良的社会影响；事故暴露出直流电源系统在运维管理方面存在严重缺失、在直流系统监控全覆盖方面存在严重不足。

通过蓄电池智能监测系统，能够实现对电池的电压、内阻、温度进行实时全面监控，通过后台软件进行分析比对，并对异常状态进行告警。防止蓄电池在核容空白期出现劣变，对蓄电池的电压、内阻、极柱温度实施监控，并形成纵向比对曲线，从而实现蓄电池劣变预警，真正做到蓄电池安全的事前预防。

同时蓄电池智能监测系统的落地，也可为地铁直流系统规划、基础建设和电池应用、维护相关研究提供准确的数据、技术支撑，将为既有蓄电池系统的改造和新建蓄电池系统的布置的优化提供重要的依据。

4.2 推广应用前景分析

随着城市轨道交通的不断发展，对轨道交通系统的可靠性要求越来越高，作为交通系统的关键后备，电源蓄电池系统的可靠性也是运营部分重要的关注对象。及时开展应用新的蓄电池智能运维在线监测系统，既提高直流电源应急供电续航保障，大大提升电力故障应急处置能力，让事故危害有效控制，电池隐患排查有据可依，安全运维有备无患，安全价值不可估量；又可以使运营维护单位管理维护效率大大提高，达到节能减排，提升运营单位社会形象，响应国家号召。其成果实用价值和推广应用前景不可估量，它将在一段时期内为新蓄电池建设及旧蓄电池的改造起到规范及指导作用。

5 结语

综上所述，现有轨道交通蓄电池维护工作均面向以人工测试为核心的离线监测，同时监测数据缺乏深度分析，无法针对故障进行诊断，也无法实现对故障的准确预警，离散化、碎片化的监测结果难以对蓄电池的运维提供长期有效的技术支撑。因此，本蓄电池智能监测系统具备实时监测、远程核容、故障诊断和预警技术，实现对蓄电池系统的全面监控，形成的大数据处理和分析平台将构建蓄电池系统故障库，可实现故障的实时更新和智能研判，并形成对故障等异常状态的预警，节省了大量的维护时间和人力、物力的消耗。也为地铁蓄电池系统服务质量的提升和智能运维提供重要的技术支撑，将为既有蓄电池系统的改造和新建线蓄电池系统的布置的优化提供重要的依据。

参考文献

[1] 土鹏程，朱长青. 铅酸蓄电池监测系统发展综述 [J]. 电源技术，2020（4）：636-639.

[2] 周志敏，周纪海，纪爱华. 阀控式密封铅酸蓄电池实用技术 [M]. 北京：中国电力出版社，2004.

[3] 白文波，伊晓波. 我国蓄电池行业发展现状与趋势分析 [J]. 电器工业，2020（9）：12-16.

[4] 付航，吴玉柱，郑一钦，等. 基于物联网的蓄电池运维监测技术研究 [J]. 电工材料，2020（4）：31-32.

[5] 张冶达. 阀控式铅酸蓄电池健康状况的检测 [J]. 通信电源技术，2004（5）：44-45，48.

[6] 李晓琴. 变电站蓄电池在线监测管理系统的设计与实现 [D]. 成都：电子科技大学，2019.

[7] 张晓波，解学智，王海荣，等. 基于物联网的站用蓄电池自动充放电维护技术研究 [J]. 电子设计工程，2021（17）：125-129.

北京地铁列车车门故障原因分析及改进措施

梁 博 吴文昊 赵 楠

（北京市地铁运营有限公司运营一分公司，北京 102200）

摘 要： 近几年来城市轨道交通快速发展，各条地铁线路如雨后春笋般建成开通。随着地铁列车的迅速发展和客流量逐年递增，相应的车辆机械、电气部件也逐年换新。车门系统关系到车辆是否可以及时开关门从而避免事故发生，同时也关系到整列车乘客的安全，因此该部件是列车核心部件之一。车门系统也不断更新换代，各种车门装置层出不穷，其中博得车门系统部件占有比例最大。由于博得车门一些车门部件老化导致列车经常会在运营正线上出现事故。针对北京地铁列车近几年发生在线路上的列车车门黑框这一类事故，具体分析故障原因，找到相应故障点。详细阐述车门系统机械、电气部件老化对车辆运营的影响，以及相应处理改进方法，从而达到降低列车车门故障率的目的。

关键词： 列车车门黑框；原因分析；技术改进方法

1 列车车门动作原理

司机控制器或者车载控制器将开关门、再开闭等信号通过车辆硬线、网线等方式传递给各车门门控器，门控器接到信号后对所连接车门进行相应控制；同时车门机械、电气部件状态数据可以通过 RS485 或者 CAN 总线传递给中央控制单元，然后在车辆故障模块显示屏上面进行显示，司机可以根据车门状态对其进行实时控制。

2 列车车门黑框故障原因分析

信号系统对车门进行状态监控时，由于通信过程受到干扰，会造成 HMI 黑框。司机会因为紧张及业务不熟练等原因导致无法及时处理，造成列车掉线和相应次生危害。车门故障可以分为机械故障、电气故障，其中地铁列车博得车门电气故障较高，经过统计车门电气故障率占到车门总体故障的 80% 以上。车门黑框问题占到车门电气故障率的 40% 以上，因此为了降低车门电气故障率，有必要对车门黑框问题进行深入研究。

根据车门电路：车门黑框主要是由于两点原因造成——门控器通信故障（其他故障通常造成车门红框）和门控器失电故障造成。其中门控器通信故障是由于门控器内部软硬件问题导致，表现为单个门黑框。门控器失电故障是由于电源线和接地线短路、断路造成，表现为单个或者多个相邻车门出现黑框。

3 列车车门黑框处理方法

3.1 门控器通信故障

3.1.1 门控器通信故障确定方法

首先单个车门出现黑框现象，经过更换门控器后，故障消除。回段后拆除门控器外层保护壳，量取门控器通信电路电压，发现通信芯片处发生断路，进一步拆开发现通信芯片及其安装座引脚发生氧化（潮湿环境造成），并且通信芯片安装支座裂开损坏导致接触不良。更换相应通信芯片和通信芯片插座，同时安装过程中对门控器外壳包裹一层塑料布，从而达到防止门控器过度潮湿的目的。

经过更换后单个车门黑框故障率有明显下

降，但是偶尔仍然会出现黑框问题（每隔 1 天会出现 1 次），并且更换门控器后故障现象会消失。因此可以断定门控器通信电路仍然存在故障，再次对门控器通信电路电压进行测量，仍然发现通信芯片处发生断路。拆除相应通信芯片进行离线测试，经过对通信芯片 24 小时连续测试，发现通信芯片数据线和地址线分别进行突变、移位测试，数据读写和掉电测试均未发生错误；安装通信芯片后进行板卡测试，对通信芯片分别进行数据线和地址线突变、移位测试，数据读写、掉电测试和 March-C 算法测试，发现数据读写测试时发现问题，其余测试均正常。并且通过查询相应不同级别程序，均未发现程序编写错误现象，同时测试环境良好，不会出现强电磁干扰，由此判定通信芯片在和内存之间读写时发生异常，经过 dump 和捕捉程序的对比可以确定具体软件出现问题的时间点，最终确定故障极有可能是由于通信芯片和其他控制芯片在读写操作时与内存抢地址造成。

车门门控器控制芯片较少，只有主控制芯片和通信芯片，内存较多，有 RAM、ROM 和 EEPROM，主控制芯片在进行读写操作时与 RAM、ROM 和 EEPROM 均发生联系，但是通信芯片读写操作时只和 EEPROM 发生联系，因此基本可以锁定为主控制芯片和通信芯片在读写操作时与内存 EEPROM 抢地址导致。进一步地将同样型号的通信芯片及其安装座安装到其他线路门控器上，同样进行离线、板卡测试，未发现类似故障。并且将门控器安装到列车进行动态检测，亦未发现类似故障。最终确定故障是由于通信芯片和主控制芯片在读写操作时与内存 EEPROM 抢地址造成。

3.1.2 门控器通信故障改进措施

确定故障后找到主控制芯片和通信控制芯片对应的指针所对应的字符串位置，修改通信芯片指针所对应字符串在内存的相应位置，从

而达到避免主控制芯片、通信芯片和内存进行读写操作时使用同一内存接口的目的；同时通过建立电气接口协议，达到重新选取通信信道的目的，将主控制芯片、通信芯片和内存 EEPROM 之间读写通道从之前的单通道变成双通道；最后将程序改为主控制芯片和内存进行读操作时，通信芯片和内存进行写操作，主控制芯片和内存进行写操作时，通信芯片和内存进行读操作。经过上述设计改进后，门控器未发生类似通信故障。

3.2 门控器失电故障

3.2.1 电源线和接地线短路、断路确定方法

某线路门控器车门出现黑框问题，在排除门控器通信故障原因的基础上，对电路进行测量，根据某线路车辆原理图及车门接线图可知：列车门控器电源线号为 5201，线号 5201 通过 50-Q03 后线号变为 5208，接地线线号为 100j，接地线 100j 是通过 30-LGS10 接地开关接地。

经过测量发现单个车门黑框是由于相应的门控器电源线 5208 短路造成（5208 线和灯罩板干涉，列车转弯过程中出现振动从而导致 5208 线与灯罩板过渡接触，形成隐患，此隐患经过长时间积累，最终导致 5208 线绝缘层破损接地）；另外同侧两个客室门同时出现黑框现象，经检查为 5 位门 100j 接地线断开所致。此问题可能会导致车辆在运营正线出现掉线事故，如果处理不当会造成后续车辆发生晚点、掉线等严重次生危害。

3.2.2 电源线和接地线短路、断路改进措施

（1）电源线短路改进措施

解决门控器电源线 5208 短路问题，门控器电源线 5201 经过端子排变更为单门门控器电源线 5208，分别给各门控器供电。经过检查发现 5208 线和灯罩板搭接是由于端子排扎线杆宽度过大导致（端子排扎线杆长度、宽度分别为 200mm、80mm）。由于端子排扎线杆

宽度过大，并且车辆灯罩板空间过小，上述两因素叠加必然会导致端子排接线与灯罩板干涉，加之车辆转弯出现过度振动，最终导致单门门控器电源线短路。

根据故障原因，对扎线杆尺寸进行重新设计，将扎线杆的长度、宽度由原有的200mm、80mm设计成200mm、60mm，这样端子排电源接线绑扎到扎线杆后，就不会与车辆灯罩板再发生干涉（相应裁断部分电源接线长度，电源接线绑扎到扎线杆后，利用线鼻子紧固到端子排相应位置），列车转弯过程中亦不会发生接触。

（2）接地线断开改进措施

解决100j接地线断开问题，经过分析发现100j接地线断开是由于该接线未利用线鼻子固定在端子排导致接线不牢固，因此车辆转弯过程中过大的外力作用拉扯接线，久而久之造成接线从端子排断开，需要对该类型接线加装线鼻子。经过统计发现所有车的1号车门电源接线均未使用线鼻子进行固定，因此需要及时对所有车的1号车门电源接线加装线鼻子固定。

单节其他7个门的门控器接地线100j都是通过50/2C4接地，即均通过1门接地，即接线均采用串联形式，串联接线的弊端在于：其中一根接地线100j断开时，会导致前面车门的门控器失电，最终使车门无法开关门作业，同时HMI会显示该车门黑框。

根据接地线实际安装情况，1号车和8号车的客室屏柜在二位端，2～7号车客室屏柜在客室的一位端。建议对列车门的单门接地线100j的连接形式进行改造，从原有的串联形式改为并联形式，即将1号车、8号车的1、2、3、4、5、6号门，以及2号车、7号车的3、4、5、6、7、8号门从单车的低压屏柜单走地线，从低压屏柜空端口接6根100j接地线，左右两侧门各接三根线，分别接到上述车门端子排相应空端口位置。

并联形式接线的优点在于——其中一个车门的100j接地线断开时，故障只会影响单个车门。并联形式接线的弊端在于——如果同时两个及以上车门在HMI出现黑框，均需要进行检查，工作量较大（串联形式，多个车门在HMI出现黑框，只需要对最后黑框的车门进行检查，工作量稍小）。

经过对比，车辆运营安全需求大于减小工作量需求，列车在运营正线出现此情况，车门黑框原因不一定只是因为串联接线地线断开导致，因此有必要对车门100j接地线的连接形式进行改变。

接线连接形式改变过程中需要对接线的合理布线位置、走向和长度进行优化设计，避免接线产生死弯、避免接线与灯罩板等设备搭接，同时保证接线牢固；另外平时检修过程中要加强对地线、门控器电源线所接入的端子排母体进行检查（确保端子排母体无松动，如果条件允许，建议月修利用万用表检测该接线处端子排母体电压是否导通、内部电阻阻值是否正常），并且着重检查地线、门控器电源线接线是否牢固。

4 现场调试

对门控器故障元器件所在板卡的位置喷涂荧光三防漆；利用紫外线照射三防漆涂层；对相应更换部件进行点胶处理。在相应温度、湿度环境下对门控器进行性能试验，包括自动循环试验、XYZ方向冲击试验、高低温和常温试验。对门控器进行板卡测试试验，包括软硬件测试试验、信号一致性试验、电源适应性试验和整机测试。

经过上述各种试验：门控器性能良好，符合相应标准，可以在运营车辆上进行安装、应用。

结论：通过对车门黑框问题进行研究，找到造成车门黑框的原因，并且对造成车门黑框的相关电气接线缺陷，门控器程序漏洞和相关硬件，提出改进措施和相应优化方案，最后经过相关试验达到有效降低车门电气故障率的目的。

参考文献

[1] 王鹏，侯佳丽. 地铁列车车门状态信号丢失处理方案 [J]. 城市轨道交通研究，2020（10）：146-148.

[2] 赵虹，林业. 地铁车辆车门安全联锁环路的设计 [J]. 城市轨道交通研究，2021（6）：201-205.

[3] 施文，陆宁云，姜斌，等. 数据驱动的地铁车门微小故障智能诊断方法 [J]. 仪器仪表学报，2019（6）：192-201.

[4] 侯智雄，李颖，魏世斌，等. 城市轨道交通轨道检测系统关键设备研制及应用 [J]. 铁道建筑，2020（1）：103-107.

[5] 林瑜筠. 城市轨道交通联锁系统 [M]. 北京：中国铁道出版社，2018.

地铁车辆车钩检修流水线研究

纪宇宁＊　侯云浇

（天津津铁轨道车辆有限公司市场服务部，天津 300380）

摘　要： 本文介绍了地铁车辆车钩检修流水线的可行性研究，重点介绍了车钩检修需要用到的设备及检修工艺的办法，对地铁车辆车钩流水线进行了分析与研究，不仅能够提高地铁车辆车钩检修的质量和效率，还能节省大量人力成本。

关键词： 地铁车辆；车钩；流水线

随着时代的发展，全国的地铁飞速建设，各个城市争先恐后新开地铁线路，地铁检修任务变得繁重起来，车钩作为连接地铁车辆车厢间的重要部件，其检修质量尤为重要[1]。

车钩的检修重点都在架大修部分，对于均衡修来说只需要检查外观，关键螺栓是否松动等，而对于架大修，需要将车钩拆解至最小单元，替换掉所有必换件，对关键部位进行探伤等工序，需要用到大量的人力成本和时间成本来保障地铁车辆的正常运作，所以提高车钩部件的检修质量和效率十分重要。

1　地铁车辆车钩概念

车钩也称为钩缓装置，车钩是地铁车辆最基本也是最重要的部件之一，用于连接地铁车辆的各个车厢，以及车厢之间的机械部件、风管部件、电气部件，使得车辆形成一个整体[2]。车钩也可以传递车辆的牵引力和制动力，可以缓和车辆在刹车和冲击时沿车钩方向的纵向冲击力，并且车钩尾部可以转动，方便列车通过弯曲路线[3]。

地铁车钩一般分为头车半自动车钩、中间半自动车钩、中间半永久车钩三种，其中头车半自动车钩分布在两端头车车头的位置，一般在调车的时候发挥连挂作用；中间半自动车钩分带缓冲器和带压溃管两种形式，主要在中间车之间用于连接车厢，钩头样式和头车钩头类似，可以通过控制气路来进行解钩；中间半永久车钩同样也分带缓冲器和带压溃管两种形式，但不同于半自动车钩，两个半永久车钩是通过一对连接环进行连接，连接和解钩时只能通过人工进行。

2　地铁车辆车钩检修方法介绍

目前简单介绍三种地铁车钩检修能力与方法：

第一种是头车半自动车钩，主要由钩头、压溃装置、紧凑式缓冲装置、钩尾等几部分组成。在进行检修之前，需要将车钩的各个部件进行分解，拆成钩头、压溃装置、紧凑式缓冲装置、钩尾几大部分，以及连接环。对于钩头需要对钩舌、构体进行磁粉探伤，存在裂纹应更新，同时钩头表面及凹凸锥进行防腐防锈处理等；对于压溃管，需要检查压溃管动作指示钉，并更新，以及对其表面和卡口位置进行磁粉探伤等工序；对于缓冲装置需要更新密封

＊　纪宇宁，天津津铁轨道车辆有限公司市场服务部。E-mail:949959436@qq.com

件、磨耗件及损坏零件等；对于连接环需要探伤和检查排水孔无堵塞；将探伤之后的零件再进行重新组装，螺栓涂打放松线，风管进行防护并在应该润滑的地方涂抹润滑脂等工序之后，最后进行两个头钩的调平与连挂试验，合格之后就完成了整钩的检修。

第二种是中间半自动车钩，分带缓冲器和带压溃管两种，其中带缓冲器半自动车钩主要由钩头、缓冲装置、钩尾构成，带压溃管半自动车钩主要由钩头、压溃装置、拉杆组成、钩尾构成，两种半自动车钩一般需要成对使用，可通过曲柄进行解钩；同头钩检修方式类似，分解两种中间半自动车钩，并将两种车钩的零件进行探伤，合格之后重新组装，调半和连挂试验。

第三种是中间半永久车钩，分带缓冲器和带压溃管两种，其中带缓冲器半永久车钩主要由缓冲装置和钩尾构成，带压溃管半永久车钩主要由压溃管和钩尾构成，两种车钩的头部需要用卡环进行刚性连接，解钩时需要人工操作。同头钩检修方式类似，分解两种中间半永久车钩，并将两种车钩的零件进行探伤，合格之后重新组装、调平和连挂试验，不同的是半永久车钩没有连挂系统，无须对钩头进行检修。

3 车钩流水线布局

3.1 流水线规划

建立流水线的前期需要进行合理的设想和规划，图1为车钩流水线规划图，规划了车钩流水线路线和区域划分的初步设想，车钩流水线规划采用了对称的设想，检修的方向为U形路线，中间规划的叉车通道方便叉车进出作业。

车钩流水线中，线路分为车钩分解线和车钩组装线，其中车钩分解线分为待拆整钩存放区、分解工作区、拆解待发运探伤零件区，车

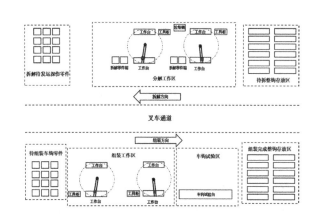

图1 车钩流水线规划图

钩组装线分为待组装车钩零件区、组装工作区、车钩试验区、组装完成整钩存放区，这七个区域中每一个区域都发挥着不同的作用。每个区域固化检修设备、工作台位、车钩放置支架、工具存放架、所需工器具等，形成了"定点、定位、定项"的检修模式及固化的检修流水线作业，其中在分解工作区和组装工作区，配备两套车钩检修升降台，拆解和组装时将车钩用吊带挂住，减少了车钩作业时车钩倾倒的风险，配备工作台还可进行车钩小件的检修，提高车钩检修的质量与效率。

3.2 车钩分解流水线

车钩分解检修是指将从地铁车辆上拆卸下来的车钩进行拆解，直至拆解到最小单元，并对其进行检修，图2为车钩分解流水线实物图。

车钩分解流水线中规划的待拆整钩存放区

图2 车钩分解流水线

为从车上拆卸来的整钩，存放于车钩存放架中，拆解时需用天车和绑带，将整钩吊起放置于车钩分解工作区，并调整吊带方向将车钩垂直放在车钩检修升降台上，固定下面四个螺栓，使用吊带和起重机挂住钩头，防止分解过程中出现掉落，导致磕伤检修人员。

车钩分解工作区为车钩分解的主要区域，配备的两台检修台，可同时进行两个车钩的分解作业，每个车钩检修升降台，各配备两个工作台，一个高一个低，其中高工作台配备钳台用于分解车钩小件，例如，钩头风管、对中装置、橡胶支撑等重量比较轻的小件；低工作台用于分解比较重的车钩小件，例如钩尾座等，低工作台可以减轻重物掉下而产生的伤害，还利于对车钩零件的打号工序。在两个车钩检修升降台的旁边各配备一个用于分解车钩所需工具的工具柜，并各配备一套工具；两个工具台的中间配置一个垃圾箱，用于方便存放分解车钩过程所产生的废料和垃圾；在两组车钩检修台工具台旁边放置两个零件箱，用于存放车钩分解下来待探伤的零件。

拆解待发运探伤零件区为分解工作区的拆解零件箱装满之后，用叉车或地牛将零件箱放置于此区域，等待物流发运。

3.3 车钩组装流水线

车钩组装检修是指将探伤合格的零件及必须更换的必换件，组装在一起，并完成例行试验，组装过程中包含多道工序，有着诸多标准，并不是简单的螺栓连接，图3为车钩组装流水线实物图。

待组装车钩零件区为经探伤厂家探伤合格后的零件，以及车钩必须更换的必换件的存放区域。

车钩组装工作区为车钩组装工序的主要工作区域，其中与车钩分解区相同，配备两套车钩检修升降台、一高一矮的工作台，以及用于存放组装车钩工具的工具柜。高低工作台的用

图3　车钩组装流水线

途与车钩分解区类似，不再介绍；但车钩检修升降台上的组装顺序与分解顺序不同，车钩组装是从下往上的组装顺序，先组装钩尾，最后组装头部，而车钩分解是从上往下，先分解头部，最后分解钩尾。

车钩试验区为车钩组装完成之后进行车钩调整的最后一道工序，试验过程中需要将一对组装完成的车钩用天车吊装到试验台上，并进行钩尾固定，检修人员通过操纵试验台将两个车钩进行连挂试验，进而模拟实车连挂的工况，试验过程中需要测试车钩风管的密封性是否合格等试验数据，经过一系列试验过程中的调整，最后将试验合格的车钩解钩，并用天车将车钩放置于组装完成整钩存放区，等待装车。

3.4 物流发配

车钩上的一些重要部件一般都需要返回原厂家进行维修，如缓冲芯子、压溃管等都需要原厂家进行探伤和质量合格鉴定，合格才可以继续使用，所以生产任务就需要为物流留出时间并提前做好规划。

另外需要注意的是，物流在运输的过程中有很多不可控的情况发生，比如路况、天气等，所以需要考虑至少两点情形，一是无法确保零件在运输的路上不会损坏，二是无法确保物流到货的时间。

4 车钩流水线配置

4.1 基础配置

俗话说"兵马未动粮草先行",在进行车钩检修前,应先将设备、工具、工装及工艺文件配置齐全,若没有条件,至少需要把检修最基本的设备和工具配齐,后期再进行持续更新升级,这样也有助于提升操作人员的检修效率和检修质量。

流水线的生产任务,人是不可或缺,根据车钩流水线的规划,需要四名操作人员,用于流水线的运转,以及一名车钩技术工程师,用于解决在生产过程中出现的技术问题。随着信息化的到来,流水线也可加入信息化和智能化的设备和系统,这样流水线的检修过程和实时情况都可以在大数据中体现,并且工人可将生产作业过程中所填的记录表和发现的问题都上传到系统中,减少纸张的使用和填写的时间,有助于提升生产和项目上进行的效率。

4.2 设备和工具

车钩流水线中所用到的主要设备有车钩检修升降台 4 台、车钩存放支架 48 个、工具存放柜 4 台、车钩拆装专用工具 2 套。

车钩检修升降台用于车钩分解、组装作业时车钩固定,能够根据作业需求升降;车钩存放支架用于放置地铁车辆各型号车钩,并能将车钩架起进行检修、安装作业,可与液压升降车配套;工具存放柜用于地铁列车车钩组装与拆卸工具的存放;车钩拆装专用工具用于车钩分解、组装过程中车钩部件的检修。

4.3 车钩委外工序

车钩检修的委外工序大体分为两类:一是技术含量比较低的工序,如清洁、补漆等;二是技术含量比较高的工序,如探伤、缓冲装置的检修等。

为了提高自身操作人员的利用率,可将上述两类工序进行委外,从而节省自身工人分解和组装工序的时间。根据流水线的规划,拆解待发运探伤零件区和待组装车钩零件区为委外工序发运零件和接收零件的区域。

5 结语

综上所述,本文介绍了车钩的概念、种类、检修方法、流水线的布局及配置等内容,提供了车钩流水线建立的方案,但是各地车钩检修的方式和车钩的类型存在一定差异,所以需要根据实际情况,建立符合自身需求的车钩检修流水线。

参考文献

[1] 徐露. 关于地铁车辆车钩架修浅析 [J]. 内燃机与配件, 2020(23): 169-170.

[2] 姜孝瑜, 肖明辉, 宋志强. 城轨车辆钩缓装置组装流水线设计探讨 [J]. 铁道车辆, 2021, 59(1): 93-96.

[3] 庞继伟, 姚宝天, 刘国强. 铁路客车钩缓装置检修流水线设计 [J]. 现代制造技术与装备, 2017(9): 17-18.

降雪天气给乘务工作带来的危险因素和应对措施

段维伟

（北京地铁运营有限公司运营一分公司，北京102209）

摘　要：针对乘务工作过程中存在的危险风险进行评价，是我们探索和防止事故的关键步骤。降雪天气给乘务工作带来很大的风险，包括车辆伤害、机械伤害、触电伤害和其他伤害等，针对雪天带来的伤害，我们应该运用科学的方法，进行分析和研判，判断出危险因素。使用正确的应对措施，对风险进行管控，将风险控制在我们可以承受的范围内，从而实现安全运行。

关键词：地铁；降雪天气；危险因素；应对措施

北京作为我们国家的首都，承载着无数人的梦想。我们乘务工作的任务是满足每个怀揣梦想的人的最为基础的出行需求。但是地铁工作受到天气的影响比较大，夏天受到降雨的影响，冬季受到降雪的影响。今天我们剖析降雪给乘务工作带来的危险因素。

北京冬季特点一：时间长。从11月15日至3月15日，长达5个月。特点二：降雪频次多。以2021年11月15日至2022年3月15日冬季为例，降雪5次（表1）。特点三：降雪量大。以2022年2月13日降雪为例，13日2时至6时降雪量（mm）：全市平均0.2，城区平均（朝阳、海淀、丰台、石景山、东城、西城）0.2，西南（门头沟、房山）0.5，西北（延庆、昌平）0.1，东北（密云、顺义、平谷、怀柔）及东南（通州、大兴）微量，城区最大海淀0.5，全市最大房山蒲洼1.6，最大小时降雪强度为房山蒲洼0.8mm/h（13日5时～6时）。特点四：气温低。还以2022年2月13日为例，北京当天白天阴有中雪，东风二三级，最高气温零下2℃；夜间阴有小雪，东转北风二三级，最低气温零下6℃。特点五：降雪预警等级高。2021年11月15日至2022年3月15日冬季降雪5次，三次蓝色预警，

两次黄色预警。通过以上5点分析，北京冬季有降雪频次高、降雪量大、预警级别高等特点。作为地铁乘务工作者，面对降雪天气应该提前做好防范措施，做到预防为主，保证乘客安全出行。

2021年12月8日	小雪	蓝色预警准备
2022年1月20日	中雪	黄色预警准备
2022年1月13日	中雪	黄色预警准备
2022年1月22日	小雪	蓝色预警准备
2022年2月13日	中雪	蓝色预警准备

1　降雪天气对人员的危害因素

降雪天气容易造成人员伤害，按照国家《企业职工伤亡事故分类》GB 6441—1986，将生产过程中的常见事故类别划分为20类，容易造成车辆伤害、机械伤害、触电伤害和其他伤害。

1.1　铲冰除雪作业的危险因素

1.1.1　车辆伤害

降雪天气进行除雪时，各个专业根据属地原则进行分工作业。乘务专业负责对停车场进行铲冰除雪，检修专业负责对车辆段进行铲冰除雪，站务专业、通号专业和线路专业负责对正线所属区域进行铲冰除雪。由于各专业的

相互交叉作业，产生极大的隐患，就是相互伤害，伤害的后果十分严重。引用一个2022年的案例：列车担当轧雪任务，行调临时要求列车回段，司机使用自动驾驶模式回段，关闭列车头灯，就在回段的折返区域有一名通号人员正在铲冰除雪作业，导致行进的列车与除雪人员进行接触，造成极其严重的后果。不光是正线轧雪，段、场的轧雪和运行也需要预防车辆伤害。

对于车辆伤害的预防，一是司机要加强瞭望。降雪天气严格按照行调命令使用手动驾驶，开启前照灯，加强线路瞭望，按照限速要求执行，轧道车运行最高40km/h。二是加强沟通。正线有轧雪任务时，轮乘站及时和各站区联系，进行交底，明确轧雪期间是否有相关专业人员进行铲冰除雪作业；段、场有轧雪任务或轧道车回库、进库，司机加强线路瞭望，和信号楼进行互通，了解段、场情况，在扫雪区段确认好人员处于安全位置后，方可通过扫雪区段。三是扫雪人员按照带电作业安全管理的要求，任何进入轨行区的作业人员（不管是否带电）均须穿戴绝缘鞋、反光背心、警示肩灯（爆闪肩灯）、安全帽、绝缘手套等安全防护器材，起到警示作用和防护作用。

1.1.2　机械伤害

铲冰除雪作业过程中也存在机械伤害。主要源于移动的部件，例如铲冰除雪作业清扫的是岔尖和移动部件，如果扫雪人员的脚踏进道岔和钢轨之间，此时道岔搬动，很容易将人员的脚挤骨折，造成工伤事故。

对于机械伤害的预防，一是进行安全教育和培训，强调铲冰除雪作业风险点，提高作业人员的安全意识。二是进行扫雪前的安全提示，严禁脚踩岔尖和道岔的移动部件。三是进行案例学习，加强对规章和案例的学习。四是加强沟通联系，信号楼试验道岔时，务必确认作业人员处于安全位置，方可进行道岔试验。

1.1.3　触电伤害

铲冰除雪作业过程中存在触电伤害。铲冰除雪作业是在接触轨有电的情况下进行的作业，接触轨不停电，如果人员不留神，触及接触轨，就可能造成电伤或者死亡。虽然没有扫雪人员触电的案例，但是触电伤害是可能出现的。只要第一性的危险源存在触电伤害的条件和因果联系一旦成立，就有可能出现电伤或者死亡。

对于触电伤害的预防措施。一是作业人员按照带电作业安全管理的要求，任何进入轨行区的作业人员（不管是否带电）均须穿戴绝缘手套和绝缘鞋，而且还要保证绝缘鞋和绝缘手套质量良好，起到绝缘作用。二是加强触电的安全教育，学习触电急救法，对触电人员及时拨打120进行救治，尽力抢救受伤人员。

1.1.4　其他伤害

铲冰除雪作业过程中存在其他伤害。在铲冰除雪作业时，我们穿戴的绝缘雨鞋或是自己的绝缘棉鞋，线路枕木和枕木上的电线被雪盖住，如果我们踩在枕木上的电线是很滑的，很容易摔倒，造成伤害。

对于其他伤害的预防措施。一是作业人员穿戴绝缘的防滑鞋，不能穿戴非防滑鞋，曾经发生过扫雪人员穿戴防雨鞋套进行扫雪，意图是保证安全，但反而制造了危险，减小了摩擦力，减弱了防滑鞋的功效，属于错误使用防护用品，增加不必要的风险。二是加强安全教育，提高安全意识，开展隐患治理，杜绝自身危害。三是作业人员加强瞭望，时刻注意脚下，遇到凸起和有线缆的地方不要踩踏，防止摔倒。

1.2　给其他作业带来的风险

1.2.1　轨面湿滑，增加了人员失误的可能性，考验驾驶技能

北京的降雪天气有降雪量大、气温低、能见度低、路面结冰的特点。会给乘务人员带来

风险，大大增加操作失误的可能性，对于乘务员的驾驶水平是一个考验。

（1）给运营线带来的风险

在运营线路上，降雪量大，能见度低，轨面湿滑，乘务员使用人工驾驶模式，容易造成错过最佳制动时机，造成列车冒进信号机，或者施加高级位制动，导致列车打滑，造成设备故障，或者造成运行不稳引发投诉事件。

（2）对于非运营线带来的风险

①列车回库作业的风险

降雪天气对回库作业同样是风险，使用人工驾驶模式，容易造成错过最佳制动时机，撞击库门，造成库门损坏。曾经发生过乘务员由于没有掌握好速度，列车撞击库门，造成库门损坏的事故。

②对轨道车转线作业带来的风险

降雪天气对转线作业带来风险，轨道车司机如果制动不及时，容易造成严重事故。曾经发生过轨道车司机由于没有掌握好速度，制动时机不及时，轨道车撞上止挡，将轨道车假钩撞坏的事件。

无论是运营线还是非运营线，虽然会有差别，但我们要提取风险的共性，进行考量，就是轨面湿滑、制动不及时。预防措施：一是提高司机的驾驶技能，要提前制动，延长制动距离，做到早撂轧，少撂轧。二是严格遵守规章，按照限速运行。三是启动列车时要逐级牵引，防止发生空转。

1.2.2 给乘务员接车和上班出勤带来的风险。

（1）乘务员从轮乘站到达接车地点不都是室内，需要经过露天地带，如果遇到降雪天气，就可能发生滑倒摔伤的工伤事件。曾经发生过乘务员在接车的路上由于地滑，将手臂摔骨折的情况，造成工伤，并影响接车。

对于接车过程中出现风险的预防措施：一是教育司机注意人身安全，避免滑倒摔伤。二是在露天地点铺设防滑垫。三是在始发站安排预备人员，一旦乘务员无法接上车，由预备人员接车。

（2）降雪天气对职工上班出勤也会有影响。由于降雨天气，地面交通会出现拥堵，职工如果还是按照原来的时刻出发，很可能出现迟到的情况。

对于接车过程中出现风险的预防措施：一是教育职工，提前出行，打出富余的时间。二是轮乘站盯好出勤人员，如果迟到，及时安排人员接车。

2 降雪天气对设备和物资带来的危害因素

降雪天气对设备的运转状况会有较大影响，设备如果处于一个较为稳定的环境里，其工作状态也都会处于平稳状态。但是地铁工作接触的设备很多，都是处于室外，受天气的影响比较显著。

2.1 对车辆的影响

降雪天气下气温会降低，对车辆来说是有影响的，尤其是列车管路连接部分，容易出现热胀冷缩，产生松动和裂隙，造成风管泄漏等故障。对于风管泄漏的应对措施：一是加强列车巡视工作，关注风管连接处，发现漏风及时报告并换车，如果有列车探头后发现列车风管路漏风，此时一定不要带故障下正线，及时报告并换车。二是在正线发现列车风管路泄露，按照应急故障处理的流程进行处理，尽快脱离正线，减少影响。

2.2 对线路和道岔的影响

由于降雪的影响，夜间线路轨面会出现湿滑，甚至是结冰。为了防止轨面结冰，会组织人员进行夜间轧道，保证线路正常。

道岔积雪会导致道岔搬动不到位，造成挤岔报警，影响接发列车。预防措施：一是开启道岔融雪设备，夜间进行铲冰除雪作业，清除段、场内道岔转动部件的积雪。二是如果道岔冻住，使用热盐水进行除冰；如果道岔冻死了，无法搬动，那么及时放下可以排列进路的股道列车，同时报告进行设备抢修。

2.3 对接触轨的影响

降雪天气对接触轨也会有影响，运行线上接触轨有防护板进行防护，但遇到较大的降雪，接触轨会结冰，当车速较高时列车会瞬间显示网压低，列车客室灯只留有应急照明，当列车驶过该区段后列车设备恢复。引用2022年的一个案例，由于前方有车折返，在列车进入终点站前迫停，列车网压表显示"零"，列车客室只保留应急照明，正常照明熄灭，造成影响。原因是降雪，接触轨结冰，前面列车由于速度较高通过了该区段，该车受前车压停正好迫停在该区段。

对于接触轨结冰的预防措施：一是降雪天气进行轧道，列车安装受流器除冰装置。二是提高司机的安全意识，在轧道过程中若发现网压异常降低，及时报告，由线路人员对接触轨进行铲冰除雪。三是改进防护板，进行技术革新，将防护板的防护范围扩大。

2.4 对屏蔽门的影响

降雪天气下设备会受到影响，地面站台的屏蔽门一年四季都暴露在室外，夏季经过高温，冬季经受严寒，所以屏蔽门在冬季极容易出现故障，再加上大风的影响，雪花吹进站台内部。一是会对车门、屏蔽门产生不联动的影响。二是影响激光对射装置。

预防措施：一是通号公司加强对设备进行检维修，按照标准进行日常维护。二是司机在库内试车时检查BIDI系统，正线驾驶时认真执行标准，确认车门、屏蔽门开启到位。三认真确认车门、屏蔽门间隙，发生故障，按照激光对射装置规定进行处置。

2.5 物资储备及应用

降雪天气需要准备多种工具和物资，主要是铲冰除雪的工具和物资，包括：扫把、雪铲、扫雪机、食盐、棉服和帽子、反光背心、爆闪肩灯、暖壶、苫布。防雪物资是必备物品，所以在降雪来临前，要对防雪物资进行盘点，及时更新和增购，以确保物资充足。另外还有物资的使用方法和条件。我引用一个案例，以前扫雪之后都要在道岔滑动部分撒上融雪剂，但发生了一起撒融雪剂可道岔反而冻住了的情况，后来发现是融雪剂的问题，所以后来道岔的滑动部分撒食盐，用食盐替代融雪剂，剩余的融雪剂用于人行道路融雪使用。

3 降雪天气对环境带来的危害因素

降雪天气会使我们的运行环境变得更加复杂和困难，首先，降雪会增加司机的瞭望难度，视距变短；其次，降雪伴随低温，需要对客室温度进行调节，如果调节不适宜，会造成乘客投诉；再次，地面线路和地下线路差别很大，雪花飘落地面线路站台，司机走出司机室时，容易滑倒。

应对措施：一是降低列车行驶速度，司机要精神集中，不间断瞭望线路，发现异常及时采取应急措施。二是根据客室温度适时增加温度或降低温度，由于冬季乘客穿着较多，当乘客进入车厢后，可能会感觉温度较高，列车由地下线路运行到地面线路，频繁的开关门会使温度下降。通常司机会在段、场提前开启客室电暖，增加客室座椅温度，保证早起的乘客感觉到温暖；地面线路关闭客室通风，地下线路开启客室通风；根据以往的经验客室温度在18～20℃时体感会感到舒适。三是地下线路和地上线路差别很大，地下线路不容易受到降雪天气的影响，而地上线路受到降雪的影响较大，我们可以在地面线路加装屏障，这样就不会受到降雪的影响，但需要定期对屏障进行检查和维修。四是在司机下车处铺设防滑垫，避免司机下车确认车门开启状态时滑倒摔伤。

4 降雪天气对管理带来的危害因素

降雪天气对管理上也会带来风险。一是降雪天气轧雪人员的选用，如果轧雪人员安排不好，可能导致严重的事故。二是正线运行的加开和调整。三是行调可能会取消车次，减少上线列车数量，命令在线列车限速60km/h运行，这样给运行带来额外的压力，乘客持续增多。四是段、场扫雪人员安排。

管理因素的应对措施：一是下发预警准备的时候，轮乘站要提前和行调沟通，了解加开数量，夜班当班班组准备充足的加开司机，在此基础上和休息的班组联系，并商讨指派晚间轧雪的司机，每组轧雪司机为两人，这个时候派出轧雪的班组长就要选择责任心强、业务水平高司机来担任。否则可能出现严重影响。二是降雪后第二天早上的加开人员提前准备好，明确接车交路，防止发生司机接错车。由于第二天乘客比较多，行调也会提示各次列车尽力不要晚点，这就需要提前在正线布控值守力量，一般换乘站晚点的情况比较多，指派带班主任协助进行关门作业，就会保证正线的运营秩序。三是为了保证运行安全，行调可能将列车间隔拉大，减少上线列车数量，对列车进行限速，这样就会给站台和车辆带来压力。一般会在换乘站安排值守人员，协助进行关门作业，和司机一起确认车门间隙，保证行车安全。很可能乘客接连4或5辆车都没有上车，有了工作人员保障和协助，也会减少乘客的负面情绪。四是加强扫雪人员的管理，对扫雪人员都会进行扫雪前的安全教育，注意自身安全，穿戴好劳动防护用品，去信号楼进行登记，下班进行注销登记，白天和夜间是不同班组指派的扫雪人员，都要进行安全教育和培训。

我们从多个方面对降雪天气进行了分析，旨在消除降雪天气给地铁工作带来的风险和隐患，如果消除不了隐患，那么我们一定要将隐患限制在我们可以控制的范围内。确保安全生产和运行。让我们承载着无数有梦想的乘客，安全地将他们送到想要去的地方。

参考文献

[1] 李克荣.安全生产管理知识[M].北京：中国大百科全书出版社，2011.

[2] 尹忠昌，唐小磊，赵冰.安全生产管理[M].北京：应急管理出版社，2022.

[3] 带电作业防护用具使用管理规定[Z].内部资料，2022.

危险有害因素辨识与 LEC 评价法在乘务工作中的应用

段维伟

（北京地铁运营有限公司运营一分公司，北京 102209）

摘 要：针对乘务工作过程中存在的风险危险性进行评价，是我们探索和防止事故的关键步骤，只有想清楚某个因素的危险度，我们才能"对症下药"，加强控制，实现安全。如何对乘务工作过程中存在的风险进行评价呢？我们可以使用 LEC 法，以事故发生的可能性、人员暴露于危险环境中的频繁程度和一旦发生事故可能造成的后果三个维度去判断和考量，给三种因素的不同等级分别确定不同的分值，再以三个分值的乘积（危险性），来评价作业条件危险性的大小。

关键词：地铁；LEC 作业条件危险性评价法；风险分级；安全把控

"地铁是一个城市的血管"。我们作为地铁乘务专业的工作人员，既感到自豪，也感到责任重大，"手柄轻四两，责任重千金"。我们最起码的工作任务，就是让乘客们安全地出门，安全地回家。"无危则安，无缺则全"是我们该做的。LEC 评价法是一把钥匙，只有把危险因素危险程度弄明白，才好划分危险等级，着重控制，才能锁闭事故这扇大门。真正实现一个安全人员的梦想。

1 安全生产评价的重要性

城市轨道交通行业流传这样一句话"车轱辘一转，事故不断"。面对无数的教训，我们不可能任由事故频繁发生，无数的地铁工作者通过各种方法去规避风险，保障安全运营。安全评价就是其中一个方法。LEC 评价法是安全评价方法中一种，具有操作简便和容易掌握的优点，LEC 评价法在积累事故的基础上，对乘务作业进行风险识别，根据经验对风险严重程度进行评估，结合实际条件提出预防措施，因此对乘务工作风险评估至关重要。根据风险评估的结果，做到有的放矢地安全把控，实现乘务工作整体上的安全需求。

2 LEC 评价法

LEC 评价法由美国安全专家 K.J. 格雷厄姆和 K.F. 金尼提出，是对具有潜在危险性作业环境中的危险源进行半定量的安全评价方法。用于评价操作人员在具有潜在危险性环境中作业时的危险性、危害性。

该方法用与系统风险有关的三种因素指标值的乘积来评价操作人员伤亡风险大小，这三种因素分别是：L（Likelihood，事故发生的可能性）、E（Exposure，人员暴露于危险环境中的频繁程度）和 C（Consequence，一旦发生事故可能造成的后果）。给三种因素的不同等级分别确定不同的分值，再以三个分值的乘积 D（Danger，危险性）来评价作业条件危险性的大小。即：风险分值 $D=L×E×C$。D 值越大，说明该系统危险性大，需要增加安全措施，或改变发生事故的可能性，或减少人体暴露于危险环境中的频繁程度，或减轻事故损失，直至调整到允许范围内。

2.1 量化分值标准

对这 3 种方面分别进行客观的科学计算，得到准确的数据，是相当烦琐的过程。为了简化评价过程，采取半定量计值法。即根据以往的经验和估计，分别对这3方面划分不同的等级，并赋值。具体如表1～表3所示。

表1 事故发生的可能性 (L)

分数值	事故发生的可能性
10	完全可以预料
6	相当可能
3	可能，但不经常
1	可能性小，完全意外
0.5	很不可能，可以设想
0.2	极不可能
0.1	实际不可能

表2 暴露于危险环境的频繁程度 (E)

分数值	暴露于危险环境的频繁程度
10	连续暴露
6	每天工作时间内暴露
3	每周一次或偶然暴露
2	每月一次暴露
1	每年几次暴露
0.5	非常罕见暴露

表3 发生事故产生的后果 (C)

分数值	发生事故产生的后果
100	10 人以上死亡
40	3～9 人死亡
15	1～2 人死亡
7	严重
3	重大，伤残
1	引人注意

2.2 风险分析

根据公式：风险 $D=L \times E \times C$，就可以计算作业的危险程度，并判断评价危险性的大小。其中的关键还是如何确定各个分值，以及对乘积值的分析、评价和利用。

总分在20以下是被认为低危险的，这样的危险比日常生活中骑自行车去上班还要安全些；如果危险分值到达70和160之间，那就有显著的危险性，需要及时整改；如果危险分

值在160和320之间，那么这是一种必须立即采取措施进行整改的高度危险环境；分值在320以上的高分值表示环境非常危险，应立即停止生产直到环境得到改善为止（表4）。

表4 危险度取值表

D 值	危险程度	风险等级
> 320	极其危险	5
160～320	高度危险	4
70～160	显著危险	3
20～70	一般危险	2
< 20	稍有危险	1

3 LEC 风险评价法的具体应用

3.1 案例引用和分析

对近3年（2021—2023年）工作人员地外伤害使用 LEC 法进行评价。3年间，某线发生两次地外伤害事故，2022年4月位于某区某街道某地铁站内，发生一起测试列车与综控员碰撞事故，造成1人死亡；2022年2月位于某区某街道某地铁站内，发生一起测试列车与通号人员碰撞事故，造成1人受伤。通过实例发现地外伤亡是有可能发生的而且危害极大。属于"可能，但不经常"，其分数值 L=3。

对于暴露在危险环境的频繁程度（E），通过一年内工作人员暴露在正线轨行区的危险环境中的人数进行分析（考虑只要工作人员进入轨行区就有危险，就算暴露在危险环境中）。

通过这组数据分析（表5），差不多每周都有人暴露在此环境中，取 E=3。

表5 暴露在危险环境的人数

日期	暴露在危险环境的人数
2022 年 6 月 9 日	10
2022 年 6 月 12 日	13
2022 年 6 月 13 日	6
2022 年 6 月 14 日	6
2022 年 6 月 25 日	9

日期	暴露在危险环境的人数
2022 年 7 月 9 日	4
2022 年 7 月 13 日	3
2022 年 7 月 17 日	4
2022 年 7 月 28 日	14
2022 年 7 月 30 日	5
2022 年 7 月 31 日	11
2022 年 8 月 1 日	12
2022 年 9 月 24 日	5
2022 年 9 月 26 日	4
2022 年 9 月 27 日	2
2022 年 10 月 8 日	1
2022 年 10 月 14 日	1
2022 年 10 月 30 日	6
2023 年 2 月 28 日	3
2023 年 3 月 4 日	8
2023 年 3 月 14 日	14
2023 年 4 月 1 日	5
2023 年 4 月 15 日	2
2023 年 4 月 18 日	2
2023 年 5 月 12 日	2
2023 年 5 月 31 日	2
2023 年 6 月 5 日	3

发生事故产生的后果（C），通过事实可以看出，在发生的两次的事故中，一人死亡，一人受伤，后果是非常严重的，所以取 C=15。

则有：D=L×E×C=3×3×15=135。

评价结论：D 值 135 分处于 70 和 160 之间，危险等级属"显著危险"的范畴。如果用风险等级来标记：5 为最高级，1 为最低级。则地外伤害属于第 3 级。

3.2 对策措施

我们使用 LEC 风险评价法对工作人员的地外伤害进行评价的最终目的是要防止危险的发生，我们可以通过管理和技术手段规避风险：

管理手段：①加强教育宣传。把事故作为典型事故，制作警示教育宣传片，开展学习教育，强化岗位安全责任，落实安全防范措施。②开展隐患排查。积极开展岗位安全大检查活动，进行"公司—站区—班组"三级督查检查，查漏补缺，举一反三，查思想、查制度、查设备、查隐患、查整改落实，纠正自身和身边的违章违纪行为，规范执岗作业标准，增强遵规守纪的思想自觉和行动自觉。③完善规章制度。依照岗位的工作特点，按照规范性、科学性、可行性、操作性相结合的原则，对现有的规章制度进行认真梳理，进行有针对性的修订，尤其要细化作业人员巡视、道床清扫作业的操作规程，以及电客司机的应急处置措施，明确岗位的具体职责。④强化安全管控。要加强施工作业的安全管理，组织参与人员认真学习实施方案，特别是司机、综控和维检修人员的安全教育，严格执行各项规章制度、安全操作规程和联锁互控机制。严格落实"一人操作、一人监护"等安全措施，确保人员作业安全。

技术手段：①配备作业人员防护设备。任何进入轨行区的作业人员（不管是否带电）均须穿戴绝缘鞋、反光背心、警示肩灯（爆闪肩灯）、安全帽、绝缘手套等安全防护器材。②给列车安装人形物体识别设备。当列车前端人形物体识别设备感知到前方有人形物体时，列车施加紧急制动，使列车在人形物体前停车，确保作业人员的安全。如果列车以 70km/h 的速度运行，减速度 1.2m/s，停车时间大概为 10s，需要 250m 才能停车。人形物体识别设备需要在 250m 以外对人员进行识别并且施加紧急制动。③为作业人员配备发码器。当作业人员在轨行区施工时，开启发码器对列车的速度进行干预，列车按照作业人员的发码限速运行，直到在作业人员前停车。作业人员进入到安全区域关闭发码器。列车按照正常码序发车运行，从而保证轨行区作业人员的生命安全，真正做到以人为本和本质安全。

4 结语

LEC 风险评价法用于评价操作人员在具有潜在危险性环境中作业时的危险性、危害性，一般用于传统的危险领域，如在矿山开采、建筑施工、钻井作业中来评估操作人员在这些环境中的危险程度。随着 LEC 风险评价法使用领域的扩展，应用于乘务工作中，充分体现 LEC 风险评价法普遍适用性、简便性和科学性，但是 LEC 风险评价法应用时需要考虑其局限性，根据实际情况予以修正，才能达到真实的评价效果。综上所述，LEC 风险评价法方便、易学，可为乘务工作提供很大帮助。

参考文献

[1] 李克荣. 安全生产管理知识 [M]. 北京：中国大百科全书出版社，2011.

[2] DKZ13 基础理论知识. 内部教材，2010：213.

[3] 尹忠昌，唐小磊，赵冰. 安全生产管理 [M]. 北京：应急管理出版社，2022.

在地铁乘务工作中剖析人的因素和应对措施

段维伟

（北京地铁运营有限公司运营一分公司，北京 102209）

摘 要：针对乘务工作过程中存在的风险危险性进行评价，是我们探索和防止事故的关键步骤，只有想清楚某个因素的危险度，我们才能"对症下药"，加强控制，实现安全。如何对乘务工作过程中存在的风险因素进行分析呢？我们可以根据《生产过程危险和有害因素分类与代码》GB/T 13861—2022 的要求，从四个方面去探讨危险因素，包括人的因素、物的因素、环境因素和管理因素。人的因素又是这四个因素中最为重要的因素，通过从人的心理、生理危险因素与人的行为性危险因素两个角度进行剖析，对剖析出的结果采取针对性的措施，从而规避人的因素带来的风险。

关键词：地铁；人的因素；应对措施

乘务专业是地铁工种不可忽视的一个重要组成部分。乘务员虽然不正面与乘客打交道，却负责运输着成百上千的乘客，负责着上千人的安全出行和列车准点到达，需严格执行调的命令。乘务员与行车工作紧密相连，行车工作是城市轨道交通运行系统的主要工作，是最容易产生不安全因素的工作环节，乘务工作在行车工作中比较重要，不容小视。

安全中有一个重要的概念叫危险因素辨识与控制，老师常说：危险因素的辨识与控制是安全工作人员的看家本事。根据《生产过程危险和有害因素分类与代码》GB/T 13861—2022 的要求，我们可以从四个方面去探讨危险因素。包括人的因素、物的因素、环境因素和管理因素。人的因素又是这四个因素中最为重要的因素。

人是安全管理中的主要对象。人既是列车的操纵者，也是列车监护者。行车工作的安全性，主要取决于人机功能的合理性、车辆的本质安全性和乘务员的失误状况。人的生理、心理属性因素很多，我们应该怎么去要求人呢？

1 人的心理、生理性危险因素

1.1 从人的负荷去分析

工作负荷是单位时间内人体承受的工作量，旨在测定和评价人机系统的负荷状况，努力使其落入最佳工作的负荷区域。只有当劳动负荷适宜时，才能达到工作效率和工作价值的最大化；否则一旦超出劳动者的工作负荷阈值，劳动者出现失误的可能性会大大增加。

乘务中心的职工，大多是操作类岗位，是监护者和操纵者，当工作负荷适宜时，工作效率和工作价值就会升高；当工作负荷超过阈值或设定较低，就会使工作效率和工作价值大打折扣。

具体到乘务工作，行车组织工作就是人和运行图的结合。乘务员每天不得超过 3 圈，每圈不得超过两个小时。超过两个小时，人就会疲劳。咱们可以类比一下，根据《中华人民共和国道路交通安全法》第 22 条规定，过度疲劳影响安全驾驶的，不得驾驶机动车。《机动车驾驶证申领和使用规定》（公安部令第 123 号）有明确规定，对于连续驾驶中型以上载客汽车、危险物品运输车辆超过 4 小时未停车休息或休息时间少于20分钟的驾驶人记12分。相比而言，地铁列车载客更多，劳动负荷就要设计得适当，过高和过低都不行。具体到乘务工作，乘务员有没有负荷超限的时候呢？是有的，但只是个别现象。并不是普遍现象。例如：2018年，有一次运行线上出现故障，造成运行混乱，司机驾驶列车从北边始发站运行到南边终点站，上行中途行调指示在折返下行，列车运行到南边终点站后折返上行，行调指示在中途折返到下行，然后到南边终点站折返上行，到达北边终点站，才有人接车。司机一共行驶了5小时。

在运行线上，尽量不要让司机超负荷工作，避免由于超负荷的工作造成事故。为了避免此类事件，班组会在终点站放一名预备人员，及时接下工作超负荷的司机。

1.2 劳动者健康状况异常

一个人的健康状况是决定能否完成工作任务的基本条件。世界卫生组织（WHO）对人类健康曾经下过这样定义：一个人的健康应该包括身体健康、精神健康和社会适应良好三个方面。也就是说：健康不仅是没有疾病，而且是身体上、心理上、社会上的完好状态。结合乘务工作，乘务员负责运送上千名乘客，担负着上千名乘客的生命安全。在笔者工作的10多年里，看到过一个案例：职工由于个人问题，在心理上出现了一些问题，已经无法担任正线司机工作，然后调整了岗位，进入调车试车班。但是在调车试车的岗位上，也出现了一些威胁生命安全的情况。例如：用水管喷电器箱，在轨道车出库时，将库门降下。

对于健康异常因素的控制，通常做法就是将劳动者调离岗位。调离岗位既是对行车工作的负责，也是对职工自身安全的保护。根据事故频发倾向者理论，虽然有人说这个理论有些片面，但是它仍然有一定的道理。事故频发倾向者理论认为事故频发倾向者的存在是工业事故发生的主要原因，即少数具有事故频发倾向的工人是事故频发倾向者，他们的存在是工业事故发生的原因，如果企业中减少了事故频发倾向者，就可以减少工业事故。根据因果关系原则：事故发生时，许多因素互为因果，事故是各种因素连续发生的最终结果。只要诱发事故的因素存在，发生事故是必然的，只是时间或迟或早而已。身体健康异常的职工极易发展成事故频发倾向者，将事故频发倾向者调离岗位才是对企业安全工作的负责。

1.3 禁忌作业

从事禁忌作业也是我们需要考虑的因素。当劳动者在被录用时，都会考虑职业禁忌证。职业禁忌证是一个普遍存在，且不可忽视的问题，各行各业都有职业禁忌证。例如高空作业者要求不能有恐高证。从事医疗工作的岗位人员不能携带病毒，驾驶岗位不能有色盲。

地铁工作责任重大，有职业禁忌证的职工一定要调整岗位。

引用一个案例：在2015年发生过一起脱轨事故，事发时司机驾驶调试列车过程中精力不集中、精神恍惚、处于假睡状态、有违章操作，在列车撞上车挡前未采取制动措施（时速59km/h）。导致列车冲出车辆段围栏1~4号车脱轨，影响地面交通。该名司机容易出现嗜睡，对于类似这样的职工一定要结合职工自身特点调整到合适的岗位。

从事禁忌作业因素的控制：中心要加强人员排查，对于不适合担任司机工作的人员及时调整岗位并进行正面引导。

1.4 心理异常

心理异常也是人的一项重要因素，人是一种高级动物，有情绪、心理、气质的特性。心理素质是人的整体素质的组成部分。以自然素质为基础，在后天环境、教育、实践活动等因素的影响下逐步发生、发展起来的。心理素质是先天和后天的结合，情绪内核的外在表现。

心理素质好的人，在遇到故障的时候，处理得就会比较快，延误就会小。心理素质不好的人员在处理故障上，容易慌张，处理时容易出现缺步、跳步和反复试验的情况。

对于心理异常因素的控制：心理素质是可以改变的。人们通过一定的训练方法就可以提升心理素质。①平时多练习，在中心二级培训和平时的班组培训里，多进行实操演练，模拟真实的现场故障，有专人模拟行调进行催促，在规定的时间里，完成故障处理。②进行各种形式的案例学习，例如中心下发案例汇编，管理人员进行临时抽考等。③开展安全讨论和经验交流，使职工对易发故障在心理上有个预设处置方案。④故障时，可及时找到放置在操纵台上的应急手册。

2 从人的行为性危险因素去研究

2.1 操纵错误

操作错误就是劳动者没有操作好，没有正确操作。

2.1.1 误操作

操作错误的一个角度叫作误操作。即操作者本想正确操作，却由于个人失误，而没有正确操作。在乘务工作中，列车是一个复杂的机器。司机出现误操作是可能的，原因是人的本性，就像"常在河边走哪有不湿鞋"是一个道理。失误是可以减少的，是一个多少或频次的问题。绝对无失误是一种理想状态，很难实现。我们应该采用更加先进的技术和手段尽量避免失误的出现。结合地铁乘务工作，曾经有一个案例，司机在终点站车门打开的状态下，下意识搬动门选，造成车门关闭夹伤乘客。随着技术的进步，使用ATO自动开门，即使误动了门选，车门也不会关闭。为了避免夹伤乘客，在站台安装了关门提示铃，通过声音提示乘客不要抢上，另外司机在提示铃停止后才能关门。大大减少了夹伤乘客的概率。

2017年9月和11月分别出现过由于司机误操作导致列车非站台侧开门的事故。按照轨迹交叉理论，人的不安全行为和物的不安全状态导致事故发生，这两起事故完全符合轨迹交叉理论。当值司机错误将门选开关打到非站台侧，并按压开门按钮。ATP系统本身是具备防止非站台侧车门开启功能，但是MRPB板故障，失去了防护功能。在人出现了不安全行为，物出现了不安全状态时，事故便发生了。针对错开车门事故，目前列车使用ATO自动开门，避免了错开车门的可能性；其次，提高设备的可靠性，对ATP的防护设备进行全面的排查；再次，当改变闭塞的情况下，司机需要先到站台确认车门开启方向后再开门。

还有一个是在特殊天气下的误操作的案例。地上线进入地下线的过程中，司机打算关闭雨刷，意外碰到了门选方式开关，导致在下一站车门无法打开。对于这个案例，加强司机对操纵按钮位置的熟练度；在按钮上粘贴提示词；开关、按钮采用加盖保护；合理布局司机台。

对于误操作，司机往往是知道怎么去做，也想操作正确，但是出于种种的原因，导致了失误，所以提高人的可靠度是一方面，采用更加先进的技术手段才是更好的解决办法。

2.1.2 违章操作

操作错误的另一个角度叫作违章操作。违章操作是指不按照规章和安全技术操作规程所规定的操作顺序和方法所进行的作业。违章作业是一个永恒的话题，其与人的属性相关，不管是出于偷懒还是存在侥幸心理，违章作业都是操作者本身就是想违章。就像冲压作业中，一手按启动按钮，一手送料，操作者知道这是违章，仍然为了想多生产出产品，照样冒着冲手的风险去做，结果导致冲手事故。地铁是一个安全要求比较高的行业。根据海因里希法则，每发生330起意外事件，就有300起未产生人员伤害，29起造成人员轻伤，1起导致重伤或死亡。在乘务工作中要对违章实行零容忍，尽最大努力消灭违章行为。接下来我引用两个案例。

2011年12月18日，司机在车站接行调命令站台清人，库线折返。库线内司机更换操纵台后建立RM模式等待接收地面码时，车载电台再次接到行调命令："某次折返上行，有码抓紧时间出库……"司机未听清调度命令询问："多少号表?"，行调告知司机："你抓紧时间先出库吧，一会儿我告诉你。"此时司机对行调命令错误理解为可以在RM模式下无码先行动车出库，因此擅自以RM模式发车，变更驾驶模式未向行调申请。这是一起典型违章操作。司机臆测行车，擅自变更驾驶模式，造成一起危险性事故。

2017年3月，列车运行至小站台，闭合负载后，司机与学习司机聊天，未转换模式，高柱信号开放后，司机驾驶列车以RM模式出段。列车进站预告标处，司机发现车载码序与正常码序不符，在未停车状态下由RM位转CM位运行，在距离停车标20m处，司机错过最佳制动时机，列车冒进出站信号机50m。司机自行改变驾驶模式为"非限"位，将车退回某站。这个案例是司机未按照标准化执行，运行正线未转换CM模式；在转化模式后，没有控制好车速，造成冒进事故；然后擅自变更模式退车。一连串的违章，险些造成严重的后果。

杜绝违章操作，提高人员的可靠度是一个永恒的话题。第一，我们要讲明白职工违章的危害性和后果的严重性；第二，要总结经验，提高安全意识，由他律转变为自律；第三，信任职工不等于放纵，加强检查，进行负激励，减少违章操作。

2.2 监护失误

人对设备和作业的监护，应该起到监护作用。一旦出现监护失误，就会造成严重后果。

2014年11月，一名女性乘客乘车时，站台当时换乘客流大，站台候车乘客较多，进站列车车厢满载率高。该乘客在14号屏蔽门处候车，当屏蔽门与车门关闭过程中，强行上车被卡在屏蔽门与车门之间，列车启动后，与13号屏蔽门发生剐蹭，坠落至12号与13号屏蔽门之间的站线上。此事故的原因一方面在乘客本身，抢上抢下，给自己带来了安全风险；另一方面在车门和屏蔽门都关闭后，司机需要确认车门间隙有没有夹人夹物，但由于乘客被挤得位置靠后，司机认真确认了门间隙，但是还是没有看到乘客。针对此事故，人的确认能力是有限的，我们应该利用更加先进的技术解决这个问题，之后在站台尾端安装了灯柱，但最终仍然还是靠司机来确认，之后使用了激光对射装置，来控制车门、屏蔽门夹人的风险。技术手段的使用，极大地规避了风险的发生可能性。

2011年1月，列车在站停稳后，司机按压开门按钮，进行开门作业，开启车门后，未确认站台监控器显示和车站屏蔽门指示灯状态，未观察车门与屏蔽门之间的间隙，导致未发现全列屏蔽门没有打开，随后司机关闭全列车门并发车，造成到站乘客未能进行乘降。此事故是一起典型的监护不到位的事故，司机只要看看屏蔽门开启的状态就能避免此次事故。目前列车使用了ATO自动开门，已经极大地规避了车门屏蔽门不开启的风险，但司机的确认仍然是最后一道防线。

在人的方面，人存在诸多危险因素。负荷超限、身体健康异常、职业禁忌证、心理异常、误操作、违章操作和监护失误。我们应该对症下药，因病而医。建立行之有效的危险因素控制方法。第一，我们要制定合理的工作负荷标准，充分进行调查研究，使司机的工作负荷适当，在特殊情况下，采取在正线安排人员的方法，替换负荷超限的职工。第二，对身体异常、职业禁忌证的职工，提前做好管理，进行正面引导，根据职工的自身条件和意向，及时调整到适宜的岗位，避免造成更大的损失。第三，心理异常主要是指过度紧张和心理素质不好，很容易导致后面的操作失误。加强实操演练，模拟真实的现场状况，另外提升司机的技能水平，就像人们常说的"腹中有货，心里不慌"，司机的技能水平直接关系到服务质量和运行安全，强调培训到位，司机考试一定要严格，选择技能水平优良的职工上岗，对于不符合岗位技能要求的人员必须下岗学习直到具备上岗条件和上岗能力。第四，强调遵章守纪的必要性，增强司机的责任意识，明白违章违纪的危害性和严重性，强调遵章守纪对运营安全与企业利益、个人利益的利害关系。反思我们曾经发生过的安全案例，总结经验教训，能

有效提高司机的安全意识，加上经常不断的检查可以有效控制违章行为的发生。第五，提升应变处置能力，在异常情况发生时，我们可将问题控制在一个较小的范围内而不至于导致事故的发生。处置能力与丰富的专业知识、熟练的技能和预先制定的应急预案有着密切的联系。因此我们需日常性地梳理应急预案，是否简单、实用、见效快；要结合实际情况进行了更新；在列车上能及时找到。平时我们要不断地演练和培训，进行实地演练，以达到提高处置能力的目的。

参考文献

[1] 李克荣. 安全生产管理知识 [M]. 北京：中国大百科全书出版社，2011.

[2] 尹忠昌，唐小磊，赵冰. 安全生产管理 [M]. 北京：应急管理出版社，2022.

城市轨道交通车辆构型管理体系建设与
智能运维系统搭建

邹 欣* 宋 瑞 吴 辉

（中车大连机车车辆有限公司，大连 116000）

摘 要：本文主要针对数字化、智能化建设提出的要求，对城市轨道交通车辆构型及智能运维系统搭建工作的背景、现状、必要性、目标及具体的实施方案做出了详细的研究介绍，基于构型管理实现全生命周期数据贯通，以数据为基础，助力车辆运维检修过程的精细化、数字化、智能化开展。

关键词：智能运维；构型管理；综述；城市轨道交通车辆

引言

随着我国城市化进程的加快，经济得到蓬勃发展，城市拥堵已成为居民生活中亟待解决的问题之一。党的十九大对建设网络强国、数字中国、智慧社会作出重大战略部署，轨道交通的智慧化，是促进轨道交通与城市发展有机结合的得力抓手，对于实现城市的可持续发展具有非常重要的意义。这些都对城市轨道车辆运营安全性和可靠性提出了更高的要求，对探索数字化、智能化管理方案的需求迫在眉睫。从全球来看，西门子、阿尔斯通、泰雷兹等主要设备（系统）供应商都已开发并应用成熟的大数据分析系统，用于轨道交通专业设备（系统）的数据监测和维护决策支持。从国内来看，在中国城市轨道交通协会，以及北京、上海、广州、深圳等城市地铁公司的要求下，各主要设备供应商在本专业领域都已开始单独或与主机厂联合开发轨道交通在线监测子系统。构型管理及车辆智能运维系统作为数字化平台的基石，对其进行深入研究具有很重要的意义。

1 公司现状及搭建必要性

1.1 现状

现阶段车辆生产各业务环节均构建基于自身业务需求的平台，平台之间相对独立，暂未打通，没有将全生命周期的理念贯彻到车辆营销、设计、制造、运维等环节中，数据不能有效传递，无法实现共享应用。这会影响设计更改等信息的下发时效性，若想查看最新图纸及技术规范，往往还要向工程师索要，影响工作效率。

业务流程中各部门衔接环节不够细密，缺乏管控及精准的接口定义，例如当设计部门需要实验验证和部件试制时，如果各部门配合松散，就会影响设计研发速度。

另外在物料管理维度上可能出现一物多码、信息不全、数据重复、共享困难等问题。现阶段物料码信息只有名称材质等基本属性，无法进行细致辨别分类，导致在面临新项目时，借用以往物料比较困难，设计师很多时候都是选择重新申请物料码，造成一物多码、数据重复等问题[1]。

* 邹欣（1987—），男，汉族，辽宁省大连市人，硕士，目前从事城铁车辆研发工作。E-mail：zouxin.dl@crrcgc.cc

1.2 必要性

城市轨道交通车辆构型与智能运维系统的搭建工作可以满足国家"十四五"计划中对城铁车辆数字化、智能化、平台化、标准化、模块化、系列化生产的要求；实现车辆全生命周期管控，包括设计变更的可追溯性、车辆配置的可记录性、技术文档的可检索性、项目执行的可控制性、生产设计的可并行性，保证同一项目各部门资源共享、数据唯一。

未来考虑通过城轨云大数据平台的各专业数据的实时共享，实现车辆、场段、主机厂三方的实时数据互通，支撑构建多专业运维平台的构想，实现跨专业运维，进而减少运维人员、降低运维成本的最终目标。

车辆构型及智能运维的搭建可以实现对车辆数据结构化整合及实时的分析和挖掘，在满足可持续发展战略要求的同时，提升城市轨道交通车辆智能化水平，从而完成数字化信息管理平台的搭建开发，推动车辆检修模式由计划修向状态修的转变，降低车辆运维成本，使地铁运营更加安全高效[2]。

2 搭建目标

2.1 车辆构型系统搭建目标

通过推行车辆构型管理方法，建立合理的构型管理组织，形成创新的构型管理流程，统一思想，搭建合理适用的构型管理平台，推动构型管理在轨道车辆领域的应用。达到以下目标：

（1）提升产品质量：通过搭建车辆构型系统，完善物料详细信息，提升部件借用率和准确率，在设计和生产层面降低错误和偏差，提升车辆模块化率和整体质量。

（2）缩短交付时间：通过搭建车辆构型系统，结合标准地铁统型要求，可以将车辆模块进行重用性分类，将基本项及稳定项确定，减少重复设计，减少研发设计、试验验证、生产

组装时间；而后根据不同项目要求，有针对性地进行特定模块的设计，提升快速变形设计、制造能力。

（3）降低总体成本：通过搭建车辆构型系统，提升车辆模块化率，降低重用模块的研发设计成本、生产成本及维保服务成本。

（4）生命周期管理：通过搭建车辆构型系统，最终达到一车一档目标，实现设计、维保、业主的信息共享，指导车辆全生命周期运维工作，降低故障处理时间，通过对数据的记录总结，使检修工作更加合理，降低车辆全生命周期成本，指导后续新造项目设计。

2.2 车辆智能运维系统搭建目标

城铁车辆智能运维系统建设目标是通过提升车辆的健康管理与数字化精准维修能力，在保障安全运行的基础上，提高车辆上线率、降低维修成本。具体目标包含：

（1）建立车辆综合维保数据平台，透明化车辆各系统状态：通过智能化监测设备的升级改造，提高车辆各系统状态的监测水平，全面掌握各系统的运行状态，建立车辆综合维保数据平台，为PHM技术的应用提供必要的数据基础。

（2）运用PHM技术结合车辆构型，精准定位故障异常：研究故障预测与健康管理技术在轨道交通车辆智能维保中的运用，综合全面地分析车辆各系统的数据关联，准确定位故障异常，有效提升故障处理效率[3]。

（3）优化维护检修业务，逐步向"状态修"转变：通过开发车辆监控、智能维保与全生命周期管理应用，探索车辆检修修程优化项点，推动车辆由"计划修"向"状态修"转变。

（4）基于国际及国内相关标准，构建车辆智能运维架构：结构化、体系化维修大纲、工艺流程和作业指导书，逐步构建一套以构型为中心的轨道交通车辆维修知识体系框架，有助于提供更加高效和灵活的维修计划排程和生产调度。

3 车辆构型管理系统搭建方案

车辆构型管理系统是所有数字化管理平台的基石,搭建构型系统要以构型数据为主线研究构型管理体系,打通产品全生命周期数据流程。构型的实质是把车辆各设备信息进行分解并按照特定规律进行汇集,形成可调用、易选取的数据集,为智能化系统打下基础。

由于建立构型的目的不同,形成了多种拆解方法,在保障体系设计和开发中,常常多种需求并存,因此需要综合各种分解方法,建立可满足各种需求的产品分解图(图1)。对车辆进行分解主要的目的是完善部件所需的配置信息并最终进行汇总,因此,配置信息的分解方式的差异、配置信息的详细程度等往往会影响到最终的构型利用结果[4]。

图 1 车辆构型分解方式

3.1 功能分解

功能分解开始于车辆各基本功能的根节点,不同的基本功能被记录为主功能,并向下分解到子功能,直至达到所需的底层功能深度,但往往功能分解不会超过5级,否则会导致功能分解与物理分解之间的混乱(图2)。

图 2 功能分解实例

功能分解构型的主要用于设备选型、技术资料和用户文档的统计。

3.2 区域分解

区域分解是指在空间维度将产品通过区域排序分解的方式完成分解。

区域分解方法生成的分解元素通常被用作记录维修活动,这些活动通常涉及某一物理区域被用区域分解元素表示(例如:定期检查区域)。区域分解实例如图3所示。

图 3 区域分解实例

3.3 物理分解

物理分解始于车辆大系统作为根节,在物理分解构型中必须尽可能地用组装概念组成分解图,也可以理解为其与组装 BOM 的层级结构类似。

纯粹的物理分解构型主要用于物料供给管理、技术资料和用户文档统计。物理分解实例如图4所示。

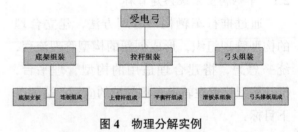

图 4 物理分解实例

3.4 功能与物理分解混合

典型的功能如系统、子系统来自于功能分解构型,设备、组件则来自于物理分解构型。然而,系统不是代表一个具体的功能,而是一群组件的共同特性(如电气系统),所以如果想真正通过某一功能来找到具有此功能的具体部件,需要将二者进行结合。

如果采用了功能和物理分解混合的方法，对于最开始生成一个将产品分解为多个基础系统和子系统的功能结构非常有帮助。基于系统的重要程度，记录的实体硬件物理分解图元素的层级深度可以不同，典型的分解图路径，系统－子系统－设备－部件也不总是固定的。

采用功能与物理分解并列混合的构型方式主要作用是结合车辆的智能运维系统进行实时故障检修分析。基于功能分解图，可以识别出具体功能故障情况，而后根据功能分解元素和物理分解元素之间的对照关系，结合智能运维系统各检测装置传回的异常信息，分析出此功能故障可能发生在哪些物理硬件中，报出详细的故障信息并进行有针对性的检修工作。功能与物理分解混合实例如图5所示。

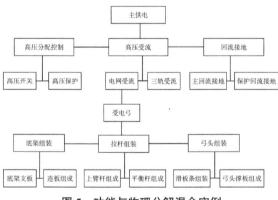

图5　功能与物理分解混合实例

3.5　部件信息录入

完成车辆构型分解之后，需要将物理分解至最低层级的部件进行详细的信息录入，包括其功能分类编号、安装区域标签、部件详细名称、数量、型号、物料编码、运转信息、供应商信息、材质参数、使用寿命、检修策略等内容。

完成部件详细信息录入意味着车辆的基本构型搭建完毕，这也为后续车辆智能运维系统、场段维保调度系统及主机厂全生命周期管理系统提供了基础。

4　智能运维系统搭建

城铁车辆智能运维系统是通过提升车辆各系统的健康管理与数字化精准故障分析能力，在保障车辆系统设备安全运行的基础上，提升检修效率、提高上线率、降低维修成本。具体来说，就是要形成以下技术能力：

（1）利用传感器实现车辆状态实时智能监测，借助各种算法及模型来预监控、预警和管理车辆设备状态。

（2）实现准确的故障诊断：在过滤虚假警报的前提下，利用故障建模和故障检测，结合车辆构型信息，精确定位故障的性质、原因、类型及发生的部位，自动调取提前导入的检修手册等技术资料，针对不同工况下的各种故障给出对应的维修策略。

（3）提高状态维修比例：实时掌握车辆设备的工作状态，实现状态监控、故障预测、检测隔离、寿命跟踪等功能；对于有条件进行性能衰退评估的部件，逐步由故障驱动的故障修或时间触发的计划修转到基于部件实际状态的检修。

（4）实现精准化维修：通过车辆维修任务精准获取、维修计划精细编排、资源调度优化与维修履历精准记录，实现车辆系统设备的精准化维修。

（5）实现均衡化维修：通过合理地计划和调度人员、工装、设备等检修资源，同时充分利用各类检修时间窗口，提升资源的利用效率，逐步推动维修业务的扁平化管理。

（6）实现可视化维修：支持以维修工单为最小单位，提供多维度、图形化、交互式的计划编制、调整，使执行过程可视化，提高计划管理效率；支持"人、机、料、法、环"等维修资源的多维度（如状态、位置、任务）可视化查询，为高效的资源调度提供辅助；支持以工单工序为最小单位，实现作业过程的进度管理、质量监控和安全管控。

（7）故障信息统计：提前建立故障模型树，将车辆运营过程中报出的故障信息、频次等反馈至故障模型树中，不断扩充原始模型树，对故障率进行总结分析；另外，故障模型树提供手动记录功能，由维保人员对日常维保过程中发现的问题进行记录上传，并不断补充故障树，通过系统分析，形成完备的故障模型数据可供主机厂调取查看，指导后续项目RMS设计工作。

（8）支撑维修管理创新：支持生成安全卡控工单，实现维修作业和安全卡控工单的联动互锁；支持生成质量检验工单，实现作业过程与质量盯控的联动，作业结果自动确认；支持对作业过程进行到工序粒度的精细化作业时间统计，实现作业过程智能监管；自动统计各类KPI指标，同时对指标进行多维度统计分析、趋势分析和关联分析，并按设定的阈值进行预警和告警。

5　智能运维系统架构设计及构型数据管理

基于以上目标和技术要求，城铁车辆智能运维系统应包含智能运维中心数据库、车载监测系统、轨旁检测系统、工装设备监测系统（图6），通过以上系统的数据信息交互，实现对车辆健康状态管理与数字化精准维修，智能运维中心数据库是数据存储与管理中心。

车辆构型系统是智能运维中心数据库的首要组成部分，而智能运维中心数据库的搭建又是智能运维系统有序运转的基石，它包括车辆构型数据管理、基础技术数据管理、监测数据管理、设备履历管理、检修业务数据管理与资源数据管理等，同时支持与维修基地及维保系统的对接。对车辆及轨旁设备进行系统、子系统、零部件等不同层级，以及区域、功能、物理等不同分解维度构型的搭建和维护，支持在不同层级和分解维度进行数据关联，满足车辆和设备参数、履历等数据管理的需求，同时满足车辆和设备故障标准化描述及精准定位、排除故障和维修作业流程标准化、维修资源精细化的需求，为实现精准维修提供支撑[5]。

车载监测系统主要包含车门监测系统、空调监测系统、走行部监测系统、弓网监测系统、辅助监测系统、制动监测系统、牵引监测系统，以及车载中央维护系统。该系统的任务是实时采集车辆传感器信息和车辆设备状态信息，进行数据存储并对车辆各系统健康状态作出判断。轨旁检测系统能够对受电弓、车底、车侧、轮对、走行部等关键零件进行检测，自动采集列车相关数据信息，并通过专用网络发送至智能运维中心服务器，结合工装设备监测系统提供的设备状态信息，实现车辆信息与维保设备状态的无缝对接，完成精准的检修策略

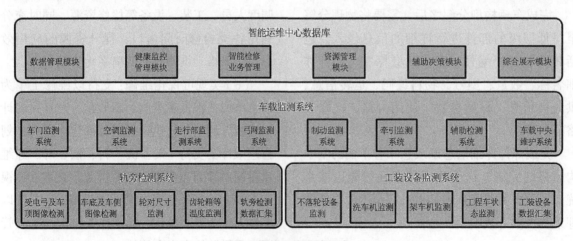

图6　智能运维系统组成

制定、人员选择、物料出库及工单派发，极大提高检修效率。

件的技术状态、运维信息、物料管理、成本信息等全方面管控。

6 结语

车辆构型系统和智能运维系统的搭建是实现车辆状态修大目标的重要手段，是物联网、大数据、专家系统等新兴技术的综合场景应用，也是城市轨道交通数字化、智能化管理的重要组成部分。该系统能够保证车辆运营安全，还可提高维保质量和检修效率，并且随着监测数据的不断积累，指导新造项目的 RAMS 设计工作，逐渐调整检修策略并向状态修进行转变，大幅降低全生命周期成本，实现整车及部

参考文献

[1] 吴昊 . 北京"智慧地铁"创新发展的探索与实践 [J]. 铁路通信信号工程技术，2020，3：6-14.

[2] 方少安，隋永锟，轨道车辆检修运维信息系统应用 [J]，检验检测增刊·中国标准化，2019，6：15-20.

[3] 宋智翔 . 城市轨道交通电客车维修策略研究：以北京为例 [J]. 都市快轨交通，2023，6：26-30.

[4] 沈里洋 . 基于自动化技术的城市轨道交通智能运维研究 [J]，自动化应用，2022，11：18-21.

[5] 田兴丽，孙环阳，张红光，等 . 城市轨道交通车辆制动系统的智能诊断与预警系统 [J]. 城市轨道交通研究 .2023，11：33-35.

H 型驱动装置检修成本统计与降低的方法

杨国伟 *

（中车大连机车车辆有限公司转向架分厂，大连 116000）

摘　要：为降低 H 型驱动装置在检修过程中的成本，对 H 型驱动装置检修过程中部件偶换率的统计提出了全新的方法，并论证与验证了其可用性，在此基础上针对高偶换率部件进行识别、分析，最终确定方案，实现偶换率降低，避免在检修过程的成本不受控制，从而降低机车驱动装置检修成本，提高行业竞争力，对后续业务推广有着积极意义。

关键词：成本；驱动装置；检修；统计

1　背景概述

H 型机车已上线运用 20 余年，作为典型适用于客运的车型，在运用期间承担了绝大部分的客运牵引任务，并在各个运用阶段中受到广泛好评。该车型进入 C6 修程[1] 已有年头，驱动装置 C6 检修工艺及流程已经成熟，但并没有系统性地对于检修成本进行过统计，这就导致检修产品消耗的真实成本不能被识别，检修生产整体性价比不准确，会直接降低企业检修板块的市场竞争力，最显著的就是随着入修产量加大定价低导致盈利不足，甚至亏损，定价高会失去价格优势，与同行业竞争力下降。因此，明确产品检修成本，努力降低成本成了检修板块中的重中之重。

2　物料偶换率统计

根据生产实际情况，规范物料领取、使用、反馈、统计流程，在各个环节明确物料使用情况，从入到出的完整领用流程，及时反馈，并进行登记，通过一段时间或台份数量的积累，可以得出每种物料的偶换率，以此为基础，持续累积，最终得到全年物料偶换率，该

偶换率能够真实反映物料使用情况，从而可以计算出因物料更换产生的成本，并以此为基础进行后续生产的物料准备，降低了因盲目堆积在制品保障生产进度的成本浪费[2]。

为了降低物料偶换率统计的工作强度与复杂程度，同时加强数据统计的准确性，使用电子表格制作统计模板，根据物料明细确定需要统计的物料清单，以车号为基础，从库房、产线端获取物料更换数量及原因，填写到对应的表格中，表格根据更换数量和台份标准数量自动计算出该物料的偶换率，随着台份积累，偶换率逐步累积，逐渐趋近于真实数值，为之后的偶换率分析做好数据基础。

主要功能设置方式为，根据每台驱动装置实际更换部件数量，预置公式可以计算部件综合偶换率，最终形成完整的偶换率统计表格。

3　偶换率分析方式

由于驱动装置检修所使用的物料较多，为了快速达到显著降低成本的目的，本阶段查找偶换率较高的物料进行着重分析，同时需要考虑物料本身的价值，优先分析价值较高的物料

---

* 杨国伟（1988—），男，汉族，硕士，目前从事机车转向架生产管理。

偶换率居高不下的原因。例如部分紧固件虽然偶换率较高，但单件成本低，较低偶换率对驱动装置检修整体成本下降影响不大，在普遍达成降低成本目标后再进行进一步优化。

4 物料偶换率降低的措施

根据分析方式，选取了几个主要部件进行偶换率原因分析，通过工艺、设计、标准优化等方面降低部件更换数量，达到降低偶换率，控制成本的最终目标。

主要部件的分析过程如下：

4.1 车轴

作为轮轴驱动装置的核心部件，在C6检修中主要的工序有各安装配合面检测、全表面磁粉探伤、内部超声波探伤。在检修过程中发现车轴外圆及车轴端面碰伤较多，分析其原因是拆解过程中工件之间的磕碰导致了碰伤[3]，部分碰伤完全可以避免，所以通过规范工艺要求及提升现场工艺执行力避免此类碰伤，另外部分碰伤程度较轻，处理整备后完全可以达到组装条件，因此制定了车轴碰伤限度，限度以内的通过修复达到组装条件后即可使用，稍严重的可以通过轮座磨削的手段消除损伤，满足组装条件。制定标准及规范，工艺前车轴偶换率高达15%，通过降本方式的制定，偶换率降低到了3%，基本达到合理范围内。

4.2 制动盘

作为车轮装配的主要部件，在机车制动过程中摩擦消耗，C6检修中需要测量制动盘的磨耗深度、划痕深度等，由于C6修机车运用时间长、里程多，制动次数明显增多导致磨耗超限随之增加。由于制动盘的磨耗限度是固定值，但在其范围内的超标划痕都可以进行修复，以修复后的摩擦面为基准，划痕基本在允许范围内，为此制定了制动盘摩擦面镟修工艺，确保检修后的制动盘剩余磨耗量满足规程

要求后可以装车使用。

4.3 轴箱体

轴箱体作为连接构架与轮驱的关键部件，承担着大部分车体的压力，所以其强度及状态直接影响了机车运行安全。在C6检修过程中轴箱体需要进行各部尺寸测量，以及各连接和加工面磁粉探伤检查。在检修过程中发现轴箱体内孔普遍增大，通过试验分析，由于机车在运用过程中轴承在轴箱体内孔中存在微动摩擦，伴随承受压力，导致内孔有增大的趋势，通过分析验证，轴箱体内孔增大在一定限度内不会影响轴承工作状态，所以在验证后将内孔尺寸上限扩大0.1mm，大幅降低了轴箱体的报废率，降低了成本。另外，探伤发现轴箱体拉杆座与本体连接处存在探伤裂纹[4]，通过分析该裂纹基本属于铸造原始缺陷，不属于运用过程中产生的疲劳裂纹，通过打磨、焊修的方式将裂纹消除后即可继续装车使用；弹簧盘连接根部的裂纹则不允许焊修，只允许在2mm深度范围内进行打磨处理，处理后复探裂纹消除即可继续装车使用，针对上述2种情况探伤缺陷的修复方法的确定与应用，也可大幅降低轴箱体报废率，降低检修成本。

4.4 轴箱轴承

作为机车走行部最关键的部件之一，轴箱轴承主要承载了机车的轴箱载荷，轴箱轴承的状态基本决定了机车运用状态，甚至决定了机车运行安全。结合轴箱轴承设计寿命与检修技术规程要求，C6检修过程中要求将轴箱轴承更新，这是出于综合因素考虑，因为检修过的轴承质保寿命为30万km[5]，且轴承不允许被检修2次。而C6修竣后距下一次轴箱轴承检修的C5修还需100万km，无法确保满足轴承运用要求。但推卸下来的轴承有可能是C6修前临修或者其他修程更换上车的新制轴承，运用里程基本在25万km左右，如果直接报废对成本是巨大的损失，所以通过对C6入修

轴箱轴承进行筛选，运用里程小于 80 万 km 的且没有经过检修的轴承可以进行一次检修，合格后投入到低级别机车使用，在确保轴承运用状态的同时减少了轴承报废产生的成本浪费。根据 2021 年运用结果，上述情况共计返修轴承约 200 套，节省大量轴承新制成本。

4.5 从动齿轮

从动齿轮与车轴配合面成 1:50 锥度，采用压装方式安装，由于锥度较大，导致拆解下来的从动齿轮内孔均产生塑性变形，无法恢复到初始状态，压装过盈量无法满足，不能像车轮那样反复多次使用，以往遇到车轴报废的情况，从动齿轮也随之报废，造成了极大的成本浪费。为了解决此问题，通过从动齿轮扩孔，与加粗车轴配合，在保证过盈量的前提下可以对从动齿轮复用。车轴报废也得需要新制车轴，通过制定车轴齿轮座直径增加的 4 个等级，与从动齿轮内孔的扩大的 4 个等级，完全保证过盈量，目前该方案已经通过工艺评审和运用考核，可以完全投入使用。由于划伤及其他原因导致的车轴报废数量约为 100 个，同等数量的从动齿轮可以修复后使用，预计首批通过方案修复的从动齿轮约 100 个。

4.6 主动齿轮

通过增加镀层的方式修复内孔，通过重新加工内孔的方式使主齿重复使用，避免了直接报废。本项目正在试验验证阶段，预计批量投产后每年可修复主动齿轮约 2000 个。

4.7 轴箱组装部件

前端盖、压盖、后盖、防尘圈等轴箱组件不合格率居高不下，通过总结发现，由于新制出厂时对于上述部件外观状态把控标准偏低，导致部分砂眼、气孔、裂纹等铸造缺陷未被识别，在 C6 检修过程中发现导致部分部件无法达到装车要求。通过对上述部件缺陷的分析，

与运用状态的考评，发现部分缺陷并不影响成品质量，属于可接受范围，因此通过收集数据，选取合适的缺陷允许限度，未超过此限度的部件可以继续使用，以此方法使得大部分轴箱组件复用，节省了大量成本。

上述部件为成本较高、降低偶换率方案或理论可行的部件。部分方案已经开始实施，效果有所显现，另一部分则是处于理论研究或试修过程，实施后可有显著的效果。

5 结语

通过一段时间的积累，部分部件已经可以统计出正确的偶换率，作为降低偶换率的基础值。根据对部件检修过程、结构特点、修复方式等方面进行分析，制定最合理、最便捷、最可靠的检修措施及降本方案。再将方案投入实际生产当中，针对性地降低部件偶换率，以达到控制检修生产成本的目标。通过本项目，在准确统计部件偶换率基础上，降低特定部件偶换率，最终实现降低偶换率的目的，从而使检修板块利润增大，增加公司驱动检修板块的市场竞争力。

参考文献

[1] 中国国家铁路集团有限公司 .HXD3C 型电力机车检修技术规程（C6 修）: TG/JW 198—2019 [S]. 北京：中国铁道出版社，2019.

[2] 刘操，林筠嘉，张新成，等 .机车转向架驱动轮对返修生产的精益改善 [J]. 机械制造，2021，59（10）：71-73.

[3] 庞庆，李永华，黄思良，等 .针对 HXD3C 型机车轮对退卸拉伤的工艺改进 [J]. 工程机械，2023，54（11）：91-95.

[4] 李喆，徐佳，卫志龙，等 .HXD3C 型电力机车轴箱体检修技术研究 [J]. 中国设备工程，2018（24）：53-54.

[5] 张文博 .HXD1C 型电力机车轴箱轴承故障诊断方法研究 [D]. 兰州：兰州交通大学，2024.

智能化产线应用探索

杨国伟 *

（中车大连机车车辆有限公司转向架分厂，大连 116000）

摘 要：随着数字智能技术的不断发展，轨道交通装备行业的智能化产线建设取得了长足的进步。公司基于精益管理体系，并依托数字化系统打造的智能产线，有效实现了两轴构架焊接相关工序的效率、效益、生产管理等方面的显著提升。

关键词：智能化产线；效率；效益；生产管理

引言

在行业数字化转型升级的背景下，传统的生产产线在效率、效益、生产管理等方面的劣势越来越明显，公司借助整体搬迁契机，基于精益管理体系，依托于数字化系统打造了两轴构架智能焊接产线。该智能产线从根本上颠覆了原有产线，在各个方面均取得了显著的提升。

产线在前期方案设计直至建成后的优化提升过程中，持续秉承以提高产线单位面积产出率、单节人员需求、产线平衡率等重要指标，并以计划管理、物流管理、现场管理等管理板块能力为主线，依托数字化、信息化手段，实现彻底的改善。

产线人员依托于智能化技术的深入应用，最大限度地让数字化、信息化手段深入到管理过程中，同时在深入使用的过程中不断反馈问题，反向优化，提升数字化、信息化水平，进而解决各个管理模块的痛点问题，提升整体管理能力。

同时，产线在推进数字化、信息化手段，优化管理[1]的过程中遇到的问题和解决思路，也为后续持续开展数字化转型，打造更多的智能化产线提供了参考和思路。

1 寻找当前痛点问题

对产线各个管理模块进行拆解分析，寻找各个板块目前存在的症结痛点。通过解决这些痛点问题，提高管理水平，进而改善关键数据。

直接影响到现场组织效率效益的主要有信息传达、物流管理、人员管理及工艺管理四个模块，主要痛点如下：

1.1 信息传达效率低、统计难

比如生产计划等信息编制烦琐复杂，而且一经确认下发后，更改成本巨大，且会因效率问题导致更改滞后。其他各类信息的编制、传达环节也都面临着效率低下的问题，比如图纸和标准作业的下发、临时更改等。

同时，由于管理层级较多，各类信息并不是直接传达到一线员工，比如生产计划信息是先由计划室传达至产线长，再经过产线长传达给工位长，最后才到具体的操作人员。

信息传达流程长、效率低下的问题导致的信息差极大影响了现场工作的正确与否，直接影响到工作效率。该问题多次导致现场信息

---

* 杨国伟（1988—），男，汉族，硕士，目前从事机车转向架生产管理。

滞后或不正确，进而导致返修、顺序错乱等问题。

另外，现在越来越注重信息的收集、统计、对比，以便找出差别，提升管理质量。仅生产管理中，常用的统计数据就包含生产完成率、计划完成率、节拍达成率、异常占比、异常闭环率等一系列数据，这些数据往往需要人工统计汇总。效率低、准确率差，同时极大地占用了人力资源。

1.2 物流配送效率低、准时性差

产线的物流配送一直靠人工完成，受限于叉车、吊车数量和状态，物料配送往往达不到准时准点。同时，为了减少配送次数，一次性会尽可能多地配送单种物料，导致配送的齐套率低，现场配送的物料不齐套情况时有发生况。

在制品转运方面，经常会占用员工大量时间等待吊车，而且制品转运的准时性得不到保证的情况会直接影响下道工序的正常开工，因此只能通过积压再制的方式确保下道工序正常进行，导致产线在制品数量大幅度上升。

造成物流效率低下的另外一个主要原因是产线的工艺流设置不合理，物流路线较长，无意义的往返路程较多。

1.3 人员管理不细致，单节人员需求大

人员管理作为现场管理六要素第一位，其重要性是毋庸置疑的。但是仅靠产线长及班长进行管理，一方面主观因素大，第二也受制于产线长和班长的个人能力，其管理效果差距较大。直接反映到结果上的就是单节产量下的人员需求数量较大。

另外，人员单日、周、月的完成量基本无法准确统计，代表着无法准确衡量人员的工作量情况，在奖金分配时存在着主观因素，无法充分调动员工积极性。

1.4 工艺手段落后，工作效率及一致性差

作为以组焊工序为主的生产产线，其主要工装设备，如组对工装、焊机等使用年限长，设计功能落后，效率低下，重复性差。导致现场作业的效率低，产品一致性差，产品质量不稳定等问题。

2 智能化产线对于产线的提升

2.1 利用 MES 系统提高信息传递速度

在智能化产线中，MES 系统对于信息传递效率的提升是巨大的[2]，以烦琐的生产计划传递为例：产线虽依旧遵守月计划与周计划，但仅到产线长一级，产线长根据现场实际情况及与分厂计划的符合程度，在系统上编制四日计划，纸质计划不下现场，派工不通过现场指派，一切生产安排均通过系统进行安排。

该计划排布后将直接发送到员工的个人账号上，员工可以根据自己账号中的任务排布信息精准地了解到当日任务要求，不存在模糊不清的可能性。

2.2 智慧物流系统保证物料定时、定量、定置管理

产线配备了两种智慧物流系统和设备，即 AGV 和 RGV[3]。AGV 承担物料配送和在制品周转的任务；RGV 则承担在制品在立体库和焊接站之间的配送和周转任务。智慧物流系统使用以来，已基本取代了吊车、平板车、叉车的工作内容，除了工序间偶尔使用吊车吊取物料进行组对外，基本已经很少使用上述传统的运输工具。

同时，产线在实际应用过程中逐步对 AGV 和 RGV 的使用逻辑和交通管制逻辑进行优化，使其使用效率进一步提高。

智慧物流系统及设备的投入使用，在物料配送和在制品转序的准时性、便捷性、可靠性、安全性等各项性能上均展现出了对比人工吊运和叉车运输的巨大优势。除设备异常情况外，物料配送的准时率基本达到100%。

同时，通过重新排布工艺布局，合理优化

物流路线，单个构架物流距离从1220m降低至850m，降低了30%。极大缓解了物流压力。

2.3 基于MES系统的精准人员管理

在MES系统上新增人员管理模块，包含人员考勤、派工、完工统计等功能。完成了对人员管理的闭环。

首先是每日早会清点人员后，由产线长登录人员出勤情况，在人员满勤时系统会按照当日计划，根据由员工技能等级和培训情况预设的派工模板进行派工。如果当产线人员有缺勤情况发生时，系统会提示产线长临时对人员的派工范围进行单点的修改，但修改不得超出技能等级需求及培训范围。

在人员接到生产计划进行开工时，封闭了账号密码的登录方式，全部改为二维码身份铭牌扫描登录，防止人员登录混乱。

完工后，系统会自动记录、汇总当日产线完成信息，以及个人的完工信息，自动产生当日、周、月的完工情况。产线长可以此作为奖金分配的主要依据。

2.4 全面提升工装设备，效率效益大幅跃增

针对产线的组对、焊接、打磨等工序的重要工装设备，以高智能化、高效、精准、快速切换、重复性强为核心要求，进行全面更新。

比如组对工装，重新设计制造的组对工装采用了模块化设计（图1），非常便于不同车型

图1 模块化组对工装

间的快速切换，同时采用了大量的自锁结构保证了工装的精准度和可重复性。工艺师在设计工装时还充分考虑了制造时的工艺顺序及产品干涉情况等细节，有效缩短了单个产品工作时间，提高了工作效率。单个工序组对作业人员也由2人降低至1人，甚至是1人同时肩负两个组对工序。

焊接机械手[4]采用了德国CLOOS公司最新的七轴焊接机械手（图2），其焊接精度及焊接可达性较产线原有的六轴机械手有了极大的提升，自动化焊接覆盖工序也由之前的只能焊接侧架外缝工序扩大到可以焊接侧架内腔、侧架外缝、侧架部件、横梁组成，以及构架一次焊接5个主要个焊接工序，这基本已经覆盖了构架90%以上的焊缝，重要焊缝覆盖率更是达到了100%。机械手具备自动焊缝寻位、电弧传感跟踪、自动预热及温控感应等功能，完全满足现场产品的工艺需求。产品一致性强，一次校验通过率及一次探伤通过率几乎达到100%，极大提高了产线生产效率，并大幅降低了人员需求。

图2 七轴焊接机械手

2.5 生产数据驾驶舱实现信息整合，实现精准管理

生产数据[5]驾驶舱（图3）看板作为辅助产线长掌握现场动态的有效途径，能够极大节约产线长的时间和精力，实现精准管理。

图3 数据驾驶舱

产线结合实际情况,对驾驶舱看板进行了多次优化更新,最终确定看板上所展现的数据基本覆盖了现场管理的各个方面。如生产相关数据就涵盖了产线人员的出勤情况、产线计划兑现率及七日滚动计划兑现率、物流配送率等数据。除了生产相关数据外,设备、环境、异常、质量等板块也均有涉及。产线长可以通过各类数据直观地对现场情况进行掌握。

同时,数字孪生系统在业内首次应用。该系统主要有两个功能,其一是实现了由产线实时数据驱动的全场景、多维度、三维虚拟可视化的展示和监控。产线长可以实时掌握产线各个数字化设备的工作状态、设备位置、工作参数(如数字化焊机的实时电流、电压、焊接速度等信息);其二是具备全场景的工艺过程仿真的能力,实现了产前的精准验证、评估与优化。

上述功能根本上改变了产线长需要不停地在产线巡查以确定各个工序工作状态的工作习惯。

3 结语

智能化技术的应用一定程度上颠覆了传统的产线管理模式,尤其在信息传递、物流配送、人员管理、工艺管理等方面。

这些管理能力的提升促使产线在重要数据上实现了飞跃。

比如产线节拍时间从210分钟降低至105分钟,单节人员需求从42人降低至22人,单位面积产出率提高42%,产线平衡率提高20%等,达到管理增效的目的。

参考文献

[1] 盛乐明,胡彩凤,肖求辉.基于工业机器人的油箱柔性焊接生产线整体解决方案设计与研究[J].制造业自动化,2023,45(11):208-211.

[2] 夏嘉乐.G公司制造执行系统(MES)实施项目可行性分析[D].广州:华南理工大学,2016.

[3] 张俐.AGV、RGV、立库在焊接材料行业的集成应用[J].物流技术与应用,2018,32(8):124-128.

[4] 方军.焊接机械手在客车制造中的应用[J].客车技术与研究,2011,33(5):43-44.

[5] 田学华,张志毅,吴向阳,等.转向架焊接机器人智能集控系统及关键技术[J].智能制造,2021(6):34-39.

地铁弓网异常磨耗治理方式研究

王继德　于　云　武学文

（太原轨道交通集团有限公司，太原030000）

摘　要： 接触线是牵引供电系统的重要元件之一，它既是牵引电流的主要承载者，又是受电弓的滑道[1]，弓网异常磨耗将影响弓网的正常匹配关系，降低受电弓取流质量，缩短碳滑板与接触线的使用寿命，甚至对地铁安全运营也存有一定的影响。本文通过本团队多次异常磨耗治理实践，对造成弓网异常磨耗的原因，影响磨耗的因素进行分析，提出一些弓网异常磨耗的有效治理方式。

关键词： 刚性接触网；弓网异常磨耗；导高允许误差；治理方式

太原地铁开通至今，受秋冬季节转换气温骤降影响会发生弓网异常磨耗现象。弓网异常磨耗加速了接触线和受电弓碳滑板磨耗，缩短了接触线和碳滑板的使用寿命[2]，且碳滑板局部急速磨耗对地铁运营带来极大的安全隐患。为有效解决弓网异常磨耗，保障地铁安全运营，通过对弓网异常磨耗数据分析及发展过程研究，本团队通过多次治理，弓网异常磨耗治理时间得到显著缩短，初步达到了有效解决弓网异常磨耗、保障地铁安全运营的目标。本文分析与探究了弓网异常磨耗产生的原因，并提出有效的治理方式，为日后快速有效治理弓网异常磨耗、延长弓网使用寿命积累了实践经验。

1　弓网异常磨耗原因分析

弓网之间的磨耗分为机械磨耗和电气磨耗两种[3]，机械磨耗指受电弓碳滑板在滑动取流过程中与接触线相互摩擦产生的磨耗，电气磨耗是指受电弓碳滑板与接触线相互摩擦过程中产生的电火花（或电弧）引起局部高温的现象，从而造成二者物理特性变化的磨耗[2]。

1.1　接触网方面

（1）接触网拉出值分布不合理。某个拉出值定位布置多，在受电弓碳滑板的相对位置磨耗次数增多，产生局部过量磨损的情况，从而在正常磨耗与异常磨耗交界处产生局部凸台，如图1所示，进而切削接触线导致接触线磨耗加速，恶性循环加剧弓网异常磨耗[3]。

图1　局部磨耗边界处产生局部凸台

（2）接触线导高实际值与设计值偏差大。个别定位点导高超标会使接触线产生硬点，硬点处容易发生接触线和受电弓的机械损伤及电弧烧伤，导致接触线和碳滑板异常磨耗和撞击性损害，影响取流。连续多个定位点导高超标会使接触线坡度超标且频繁变化，影响接触线的平顺，从而造成弓网间接触压力变化，破坏弓网间的正常接触和受流，加剧异常磨耗。

（3）接触线坡度超标。接触线坡度及其变化率是影响受电弓运行平稳性的主要因素之一，速度越高，接触线坡度及其变化率要求就越小，本线路地铁刚性接触网坡度要求是在1‰以内，坡度超标易造成弓网间接触压力偏差值超标，影响取流质量。

（4）接触网重点设备（锚段关节、线岔、分段绝缘器等）技术状态异常。受电弓通过这些设备时形成撞击点，造成弓网间压力和振动幅度增大，除了机械磨耗增加，燃弧的增加也加剧电气磨耗。

1.2 受电弓方面

（1）受电弓本体异常。受电弓本体底架、下臂杆、弓头、拉杆等出现变形、裂纹、损伤现象，造成弓架不平稳，进而造成接触压力异常。弓网之间接触力过大会造成碳滑板机械磨耗过快。反之弓网接触时断时续，受流不稳定，产生一定的电气磨耗。

（2）受电弓行程受阻。弹簧卡滞或气囊受损，致使接触压力异常，影响受电弓跟随性，由于弓网间接触压力异常进而导致异常磨耗的发生。

（3）受电弓碳滑板表面粗糙。碳滑板在使用过程中表面出现大量凹坑、铜色斑点等异常现象，此时弓网间作用力关系表现为锉磨关系，短时间内接触线和碳滑板工作面无法形成平滑面，从而导致弓网关系持续恶化，加剧机械、电气磨耗[4]。

1.3 车辆方面

（1）车辆振动异常。弹簧故障导致列车振动异常，维修不及时等原因致使车辆运行异常，振动传导至弓网间导致接触压力异常，影响弓网取流。

（2）车辆牵引、制动系统异常。地铁列车牵引电机故障、制动系统故障，致使列车运行异常，影响列车取流与能量回收，进而导致弓网磨耗异常。

（3）牵引电流过大。地铁列车在启动、制动过程中接触线与碳滑板接触面单位面积取流过大，弓、网接触面表面温度升高，加剧电气磨耗。

1.4 线路方面

轨道线路环境情况。位于曲线区段、特殊道床结构、线路坡度过大，以及线路几何尺寸不符合设计标准值都会导致列车震动加大，使接触线与受电弓离线率和燃弧率增加[5]，加剧机械、电气磨耗。

1.5 其他方面

环境因素。本团队发现湿度达到一定值与接触线和碳滑板建立良好的匹配度有一定相关性，在以往的监测中，当湿度有明显抬升时，碳滑板磨耗速率有明显下降趋势，当湿度低于一定值，碳滑板与接触线又会燃弧上升、磨耗速率上升。

2 弓网异常磨耗发展过程

根据本团队多次治理弓网异常磨耗结果，异常磨耗发展过程，可以划分为如下几个阶段：异常磨耗初期、异常磨耗发展期、异常磨耗平稳期、异常磨耗恢复期。

2.1 异常磨耗初期

受电弓碳滑板表面某一区域的碳晶层异常缺失，如图2所示。整板表面仍处于顺滑状态，未形成异常凸台。碳滑板异常区域日平均万公里磨耗高于1.5mm/万km。正线部分区段接触线表面在碳滑板碳晶层缺失对应拉出值位置出现少量划痕。

图2 异常磨耗初期

2.2 异常磨耗发展期

受电弓碳滑板表面某一区域的碳晶层异常缺失,粗糙区域开始扩大,如图3所示。整板表面顺滑状态恶化,逐渐形成异常凸台。碳滑板异常区域日平均万公里磨耗高于3mm/万km。正线部分区段接触线表面在碳滑板碳晶层缺失对应拉出值位置氧化膜发生部分缺失,部分线面出现新磨面[6],在正常磨耗与异常磨耗过渡区段表现为新旧磨面,接触线异常磨耗区段与比例不断扩大,接触线出现毛刺、拉丝等异常情况。

图3 异常磨耗发展期

2.3 异常磨耗稳定期

受电弓碳滑板表面某一区域的碳晶层异常缺失,无光泽。粗糙区域稳定在一定范围,碳滑板异常区域日平均万公里磨耗持续大于10mm/万km,部分时期严重恶化。正线接触线异常磨耗几乎覆盖所有区间,接触线毛刺、拉丝等情况普遍出现,如图4所示。

图4 接触线拉丝情况

2.4 异常磨耗恢复期

受电弓碳滑板表面某一区域的碳晶层出现,亮黑色光泽面逐渐形成,粗糙区域减小,碳滑板异常区域日平均万公里磨耗明显降低。正线接触线毛刺、拉丝现象明显减少,部分异常磨耗区段接触线线面开始出现氧化膜,如图5所示,接触线新磨面反光性增强。

图5 接触线线面出现氧化膜

3 弓网异常磨耗之平推精调方案

在经历了多次异常磨耗治理后,本团队已验证有效的治理方式:对全线导高进行平推调整从而减小导高允许误差,采取弓网同步短期高频打磨从而改善弓网运行环境。

本线路正线接触网采用刚性悬挂形式,接触线导高标准值为4050mm±5mm,定位点高差为±10mm,接触线坡度标准为1‰以内,硬点(垂向加速度)评定值小于490m/s²,燃弧次数要求每160m小于1次,燃弧时间为每160m小于100ms。静态测量数据显示接触线导高满足标准,但动态检测数据中导高、定位点高差、燃弧、硬点(垂向加速度)[6]四项指标不满足标准,本团队决定采用平推精调方案改变弓网运行条件,本次调整不再采用仅调整超限数据的方式,而是对全线采取平推调整方式进行,将各项误差值压缩60%。

3.1 平推调整方法

(1)平推精调前对车辆受电弓及减震部件进行全面排查,排除车辆问题。

(2)按照先轨道、后接触网的顺序进行平

推调整，对线路及轨道进行平推精调，采用新的技术标准分两个小组从线路两端开始向中间推进。

（3）接触网专业在线路专业后方按照 4050mm±3mm 的标准开展导高精调工作。

（4）在平推调整期间，接触网与检修专业要做好异常接触线与碳滑板表面的处理工作。由于异常磨耗产生后，全线接触线状态均发生变化，毛刺、拉丝等情况较为普遍，需要对全线接触线进行打磨[7]处理（采用纤维轮配合角磨机），同时对所有上线列车受电弓碳滑板进行打磨（采用 800 目与 1200 目砂纸，以左右各 50 为一组，打磨至光滑）。

3.2 平推工作机制

（1）每日召开弓网轨整治例会，对前一日弓网磨耗情况进行汇报，首先对碳滑板万公里平均磨耗值进行通报与分析，对测量磨耗值超标的列车碳滑板进行重点跟踪，通报异常磨耗区段及碳滑板表面状态，对碳滑板表面照片进行集中分析。然后对轨道及接触网专业平推调整进度进行通报，对具体调整数据进行分析，对区间温湿度情况进行通报。最后对各专业调整进度进行协调，对个别磨耗超标碳滑板进行跟踪安排，共同拟定日汇报材料向工作组汇报。

（2）每周二、周五召开弓网轨整治专题会，对近期弓网磨耗情况及平推调整进度进行汇报。首先对近期碳滑板万公里平均磨耗值进行通报，对碳滑板表面状态、照片继续集中分析。然后对轨道及接触网平进度进行通报，对温湿度情况进行通报，对各专业调整进度进行协调。最后各专业对平推调整过程中需要解决的问题进行讨论，集中各方意见后由工作组进行工作安排。

3.3 平推调整过程

轨道专业在本次平推中累计申报施工作业点 101 个，累计出动作业人员 500 余人／次，

共完成 566 处轨道精调，现场几何尺寸均满足原允许误差 50% 的标准。为保证接触网各项指标参数更加符合设计标准，将接触网导高标准值 4050mm±5mm 调整至 4050mm±3mm，定位点高差控制在 ±6mm，坡度控制在 0.5‰ 以内，硬点（垂向加速度）控制在 300m/s² 以内。按此标准完成正线上下行复核导高 6977 处，其中 5235 处在 ±5mm 标准范围内，1742 处不符合 ±5mm 标准，为满足弓网整治要求对现场 4581 处调整至 ±3mm 标准内；另因现场无调节余量（共计 129 处，其中 118 处已通过加装垫片，更换螺杆等方式调整至 4050mm±3mm），调整后剩余 11 处采用调整定位点方式使其高差小于 0.5‰，保证了接触线平滑过渡。

4 平推整治前后数据对比

调整前后本团队分别组织了动态检测工作，如表 1 所示，经对比发现调整后动态导高与定位点高差数据明显向好，燃弧与硬点情况也明显改善，从而证明通过减小导高允许偏差，沿线路逐个定位点对导高精调，可明显改善弓网关系。

表 1　调整前后动态检测对比（燃弧、硬点、导高、定位点高差）

试验区间	调整前燃弧次数（每 160m）	调整后燃弧次数（每 160m）	评定值
上行	1.38	0.77	＜1
下行	1.32	0.95	＜1
试验区间	调整前最大燃弧时间 /ms	调整后最大燃弧时间 /ms	评定值
上行	142.4	64	＜100
下行	158.9	94	＜100
试验区间	调整前最大垂向加速度 /（m/s²）	调整后最大垂向加速度 /（m/s²）	评定值 /（m/s²）
上行	597.2	381.6	＜490
下行	564.9	372.7	＜490

续表

试验区间	调整前导高 /mm	调整后导高 /mm	标准值 /mm
上行	4040.0～4060.9	4043.2～4056.7	4045～4055
下行	4042.0～4060.0	4043.0～4056.9	4045～4055

试验区间	调整前定位节点高差 /mm	调整后定位节点高差 /mm	标准值 /mm
上行	−16.2～16.0	−8.5～8.9	−10～10
下行	−16.4～16.5	−9.78～9.97	−10～10

5　结语

通过对本线路弓网异常磨耗发生过程分析及整治方式研究，本团队认为弓网异常磨耗是外部环境因素变化影响接触网参数变化，进而引起弓网运行关系改变从而导致异常磨耗的发生。外部温湿度环境改变引起接触网导高、坡度、硬点参数发生变化接近或超出国家标准值，是致使弓网异常磨耗发生的主要因素，而温湿度对碳滑板碳晶层的产生有一定相关性。

弓网异常磨耗发生后需要对弓网参数进行复核，尤其是对接触网参数通过减小允许误差的方式进行平推调整，改善弓网运行环境，有效降低弓网磨耗值。对接触线与碳滑板表面进行打磨是一种辅助手段，不是解决弓网异常磨耗的决定性因素。

参考文献

[1] 李响. 高速铁路接触网吊弦动态特性及断裂机理研究 [D]. 石家庄：石家庄铁道大学，2020.

[2] 李军，卢海龙，韦龙剑. 南宁地铁 2 号线弓网异常磨耗原因分析及整改 [J]. 装备制造技术，2022（5）：148-152.

[3] 陈昌进，张立军. 郑州地铁 1 号线弓网异常磨耗原因分析及整改 [J]. 电气化铁道，2020，31（6）：77-79.

[4] 杨声雷. 南京地铁四号线弓网磨耗分析及应对 [J]. 科技风，2019（25）：156.

[5] 韩通新，张润宝. 高速铁路接触网检测技术 [M]. 北京：中国铁道出版社，2022.

[6] 王虹. 碳－铜接触副界面氧化对载流摩擦磨损影响机理研究 [D]. 成都：西南交通大学，2024.

[7] 郭刚，杨晓梅. 城市轨道交通刚性接触网异常磨耗机理及防控建议 [J]. 企业科技与发展，2022（7）：100-102.

太原市城市轨道交通2号线安全管理探索与研究

赵俊杰　常子龙

（太原中铁轨道交通建设运营有限公司，太原030001）

摘　要：近年来，随着城市轨道交通迅猛发展，地铁已然成为城市居民日常出行的重要方式之一。因此，地铁能否安全运营事关乘客生命和财产安全。本文通过当前城市轨道交通面临的各种安全问题，从安全管理体系建设到双控体系建设、应急能力提升等进行重点阐述并提出解决方案，对未来轨道交通智慧化安全管理提出了解决思路，确保地铁安全运行。

关键词：安全管理体系；双控体系建设；应急能力提升；智慧平台

城市轨道交通在现代交通运输体系中占有重要地位。同时，面临的安全挑战也十分明显，如车站多处于地下空间、人员和设备高度密集等，一旦出现突发事件，人员疏散和救援存在较大困难，若处置不当，将严重威胁乘客生命和财产安全[1]。因此，对轨道交通运营安全及应急能力提出了更高的要求，需要轨道交通运营单位通过理念、制度、机制及管理手段的改革创新，依托信息化手段不断完善精准化监测预警、推进应急能力提升建设，全面提升安全管理水平。

1　安全管理体系建设

太原市城市轨道交通2号线是山西省首条开通初期运营的线路，线路全长23.647km，南起西桥站，沿人民路、长治路、解放路向北布设，北端止于尖草坪站，全部为地下线，共设车站23座（其中换乘站7座）、车辆段与综合维修基地1座、主变电站2座、控制中心1座（1～8号线共用），总投资208.64亿元。工程采用"A+B"建设模式，其中A部分为土建部分，以政府主导，采用自建模式；B部分为机电设备部分，采用PPP模式，由太原中铁轨道交通建设运营有限公司（以下简称"太原中铁轨道公司"）进行PPP项目的投融资、建设、运营管理、运营维护及授权范围内的非客运服务业务。

自太原中铁轨道公司成立以来，始终将安全生产工作放在首位，并确立了"安全是责任、安全是标准、安全是行为"的安全生产理念，致力于构建一个高效、可靠、响应迅速的安全管理体系。在地铁运营中，安全管理体系建设是确保乘客安全、维护运营秩序及提升服务质量的基石。涵盖人员、设备设施、环境及管理等多个维度，涉及风险识别、风险分级管控、隐患排查治理、应急管理等多方面。

首先，从人员角度看，地铁运营安全的根基在于拥有一支高度专业、责任心强的员工队伍。这要求对所有员工进行定期的安全教育与培训，不仅包括一线的驾驶员、站务员、各专业维修人员、调度等关键岗位，确保每位员工都能深刻理解安全规章制度，掌握应急处置技能。同时，建立良好的安全文化，鼓励员工主动报告安全隐患，形成"安全是责任、安全是标准、安全是行为"的良好氛围。

其次，设备设施的安全可靠性是地铁运营的物质基础。包括车辆、轨道、信号系统、供电系统、消防设施、综合监控等关键基础设施的日常维护与定期检查。采用先进的技术手段和智能化管理系统，如状态监测、预测性维护等，能有效预防设备故障，确保设施运行稳定。

环境因素也是影响地铁运营安全的重要方面，既包括物理环境，如车站和隧道的结构安全、通风照明条件，也涉及社会环境，比如乘客行为规范、紧急疏散能力等。

利用信息化手段建立安全信息管理系统，实时监控运营状态，快速响应突发事件。同时，定期开展安全审核与评估，及时发现并整改安全隐患，不断优化安全管理策略，形成闭环管理机制。综上所述，地铁运营安全管理体系建设是一个全方位、多层次的工作体系，需要在人员素质提升、设备设施完善、环境优化及管理体系健全等多方面持续努力，如图1所示。

2 双控体系建设

2.1 双控体系建设背景

近年来，我国城市轨道交通快速发展，随着开通运营的城市数量不断增多、新增运营里程迅速增加，以及线网规模持续扩大，保障城市轨道交通安全运行的压力日益加大[2]。2019年7月27日，交通运输部印发了《城市轨道交通运营安全风险分级管控和隐患排查治理管理办法》，目的在于指导运营单位做好风险分级管控和隐患排查治理双重预防工作，提升安全管理水平，防范事故发生，保障人民群众生命财产安全。

2.2 双控体系建设实践

太原市城市轨道交通2号线自2020年开通以来，太原中铁轨道公司组织各部门、中心开展安全风险辨识，确立了共计1321项安全风险，并经统计汇总形成安全风险数据库；同时，对比全线55个生产岗位，逐条细化隐患排查手册，明确了各生产岗位隐患排查周期及隐患分类，共计细化制定隐患排查内容1443条。但传统的隐患排查方法存在日志量大，且无事件处理优先级之分；安全事件闭环处理进展缓慢，或者并无闭环通知；隐患排查工作量大、工作效率低等缺点，已无法适应现代企业隐患排查工作节奏，因此构建一套高效、智能

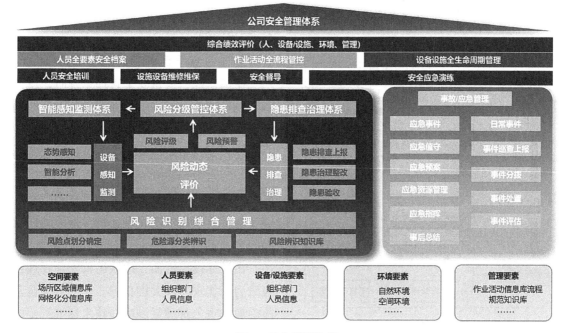

图1 安全管理体系

的地铁运营安全管理平台迫在眉睫。

3 应急能力提升

随着城市轨道交通线网规模的逐渐扩大，对轨道交通运营安全及应急能力提出了更高的要求，需要运营单位不断推进应急管理从"被动防御"向"源头治理、主动防控"转型、从"传统应急"向"智慧应急"转变、从"局部管控"向"系统治理"突破，着力通过理念、制度、体制、机制、管理手段的改革创新，依托信息化手段完善精准化监测预警、推进应急装备现代化，加强应急基础数据库建设，推动应急平台之间互联互通、数据交换、系统对接、资源共享，全面提升城市轨道交通应急能力[3]。

太原中铁轨道公司为检验评估运营应急能力建设情况，根据《城市轨道交通运营应急能力建设基本要求》JT/T 1409—2022 中"运营单位应每三年对应急能力进行综合评估，形成应急能力评估报告。运营单位宜邀请外单位专家或委托第三方机构开展应急能力综合评估工作"的规定，公司委托第三方咨询单位开展太原地铁 2 号线运营应急能力综合评估，明确了工作思路，确定了评估工作实施流程，如图 2 所示。

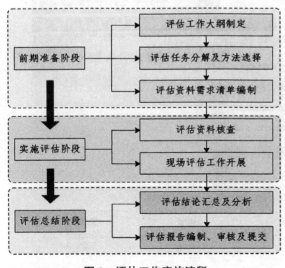

图 2 评估工作实施流程

经充分审查论证，太原中铁轨道公司应急体系健全、制度完善、安全文化氛围浓厚、现场处置流程基本合理，应急能力建设成效明显，落实安全生产标准化。尤其与应急能力提升项目启动初相比，应急管理制度和机制进一步健全、应急组织机构和应急预案进一步完善、应急队伍进一步加强、应急物资进一步完备，应急处置平均时间缩短 13%，应急能力建设水平明显提高。

但随着科技日益进步，对城市轨道交通智慧应急也提出了更高的要求，建立一个轨道交通运营应急管理与指挥平台，是科学、高效开展日常运营应急管理和战时应急指挥与应急处置的重要技术基础[4]。该系统的运行状况直接关系着各控制中心和运营主体的协调性，具有综合监视、运营协调、应急指挥、信息共享等职能，方便指挥人员对出警位置和周边情况的判定和分析，进行作战部署、资源调配、命令下达等工作，是强化指挥中心扁平化指挥调度能力，提升指挥中心处置突发事件力度的重要技术保障，也是太原中铁轨道公司未来应急管理工作的一个主要方向。

4 应用案例

4.1 安全管理平台

在构建地铁运营安全管理系统时，设计原则与目标的确立至关重要。首先，设计原则应坚持"安全第一，预防为主，综合治理"的核心理念，确保系统能够全面覆盖地铁运营的各个环节，有效预防和减少安全事故的发生。同时，系统还应具备高度的可靠性和稳定性，能够在各种复杂环境下稳定运行，保障地铁运营的安全与顺畅。

在目标设定方面，地铁运营安全管理系统应致力于实现多项关键指标。建立健全运营风险隐患排查治理体系制度与技术标准。主要包括建立或完善太原中铁轨道公司运营安全风险隐患排查治理相关制度文件与技术标准，逐步形成风险隐患排查治理双管控体系。主要包括风险源分级、风险源关联隐患、风险源预警、隐患分级标准、隐患排查要点及数据库、隐患排查治理管理办法、考核办法等内容。同时，提前设计好数据接口，为后期集成接入其他信息化平台做好准备。

该系统风险数据分类为客运组织、设施监测养护、运行环境、行车组织、设备运行维修5大部分。排查方式分为日常排查和专项排查。把隐患信息和站区间及岗位联系起来，岗位和公用账号联系起来，最终达到给每个部门下发日常排查任务的目的。隐患排查流程如图3所示。

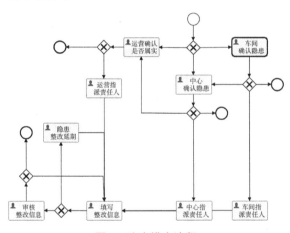

图3　隐患排查流程

太原中铁轨道公司安全管理信息平台，对公司隐患排查及风险管控实现利用科技手段全过程登记、建账、追责、预警，进一步夯实了安全基础管理水平。

4.2　气象预警平台

太原市轨道交通2号线气象服务平台是集2号线沿线所有站点的实况监测、预报、预警发布于一体的气象服务平台。通过卫星云图、雷达图、格点数据等气象数据资料来源，24h不间断全天候对地铁2号线进行实况监测和分析，为地铁运营安全管理及乘客提供准确的气象信息，有效提升地铁的气象灾害监测预报预警的服务能力和应对措施，确保乘客生命和财产安全，避免因气象灾害对企业造成巨大的经济损失。

5　结语

经过深入研究和实践探索，我们成功构建了地铁运营安全管理系统，并在实际运营中取得了显著成效[5]。安全管理平台通过风险监控管理、隐患监测管理、安全检查管理、安全考核管理、统计分析等功能，实现了对地铁运营全过程的风险预警和隐患治理管理，气象预警平台构建了适应太原地区气候特点和地铁车站特点的气象服务系统。未来的地铁运营安全管理系统还将更加注重与其他系统的融合与协同。例如，对智能运维系统、智慧应急管理系统等进行深度集成，实现信息共享和协同作战，提高应对突发事件的效率和准确性。同时，随着物联网技术的普及和应用，地铁运营安全管理系统也将逐步实现设备间的互联互通，提高设备的智能化水平和运营效率。

参考文献

[1] 张涵.城市轨道交通运营安全风险评估与指标体系研究[D].北京：首都经济贸易大学，2018.

[2] 刘淼，唐明明.城市轨道交通施工风险管控与隐患排查治理双机制实践[J].都市快轨交通，2018，31（6）：24-30

[3] 王耀成.大数据下城市轨道交通应急指挥体系研究[J].现代工业经济和信息化，2018（17）：61-62.

[4] 杜宝玲.国外地铁火灾事故案例统计分析[J].消防科学与技术，2007，26（2）：214-217.

[5] 张铭，王富章，李平.城市轨道交通网络化运营辅助决策与应急平台[J].中国铁道科学，2012，33（1）：113-120.

轨道交通站台门 PHM 智能管理系统设计研究

麻全周[1*] 李琛璋[1] 李 洋[1,2] 李建凯[1]

（1. 天津智能轨道交通研究院有限公司，天津 301700；

2. 中国铁道科学研究院集团有限公司城市轨道交通中心，北京 100081）

摘 要：城市轨道交通客流量大、频次高、列车速度快，站台门是保障乘客候车安全的重要装备，其健康服役是保障正常行车的重要环节。为提升站台门设备的运维安全管理水平，本文基于站台门运维现状和痛点，结合运维人员需求，运用大数据、物联网、智能算法等技术，研发设计了城轨站台门设备 PHM 智能管理系统，实现站台门设备健康状态实时监控、故障告警预警、健康状态评估评价、寿命预测，推动站台门维修模式从计划修、故障修向状态修转变，保障行车安全。

关键词：轨道交通；站台门；PHM；智能管理平台

近年来，随着新开通运营的城市增多、运营规模快速增长、客运量不断攀升，城市轨道交通的安全保障难度越来越大，乘客的服务需求和期望也越来越高，对提升行业管理水平提出了新的更高要求[1]。中国城市轨道交通协会发布的《中国城市轨道交通智慧城轨发展纲要》[2]明确指出要结合设备故障预测与健康管理，建立实现设备全生命周期管理的智能运维分析系统。故障预测与健康管理技术（Prognostic and Health Management，简称 PHM）是一种通过对设备状态进行实时监测和预测，实现设备故障预防和维护管理的技术方法。

站台门作为轨道交通车站机电设备的一部分，是保障乘客乘车安全的重要设备之一。同时，它对于地铁列车的安全、正点运行有着重要的作用[3]。目前，站台门缺少配套的智能管理系统，无法做到故障预测和预警，对于站台门电气、机械部件等管理粗放，部件的检修履历和台账采用纸质方式，难以追踪部件的历史事件[4-5]。为进一步提升站台门设备的运维保

障能力，本文结合站台门运维现状及痛点，运用大数据、物联网、人工智能等新兴技术，研发设计站台门 PHM 智能管理系统，实现站台门设备的运行状态的实时监测和故障报警预警，结合智能算法，实现故障预测和寿命预测，推动站台门设备维修方式从计划修、故障修向状态修转变。

1 检修运维现状

1.1 站台门组成

站台门（PSD）系统构成包括两个主要部分[6]：机械部分与电气部分，如图 1 所示。

机械部分涵盖了门的结构设计及门的电机驱动系统，确保了门的物理开启和关闭操作的顺畅执行。

电气部分，包括电力系统、控制系统以及监视系统，负责控制和监控门的运作状况，确保其高效和安全性。

1.2 站台门检修模式

当前站台门的检修主要采用定期维修和故

基金项目：城市轨道交通基础设施数字化模型快速建立方法及关键技术研究课题（基金编号：2023YJ087）。

* 麻全周（1991—），男，汉族，河南周口人，硕士，目前从事轨道交通智慧化、绿色化技术研究。E-mail：1131647452@qq.com

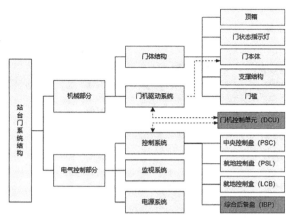

图 1　站台门组成

障维修相结合的方式[7]。

定期维修是指为维持设备具有正常运行功能而进行的定期性检查和维修作业。站台门设备维修根据维修作业内容和周期不同，分为周巡检、月度维修、季度维修、半年度维修和年度维修，同类设备不同维修周期的作业内容重叠时可合并进行。

故障维修是指当设备发生故障时，对故障设备进行修复和维护。

1.3　运维痛难点

站台门运维过程中主要存在以下问题：①站台门设备分散，一旦出现设备故障，设备状态无法快速准确地获取，维修人员需要从一个车站赶到另一个车站进行维修，故障处置效率低；②站台门零部件众多，故障诊断困难，故障诊断依赖专业维修人员，对维修人员个人能力要求较高，人工成本增大；③设备健康评估标准不统一，缺乏科学、客观的评估指标和方法，导致对设备健康状况的评估结果存在主观性和不确定性；④随着轨道交通站台门的自动化程度不断提高，大量的数据被生成和收集，无法很好地利用信息为运维工作提供有力支撑；⑤没有建立完善的故障诊断和预警机制，无法及时发现设备潜在的故障隐患，导致故障发生后只能进行被动抢修，增加了维修成本和设备停机时间[8-10]。

因此，当前站台门系统的检修与运维面临诸多痛点和挑战，无法帮助运维人员及时、准确地发现并处理故障，更无法为运维决策提供支持。

2　平台架构设计

运用大数据、物联网、人工智能等新兴技术，从现状及问题出发，结合业务需求，研发设计站台门 PHM 智能管理平台，实现对站台门设备的运行状态实时监测，对主要设备故障进行预警，提供寿命预测功能。为运维人员提供故障诊断结果及维修建议。

2.1　总体架构

平台总体架构主要包括用户层、应用层、基础架构层和边缘层四层架构，如图 2 所示。

（1）边缘层

边缘层主要实现站台门设备相关数据的接入，同时提供智能网关功能，实现通信网络的状态监测，智能组件关注边缘层设备数据协议的解析、转换与传输，为边缘层数据的采集、整合、传输提供较完备的实现方式。

（2）基础架构层

基础架构层主要实现数据集成与整合，为应用层提供技术支撑，包括数据库服务、计算框架服务、数据存储服务、数据管理服务及应用开发交付服务等。

（3）应用层

应用层主要实现六大类应用功能，包含实时监控、故障管理、健康管理、检修管理、后台管理和系统管理等。覆盖站台门设备运维管理的全流程环节。

（4）用户层

用户层主要实现平台向运营中心、维修部门等不同用户群体提供服务的功能，提供监控中心、终端办公电脑和移动终端的多端服务方式，可在如大屏、PC Web 端、APP 端等设备提供交互服务。

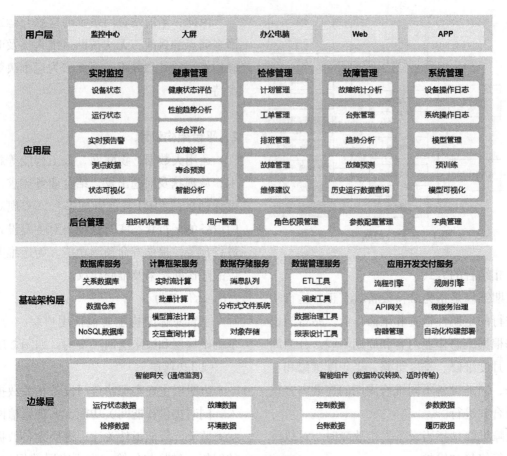

图 2 平台总体架构

2.2 数据架构

站台门设备 PHM 智能管理平台的数据架构，主要包括边缘层、数据平台层和应用层，如图 3 所示。

边缘层主要涉及数据包括开关状态数据、控制状态数据、电池温度数据、电机状态数据、电机转角转速数据、电机电压电流数据、故障报警等数据；设备厂家提供部件 PHM 系统产出的台账数据、预告/警数据和模型数据。根据数据的格式和产出频率提供实时和批量的集成方式。

站台门设备的多源异构数据通过网络传输至数据平台层，实现数据集成、解析入库、计算。根据应用需求对时效性高的数据，提供不落地的实时流式处理，最大化实现数据的秒级响应。对部分非结构化数据提供基于 FTP 服

务的数据中转平台，为数据提供临时的中转空间，待解析完成统一入库到历史数据区，便于后续的查询和计算。前方应用层通过 API 接口调用数据中台的数据。

2.3 技术架构

站台门设备 PHM 智能管理系统的技术架构主要包括边缘层、数据整合层、应用支撑层和用户层，如图 4 所示。

（1）边缘层。主要涉及高精度传感技术、智能网关技术、数据协议转换、传输技术。数据可通过以太网作为物理通信通道，基于 MODBUS-TCP 等协议通信方式进行智能网关级别的通信监测，并以预先约定的数据转换协议格式进行数据组装，实时传输至服务端。

（2）数据整合层。数据整合层技术主要包括数据集成服务、数据库服务、计算框架服

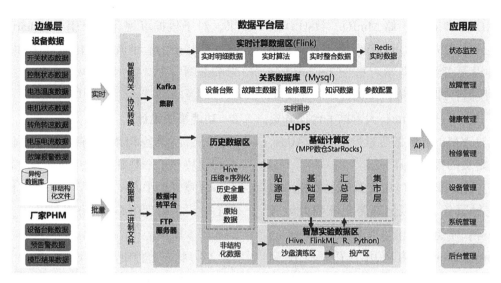

图 3　平台数据架构

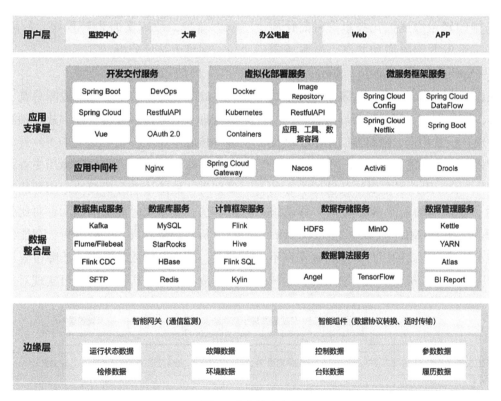

图 4　平台技术架构

务、数据存储服务、数据算法服务和数据管理服务等技术组件。其中，数据集成服务提供多种集成方式，包括消息队列组件 Kafka，日志采集传输组件 Filebeat，数据实时同步组件 Flink CDC，大文件和非结构化数据传输工具 SFTP。

数据库服务提供不同组织形式、不同量级、不同查询需求的数据库产品。计算框架服务提供不同的计算框架服务，包括实时计算组件 Flink，批量计算和大数据数仓组件 Hive，以及交互查询和多维数据查询组件 FlinkSQL 与 Kylin。数据存储服务包括大数据分布式文件系统 HDFS 和对象存储 MinIO。数据算法服务提供分布式机器学习和图计算平台 Angel 的集成，以及开源机器学习框架 TensorFlow 的集成；数据管理服务提供基础技术管理类工具，包括 ETL 工具 Kettle、大数据平台任务资源调度工具 YARN、数据质量管理工具 Atlas，以及可自定义的报表工具。

（3）应用支撑层。应用支撑层主要技术包括开发交付服务、虚拟化部署服务和微服务框架服务等技术组件。开发交付服务中 Spring Boot、Spring Cloud，为应用的开发提供高效、灵活的微服务开发框架支持。虚拟化部署服务中 Docker 与 Kubernetes 是应用容器引擎和容器编排的轻量级虚拟化技术，可简化应用部署，实现资源的隔离和共享。微服务框架服务中 Spring Cloud Config、Spring Cloud DataFlow、Spring Cloud Netflix 等作为分布式配置中心，简化构建、部署和管理微服务，实现服务发现、负载均衡、断路器、路由、微代理、分布式会话等功能。

（4）用户层。用户层主要涉及监控中心的大屏展示、办公电脑上的 Web 应用、移动终端的 APP。运用 HTML5、CSS3 和 JavaScript 等前端技术构建响应式的用户界面，确保在不同设备和屏幕尺寸上提供清晰、易用的显示效果。对于数据可视化，采用了 Echarts、D3.js 等，将复杂的运维数据转化为直观的图表、图形和地图。

3 功能模块设计

站台门设备 PHM 智能管理平台包含 5 个核心模块和 1 个基础模块，分别为状态监控中心、故障管理中心、健康管理中心、检修管理中心、设备管理中心和系统管理中心。功能架构如图 5 所示。

（1）状态监控中心

监控中心通过线路级状态监控、车站级状态监控、设备系统级状态监控，实现三级运行状态监控，故障实时告警预警、故障精准定位、多维度统计分析。

（2）故障管理中心

故障管理中心主要包括故障总览、故障台账管理、故障诊断分析管理、故障预测分析管理等核心模块。

故障台账管理可实现故障历史查询、故障处置等。故障诊断分析模块运用智能诊断及预测算法，实现实时波形图展示、对比分析、统计分析、趋势分析、关联分析，智能化诊断系统级、部件级的故障类型、故障位置和故障原因。故障预测分析管理模块可实现对部件故障

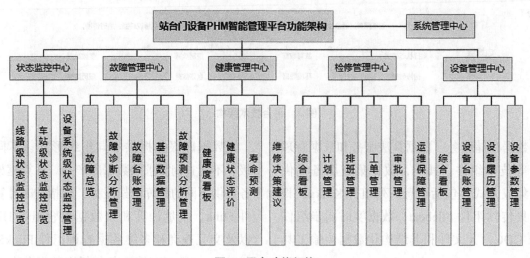

图 5 平台功能架构

的性能趋势分析预测。

（3）健康管理中心

健康管理中心涵盖健康状态评价、寿命预测和维修决策建议等核心模块。健康状态评价模块主要基于健康评价指标和评价模型，量化站台门设备、部件的健康状态，掌握其健康程度。寿命预测可实现站台门部件的剩余寿命预测。维修决策建议模块可支撑站台门设备的维修，科学指导维修时间、维修策略等。

（4）检修管理中心

检修管理中心包括计划管理、排班管理、工单管理、运维保障管理等核心模块，可实现计划 – 排班 – 工单全业务流程的闭环管理，提升运维管理水平，保障运营安全。

（5）设备管理中心

设备管理中心包括综合看板、设备台账管理和设备履历管理核心模块，实现站台门设备资产的精细化管理，跟踪设备故障维修记录、部件更换记录，方便用户历史数据查询与使用。

4　平台预计应用效果

（1）快速定位设备故障，提高运维效率

基于智能诊断技术，实现站台门设备故障的快速定位，故障类型、故障原因的诊断分析，提高运维效率，降低因故障给运营带来的延误，减少排除故障的时间和成本。

（2）实时监控设备状态，提升故障处置效率

通过平台实时状态监控中心，全面掌握站台门设备实时健康状况，通过实时波形图，维护人员可实时查看异常数据，分析诊断异常状态，结合健康状态评价和预测，可提前预判站台门突发故障，配合集中监控大屏，可有效提升故障处置效率。

（3）健康状态集中管理，优化检修资源

站台门设备健康状态评价结果可为运营企业设备维修时的维修资源调度和维修备件采购提供依据。结合健康状态评估结果确定维修任务、维修类型、维修范围、维修时机，合理调度各类维修资源，进行备品备件的采购，实施最佳的维修方式和技术。

参考文献

[1] 交通运输部. 交通运输部解读《城市轨道交通运营管理规定》[EB/OL].（2018-06-08）. https://www.gov.cn/xinwen/2018-06/08/content_5297018.htm.

[2] 中国城市轨道交通协会. 中国城市轨道交通智慧城轨发展纲要 [R].2020.

[3] 邓勇，龚清林，王骁，等. 轨道交通站台门智能运维系统设计 [J]. 机电信息，2022（13）：31-34.

[4] 曾恒，李刚，李金峰. 城市轨道交通全自动运行场景下的站台门系统架构设计研究 [J]. 城市轨道交通研究，2022，25（10）：228-232.

[5] WU, M H, WEN T Z, MENG S, et al. Application of PHM for complex electromechanical equipments[C]//3 rd International Conference on Electric and Electronics. Atlantis Press, 2013.

[6] 赵晗，尹恩华，李伯男. 城市轨道交通站台门智能运维系统研究 [J]. 都市快轨交通，2023，36（2）：156-161.

[7] 全国城市客运标准化技术委员会. 城市轨道交通运营设备维修与更新技术规范 第6部分：站台门：JT/T 1218.6—2024[S]. 北京：人民交通出版社，2024.

[8] 裴国强. 站台门智能运维系统设计方案研究 [J]. 新一代信息技术产业研究与应用，2023（9）：105-108.

[9] 党晓勇. 基于云计算的轨道交通机电智能运维平台设计研究 [J]. 现代信息科技，2022（2）：6-8.

[10] 陈俊宏. 轨道站台屏蔽门智能运维系统 [J]. 自动化应用，2022（9）：136-141.

4

第四部分

智轨云及大数据应用

城市轨道交通基础设施智能运维平台构建与应用

张梓鸿[1*]　王文斌[1]　李沅军[2]　赵正阳[1]　宋天浩[3]

[1.中国铁道科学研究院集团有限公司城市轨道交通中心，北京 100081；

2.天津智能轨道交通研究院有限公司，天津 301700；3.铁科院（北京）工程咨询有限公司，北京 100079]

摘　要： 随着我国城市轨道交通运营里程不断攀升，较多城市的轨道交通运营企业需要开展线网级运营管理工作，其运维压力空前。近几年，互联网、物联网、数字化等信息化技术飞速发展，采用先进的信息化技术系统构建城市轨道交通基础设施智能运维平台，由此深入赋能城轨基础设施运维工作成为行业共识。然而，长期以来城轨基础设施智能运维技术的发展速度较为缓慢，目前多数运营企业对于如何系统构建城轨基础设施智能运维平台尚在初步探索阶段。本文从平台总体建设思路、平台架构设计和关键技术等方面，对城市轨道交通基础设施智能运维平台的构建细节进行系统介绍，同时对平台典型功能页面进行展示。本文研究对于城轨同行开展基础设施智能运维平台建设具有重要的参考价值，同时对于助推城轨基础设施智能化发展也具有十分重要意义。

关键词： 城市轨道交通；基础设施；智能运维平台

近年来，我国城市轨道交通行业发展迅速，据中国城市轨道交通协会统计[1]，截至 2023 年 12 月 31 日，我国内地地区共有 59 个城市投运城市轨道交通运营线路，总长度达 11224.54km。随着运营规模的不断扩大，当前较多城市的轨道交通运营企业需要开展线网级运营管理工作，运维压力空前[2-3]。

通过对我国多个城市轨道交通头部运营企业调研发现，当前城轨基础设施运维工作存在许多普遍问题：①在数据管理方面，各个检测专业独自为营，不同专业检测数据分散管理，存在明显的数据孤岛问题[4]；各类型检测设备接口、数据格式、数据标准各异、时空里程无法对齐，难以对检测数据开展统一分析和应用；目前各专业的基础设施台账和检测数据多以纸质化材料、电子表单和图形化数据为主，数据管理和储存难度大。②在数据分析方面，大多数数据以人工分析为主，处理效率低下、人员工作压力较大，而且数据分析深度严重依赖于分析人员对数据及业务的理解[5]，难以深入开展多维度分析、趋势性预测分析、多因素关联分析和基础设施健康状态评估等综合性分析工作，数据深入分析明显不足[6]，难以基于检测数据高质量地指导运维工作。③运维信息化程度低[7]，实现"计划—排班—工单—检测—维修—复检—评价"的运维全流程闭环管理难；运维数据与人员资质、检修机具物料、作业规章标准等信息的关联程度不足，检修人财物资源利用不够充分，浪费现象明显。

近年来，互联网、物联网、数字化等技术不断突破，采用先进的信息技术推进交通行业向智能化发展势在必行。为进一步促进我国智

基金项目：中国铁道科学研究院集团有限公司院基金重点课题（基金编号：2023YJ337）。

* 张梓鸿（1990—），男，满族，河北省唐山市人，博士，目前主要从事城市轨道交通基础设施健康状态预警、告警技术研究。

　E-mail：zhangzihong2021@126.com

慧城轨的建设与发展，中国城市轨道交通协会于2020年3月发布了《中国城市轨道交通智慧城轨发展纲要》，将"智能基础设施体系"列为我国智慧城轨建设蓝图的八大支柱之一[8]，推进基础设施运维实现数字化和智能化。总体来讲，国家和行业内的系列政策与发展规划为开展城轨基础设施运维智能维保相关研究提供了良好的契机。

为有效解决上述城轨行业基础设施运维痛点难点问题，推动我国城轨基础设施运维智能化水平提升，本文以城轨基础设施运维智能平台构建为主线，从平台总体建设思路、架构设计、关键技术、平台应用效果等方面进行系统介绍，旨在为同行开展城轨基础设施运维智能平台相关研究工作提供参考。

1 平台总体建设思路

秉持城市轨道交通基础设施智能化运维理念，以感知智能、认知智能和管理智能为目标，基于大数据、人工智能、云计算等先进的信息技术支撑打造城轨基础设施智能运维一体化管理平台（图1），实现基础设施检测数据全量汇集与管理、检测数据多维度分析与可视

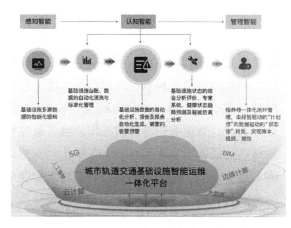

图1 智能运维总体建设思路

化、设施设备健康状态评价与告警、运维全流程闭环管理等功能，全面推进城轨基础设施运维工作向信息化、智能化方向发展。基于城轨基础设施智能运维平台，有效提升数据管理能力、运维数据分析效率和分析能力、运维业务的综合管理能力，推动城轨运维业务实现"保安—提质—降本—增效"的目标。

2 平台架构设计

2.1 平台总体架构

基于平台总体建设思路，系统构建了城轨基础设施智能运维平台的总体架构（图2）。平

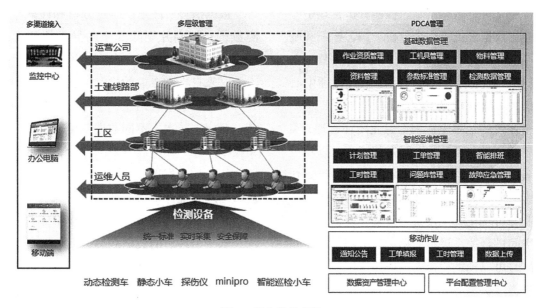

图2 平台总体架构

台可实现多专业、多业务检测装备的数据接入，将数据作为平台构建的基础。平台支持与监控中心、办公区电脑、移动端等多终端的交互与多渠道的数据接入，通过监控大屏进行数据可视化展现，通过办公电脑进行检修排班、数据处理、数据分析等日常工作，也可通过移动端进行任务下发、工单录入等操作。支持运维人员、工区、部门与运营公司等对运维业务的多层级管理与业务联动，加强城轨运营企业对运维业务的统筹管理能力。平台以五大中心的设计推进运维业务实现 PDCA（计划—执行—检查—分析）的管理模式，包括基础数据管理、智能运维管理、移动作业、数据资产管理中心、平台配置管理中心五部分，实现运维业务全流程信息化闭环管理。

2.2 平台功能架构

城轨基础设施智能运维平台的功能架构如图 3 所示，主要包括：基础数据管理中心、检测分析管理中心、运维综合管理中心和综合业务可视化四个部分。基础数据管理中心开展

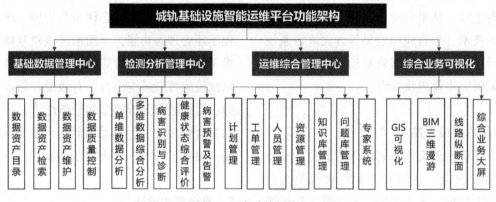

图 3 平台功能架构

基础数据、检修数据等的数据治理，实现数据标准化管理，形成数据资产台账。为后续信息化和智能化奠定数据基础。检测分析管理中心实现检测数据多维度综合分析、病害诊断和基础设施健康状态评价与预警，为"计划修"向"状态修"转变提供基础。运维综合管理中心基于信息化、智能化手段，实现计划—工单—执行—评价的运维全流程信息化闭环管理；实现人—财—物—环—技—时空的统筹，以及设施设备全生命周期管理、备品备件的智能仓储；基于专家系统，提供维修辅助决策建议。综合业务可视化实现设备与设备、设备与病害间的空间耦合关系展示，揭示设备深层内在问题，同时可以辅助检修人员快速定位，实现专家远程指导决策。

3 关键技术

3.1 数据治理与标准化

数据治理：首先，通过分析和评估原始检测数据，识别并剔除其中的异常值和无效数据。将剔除后的数据，利用数据匹配和转换技术，对来自不同专业的检测数据进行对齐，使其具有一致的里程信息，确保数据在空间上的准确对应。其次，不同数据源可能存在数据采集频率、时间间隔等方面的差异，通过颗粒度统一技术将数据进行差分，按照统一的颗粒度进行处理和统计，从而消除数据的不一致性。

数据分类与标准化：通过数据分类分级方法，基于治理后的数据内容、用途等，对不同类型的数据进行明确的标识和归类，按照业务需求和规则划分为不同的类别和层级。基于数据标准化体系，对字符、日期格式、地理空间

坐标等进行统一标准编码，同时对数据进行质量评估和监控，确保数据的一致性和可信度。

数据存储：通过数据库将经过治理后的标准化数据有效地保存和管理起来，包括结构化数据、非结构化数据和半结构化数据。结构化数据存储采用关系型数据库，通过定义表结构和建立索引，将数据以表的形式进行存储。非结构化数据存储采用对象存储技术，将数据以对象的形式存储在分布式文件系统中。半结构化数据存储采用文档数据库和图数据库技术，将数据以文档和图的形式进行存储。另外，针对原始数据以原始格式存储在共享的存储池中，用于多样化的数据集成和分析。

3.2 检测数据多维度分析与评价

基于规范的超限评价：依据各专业检测数据容许偏差管理值参数标准，设置标准参数范围，根据不同的检测项和速度级别进行划分，根据预设的标准参数范围，自动比对检测数据与标准要求之间的差异，实现对各专业检测数据的自动化超限判别。

多维度分析：检测数据多维度分析技术涵盖了各种分析方法，包括统计分析、趋势分析、关联分析和对比分析等。通过将多个检测项超限数据进行统计，了解数据的分布特征和整体情况。趋势分析将多期历史数据进行叠加，识别数据的演变状态，并预测基础设施的发展趋势。基于治理后的同里程数据，将不同专业数据进行关联分析，挖掘数据之间的关联关系，揭示出潜在的因果关系和影响因素。对比分析则通过对不同数据之间的对比，发现差异和变化，帮助判断各项指标的优劣和相互关系。这些技术的综合运用，能够从多个维度全面分析检测数据，为城轨基础设施的运营管理决策提供有力支持。

3.3 轨道、桥隧结构健康状态评估与告警预警

合理化设置告警与预警值：通过综合利用设备状态趋势模型和实际现场情况，确定合理化的设备告警值和预警值。设备状态趋势模型可以分析设备状态的变化趋势，根据历史数据和相关指标，预测设备可能出现的故障或问题。结合现场实际情况，可以制定合适的告警和预警阈值，实现对设备状态的自动化跟踪和预警。

设施设备状态趋势预测模型：利用时间序列算法、神经网络算法等技术，建立设备状态趋势预测模型。用于分析设备状态的历史数据，捕捉到设备状态的周期性、趋势性变化规律，实现对设施、设备服役状态发展趋势的预测，可为城轨基础设施维修模式由"故障修""计划修"向"状态修"的转变提供了可靠的技术保障。

设施设备健康状态综合评估技术：采用加权平均法、权重分析法等方法，结合动态检测数据和人工检查数据进行综合评估。通过设定权重和评分规则，将不同指标和数据的重要性进行综合考量，得出状态的综合评分，用于对基础设施状态的量化评估。

3.4 基于 BIM、GIS 等技术的二三维可视化

运用 GIS 地图可视化技术，采用高德地图开源组件，结合线路 CP Ⅲ 坐标点实现真实地理坐标与底图的精确关联，实现线路在底图中的绘制及基础设施关键信息展示。通过收集、处理各类基础设备设施空间数据、台账数据和相关图形、影像数据，实现线路基础设施、检测结果、问题病害等信息在 GIS 地图上快速定位、关联展示。

BIM 技术在项目精细化管理、施工过程模拟、空间碰撞检测、现场质量安全管理等方面可以发挥巨大价值。利用线路、隧道、桥梁、保护区等专业基础设施的点位数据及实景照片，通过 BIM 建模技术实现场景构件与基础设施数据台账关联，从而实现全线自主漫游，实现各专业病害在模型场景中的位置定位与信息关联展示。

利用 CAD 软件和 3D 建模软件（3Dmax）进行构建线路纵断面图。将线路纵断面的 CAD 图导入到 3Dmax 软件中。通过导入 CAD 图，将线条和形状转换为 3Dmax 中的模型元素，利用建模工具来构建模型，根据 CAD 图的几何形状创建道床、轨道、路基、桥梁、隧道等元素。同时，根据地质信息对不同的区域进行贴图区分并进行渲染，使可视化图更加逼真，并准确呈现不同地形的特征。

3.5 运维全流程闭环管理方法

将运维业务流程中涉及的各个环节进行标准化管理，并通过信息化手段将这些环节连接起来，形成一个闭环管理。首先，通过数据标准化管理技术，确保不同系统、部门间的数据能够进行标准统一，消除数据不一致性和冗余。其次，通过调研和资料整理，深入了解运维业务流程的具体要求和流程步骤，围绕基础设施运维业务核心流程，依据运维业务各环节数据应用流转关系，实现计划实施—工单派发—问题处理—销号复核业务流程化、数据结构化。通过打通业务流程和破除数据孤岛，从而使运维流程形成闭环。

4 平台应用效果

4.1 实现功能与页面展示

本节从数据管理、数据分析、二三维可视化与运维全流程闭环等方面对城市轨道交通基础设施智能运维平台的实现功能与典型页面进行展示。

（1）基于分类分级的原则，构建了基础设施运维数据资产目录，建立了线路、土建和供电等专业标准化的基础设施数据台账，在数据层面实现了对线网及基础设施的精细化管理。基于智能化算法实现数据里程统一、清洗、颗粒度统一等数据治理工作，实现对检测数据标准化管理与储存，为数据的深入分析提供良好基础。

（2）基于智能化算法实现对检测数据的对比分析、大值分析、统计分析、趋势分析和关联分析等多维度分析，可揭示病害的分布规律、发展趋势；打通不同专业的数据壁垒，形成联动分析功能，通过关联分析揭示病害内在的产生机制与演化机理，为高质量运维提供依据。

（3）基于综合扣分法、模糊综合评价法和贝叶斯网络法构建了基础设施健康状态评价模型，实现了对轨道结构、隧道结构、桥梁结构健康状态综合评价，便于用户全方位掌握全线的健康状态，也为实现状态修提供了良好的技术基础。

（4）利用 GIS、BIM 等二三维可视化技术，实现了对基础设施信息、问题病害和周边环境等信息的快速检索与定位、多维可视化展示等功能。利用图形转换与展示技术构建了线路纵断面图，实现了全线地层信息—外部环境信息—基础设施台账与线路沉降信息的直观可视化展示，同时将轨道几何数据与沉降趋势进行关联展示，为解决线路不平顺问题提供有效依据。

（5）秉承数据流驱动业务流、打造业务—数据双闭环的理念，纵向实现了"计划—排班—工单—检测—分析—维修—复检—评价"的运维全流程信息化闭环管理；同时将运维数据与人员资质、检修机具物料、作业规章标准等信息进行关联，横向实现对人—材—物—法—环等关键运维要素的综合统筹管理。大幅提升了作业效率与质量，降低了人工成本与资源消耗。

4.2 平台应用前后对比

城市轨道交通基础设施智能运维平台在北京、重庆、广州等多个城市的城规运营企业实现了工程应用，均取得了良好的应用效果。在数据管理、数据分析与运维管理方面的具体应用效果见表 1。

表 1　平台应用前后运维效果对比

	平台应用前	平台应用后
数据管理方面	1.各专业基础设施、设备数据台账分散管理，存在严重的数据孤岛现象； 2.各专业台账数据的里程不统一，难以实现多专业数据的关联分析	1.基于运维平台实现了对基础设施台账数据的集中统一管理； 2.实现了"一枕一档"的精细化里程统一，为数据的关联分析提供了良好基础
数据分析方面	1.数据处理、分析效率低下：采用人工方法对一条线路（40km）的轨道几何数据进行处理、分析评价、形成检测报告需要2个工作日（单人）； 2.分析维度和深度不足：数据分析工作主要以人工经验分析为主，分析深度严重依赖于分析人员对业务的理解，且分析维度单一； 3.仅能对单一指标进行超限评价，无法对设施状态进行综合评价，难以实现"状态修"； 4.难以进行多专业数据关联分析，"头痛医头、脚痛医脚"现象经常出现	1.数据处理、分析效率大幅提升：基于智能运维平台对一条线路（40km）的轨道几何数据进行处理、分析评价、形成检测报告仅需2小时，人工成本降低80%以上； 2.分析维度和深度明显提升：可进行超限分析、对比分析、统计分析、趋势分析、关联分析等多维度分析，有效提升了数据利用价值； 3.实现了对基础设施健康状态的综合评价，具备对设施状态的预警、告警能力； 4.实现了对多专业数据的关联分析能力，为深入揭示病害形成机理提供良好基础
运维管理方面	1.运维信息化程度低，实现运维全流程闭环管理难； 2.运维数据与人员资质、检修机具物料、作业规章标准等信息的关联程度不足，检修人财物资源利用不够充分，浪费现象明显	1.平台秉承数据流驱动业务流、打造业务—数据双闭环的理念，纵向实现了"计划—排班—工单—检测—分析—维修—复检—评价"的运维全流程信息化闭环管理； 2.对运维数据与人员资质、检修机具物料、作业规章标准等信息进行关联，横向实现对人—材—物—法—环等关键运维要素的综合统筹管理

5　结语

本文以城轨基础设施运维智能平台构建为主线，系统介绍了城市轨道交通基础设施智能运维平台的总体建设思路、平台架构设计和关键技术等构建细节，同时对平台典型功能页面的效果进行了展示，系列工作对于城轨同行开展基础设施智能运维平台建设具有十分重要的参考价值。该平台在多个城市的城规运营企业实现了工程应用，有效提升了对基础设施运维数据的管理水平，提高了对运维数据的深入挖掘能力与基础设施健康状态的精准评价能力，打通了运维业务全流程信息化闭环管理，平台的深化应用对于提升城市轨道交通基础设施的运维质量和效率具有重要意义。

参考文献

[1] 中国城市轨道交通协会.城市轨道交通2023年度统计和分析报告[R].2024.

[2] 赵正阳，王文斌，陈万里，等.城轨基础设施智能运维平台设计与应用[C]//中国城市科学研究会数字城市专业委员会轨道交通学组，中城科数（北京）智慧城市规划设计研究中心.智慧城市与轨道交通2023.北京：中国城市出版社，2023.

[3] 衷兆程.上海地铁隧道设备智能运维管理平台设计与开发[J].上海国土资源，2020，41（2）：97-100.

[4] 何鹏飞.轨道交通智能运维建设研究[J].城市轨道交通，2022（5）：32-34.

[5] 李洋，赵正阳，王文斌，等.城市轨道交通基础设施运维数据治理方法研究与实践[J].现代城市轨道交通，2022（6）：94-100.

[6] 王瑞锋.基于智能检测监测与大数据技术的城市轨道交通智能运维管理[J].现代城市轨道交通，2021（11）：85-89.

[7] 徐栋，赵正阳，王文斌，等.双碳背景下城市轨道交通基础设施运维管理平台建设[J].现代城市轨道交通，2022（8）：56-62.

[8] 廖云.基于大数据平台的城市轨道交通多专业智能运维系统构建探讨[J].控制与信息技术，2021（5）：1-5.

城轨基础设施运维领域大语言模型构建研究

汪楚翔[1*]　赵正阳[1]　张梓鸿[1]　王文斌[1]　许玉海[2]

（1.中国铁道科学研究院集团有限公司城市轨道交通中心，北京 100081；

2.山东大学，济南 250100）

摘　要： 随着人工智能技术的迅速发展，大语言模型开始广泛应用于各种通用领域的自然语言处理任务中，例如 GPT 模型等。但是，具体到各个细分的行业，例如城市轨道交通，由于缺乏相关的专业知识，因此在这些特定领域的任务中并不一定拥有很好的表现。针对这一问题，本文通过生成的问答实例，利用低秩适配方法对 ChatGLM 模型进行了指令微调，并对模型进行了测试。实验结果表明，经过微调后的模型在城市轨道交通领域可生成更专业的回答，为用户提供便利。

关键词： 城市轨道交通；大语言模型；指令微调；运维

引言

大语言模型是一种人工智能模型，旨在理解和生成人类语言。该模型基于大量的文本数据进行训练，可以执行广泛的任务，包括文本理解、翻译、情感分析等。自 2022 年 11 月 30 日，美国开放人工智能（OpenAI）公司推出对话式通用人工智能工具 ChatGPT 以来，其上线后很快受到广大用户追捧，是迄今为止最先进的自然语言处理工具之一。由于其在理解指令和生成人类化回复方面的出色表现，引起了广泛关注，进而引发了各公司研究大语言模型的热潮。截至 2023 年底，据不完全统计，国内已有上百家公司、机构发布了大模型产品或公布了大模型计划，包括文心一言、ChatGLM、MOSS 等。

大语言模型在各种自然语言处理任务中表现出了强大的泛化能力，因此受到越来越多的关注。许多公司都开源了其发布的大语言模型，如 LLaMa、PaLM、ChatGLM 等，为开发人员和企业大大提供了便利。它们不仅比专业的大语言模型更加便宜，并且更加透明，这意味着研究人员可以研究它们如何工作及如何做出决定。最重要的是它们更加灵活，可以针对不同的任务进行定制，也使得大语言模型成为解决需要沟通和推理的实际场景的潜在解决方案。

然而，现在主流开发的都属于通用大模型，虽然具有强大的处理和学习能力，但在垂直的行业应用场景中，由于专业知识的缺乏，却可能无法产生很好的效果。在这种情况下，行业大模型便应运而生。它们专门针对特定的业务场景和应用进行优化和调整，以提高在特定情境下的性能，满足特定人群的服务需求。目前在电力[1-3]、建筑[4-5]、金融[6-10]等领域国内均有相关研究机构或厂商开展了尝试性研究，在城市轨道交通领域主要是直接对数据分析或处理[11]。此外，大语言模型通常是在英语环境下进行训练的，这限制了在其他语言（如中文）中的理解和回应能力，使得在中文环境中的直接应用不够理想，因此需要使用

基金项目：中国铁道科学研究院集团有限公司基金（2022YJ044）。

* 汪楚翔（1998—），男，硕士，研究实习员，目前从事城市轨道基础设施巡检研究。E-mail：wangchuxiang1998@163.com

可以适应中文环境的大语言模型进行训练。

本文基于开源的 ChatGLM2-6B 模型，将大量城市轨道交通领域的基础知识整合其中，并通过 ChatGPT 生成了超过两千条指令数据，用于对其进行监督微调。新的模型不仅可以对已有的知识库进行检索分析，而且可以在不同设施运维辅助决策应用场景下给出针对性的建议和措施，给维修人员提供了极大便利。

1 相关工作

目前，以 GPT 系列为代表的大语言模型取得了大量进展。所谓 GPT（Generative Pre-trained Transformer）的字面意思是生成式预训练转移模型，其中"生成式"指该模型能够自动生成输入文本的后续。也就是说，输入一些文本，模型能够试图预测接下来出现的单词。而"预训练"指该模型在一个非常大的通用文本语料库上已经训练完成，就可用于其他场景，而无须再次训练。正因为这个优点，许多人将已有的大语言模型利用其他专业知识进行训练，从而得到特定领域下的行业大模型。

2017 年，Transformer 模型的发布，标志着自然语言模型正式进入大模型阶段。它是一种特殊类型的深度学习模型，由 Vaswani 等人提出[12]，以一种特殊方式转换编码，因此更擅长语言建模，并被广泛应用于包括 GPT 在内的各大模型之中。其中，GPT-1 于 2018 年 6 月推出，但是由于其泛化能力的局限性，当时并未受到太多关注。随后 GPT-2、GPT-3 分别在 2019 年、2020 年发布，以上版本 OpenAI 公司均提供开源代码。而真正进入人们视野的是 ChatGPT（即 GPT-3.5），彻底改变了人们对大语言模型的看法。其后发布的 GPT-4 又对上一个版本的性能做了进一步提升，包括可以通过接入各类插件上传文件。由于 OpenAI 并没有公开它们训练参数的详细代码信息，因此研究人员多选择 LLaMa 作为 GPT 的开源替代

方案。但 LLaMa 的训练数据主要限于英文语料库，因此其在中文任务上的表现不佳。为了解决这个问题，Du 等人[13]引入了 GLM，随后被清华大学进一步改进并提出了 ChatGLM，为中文环境提供了量身定制的解决方案。

表 1 列举了一些最新发布的大语言模型信息。

表 1 部分最新的大语言模型

模型名称	发布单位	发布时间	参数大小
LLaMA-3	Meta AI	2024 年 4 月	8B、70B
Claude 3	Anthropic	2024 年 3 月	—
Gemma	谷歌	2024 年 2 月	2B、7B
Qwen-1.5	阿里巴巴	2024 年 2 月	72B
Skywork	昆仑万维	2023 年 10 月	13B
ChatGLM3	智谱 AI	2023 年 10 月	6B
Baichuan-2	百川智能	2023 年 9 月	7B、13B
GPT-4	OpenAI	2023 年 3 月	—

2 模型构建

2.1 基础模型

ChatGLM 是由清华大学 KEG 实验室和智谱 AI 基于千亿基座模型 GLM-130B 开发的对话语言模型，在 GLM-130B 的基础上通过代码预训练和有监督微调等技术实现人类意图对齐，且可适应中文环境，并开放源代码供研究人员使用。2023 年 6 月 25 日，ChatGLM2 发布，相比初代模型，具有更强的性能、更高效的推理和更长的上下文。同年 10 月 27 日，智谱 AI 在 2023 年中国计算机大会（CNCC）上推出了全自研的第三代基座大模型 ChatGLM3 及相关系列产品，包括可在手机上部署的 ChatGLM3-1.5B 和 ChatGLM3-3B。本文使用的是当时最新的 ChatGLM2-6B 作为基础模型并加以训练。

2.2 城市轨道交通知识

城市轨道交通知识来源广泛、形式复杂。为保证数据的全面性，分别从指导书、论文、

书籍、视频等途径进行收集，最终共计收集200余篇论文、150余篇作业指导书、30余部书籍、130余篇公众号文章及50多个视频资料。

2.3 基于专业知识的指令数据

指令微调是训练大语言模型一种常用的方法，通过指令、输入、输出的形式让模型学习并理解我们提供的各种数据资料。为方便模型训练，将论文、作业指导书、书籍等经过文本化后，输入到ChatGPT中，通过合适的提示词让它自行提问和回答，以得到所需的数据。经过研究后构建如下结构数据集：

{

Instruction：提示词

Input：内容＋问题

Output：答案

}

提示词部分即为指令，输入部分包括资料内容和用户提问的部分，最后是机器根据提供的专业知识输出的答案，以上记为一条数据，用于对本文使用的模型（ChatGLM2-6B）进行训练。同时，将总数据划分为训练数据集和测试数据集，共计两千余条，按照4:1的比例进行划分。示例如下：

{

Instruction：你是一个轨道交通行业的专家，请你根据文档的内容，回答问题。结合文档内容定义标准，类型的判断，结合自身数据，背景信息，给出具体的建议及操作步骤，预防措施。

Input：曲线区段钢轨表面伤损状态表明……制定相应的打磨工艺。问题：列车在曲线和直线区段的铁轨表面都会造成一定的伤损，请详细解释这种伤损的产生原因。

Output：轨道交通钢轨打磨是提高列车性能和降低接触疲劳裂纹的关键措施。在曲线区段，上股钢轨与轮缘根部形成良好的差值，补偿上下股钢轨的长度差，减小轮对冲角，

提高曲线通过性能。在直线区段，轮轨接触区域分布于名义滚动圆区域，依目标廓形的差异确定打磨区域、打磨砂轮角度和深度曲线，并根据不同区段钢轨磨耗和塑性变形程度不同进行调整。

}

训练一段时间后，利用测试集的数据对模型进行验证和评估，重复以上操作，并对学习率、权重衰减值等参数微调至更好的效果。

2.4 模型微调

本文选用低秩适配（Low-Rank Adaptation，简称LoRA）方法进行参数调优，如图1所示。它引入了两个矩阵A和B，如果参数W的原始矩阵的大小为$d \times d$，则矩阵A和B的大小分别为$d \times r$和$r \times d$，其中r为矩阵的秩，且$r<<d$。由于希望在训练开始的时候与原始模型一样，因此矩阵A被初始化为均值为零的随机（通常为正态分布）值，但在均值周围有一些方差，而矩阵B初始化为全零。这种方法的主要优点在于它的效率，通过仅微调少量或额外的模型参数，固定大部分预训练参数，大大降低了计算存储成本和资源消耗，使得普通人员也能够在消费级GPU上训练大型模型。它还可以提高泛化性能，通过限制模型的复杂性，特别是在训练数据有限的情况下，有助于

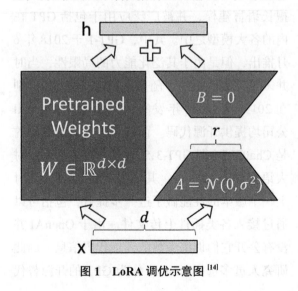

图1 LoRA调优示意图[14]

防止过拟合，因此能够产生更有弹性的模型，这些模型在处理新的、看不见的数据时表现更加出色，因此是一种广泛应用的参数高效微调（Parameter-efficient Fine-Tuning，简称 PeFT）方法。

3 模型测试

为了测试模型的效果，现选取一些常见的城市轨道交通领域的问题对模型进行提问，输出的结果如图 2 所示。

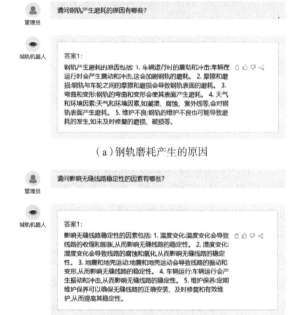

（a）钢轨磨耗产生的原因

（b）影响无缝线路稳定性的因素

（c）轨枕的功能与类型

图 2　对模型进行测试

4 结语

针对当前通用大语言模型无法很好地适用于具体行业的问题，本文构建了城市轨道交通基础设施运维领域的大语言模型。通过将专业知识以问答数据的形式对模型进行训练，并利用指令微调方法对模型进行参数调优，最终取得了不错的效果，可为用户提供便利。

参考文献

[1] 王宏刚，纪鑫，武同心，等. 基于预训练语言模型的电力领域设备缺陷检测 [J]. 电测与仪表，2022，59（5）：180-186.

[2] 蒋晨，王渊，胡俊华，等. 基于深度学习的电力实体信息识别方法 [J]. 电网技术，2021，45（6）：2141-2149.

[3] 徐翀，王其清. 面向知识获取的电力科技领域语言模型研究 [J]. 电力信息与通信技术，2023，21（4）：31-36.

[4] 吴松飞. 集成本体与自然语言处理的 BIM 建筑施工过程安全风险检查研究 [D]. 广州：华南理工大学，2018.

[5] 黄亚春. 基于自然语言处理的建筑工程安全事故报告风险研究 [D]. 武汉：华中科技大学，2019.

[6] 李旭晖，程威，唐小雅，等. 基于多层卷积神经网络的金融事件联合抽取方法 [J]. 图书情报工作，2021（24）：89.

[7] 洪永淼，汪寿阳. 人工智能新近发展及其对经济学研究范式的影响 [J]. 中国科学院院刊，2023（3）：353-357.

[8] LEIPPOLD M. Thus spoke GPT-3：Interviewing a large-language model on climate finance[J]. Finance research letters，2023（53）：103-617.

[9] DAS S，GOGGINS C，He J，et al. Context，language modeling，and multimodal data in finance[J]. The journal of financial data science，2021（3）：52-66.

[10] 钱双双. 金融领域的知识图谱构建与应用 [D]. 杭州：浙江工业大学，2020.

[11] 赵俊华，吴卉，杜呈欣. 智慧城轨云脑平台总体方案设计 [J]. 现代城市轨道交通，2024（3）：31-38.

[12] VASWANI A，SHAZEER N，PARMAR N，et al. Attention is all you need[J]. Advances in neural information processing systems，2017（11）：5998-6008.

[13] DU Z X，QIAN Y J，LIU X，et al. GLM：General language model pretraining with autoregressive blank infilling[J]. In proceedings of the 60th annual meeting of the association for computational linguistics，2022（16）：320-335.

[14] EDWARD J HU，SHEN Y，PHILLIP W，et al. LoRA：Low-rank adaptation of large language models[C]. ICLR，2022.

基于云数平台的轨道智能运维系统研究

何鹏飞[1]　易　彩[2]　王好德[1]

（1.西安市轨道交通集团有限公司，西安 710018；

2.西南交通大学轨道交通运载系统全国重点实验室，成都 610031）

摘　要：轨道系统作为智慧城轨体系下基础设施智能运维的重要单元，在打造智慧城轨体系方面起着重要的作用。然而，目前实际作业中轨道系统存在过维修现象，造成了一定程度的资源浪费。此外，受维修人员专业水准的不同，轨道的维护质量需要进一步优化提升。随着科学技术的迅速发展，打造智慧城轨体系已成为智能运维发展的主要趋势，该体系可以为设备设施运维模式转型升级提供有力支撑。本文以西安轨道交通为例，重点阐述了借助云平台、大数据等新型技术，通过对建设适用经济的轨道智能运维系统进行研究，逐步实现轨道运维数字化、智能化的目标。

关键词：智慧城轨；轨道系统；智能运维；云平台

引言

城市轨道交通对连接城市公共交通网络起着重要的作用，其安全运行事关社会稳定，对促进经济的发展，保障居民生命财产安全也具有不可或缺的作用[1-2]。随着近年来城市轨道交通持续快速发展，轨道交通运维压力也随之急剧增大。但是目前周期性为主的维修方式，存在过度修和欠维修的情况，不能满足日益增长的维修需求。同时随着运营线路的不断增加，维修人员的素质也会出现参差不齐的情况，给设备的安全和质量都带来了较大的隐患。针对此类问题，文献[3]围绕如何有效管理轨道车辆运行产生的海量数据，结合轨道交通大数据智能运维管理的概念和相关技术，对人流管理、故障预测和维修、资源管理等方面进行研究。同时提出了关于智能运维的对策和建议。文献[4]对现阶段城市地铁运维中存在的普遍问题进行了分析，探求了智能运维系统的建设需求与原则，并基于物联网云平台技术提出一种智能运维系统。文献[5-9]均对智能运维的应用技术及应用场景进行了细致分析，对将智能运维概念付诸实践具有一定的参考意义。

中国轨道交通协会发布的纲要指出，到2025年智能基础设施检测/检测覆盖率要求达到60%以上，到2035年达到85%以上。随着BIM、物联网、移动应用、5G、云平台、大数据等技术提供的便利，数字化、信息化、智慧化发展已经成为城轨发展的主要趋势。越来越多城市轨道交通企业都引入"标准化、规范化、精细化"的设备维修管理理念，同时借助信息化的手段将该理念落实到实际工作中[5,6]。为此，本文以西安轨道交通为例，重点阐述了以云平台、大数据等新型技术为支持，通过对建设适用经济的轨道智能运维系统进行研究，逐步实现轨道运维数字化、智能化的目标。

1　西安轨道交通运维现状

西安轨道交通目前已开通运营线路 8 条，运营里程 279km，初步形成 2 纵 2 横 2L 形骨架和 2 放射的"棋盘 + 放射形"线路网络结构[10]。据统计单日最大客流超过 440 万乘次，客运强度位居全国高位，随着轨道交通规模的进一步发展，对运维设备的智能化也提出了更高的要求。轨道系统维护现阶段采用委外维修+自主卡控模式，由委外单位对所辖设施设备进行维保和故障处置，运营单位负责质量检查、监督和对委外单位的管理。但是作为重要的行车保障设备，整体按照"预防为主，防治结合，修养并重"的原则，检修作业严格按照检修周期及质量管理办法进行卡控，从而在保证列车安全平稳运行的前提下，实现线路设备的完整性和质量均衡发展。

根据线路设备的损伤程度，维修工作也细化为定期检查维修、重点维修检查、临时维修补修等方式，这些维修方式对于线路病害的预防与整治有着重要的作用。为针对性对线路设备耗材进行补偿，检修周期和检修项目可分为大修、项修、日常保养及计划检修、临时补修及钢轨探伤等。目前轨道系统运维管理主要面临以下问题：

1.1 巡检作业智能化水平不足

受夜间施工作业条件限制，运营公司配备的轨检车和探伤车仅用于质量把控，目前轨道系统日常保养及探伤仍然采用人工作业。轨道系统日常保养周期一般为48小时，随着线网规模迅速增长，日常保养工作量也随之急剧增加，耗费了大量的人力成本，仅单条线的轨道维保每年合同总价就高达900万元，人员成本较大，并且人工作业强度大，检修质量难以把控。

1.2 维修检测工况与实际运行不相符

目前轨道系统维修检测作业基本安排在当日运营结束开展，采用离线检测方式由巡检人员或者轨检车对线路状态进行检测评估，检测过程与行车运营工况有较大差异，对于部分隐性故障难以及时发现，容易形成安全隐患。

1.3 信息化管控水平不足

目前地铁运维作业管理流程基本采用纸质化工单管理，信息化水平不高，缺乏有效的管控手段，无法实现业务支撑和处理的可追踪化。同时，各个系统之间由于维修部门不同，跨部门之间的协调能力有待提高，各部门各系统细致信息不流通造成的信息孤岛问题需要解决，过程价值需要进一步地发掘借鉴，日常作业台账数字化处理能力也需要提高。

1.4 设备状态评价需细化

受限于设备的智能化运用水平，数据处理的实时性、预警性水平需要提高。当前对设备状态不能够精准评价，设备基本采用计划修+故障修模式，但这种维修方式易导致过度修或欠维修的情况，造成维修资源的浪费及列车维修不彻底的问题，需要进一步克服优化。因而为全面综合地实现走行部关键部件的状态评估，需要结合多源的传感器信息，进行更加智能化的维修决策。

1.5 设备状态展示不直观

设备状态缺乏直观展示，运维人员不能及时感知设备状态，检修作业开展容易形成过修、漏修、错修，且设备故障发生后溯源定位难度较大，不能满足运营日益提升的应急响应效率需求。

2 西安智慧城轨发展规划

结合西安轨道交通实际及行业技术发展趋势，2021年8月，西安市轨道交通集团有限公司以《中国城市轨道交通智慧城轨发展纲要》为指导，研究编制了《西安智慧城轨发展纲要（2021—2035年）》[10]，纲要在分析西安轨道交通面临的新形势、新挑战的基础上，提出了西安智慧城轨的建设思路与路径，要求构建"12411"智慧城轨体系。该纲要对西安城轨建设提出了更加具体的要求，提出了"一个体系，三个模块，五个专业"的智慧城轨整体体系，进而形成具有包括设备状态监测诊断、智能运维生产管理、智能应急指挥三大功能模块的线网级综合生产平台，以及五个近乎涵盖所有设施设备，包括车辆、供电、机电、通号、基础设施的专业级平台，来共同为西安轨道智能运维生产管理提供强力支撑[11]（图1）。

纲要为西安轨道交通智慧城轨明确了建设思路与路径。伴随着先进新兴科学技术的发展，诸如云计算、大数据、人工智能，为设备设施

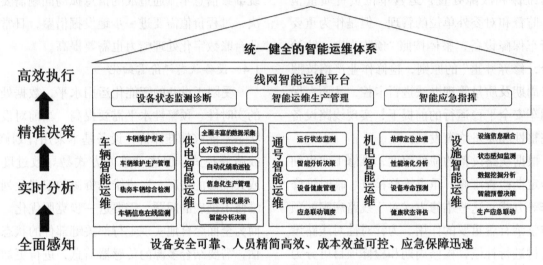

图1　西安轨道交通智能运维体系架构

运维模式的智能化转型带来了机遇。轨道系统作为基础设施智能运维的重要系统单元，应充分借助新型技术支持，建设适用经济的数据化管理系统，逐步实现运维向数字化、智能化转变，支撑西安轨道交通高质量、可持续发展。

3　轨道智能运维系统功能及架构方案

3.1　轨道智能运维系统功能

（1）通过先进监测技术手段的应用，实现对轨道交通各部件、各业务、各流程的全面整体实时感知，完成列车各设备的在线/离线多方式监测，降低对传统人工检修耗时耗力方式的依赖，提高运维检修的智能化水平[12]。

（2）通过对现有数据传输技术的升级改造，实现数据的高效准确安全传输，将多维数据进行集成及可视化展示，为数据分析建立基础。

（3）通过智能化算法及先进的建模技术的应用，对数据所蕴含的信息进行挖掘，实现数据与轨道交通病变的关联分析，进而明确设备状态的运行机理，为后续准确科学的检修提供

依据。

（4）通过构建智能运维管理体系，实现端到端的智能化运维决策，完成设备状态感知到执行的全体系综合最优决策。依据全局综合决策结果，针对性地开展生产、技术、安全管理工作，科学合理地实施轨检方案，高效完成各部门间生产资料的协调整合利用。

3.2　轨道智能化运维体系整体架构

根据系统数据流程和功能需求，轨道智能运维系统整体架构划分为感知层、数据层、分析层、应用层四个层级（图2）。轨道设备的智能运维系统依赖于加强感知层、构建数据层、做强分析层及支撑应用层等措施，来实现提高作业作效率，保障运营安全的功能。

4　轨道智能运维系统方案

4.1　感知层

轨道智能运维系统感知层按照数据来源类别，将采集数据分为三类：状态数据、运维数据、环境数据。

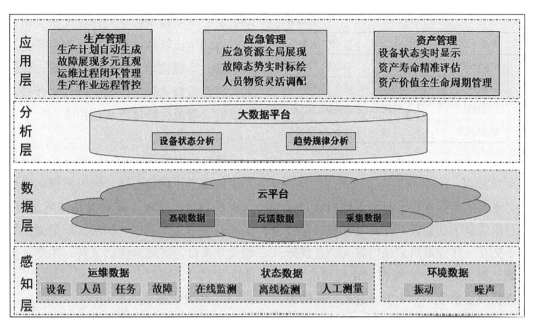

图 2　数据化轨道系统架构图

4.1.1　状态数据

轨道系统状态劣化与设备灾害故障直接关联，因此目前对于设备状态评价主要采集与其相关灾害故障表现数据信息，如表 1 所示。

表 1　数据化轨道系统状态数据采集词典

病害类型	病害形式	近期作业方式	远期作业方式
轨道垂向不平顺	高低不平顺	人工测量 / 轨检车	动态实时检测
	水平不平顺	人工测量 / 轨检车	动态实时检测
	扭曲不平顺	人工测量 / 轨检车	动态实时检测
轨道横向不平顺	方向不平顺	人工测量 / 轨检车	动态实时检测
	轨距偏差	人工测量 / 轨检车	动态实时检测
复合不平顺	垂向＋横向不平顺	人工测量 / 轨检车	动态实时检测
钢轨	裂纹	人工目测	动态实时检测
	剥落掉块	人工目测	动态实时检测
	磨耗	人工测量	动态实时检测
	锈蚀	人工目测	动态实时检测
	折断	人工探伤 / 探伤车	动态实时检测
	核伤	人工探伤 / 探伤车	动态实时检测
	低头	人工测量	动态实时检测
轨枕伤损	裂纹	人工目测	动态实时检测
	龟裂掉块	人工目测	动态实时检测

续表

病害类型	病害形式	近期作业方式	远期作业方式
轨枕伤损	折断	人工探伤	动态实时检测
	其他（挡肩破损等）	人工目测	动态实时检测
道床病害	变形	人工测量	动态实时检测
	脏污	人工目测	动态实时检测
	坍塌	人工目测	动态实时检测
	粉化	人工目测	动态实时检测
	翻浆	人工目测	动态实时检测
夹板	裂纹	人工目测	动态实时检测
	折断	人工目测	动态实时检测
	扭矩不足	人工测量	动态实时检测
	道钉锈蚀	人工目测	动态实时检测
扣件	道钉伤损	人工目测	动态实时检测
	道钉锈蚀	人工目测	动态实时检测
	垫圈损坏	人工目测	动态实时检测
	弹条损坏	人工目测	动态实时检测
道岔	尖轨与基本轨不贴合	人工测量	动态实时检测
	尖轨侧弯	人工测量	动态实时检测
	尖轨工作面伤损	人工测量	动态实时检测

病害类型	病害形式	近期作业方式	远期作业方式
道岔	基本轨变形	人工测量	动态实时检测
	磨耗	人工测量	动态实时检测
	裂纹	人工目测	动态实时检测
	轨面剥落	人工目测	动态实时检测

4.1.2 运维数据

目前运维生产作业存在对于巡检人员到位情况及巡检质量无法监督、作业过程数据与历史数据不交互、作业纸质记录内容无法直观分析等问题，极大限制了运维精细化管理水平，对运维检修质量及生产作业安全造成一定的隐患，因此借助运维手持终端或者移动 APP 逐步实现全过程的生产管理，提升运维精细化管理水平迫在眉睫。从运维过程管理考虑运维数据应包含以下内容：

（1）设备信息

运维人员可以通过手持设备随时通过手机端查看巡检路线、区域设备列表，同时结合RFID、二维码等设备标签对设备系统部件快速识别定位，与资产信息进行交互，获取和记录设备的基本信息、特征信息、维护信息等。

（2）人员信息

结合运营实际组织架构设置不同部门、不同员工间的作业权限，防止资料、信息等外泄和随意被修改。同时利用蓝牙、Wi-Fi、定位服务器相关设备，以及定位算法等实现手持终端实时定位，便于后方指挥系统实时掌握现场第一线动态，防止检修人员不到位情况发生。尤其在应急救援情况下，对于较为危险的区域，能够便于指挥调度人员第一时间查看救援人员分布位置，便于应急指挥和资源调控，做到工作人员的专业化防范，保证救援现场的高效有序运行。

（3）任务信息

管理每日运维任务，根据生产计划每日自

动更新、下发运维任务至作业人员，根据设备信息自动生成特殊巡检任务，将责任落实到个人。随时掌握检修人员的执行情况，保证检修人员遵循维修规程、按照检修计划开展日常巡检维修，规范检修过程和监控管理。

（4）故障信息

将检修发现问题和故障通过拍照上传、视频录传等进行联动上报，同时根据运维管理平台提供的故障处理方案对设备故障进行排除，保证设备的正常工作。同时，根据提供的多功能交互接口，实现录像、录音、拍照、报警功能的便利灵活操作。

4.1.3 环境数据

城市轨道交通运营中设施设备多系统耦合关联性强，因此实际中并不能完全从轨道系统本身去评价自身状态质量。例如目前受设备本身检测能力限制，当检修人员巡检发现钢轨波磨病害时，钢轨的波磨已经发展得比较严重，造成打磨成本高昂；相反，若没有对出现钢轨波磨的轨道进行及时发现打磨消除，则会造成波磨的不断恶化，造成换轨成本增加。

为此，通过将加速度计、陀螺仪、麦克风等传感终端内置于运行列车中，实现运营车辆的智能化状态实时感知。基于对跟踪运行的波磨发生阶段激起的轮轨噪声分析，便可以掌握钢轨波磨的发展规律，进而为精细化评估轨道状态提供支撑。

4.2 数据层

数据层是与轨道系统运维相关数据的整体承载平台，数据化轨道系统数据来源包括设备基础数据、运维采集数据和应用反馈数据。系统以设备履历和资产信息等基础数据建立原始的数据模型，运营过程中通过感知层采集数据和应用层反馈数据不断对数据进行积累和更新，在数据层形成海量的结构化、半结构化以及非结构化数据，通过将这些数据按照固定的标准和格式存放在统一的数据平台，最终形成完备的数据层。

西安轨道交通正在建设云平台和基于BIM的企业资产管理系统，数据化轨道系统数据层整体应以云平台为承载，同时与资产管理系统实现数据联通。

4.3 分析层

尽管引起轨道病害的因素有多种，但是所有因素对轨道的影响可以通过轨道几何不平顺和轨检数据的变化反映出来。因而通过对现有积累的轨检数据分析挖掘，明确轨道几何状态的发展规律和趋势，进而建立预测模型，实现对轨道质量状态变化的预测。同时利用人工智能、机器学习、大数据等技术手段对数据的创新价值进行深入发掘，探明轨道运维中展现出来的数据运行规律，实现对轨道系统质量状态评价和趋势规律分析，支撑轨道系统运维智能化转变。

4.4 应用层

数据化轨道运维管理系统根据分析层提供的轨道系统状态评价及趋势规律分析结论，结合检修运维人员配备的前端手持作业设备，实现轨道运维作业生产管理、应急管理、资产管理数字化、智能化转变，提升作业效率，保障安全运营。

4.4.1 生产管理

（1）生产计划自动生成

数据化轨道运维管理系统通过分析设备历史运行数据、检修维护数据，形成设备状态关联的知识图谱，并对实时数据进行聚合收敛，进而全方位掌握设备的健康状态，并进行趋势预测。根据设备自身的健康状态，结合维修资源、修程修制、维修方案等情况，制定合理的维修方案指导维护人员维修，进而提高维修作业的精细化、标准化水平。

（2）故障多元直观展现

BIM、GIS、3D等技术的多元化使用，可以提高数据的可视化及交互能力，通过将采集的多维数据以图形、表格、统计趋势等形式直观地展示出来，全面综合地实时显示设备的运行状态。通过友好的人机交互界面，用户可以方便地查询数据信息。维修管理以该综合集成化的平台为依托，通过细化工作流程，借助高效运维手段，实现高效的故障发现及排除能力。

（3）运维流程闭环化管理

基于年表、天窗计划，以及临时任务、检测数据、检查报告、漏检漏修、报警等多维度需求信息，维修管理体系根据事件的优先等级，自动制定合理的维修工单推送给相关部门和工区。维修工单可基于单号、工单状态、设备、部件、报警类型、报警级别、优先级、时间（提出、实施、完成等）、维修工作状态、设备状态等进行汇总及查询，提供友好的交互接口。在维护工单下发到指定维修车间后，维修车间根据智能化维修管理系统提供的维修作业指导指南，按照具体的维修任务合理对人员、作业工具材料进行统筹安排。在维修作业完成后，维修工作人员填写工单完成情况，智能化维修管理系统在综合判定设备状态正常及维修工作完整的情况下，认定维修任务执行完毕，工单形成完整的闭环管理，进而实现维修作业的闭环化管理及卡控。

（4）生产作业远程化管控

为提高生产作业的远程化管控，通过运维工作站下发、手持终端网络推送等多种方式实现故障信息的推送，保证维修人员可以及时准确地接收到维修任务，进而根据指导意见及维修计划进行维修作业，完成轨道病害隐患的排除工作，保证列车运维安全。

4.4.2 应急管理

（1）应急资源全局展现

轨道交通运营场景具有系统复杂、客流流动、安全影响程度高等特点，政府部门、业内同行及社会各界人士对安全应急的要求越来高。在出现危害城市轨道交通运营安全、较大自然灾害、重大交通事故等的情况下，轨道智能运维系统运维中心应能及时实现对设备故障点、维修人员、应急资源的全面实况监控及全局掌握。

（2）故障态势实时标绘

轨道智能运维系统利用设备状态监测数据实现故障精准定位，智能定位故障位置且诊断故障原因，并提供维修指导建议，智能预测故障对列车运营的影响范围。

（3）人员物资灵活调配

故障抢修阶段应能实现智能系统资源应急联动功能，通过运维后台及前端手持终端组织高效的抢修，合理调度备品、物资、值班人员及应急人员，以快速克服故障、避免对运营造成影响。

4.4.3 资产管理

（1）设备状态实时显示

结合分析层对轨道单元状态等级分类分析，对部件级的状态进行全方位评估，针对不同系统部件单元健康状态形成评价结论，借助数据孪生对BIM模型进行渲染更新，使资产管理和运维人员可以全面掌握设备的状态，进而实现维修的合理科学（图3）。

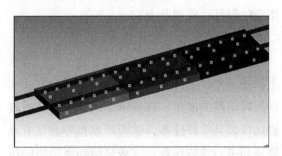

图3　轨道系统设备状态实时展示效果示意图

（2）资产寿命精准评估

根据分析层对轨道系统设备的性能演化趋势进行定性及定量分析，根据监测设备的数据特征，评估其性能状态。同时，根据特征的变化规律，基于寿命特征量随时间的变化曲线精

准评估设备的剩余寿命，实现设备性能演化趋势评估及寿命预测的目的。

（3）资产价值全生命周期管理

轨道智能运维系统通过与资产管理系统数据资源互联互通，结合利用PHM等技术手段，提前感知可能发生的故障，实现设备的全生命周期的可追踪化管理。不断优化轨道系统修程修制，在降低检修成本的同时，提高设备的检修效率、安全性和可靠性。

5　结语

（1）轨道智能运维系统作为西安智慧城轨基础设施智能运维的重要系统单元，其系统整体架构按照感知层、数据层、分析层、应用层四个层级构建经济适用、安全可靠的智能运维系统。

（2）轨道运维过程中，在数据层会形成海量的结构化数据、半结构化数据和非结构化数据。目前西安轨道正在建设云平台和基于BIM的企业资产管理系统，数据化轨道系统数据层整体应以云平台为承载，同时与资产管理系统实现数据联通。轨道智能运维系统根据业务功能应部署于安全生产网，同时其与部署于内部生产网的资产管理系统等需实现数据联通，因此应在安全生产网与内部管理网部署边界访问控制设备确保边界安全，同时边界防护应具备入侵异常检测功能，保证可用性和可靠性。

（3）轨道智能运维系统按照数据类别将采集数据分为三类：状态数据、运维数据、环境数据，系统功能应能满足生产管理、应急管理、资产管理等各项生产作业应用需求。

参考文献

[1] 蔡宇晶，高凡，孟宇坤，等.城市轨道交通设备智能运维系统设计及关键技术研究[J].铁路计算机应用，2023，32（7）：79-83.

[2] 李兆新，陆其波，吴光宇，等.地铁车辆智能运维系统建设研究[J].科技与创新，2023（14）：43-45，48.

[3] 王磊, 贺俊, 位凯乐, 等. 大数据智能运维管理在轨道交通行业的应用 [J]. 电视技术, 2023, 47 (7): 221-228.

[4] 蒋伟, 余浩, 焦开福. 基于物联网云平台技术的地铁智能运维系统研究 [J]. 数字通信世界, 2023 (7): 55-57.

[5] 王东妍, 马颖伟, 李宇初, 等. 城际铁路道岔设备智能运维关键技术及应用研究 [J]. 铁道运输与经济, 2023, 45 (7): 67-75.

[6] 陈磊, 刘伟, 袁君奇. 基于数字孪生软件的设备预测性维护技术研究 [J]. 新型工业化, 2023, 13 (9): 70-78.

[7] 张磊, 樊茜琪, 韩斌, 等. 城市轨道交通基于智能运维的维护管理新模式研究 [J]. 铁路技术创新, 2023 (3): 157-162, 169.

[8] 颜函. 青岛地铁智能运维设计实践 [J]. 智慧轨道交通, 2023, 60 (3): 7-11.

[9] 闫琛. 铁路智能运维管理系统的设计 [J]. 自动化应用, 2023, 64 (8): 7-8.

[10] 西安市轨道交通集团有限公司. 西安智慧城轨发展纲要 (2021—2035) [R]. 2021.

[11] 司春宁. 基于知识图谱技术的轨道交通设备智能运维系统 [J]. 交通世界 (下旬刊), 2021 (1): 12-14.

[12] 白丽, 王石生, 姚湘静, 等. 城市轨道交通综合智能运维平台研究与设计 [J]. 铁路计算机应用, 2020 (11): 62-65.

轨道交通产业大数据平台研究及应用实践

麻全周[1*]、王月杏[1] 李洋[1,2] 吕焕[1]

（1. 天津智能轨道交通研究院有限公司，天津 301700；

2. 中国铁道科学研究院集团有限公司城市轨道交通中心，北京 100081）

摘要： 为借助产业大数据技术，充分挖掘轨道交通产业数据价值，研发设计了轨道交通产业大数据平台，汇聚全国 34 个省级行政区 70 万余条轨道交通企业数据，运用智能算法，实现轨道交通产业格局、产业图谱、产业规模、创新力、强补延等多维度综合分析。为摸清全国轨道交通产业市场格局、产业市场规模提供有力手段；辅助政府 / 园区开展产业招商，推动轨道交通产业高质量发展，具有重要意义。

关键词： 轨道交通；产业大数据；辅助招商

引言

2019 年，中共中央、国务院印发了《交通强国建设纲要》，明确提出推动大数据、互联网、人工智能、区块链等新技术与交通行业深度融合，构建综合交通大数据中心体系，深化交通公共服务和电子政务发展[1]。《中华人民共和国国民经济和社会发展第十四个五年规划和 2035 年远景目标纲要》明确提出，要发展壮大战略性新兴产业，着眼于抢占未来产业发展先机，培育先导性和支柱性产业，推动战略性新兴产业融合化、集群化、生态化发展。构筑产业体系新支柱，聚焦新一代信息技术、生物技术、新能源、新材料、高端装备等战略性新兴产业，加快关键核心技术创新应用，增强要素保障能力，培育壮大产业发展新动能。

截至 2022 年底，全国铁路运营里程达到 15.48 万 km，年均增长 0.41 万 km。城市轨道交通运营线路总长度 10287.5km，全国有 55 个城市开通城市轨道交通运营线路，共计 308 条。在庞大的轨道交通产业规模支撑下，国内已形成涵盖科技研发、投融资、规划设计、工程建设、装备制造、运营服务、后市场延伸等完整的轨道交通产业链[2]。

传统开展轨道交通产业研究，多依靠人工经验，在海量数据的采集、分析、应用方面存在一定的技术壁垒，近年随着大数据技术和应用越来越成熟，以大数据为驱动力的新动能，正助力产业转型升级[3-5]。借助产业大数据技术，可充分挖掘轨道交通产业数据价值，为摸清全国轨道交通产业市场格局、产业市场规模提供有力手段。通过搭建轨道交通产业大数据平台可实现产业数据的全量管理、数据的多维度分析、数据的可视化展示。同时借助产业大数据平台，可开展产业链强补延分析，科学指导产业发展，辅助政府 / 园区智慧招商。

1 平台架构设计

1.1 总体架构

轨道交通产业大数据平台采用分布式微服务架构，可扩展或缩小组件，平台高效、轻

基金项目：铁路既有建筑屋面改造装配式建筑光伏一体化（BIPV）结构关键技术研究课题（基金编号：2023YJ338）、城市轨道交通基础设施数字化模型快速建立方法及关键技术研究课题（基金编号：2023YJ087）。

* 麻全周（1991—），男，汉族，河南周口人，硕士，目前从事轨道交通智慧化、绿色化技术研究。E-mail：1131647452@qq.com

量，易于管理[6-7]。平台总体架构分为数据接入层、数据存储访问层、综合分析决策层和业务系统层，总体架构如图1所示。

（1）数据接入层

对轨道交通产业自有数据和互联网数据，进行数据抽取、转换、清晰、归并等ETL处理，实现不同来源、分散异构的轨道交通产业数据标准化接入。

（2）数据存储访问层

构建涵盖企业工商信息库、城市线路信息库、知识产权信息库、招标投标信息库、交易数据信息库、产值信息库等信息资源库，对

ETL的数据进行分类存储。通过JDBC/ORM/API/gRPC，实现数据库的访问。

（3）综合分析决策层

构建轨道交通产业图谱、产业大数据分析指标体系，调用算法库和OLAP工具，实现轨道交通产业图谱综合分析、产业发展综合分析、产业优化分析等。

（4）业务系统层

作为系统与用户交互的顶层，是用户直接操作的层面，该模块调用综合分析决策层的接口，接收数据并可视化展示。通过轨道交通产业大数据平台可实现数据的综合查询、数据可

图1　轨道交通产业大数据平台总体架构

视化展示及产业多维度分析展示。

1.2 数据中台

利用数据中台，对多个数据源的数据进行整合、加工、存储[8]，实现标准化，发现数据质量问题并快速修复，提升平台安全性及运行效率。数据中台架构如图2所示。

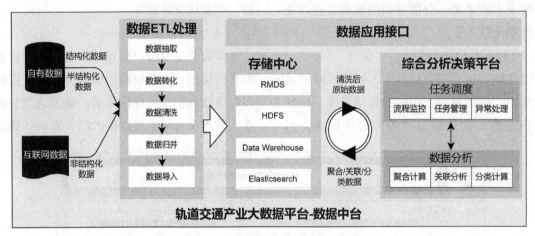

图2 轨道交通产业数据中台架构

导入，形成轨道交通产业大数据平台所需要的专题数据库。

（2）存储中心

数据中台提供了多种数据存储形式，包括MySQL、HDF、Elasticsearc、Cassandra 等。MySQL 用于存储结构化数据和元数据；HDF、Elasticsearch 用于存储非结构化和半结构化数据；Cassandra 用于存储分析数据。多层次存储架构，为轨道交通产业大数据平台的数据多维度综合分析提供基础。

（3）综合分析决策

综合分析决策包括任务调度模块和数据分析模块两部分。通过任务调度模块，定期对数据进行整合、计算、分析和挖掘，将轨道交通产业各个数据源的信息进行汇总、处理和分析，发现潜在数据趋势或关联性。数据分析模块是分析各类数据关键工具，通过聚合计算，将不同来源的数据整合，为决策者提供全面分析[9]。通过关联分析揭示数据间潜在规律。

（1）数据 ETL 处理

通过数据中台的多种接入通道（RESTful API、JDBC/NoSQL 等），将轨道交通线路数据、企业工商数据、知识产权数据、招标投标数据、交易数据、产值数据等产业数据接入数据中台，通过数据抽取、转化、清洗、归并、

2 功能模块设计

平台基于模块化的设计思路，采用 B/S 架构设计，Spring Boot 框架、Redis 数据缓存、Elasticsearch 分布式检索与分析，搭建轨道交通产业大数据平台，实现轨道交通产业链分析、产业地区分级、产业成员管理，以及产业综合展示等核心功能（图3）。

2.1 产业综合展示

产业综合展示中心作为轨道交通产业大数据平台的展示大屏，构建了全国、省市、区县三级架构，基于智能分析和可视化技术，实现了从"地理分布、产业链环"两大维度的多维度智能分析。在全国总览页面，可实现全国34个省级行政区的轨道交通产业图谱、产业格局分布、市场规模分析、产值分布分析、创新力分析等功能；在省（市）级页面，可实现本省份各区县的产业图谱、产业格局分布、产值规模分析、创新力分析、产业链环分析等功能；在区（县）级页面，可实现本区重点产业

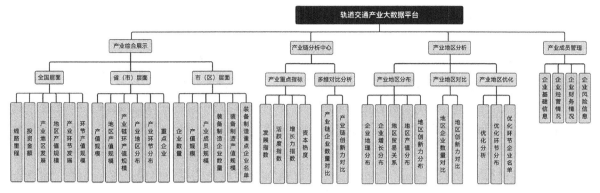

图3　产业大数据平台功能架构

链环的产业细分图谱、产值规模分析、链环重点企业展示等功能。

2.2　产业链分析

产业链分析中心是以轨道交通科技研发、投融资、规划设计、工程建设、装备制造、运营服务、后市场延伸等产业链环为主线，开展轨道交通产业链的多维度分析，包括产业重点指标分析和多维对比分析两大模块。

2.2.1　产业重点指标分析

轨道交通产业重点指标包括发展指数、活跃度指数、增长力指数及资本热度等，轨道交通产业重点指标的变化趋势，可直观反映轨道交通产业不同维度的发展情况。

（1）发展指数。轨道交通产业发展指数反映了产业链环的交易规模。通常采用一定周期内产业发展指数变化情况来评价产业发展情况。

（2）活跃度指数。活跃度指数反映了产业链产生销售活动的企业规模，通常以周期内活跃度指数变化情况评价产业活跃状况。

（3）增长力指数。增长力指数反映了产业链企业数量净增长的变化情况，通常以周期内增长力指数变化情况评价产业增长情况。

（4）资本热度。资本热度指数反映了产业链中各环节的企业的融资情况，通常以周期内资本热度指数变化情况评价产业资本情况。

2.2.2　多维度对比分析

轨道交通产业链多维对比分析模块可实现

以轨道交通科技研发、投融资、规划设计、工程建设、装备制造、运营服务、后市场延伸等产业链环为主线，按各省（市）、国家经济区维度对比分析；还可实现以产业链环为主线，按企业规模、企业产值、创新力等方面的多维对比分析。具备灵活配置、多维选择的优点。

2.3　产业地区分析

产业地区分析模块是从地区维度对全国各省（市）地区实现产业分析，包括地区产业分布及对比分析和地区产业优化分析两部分。

2.3.1　地区产业分布及对比分析

地区产业分布及对比分析模块是基于企业工商、交易、产值、知识产权等数据，实现产业成员企业的地理分布、贸易关系、产值分布、企业增长分布、创新力分布分析及不同地区产业对比分析功能。

（1）产业分布分析

①企业地理分布。可实现全国34省级行政区的企业地理格局分析、排行分析。

②地区贸易关系。可实现各省（市）地区的交易规模、交易关系，各省之间的贸易依赖度等分析。

③地区产值分布。可实现全国34省级行政区的产值规模分析、产业规模发展格局、排行分析。

④地区企业增长分布。实现全国34省级行政区的企业各链环的增长率、增长趋势分析。

⑤地区创新力分布。可实现全国 34 省级行政区的创新力分布分析。

（2）产业对比分析

基于大数据分析技术，可实现按地区、链环、关键指标的三大维度对比分析。地区可同时选择 5 个省级行政区进行对比分析；链环可以灵活配置多个链环；关键指标可选择企业规模、创新力等进行对比分析。

2.3.2 产业地区优化分析

产业地区优化分析模块基于强补延评价算法，可实现对轨道交通产业链强链、延链、补链定量分析，明确地区需加强、补足、延长的产业链环。关联产业成员库，定向推荐产业链环节优质企业，实现产业招商辅助。

2.4 产业成员管理中心

基于产业数据库，可实现轨道交通企业的全量管理，运用搜索引擎技术，实现企业的快速查找。产业数据库包括企业基础信息、工商数据、经营数据、创新力数据、招标投标数据、企业财务数据、企业风险数据等。

3 关键技术

3.1 数据处理技术

轨道交通产业大数据平台支持 JDBC、MQ、应用程序接口 API 等多种数据接入方式，对接入的数据进行分类、整理，并存储到 RDMS（MySQL）、Elasticsearch、StarRocks 等数据库中，用于数据分析及算法模型构建。利用 Map/Reduce 框架、NumPy、Pandas 等数据分析算法对数据进行分析、关联，挖掘数据潜在规律及关联特征。

3.2 智能分析技术

采用多种 OLAP（在线 / 离线分析处理）工具，包括 Map/Reduce 框架、NumPy、Pandas 和 Scikit-Learn 等，结合调度框架，实现对轨道交通产业大数据的全量分析。通过聚类分析、判别分析、时间序列分析和耦合分析，实现按

地区、链环、关键指标的三大维度综合分析。

4 平台应用成效

4.1 支撑产业市场格局分析

平台汇集了全国 70 万余条轨道交通产业链上企业数据，可实现按地区、链环两大维度关联分析。辅助企业摸清单个链环的在单个地区和全国地区的竞争格局、贸易关系、地理分布情况。

4.2 支撑产业链强补延分析

平台运用了强补延智能算法，构建了产业链强链、延链、补链指标，可实现单个地区的强链、延链、补链评估分析。各链环以全国为基准，评估值小于 1，强链分析表明该链环发展动力不足；补链分析表明该链环存在不足或缺失；延链分析表明该链环有可延伸的空间。基于强补延分析，可科学辅助政府 / 园区掌握本地区的产业发展情况。

4.3 支撑产业上下游供需依赖度分析

平台深度挖掘交易数据，可实现各省市之间，以及省内间产业链上下游交易关系分析和交易依赖度评估。对地区产业链上下游业务撮合，提升产业活跃度，有重要意义。

4.4 辅助智慧招商

平台具备产业格局分析、产业图谱分析、产业强补延分析等功能，运用平台可摸清地区的产业发展现状，需要强链、延链、补链的环节，以及企业招引的对象，对园区 / 政府招商有重要作用[10]。

5 结语

借助大数据技术，搭建轨道交通产业大数据平台，实现轨道交通产业数据的全量管理、数据多维度分析挖掘、数据可视化展示，实现全视角展示产业发展全景和区域产业格局，摸清轨道交通产业市场规模和产值比例，助力轨道交通产业高质量发展。

参考文献

[1] 汪光焘，王婷.贯彻《交通强国建设纲要》，推进城市交通高质量发展 [J].城市规划，2020（3）：31-42.

[2] 魏运，冯爱军，丁德云，等.我国城市轨道交通产业链及其发展方向探讨 [J].都市快轨交通，2013（3）：58-61，69.

[3]《信息技术与标准化》编辑部.大数据与实体经济深度融合推动传统行业转型升级 [J].信息技术与标准化，2019（5）：前插1.

[4] 刁照峰，卢紫薇，籍雨形，等.吉林省人参产业大数据分析平台的设计与实现 [J].长春工程学院学报：自然科学版，2019（4）：90-94.

[5] 陈浩敏，梁锦照，马赟.能源大数据平台建设规划标准化研究 [J].中国标准化，2023（17）：27-30.

[6] 饶伟，王敏红，许刚，等.铁路多地多中心监控运维关键技术研究 [J].铁路计算机应用，2023（3）：34-38.

[7] 王建伟，秦健，孙国庆.高铁车站设备智能化运维管理系统设计及关键技术研究 [J].铁路计算机应用，2020（6）：69-74.

[8] 梁晴.数据安全中台构筑企业数据生命线 [J].信息通信技术与政策，2023（2）：92-96.

[9] 宫珂.面向数据供应链的数据平台建链技术研究与实现 [D].北京：北京邮电大学，2018.

[10] 梁均军，袁超，李林，等.面向智慧招商的时空产业监测评价体系研究与应用 [J].地理空间信息，2023，21（3）：5-9.

大模型技术在城轨领域的应用研究及发展趋势分析

王　硕[1]　胡　耀[2]

（1.天津城市轨道咨询有限公司，天津 300380；2.天津轨道交通集团有限公司，天津 300380）

摘　要：城市轨道交通领域发展迅速，为大模型技术的应用提供了平台。本文通过研究大模型技术强大的数据处理和分析能力，梳理了大模型的技术内涵，并在提升运营效率、优化乘客体验，以及增强安全管理能力等方面，深入探讨了大模型技术在城市轨道交通中的创新应用，提出了大模型在客流预测与调度、智能安防、乘客服务，以及运营管理等多方面的应用价值。同时，本文也指出了大模型技术应用过程中发展的方向和面临的挑战，以期为业内同行开展相关研究提供借鉴和思考。

关键词：大模型技术；城市轨道交通；客流预测；智能安防；乘客服务；运营管理；隐私保护；行业标准化

引言

近年来，我国城市轨道交通（以下简称"城轨"）建设迅速，以地铁、轻轨为主要形式的城轨网络在各大城市迅速铺开，成为城市现代化的重要标志之一[1]。然而，随着运营里程的不断增加和客流量的持续增长，许多线路在高峰时段的客流量已经远超设计容量，导致车厢拥挤、乘客舒适度不足；同时人员密集场所的安全防范任务愈发艰巨，城轨运营管理面临巨大的压力[2]。虽然我国在城轨智能化发展建设方面取得一定进步，但在客流、调度、管理等方面建立的智能化模型有较大的优化空间。

相比普通深度学习模型，大模型以其超大的参数规模和复杂的结构，被赋予了更强的数据处理能力[3]，因此大模型技术在客流预测、智能调度、乘客服务、安全管理等诸多方面具有潜在应用价值。

现阶段，通过文本数据训练，大模型已经具备了生成思路连贯、逻辑合理的文本内容，甚至有效地进行复杂话题的交流的能力[4]。大模型实现了更加自然、智能的人机交互体验，与城轨的智能客服系统有较高契合度。同时，结合大型卷积神经网络，大模型具备从海量图像数据中细致学习特征表示的能力，可达到精准识别和分析图像的效果，因此通过对城轨车站、车厢等场景视频图像类监控内容的智能分析，有助于及时发现并处理异常情况。

通过梳理当前大模型技术内涵和在各个领域的应用现状和发展趋势，本文探索分析城轨领域的技术应用能力和实践创新效果，提出基于大模型技术的客流预测方法、智能调度方法、安全管理方法和乘客服务支持方法，为运营组织计划、资源分配、安防与应急响应、乘客出行体验的优化工作提供依据，进而推动城轨行业的全面智能化升级。

1　大模型技术内涵

大模型全称大型预训练模型，用于完成文字处理、音像识别等复杂任务[5]。基于海量的数据进行训练后，大模型可以学习到丰富的语义信息和知识表示，进而在承担包括要素提炼、智能问答、智能绘图、智慧化推荐在内的多项任务时展现卓越的性能。大模型主要具有以下特点：

（1）参数规模庞大。大模型通常包含十亿以上的参数规模[6]，便于模型学习到更加细致和复杂的特征表示，因此在相同的数据集下比小参数规模的模型更好拟合数据，减少过拟合或欠拟合风险。

（2）训练资源丰富。依托海量的数据资源和计算资源，大模型训练后可捕捉到更多的语言现象和上下文信息，进而更好地理解和处理数据。

（3）通用性强。在训练过程中，大模型通常会接触到大量的语言知识和世界知识，此类知识赋予大模型较强的通用性，提供后者在多类任务场景的适用性优势。

（4）可持续学习。大模型具备较强的迁移学习能力[7]，在不同任务间和反复训练中实现知识的继承、共享和传递，减少了数据集和任务切换时模型训练的时间成本。

综上，大模型技术在完成预训练模型任务时具备信息抓取全面、学习效果好、适用性强等特点，在复杂和细致的数据处理任务中具有属性优势。

2 城轨行业大模型技术的应用创新

2.1 大模型在客流预测与调度中的应用

2.1.1 基于历史数据的客流预测模型

大模型技术基于自动学习数据中的复杂特征和非线性关系，进而在城轨客流量统计中合理处理时间、天气、节假日等因素的影响关系，打破传统客流预测统计学模型的局限性。

基于历史数据的客流预测模型通常利用大量的历史客流数据作为训练样本，通过深度学习算法、学习客流变化的规律。该模型用于准确地预测未来一段时间内的客流量，如在早晚高峰时段通过客流预测模型，提前预测到客流量的激增，并合理安排列车运行计划。该模型不仅提高运输能力，同时为运营调度提供有力支持。

2.1.2 实时客流调度策略优化

客流调度是城轨运营中的关键环节，传统的调度方法依赖人工经验，规则相对简单，实时性较差，难以实现最优的调度效果。

大模型技术提供了一种实时客流调度的新思路。通过结合大模型的实时客流预测数据、列车运行状态监控数据和乘客上下车情况监控数据，调度系统自动化调整列车运行计划和停靠站点，最大程度满足乘客的出行需求。当检测到某个站点客流量激增时，基于大模型技术分析后可在调度中心智能增加该站点的车辆停靠频次，减少乘客的等待时间，避免拥堵现象发生，确保运输的高效和安全。

2.2 大模型在智能安防系统中的应用

2.2.1 监控视频的智能分析与处理

城轨的综合监控系统每天产生大量的视频数据，传统的人工处理方式难以实现对该数据的全面准确分析。大模型技术集成了计算机视觉技术，可自动分析和处理监控视频信息并提炼信息内容要素。

通过深度学习算法，大模型以自动锁定视频中的人、车、设备等要素为目标，对其进行跟踪和分析，并识别特殊需求人员、可疑物品等。模型处理过程中减少了人工干预，节省人员成本的同时提高监控系统的运行效率。

2.2.2 异常行为检测与预警系统

城轨作为公共交通出行方式，乘客的异常行为可能会对运营安全造成威胁。大模型技术辅助建设异常行为检测与预警系统，及时发现并处理这些异常情况。

通过基于深度学习的行为识别算法，大模型可自动判别乘客的异常行为，如车上奔跑、摔倒、肢体冲突等，并在判定异常行为发生的第一时间触发预警系统的报警机制，便于运营指挥中心快速通知相关人员进行处理，提升了城轨运营的事件响应能力。

2.3 大模型在乘客服务中的应用

2.3.1 个性化出行推荐与服务

伴随着城轨网络通信技术的迅速发展和服

务业水平提升，乘客的出行需求日益多样化。大模型技术在实现个性化的出行推荐与服务中发挥作用。

利用深度学习算法，大模型可基于乘客的历史出行记录和偏好信息，感知乘客的出行习惯并评估出行需求，进而为其推荐最合适的出行路线和时刻表。同时，根据乘客的实时位置和目的地信息，大模型提供导航、周边信息等多样化服务，便于乘客找到自己的位置，提高乘客的出行效率和满意度。

2.3.2 智能客服系统

智能客服涉及乘务、站务、票务等多个城轨专业，拥有海量业务数据。大模型技术在智能客服系统的设计实现和功能优化方面提供支持。

大模型技术集成自然语言、语音、图像识别处理技术，为智能客服系统提供乘客问题自动识别、快速应答的功能支持。同时，凭借大模型的持续学习能力，可根据乘客的反馈和客服历史记录不断优化回答的质量和效率，优化智能客服系统的性能。

2.4 大模型在运营管理中的应用

2.4.1 运营数据分析与优化

城轨运营数据包含体量庞大的运营信息、乘客行为信息、检测监测信息，数据资产丰富但管理难度较大。通过大模型技术的强大分析运算能力，可实现数据价值的深入挖掘，并从多种维度进行分析。

通过深度学习算法，建立历史运营数据的大模型，分析不同时间段的客流量变化情况、列车的运行效率等，用于发现运营过程中的数据规律，并根据异常数据总结问题，为运营调度、票价制定等决策提供支持。

2.4.2 设备维修与预防性维护策略

城轨设备设施种类、数量众多，设备的维修策略直接影响城轨运营的社会效益和经济效益[8]。大模型技术在设备数据深度分析，以及与运营安全、运营效率数据的联动分析过程中具有应用价值，可利用分析结果制定合理的设备维修和预防性维护策略。

基于深度学习算法，故障预测大模型根据设备基础信息、设备运行数据、历史故障数据推断可能出现影响设备健康运行的故障类型和时间。该预测结果为设备维修计划的制定提供支持，避免或减少故障造成的不良影响。同时，该预测结果可用于制定和优化预防性维护策略，均衡调配多套设备的使用计划和维护计划，提高设备运转的可靠性并延长设备使用寿命。

综上所述，大模型技术在城轨的客流预测与调度、智能安防系统、乘客服务，以及运营管理等方面具有广泛的应用能力。在以科学技术不断进步和应用场景持续拓展为主线的城轨技术领域，大模型技术可发挥重要的作用。

3 大模型技术应用的发展方向及面临挑战

3.1 大模型技术应用的发展方向

3.1.1 技术融合与创新

大模型技术与其他先进技术进行融合，形成更强大的城轨智慧化发展支撑力量已成为当前趋势。大模型技术与物联网、云计算、大数据等技术相结合，可实现更精准的数据采集、更流畅数据处理、更深入的数据分析和更安全的数据共享效果，提升数据的可靠性和数据应用能力。同时，通过不断探索和尝试新的应用场景和解决方案，进一步拓展大模型技术在城轨领域的应用面，为市民提供更周到、便捷、高效和安全的出行服务。

3.1.2 行业标准化与协同发展

作为大模型技术在城轨应用中的另一项核心议题，行业标准化和协同发展实现不同城轨系统之间的互联互通和资源共享，因此需要制定统一的标准和规范，降低系统开发和维护的成本，并提高大模型的可用性。同时，协同发展是未来城轨发展的重要方向，利用大模型技术的通用性和可迁移性，可有效加强不同地区城轨系统间的合作与交流，进而实现资源共享、经验互鉴和协同发展，提高整个行业的竞争力和创新能力。

3.2 大模型技术应用面临的挑战

3.2.1 数据安全与隐私保护问题

大模型技术的应用依赖大量的运营数据、乘客信息等作为模型训练和优化的输入参数，数据收集和使用的过程中产生的安全性和隐私性问题不容忽视。数据泄露或被非法利用不仅对乘客的隐私造成侵害，还可能引起城轨运营风险[9]。城轨管理部门需同步使用数据加密、访问控制、安全审计等手段加强数据安全管理，建立完善的数据保护机制，确保数据在模型使用中的安全性。同时，加强对员工的数据安全意识培训，提高整个组织对数据安全的重视程度，以应对数据安全与隐私方面的挑战。

3.2.2 技术更新与迭代的快速性

大模型技术更新迭代速度较快，不断涌现新的算法、模型和技术，意味着在模型应用时需持续跟上模型的技术水平，以保持大模型在行业中的竞争力。城轨管理部门需加强与科研机构、高校等的技术合作交流，及时了解和掌握技术前沿动态。同时，增加对技术研发和创新的投入，培养一支具备高度专业素养和技术能力的团队，以应对技术更新适应能力方面的挑战。

参考文献

[1] 靳守杰，魏志恒，王文斌，等.城市轨道交通综合检测车应用分析[J].现代城市轨道交通，2021（11）：69.

[2] 王雅慧，裴亚斐，冯世明，等.我国二三线城市轨道交通现状及发展趋势分析[J].汽车实用技术，2019（15）：225-226.

[3] 李长泰，韩旭，蒋若辉，等.大模型及其在材料科学中的应用与展望[J].工程科学学报，2024，46（2）：290-305.

[4] 廖俊伟.深度学习大模型时代的自然语言生成技术研究[D].成都：电子科技大学，2023.

[5] 罗锦钊，孙玉龙，钱增志，等.人工智能大模型综述及展望[J].无线电工程，2023，53（11）：2461-2472.

[6] 门理想，魏筠筵，毛菁菁，等.公共数据开发利用中的大语言模型应用：前景、挑战与路径[J].情报理论与实践，2024（6）：1-12.

[7] 翟锡豹.工业大模型发展趋势及策略建议[J].中国工业和信息化，2024（4）：16-19.

[8] 陈卓.城市轨道交通设备维修策略研究[D].南京：东南大学，2020.

[9] 车万翔，窦志成，冯岩松，等.大模型时代的自然语言处理：挑战、机遇与发展[J].中国科学：信息科学，2023，53（9）：1645-1687.

车载综合及轨道综合运维穗腾应用系统研究

陶 涛[1]* 柴志伟[2] 赵正阳[2] 俞璞涵[3] 朱 昆[2]

（1.广州地铁集团有限公司，广州 510335；

2.中国铁道科学研究院集团有限公司城市轨道交通中心，北京 100081；

3.天津智能轨道交通研究院有限公司，天津 301700）

摘 要： 本文旨在探讨车载综合检测系统与轨道综合运维管理系统在城市轨道交通领域的应用。通过分析广州地铁 11 号线的实践经验，提出一种基于穗腾 OS 平台的智能化解决方案，该方案整合车载综合检测技术与轨道综合运维管理技术，实现数据的统一标准化、集中存储和综合分析。系统旨在提升基础设施检修准确度、减少人工作业强度、提高养护维修效率，同时推动城市轨道交通系统的运营水平向智能化和高效化发展。

关键词： 计算机应用；穗腾；设计；车载综合；轨道综合

现阶段国内综合检测车上动态检测设备种类繁多，各类设备均需要配置相应的检测系统控制软件与控制服务器，一方面占用大量的车内空间，另一方面各检测系统均需要作业人员现场进行操作与作业[1]；此外，各检测系统数据分散，无法实现数据综合分析功能，同时各检测系统数据时空里程标签精度、对齐方式均有差异，数据分析精度存在误差等[2]。

车载综合检测系统依托于广州地铁 11 号线线路采购实施的检测设备，在既有已招标的车载网轨检测设备的电客车上进行加装相关检测设备，进行综合性、整体性、系统性设计，融合了车载综合集中控制技术、车载综合数据时空同步技术、车地无线传输技术，使其能全面检测轨道、轮轨关系、通信、信号、隧道等专业的各项动态参数，以及运用环境。轨道综合运维管理系统针对线路专业运维数据，结合轨道站、段在线监测设备，实现运维数据的综合分析应用。

为提升基础设施检修准确度、减少人工作业强度、提升养护维修效率，推动基础台账、检测维修等数据充分利用，建设轨道综合运维管理系统，本文提出通过光纤直连方式传输，实时将数据上传至穗腾 OS 平台，支持运维方式由被动状态修转向主动预防修的运维管理思路，实现轨道几何、钢轨廓形、轨道巡检、道岔及无缝线路综合监测，以及运维数据综合分析，提升线路专业运维管理的信息化水平。

1 穗腾应用系统研究

车载综合及轨道综合运维穗腾应用系统总体方案架构如图 1 所示，由感知层、数据集成层、平台层组成。其中，感知层基于各种传感器实现设备设施状态的准确感知；数据集成层可实现数据的车地无线传输和集成；平台层按照穗腾 OS 的要求进行建设[3]。通过构建大数据平台可实现检测数据智能处理与分析等，分析结果可为城轨交通基础设施管理决策、养

基金项目：北京市自然科学基金—丰台轨道交通前沿研究联合基金（基金编号：L231005）。

* 陶涛，高级工程师。E-mail：taotao@gzmtr.com

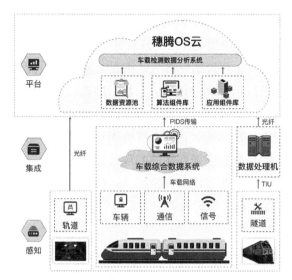

图 1　车载综合及轨道综合运维穗腾应用系统架构图

护维修等提供支持，可引领未来"发展智能系统、建设智慧城轨"的发展方向，切实推进行业的进步。

其中，车载综合检测分系统电客车各子系统将检测数据通过 PIDS 网络交换机传输至车载综合数据处理主机，同时车载综合数据处理主机通过 PIDS 交换网络获取车辆信号系统的速度、里程、站点、行别、时间等信息。数据处理主机还通过 PIDS 网络将监测数据分类分级无线传输，将数据传输至地面服务器和穗腾OS 云平台。工程车通过 TAU 模块将隧道巡检数据传输至隧道图形工作站服务器，实现后处理数据的上云。轨道在线监测数据通过战场工控机光纤直连方式，实现数据接入穗腾云轨道综合运维管理系统。

2　关键技术

2.1　数据集成与上云传输方案

广州项目对车载检测数据、地面监测数据与云端的顺畅交互提出新需求，通过基于 MQTT 的消息传输协议和基于 HTTP 的文件传输协议完成该类传输[4]。

基于 MQTT 协议的数据传输协议适用于结构化数据的传输，如轮轨力、通信和信号专业的实时数据。MQTT 协议具有轻量级、低带宽占用、低延时等优点，适合在车地结构化传输和上云中使用。MQTT 协议的基本格式分为三个部分：固定报头、可变报头和有效载荷。其中，有效载荷部分为业务数据，采用 JSON 格式进行封装。为确保检测数据的完整性，项目对 MQTT 消息的发布服务质量（QoS）和会话超时时间进行设置，保证消息不丢失、不重复提交。同时，在项目的规划中，在穗腾平台上创建中间组件，利用消息发布和订阅的形式，实现各主动运维系统、地面数据中心与云平台间的数据传输，如图 2 所示。

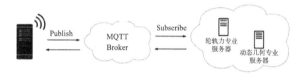

图 2　结构化数据传输协议示意图

非结构化数据主要针对的是文本、图片或者其他二进制文件（不包含视频）。这类文件通常体量都比较大，但是对数据的实施要求都不高。本着简单、稳定的原则，再结合 PIDS 车地网流的稳定性，采用 HTTP1.1 协议为载体来完成非结构化文件的传输任务。接口格式定义采用 HTTP 的 POST 方法发送文件。

2.2　物模型及组件建设方案

穗腾应用开发是全新的一种应用开发模式，提供统一的应用开发调用权限申请流程和组件开发的全生命周期管理。穗腾 OS 搭建了一套应用开发调用权限申请的基础体系，提供了通用的基础能力和运营底盘，将穗腾 OS 沉淀的通用能力和各开发者通过开放平台开发并发布的组件，统一以 API 接口形式对外开放，供开发者申请调用权限。

每个应用都有自己的核心业务[5]，另外还可能有其他的组成部分，比如策略部分、算法部分、物联部分、大数据部分、账号鉴权等。

设备厂商及应用开发者创建并导入主动运

维项目设备设施物模型，响应广州地铁和穗腾 OS 平台标准化、统一化、产业化项目产品研发上线流程的管理规划。针对"广州地铁 11 号线主动运维车载综合及轨道综合运维穗腾应用系统项目"提出设备物模型接入穗腾 OS 平台方案，以快速实现平台相关业务对接[6]。

制定物模型接入流程，细化设备物模型创建到产品数字化应用的过程，具体流程如图 3 所示。

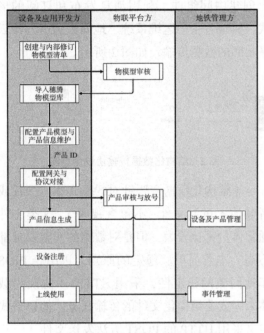

图 3　结构化数据传输协议示意图

2.3　云端分析展示方案

以轮轨力专业为例，展示页面包含总览、检测结果及评价指标三部分。

在总览部分，根据线别、日期查询轮轨力检测数据，轮轨力数据按照运行安全性指标、运行平稳性指标、疲劳伤损要素三个方面展示数据变化趋势及超限占比情况，并且支持多期统计各检测通道朝向情况。

在检测结果部分，详细呈现了每次轮轨力检测的具体数据和结果。这些数据可能包括轮轨力大小、分布情况、变化趋势等。通过图表、曲线图等可视化方式展示，用户可以直观地了

解到轮轨力在不同时间段和位置的变化情况，有助于及时发现异常并进行针对性的处理。

而在评价指标部分，则是对轮轨力检测结果进行综合评价和分析。基于事先设定的评价指标，系统会对检测结果进行自动评分或给出相应的评价等级，从而帮助用户快速了解轮轨力的合格程度或存在的问题。此外，还可以提供一些专业建议或预警提示，指导用户采取相应的措施，保障轨道交通系统的安全运行。

3　结语

车载综合及轨道综合运维穗腾应用系统的核心功能在于将数据上传至穗腾 OS，结合穗腾 OS 与多种通信网路对轨道交通检测设备和系统的高效物联接入、灵活的编排流程、一体化数据处理能力、一站式算法训练托管能力及开放的组件服务能力，实现检测数据的实时回传、各类设备与系统物模型建设、数据处理分析组件建设、可视化应用功能建设。最终实现广州地铁 11 号线线路的整体化、系统化、智慧化运维转型。

参考文献

[1] 魏志恒，徐栋，陈万里，等.城市轨道交通基础设施综合检测技术应用研究 [J].现代城市轨道交通，2021（11）：81-84.

[2] 李洋，俞璞涵，麻全周，等.城市轨道交通车载综合里程同步系统高精度里程赋值的关键技术 [J].城市轨道交通研究，2023，26（10）：133-137，142.

[3] 蔡昌俊，陈希隽，彭有根，等.穗腾操作系统云平台在广州地铁车载主动运维项目中的应用 [J].城市轨道交通研究，2023，26（10）：5-10，35.

[4] 何小兵，陈学锋，陈俊，等.多源异构数据实时主动处理技术在城市轨道交通供电智能运维中的应用研究 [J].城市轨道交通研究，2022，25（9）：16-22.

[5] 洪海珠.城市轨道交通多专业融合主动维修决策关键技术研究 [J].城市轨道交通研究，2023，26（12）：262-265，270.

[6] 闫学祥.地铁无人值守智慧车站建设研究 [J].现代城市轨道交通，2024，（3）：25-30.

基于云平台的地铁全自动车辆智能运维系统建设

胡方鑫　曹国仪　岳嘉琦　胡晋伟

（太原中铁轨道交通建设运营有限公司，太原030000）

摘　要：针对地铁列车维护成本高、时间窗口少和人为因素影响大等问题，综合应用互联网、大数据与人工智能等技术，太原市轨道交通2号线搭建了集客运服务、设备维护、车辆运维、调度指挥、安全管理于一体的综合智能运维平台。其中基于城轨云平台的车辆智能运维系统，包括车载运行监测、轨旁监测、故障预测及健康管理、检修管理4大板块，可实现车辆状态的实时监控、设备寿命预测、健康评估、故障诊断及预警，以及运行数据统计分析，助力地铁车辆运维从传统故障修、计划修到状态修的优化升级。通过车辆智能运维平台的应用，实现了提高服务水平、保障运营安全、提升工作效率、降低工作强度的建设目标。

关键词：信息化；故障诊断与健康管理；智能运维；维修模式

1　太原地铁2号线车辆智能运维系统建设背景

习近平总书记指出："城市轨道交通是现代大城市交通的发展方向。发展轨道交通是解决大城市病的有效途径，也是建设绿色城市、智能城市的有效途径"[1]"要继续大力发展轨道交通，构建综合、绿色、安全、智能的立体化现代化城市交通系统。"习近平总书记的重要讲话指明了城市轨道交通的发展方向，是发展城市轨道交通的根本遵循。习近平总书记还特别做出了要发展智能交通的指示，为城市轨道交通发展明确了路径指向，建设智慧城市轨道交通（以下简称"城轨"）是落实习近平总书记指示的具体行动实践。

2019年9月，中共中央、国务院印发了《交通强国建设纲要》，纲要指出要大力发展智慧交通。推动大数据、互联网、人工智能、区块链、超级计算等新技术与交通行业深度融合。推进数据资源赋能交通发展，加速交通基础设施网、运输服务网、能源网与信息网络融合发展，构建泛在先进的交通信息基础设施[2]。

2020年3月，中国城市轨道交通协会发布《中国城市轨道交通智慧城轨发展纲要》，纲要提出智慧城轨内涵——"应用云计算、大数据、物联网、人工智能、5G+等新兴信息技术，全面感知、深度互联和智能融合乘客、设施、设备、环境等实体信息，创新服务、运营、建设管理模式，构建高效、便捷、安全、绿色、经济的新一代中国式智慧型城市轨道交通"[3]，以及"1-8-1-1"智慧城轨发展蓝图（1张蓝图、8大体系、1个平台、1套标准）。从行业层面对智慧城轨建设的发展战略、建设目标、重点任务、实施路径、体制机制和保障措施等进行了统筹规划、顶层设计。

太原中铁轨道交通建设运营有限公司以习近平新时代中国特色社会主义思想为指导，贯彻落实国家社会主义现代化强国建设和《交通强国建设纲要》的战略部署，坚持自主创新、安全可控的技术路线，在《中国城市轨道交通智慧城轨发展纲要》的指导下，以轻量化、简洁化、实用化的建设原则，制定了《太原市轨道交通2号线智能运维平台总体实施方案》，以提高服务水平、保障运营安全、提升工作效率、降低工作强度为建设目标，搭建集客运服务、设备维护、车辆运维、调度指挥、安全管理于一体的综合智能运维平台，整体提升了太原地铁2号线运营效率和水平，实现地铁运营智能化运维和管理。

2 太原地铁2号线车辆智能运维系统建设目标

太原地铁2号线秉承"基于云平台数据共享、数据挖掘"的设计理念，构建基于云平台的车辆智能运维系统，平台以微服务架构为基础，实现了对车辆数据实时的分析和挖掘；通过容器化的部署实现随着业务需求快速迭代算法服务，提升业务部署时间80%，实现快速响应现场需求；通过系统预置专家系统和对实时数据的深度学习，对模型进行在线修正，提升车辆故障预警准确度10%以上；通过城轨云大数据平台的各专业数据的实时共享，支撑了未来构建多专业运维平台，实现支持跨专业运维进而减少运维人员降低运维成本；通过数据共享，实现各专业各业务之间的协同，使地铁运营更加安全高效。打造整车与各子系统深度融合的智能运维平台，实现运维模式、运维手段、运维技术和运维管理的全方位提升，为企业数智化转型提供基础，最终实现降本增效。

2.1 建立太原地铁2号线车辆智能运维管理体系

建立太原地铁2号线车辆智能运维管理体系，实时进行地铁车辆的运行状态和性能监视，通过故障诊断功能，实现对地铁车辆故障的实时预警和准确定位。建立故障诊断数据库，收集、存储和分析故障信息，支持故障模式分析和改进。通过智能运维体系的建立，实现车辆状态监控、故障预警、故障报警、故障诊断、应急响应、寿命预测、健康评估、运维决策支持、统计分析、能耗计算、专家知识支持等功能。

2.2 建立太原地铁2号线全运维数据系统化展示，关键指标化分析、统计

建立大数据平台，集成运营、维修等阶段的数据，并实现数据可视化展示。设计关键指标体系，包括运行可靠性、维修效率、成本控制等指标，进行系统化分析和统计。利用数据分析工具，挖掘数据背后的价值，帮助管理层做出决策和优化运营策略[4]。

2.3 实现运维人员自主建立故障模型，实现故障提前预警

通过模型管理模块，运维人员可以自主建立基于逻辑机理和机器学习的故障预测模型，实现故障的提前预测，缩短故障处理时间，降低维修成本，提高运营效率和可靠性。平台也向相关设计师开放模型导入接口，允许设计师通过Python语言自主创建机器学习模型，同时向不具备编码能力的设计师提供可视化拖拉拽建模工具，快速实现模型搭建。

2.4 建立车辆构型管理体系

通过构型模块，建立一套完善的车辆构型管理体系是为了有效管理和维护车辆的构型信息，以确保机车车辆在运营过程中的安全、可靠和高效。构型管理体系涉及对各个部件、组件及配置信息的收集、记录、更新、查询和分析，同时支持设计构型、检修构型、位置构型三种构型维度。

2.5 实现检修流程的规范化管理，提升检修效率，降低运维成本

通过检修模块，优化检修流程，建立规范的检修作业标准和流程，提高检修效率和质量，提升检修作业的自动化水平，降低人力投入和运维成本[5]。建立检修数据追溯和记录体系，对检修过程进行监控和分析，持续改进检修管理。

3 太原地铁2号线车辆智能运维系统建设情况

太原地铁城轨云平台遵循中国城市轨道交

通协会"13531"的标准进行总体系统架构设计，按照线网级规模云平台系统进行建设：搭建1个云平台依托安全生产、内部管理、外部服务3张网络，实现乘客服务、运输指挥、安全保障、企业管理、建设管理5大领域的应用，构建生产指挥、乘客服务、企业管理3个中心，打造1个智慧地铁门户网站。

车辆智能运维平台基于云平台架构，通过城轨云平台对车辆数据的采集、清洗、分析、大数据挖掘、故障模型搭建等工作，实现了车辆状态实时监控、能耗计算、设备寿命预测、健康评估、故障预警、报警、诊断、应急响应、运维决策支持、数据统计分析、专家知识库等功能，并预留EAM系统接口，实现维修工单自动生成、派发。

3.1 基于云平台的车辆智能运维系统建设方案

基于城轨云平台的车辆智能运维系统，包括车载运行监测、轨旁监测、故障预测及健康管理、检修管理4大板块。通过在电客车上安装复合传感器、高清红外相机、毫米波雷达等监测设备，利用LTE+WLAN车地网络对车辆运行数据进行采集、清洗、分析及大数据挖掘，可实现车辆状态的实时监控、设备寿命预测、健康评估、故障诊断和预警，以及运行数据统计分析。

3.1.1 车载运行监测

对列车各系统实时状态监测所收集列车运行数据和故障信息实时通过车地无线传输至云端，并基于数据仓库实现车辆数据整合，采用不同的视图实时显示线路各车辆的运行状态、投运情况、故障预警情况，使运维人员直观、全面地了解到各车辆的运行情况，实现线路、车辆、关键部件三级监控。

3.1.2 轨旁监测

轨旁监测系统实现列车在线的动态监测功能，主要包括轮对—受电弓动态监测、360°图像智能监测及轴温检测系统等。通过各类轨旁、库内检测系统的功能互补及数据融合，实现地铁车辆车底、车顶、车侧检修项点的动态、静态及多角度检测，满足检修项点多范围覆盖需求，实现全车可视部件异常的自动分析和预警，有效地解决了人工检修效率低、劳动强度大等问题。

3.1.3 故障预警及健康管理

针对关键部件运行时间、运行参数、故障趋势及维修等实际情况，构建关键部件的健康评估与管理功能，挖掘故障发生变化趋势，辅助运用与维护，提前预警，降低故障造成的损失。如通过在列车走行部（轴箱、齿轮箱、电机等）加装温度—振动复合传感器，采集运行过程中的相关变量，对轮对擦伤、失圆，轴承剥离、电蚀，齿面磨损等机械部件进行实时监测预警及健康管理。

3.2 基于云平台的车辆智能运维系统技术方案

3.2.1 系统架构

太原地铁2号线车辆智能运维系统采用B/S架构，城轨云平台负责服务器、终端设备及之间连接。车载专家主机WTD从MVB总线和Ethernet上采集各子系统的实时数据，通过车地LTE+WLAN双通道传输到地面城轨云平台服务器。

专家诊断及运维系统利用云平台车辆段的网络资源，通过车地无线WLAN通道实现车辆的弓网、车门、走行和牵引等相关数据的接收，通过云平台的数据预处理、数据清洗、协议解析、主数据管理、数据库管理、分发、推送、故障模型搭建，以及机器学习算法等流程，实现了车辆状态实时监控、能耗计算、设备寿命预测、健康评估、故障预警、报警、诊断、应急响应、运维决策支持、数据统计分析、专家知识库等功能，并预留EAM系统接口，实现维修工单自动生成、派发。

3.2.2 软件架构及功能组件

车辆智能运维系统软件架构分为如下七

层：数据源层、数据治理层、数据存储层、数据服务层、数据分析层、数据应用层和数据可视化层，云平台在 PAAS 层提供了各种大数据组件服务，结合太原地铁 2 号线实际情况，云平台提供了 Hbase、spark、yarn、flink、Kafka 等组件服务。系统的数据流如图 1 所示。

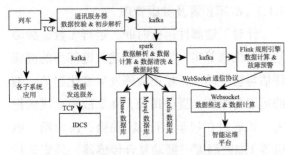

图 1 基于云平台的车辆智能运维系统数据流

基于城轨云大数据平台的车辆智能运维系统，对车辆数据进行数据预处理、数据清洗、协议解析、主数据管理、数据库管理、分发推送，以及故障模型搭建，实时采集数据（TCMS 系统数据）经过接入、解析后存储在时序数据库；车辆、各子系统主数据、分析模型计算的结果、对响应要求高的统计结果数据存储在关系型数据库。

云端搭建车辆智能运维综合平台，包括状态监控、数据聚合、故障预警、健康管理、故障模型搭建。

（1）状态监控：采用不同的视图实时显示线路各车辆的运行状态、投运情况、故障情况、预警情况。方便运维人员直观、全面地了解到各车辆的运行情况，实现线路、车辆、关键部件三级监控。

（2）数据聚合：对列车各系统实时状态监测所收集的列车运行数据和故障信息实时通过车地无线传输至地面，基于数据仓库实现车辆数据整合，具备数据加载、数据整合、数据分析、查询访问等功能。

（3）故障预警：支持实时故障与历史故障查询及统计分析，用于查看列车当前状态、迅速定位故障原因，挖掘故障发生变化趋势，辅助运用与维护，提前预警，降低故障造成的损失。

（4）健康管理：针对关键部件运行时间、运行参数、故障趋势及维修等实际情况，建设健康评估功能模块，构建关键部件的健康评估与管理功能。

（5）故障模型搭建：基于回归预测算法、振动信号处理算法、深度学习算法（对抗神经网络、卷积神经网络、注意力网络、长短期记忆深度神经网络、深度自编码器、深度信念网络等）、剩余寿命算法等搭建各关键系统（牵引、制动、车门、空调、走行部、弓网）的故障、预警、寿命预测模型（表 1）。

表 1 各子系统故障模型搭建

系统	故障预测模型	模型功能
牵引系统	功率模块过温预警	监测功率模块的温度值，对功率模块运行情况进行监控
	风机 / 通风滤网异常或堵塞	通过检测设备内温度，预判风机 / 通风滤网是否存在异常或堵塞
制动系统	管路泄露诊断	对列车管路进行泄露分析，并提示风险
	摩擦性能诊断	对摩擦材料在不同载重、速度、正压力，以及里程和累计功耗情况下的摩擦系数进行分析并提示失效风险
空调系统	吸气压力值异常诊断	提示制冷剂可能泄露或不足、蒸发器脏堵或蒸发风机运转异常
	吸气温度异常诊断	提示蒸发器可能脏堵
走行部监测系统	轴箱异常预警	轴箱轴承状态监测，对轴箱轴承的内圈故障、外圈故障、滚动体故障、保持架故障等进行预警
	齿轮异常预警	齿轮箱轴承状态监测，对轴箱轴承的内圈故障、外圈故障、滚动体故障、保持架故障等进行预警
车门系统	开门障碍检测	对中尺寸异常
	锁到位开关无法触发	下挡销横向干涉
弓网监测系统	燃弧异常	监测燃弧时间及燃弧率，进行异常报警
	导高异常报警	监测弓网几何参数，接触网导高值异常时报警

通过城轨云平台上述分析，实现了车辆状态实时监控、能耗计算、设备寿命预测、健康评估、故障预警、报警、诊断，应急响应、运维决策支持，数据统计分析、专家知识库等功能，并预留工单自动生成、派发功能接口。

4 太原地铁2号线车辆智能运维系统建设成效及经验总结

基于城轨云平台的车辆智能运维系统比传统的车辆智能运维系统具有更高的安全性，更强的数据处理能力，分布式的部署架构以及硬件资源的虚拟化等技术优势；同时也在数据共享方面比传统智能运维平台更加灵活、便捷，通过云平台的数据共享业务，将车辆的实时、故障、预警等数据共享给IDCS等其他专业，有利于各专业各业务之间的协同工作与协调，以及各专业的业务扩展；由智能运维系统提供正线故障处置意见，提升故障处置能力及准确性，缩短处置时间，使车辆安全运营效率更加高效、决策更加科学。云平台有助于提高车辆健康管理、故障诊断预测及辅助维修决策的能力，最终助力地铁车辆实现检修运维的全生命周期管理以及检修流程的优化，降低运维成本。

经过初试数据积累，车辆故障处置效率提升15%，车辆运维效率提升11%，全生命周期运维成本降低5%。截至2023年10月，太原地铁2号线车辆乘客信息系统可靠度达到99.99%，车辆系统故障率为0，列车服务可靠度达到正无穷大。车辆智能运维系统的应用，

创新检修运维服务新模式，实现了对车辆状态信息的全方位采集和自动化检测，提升了车辆设备的可靠性和安全性，对保障列车安全运行、提升运维服务效率起到了重要作用。

太原地铁2号线车辆智能运维平台，通过智能传感、车联网、大数据、人工智能和云计算等新型信息技术与城市轨道运维服务深度融合，实现"多专业融合＋一体化平台智能运维"的城轨运维模式，打造全新的运、检、修一体化的城市轨道车辆运维服务体系，实现运维模式创新。在新一轮科技革命和产业变革的浪潮推动下，我国城轨交通行业智能化、信息化建设步入快速发展阶段，改变了传统的建设模式、服务手段和经营方式。以新兴信息技术与城轨交通深度融合为主线，推进城轨信息化，发展智能系统，建设智慧城轨，实现城轨交通由高速度发展向高质量发展的跨越，助推交通强国的崛起。

参考文献

[1] 中国城市轨道交通协会.中国城市轨道交通智慧城轨发展纲要 [R].2020.

[2] 蔡宇晶，高凡，孟宇坤，等.城市轨道交通设备智能运维系统设计及关键技术研究 [J].铁路计算机应用，2023，32（7）：79-83.

[3] 张磊，樊茜琪，韩斌，等.城市轨道交通基于智能运维的维护管理新模式研究 [J].铁路技术创新，2023（3）：157-162，169.

[4] 车畅，师颖.基于云平台的城市轨道交通智能运维系统设计 [J].信息与电脑（理论版），2023，35（10）：94-96.

[5] 方俊，乔素华，谯都督.城市轨道交通智能运维现状分析及发展建议 [J].铁路技术创新，2022（3）：54-59.

科技成果转化平台方案设计研究及实践

麻全周[1*]　杨　梅[1]　高　萍[1]　李　洋[1, 2]

（1.天津智能轨道交通研究院有限公司，天津 301700；

2.中国铁道科学研究院集团有限公司城市轨道交通中心，北京 100081）

摘　要： 建设科技成果转化平台是贯彻落实科技创新思想、实施创新驱动发展战略的重要措施，是促进科技成果转化的有效手段。本文通过深入分析科技成果转化各相关方的实际需求，运用知识图谱、智能分析、云上展示技术，研究设计了集科技服务、科技资源、支撑服务、智能展示四大中心为一体的科技成果转化平台总体架构和功能架构，平台实现了科技成果转化三大核心主体资源和科技资源的信息发布、检索智能配置、精准推送、成果转化全流程服务管理，解决了服务模式相对单一、信息资源有限、服务流程简单、功能偏向管理而服务属性不够突出等问题，旨在提升科技成果供给转化服务能力，为产业经济高质量发展提供高水平科技成果转移转化支撑。

关键词： 科技成果；成果转化；平台；产学研

引言

为深入实施国家创新驱动发展战略，提升创新能力，我国科技创新成果转化领域已修订《中华人民共和国促进科技成果转化法》，发布《国务院关于印发实施〈中华人民共和国促进科技成果转化法〉若干规定的通知》《国务院办公厅关于印发促进科技成果转移转化行动方案的通知》，形成了法律、政策、行动"三部曲"系统推进的新格局[1]。

党的二十大报告中提到，要"加强企业主导的产学研深度融合，强化目标导向，提高科技成果转化和产业化水平"[2]。随着社会的不断发展和进步，各个领域的科技研究成果也呈现出爆发式增长趋势，但是由于受到各种内外部因素的影响，我国科技成果的转化效率始终未能达到预期目标。

科技成果转化是成果、资金、人才、信息、管理、基础设施、市场等多要素共同作用的过程，是一个跨学科、跨领域的系统工程，涉及政府机构、科研机构（高校），以及私营企业等多元主体的协同合作[3]。制约科技成果转化的因素很多，主要包括不健全的转化体制、信息不对称、不成熟的科技成果、缺乏转化关键环节资金、不完善的支撑体系等多方面，因此建立高层次的科技成果转化平台是解决制约科技成果转化问题的有效手段，可有效整合科技资源，并促进科研院所、企业、政府、中介机构、金融机构等多方的有效对接，实现科技成果的交流、展示和交易，促进科技成果的落地转化[4-5]。

当前科技成果转化服务平台建设存在服务模式相对单一、信息资源有限、服务流程简单、功能偏向管理而服务属性不够突出等问题[6-7]。本文通过分析科技成果转化多方参与

基金项目：城市轨道交通产业大数据分析技术研究课题（基金编号：2022YJ345）。

* 麻全周（1991—），男，汉族，河南周口人，硕士，目前从事轨道交通智慧化、绿色化技术研究。E-mail：1131647452@qq.com

者的需求，开展科技成果转化平台方案设计，提出了涵盖科技资讯精准推送，科技成果展示、交流和交易，科技金融服务、创业孵化与共享共用、科技支撑服务等内容的线上线下相结合的科技成果转化平台设计方案，以线上平台为载体，支撑科技成果转化工作。

1 需求分析

科技成果转化涉及多方参与者，包括科技成果的供给方和需求方，以及政府、科技中介机构、投资金融机构等[8-9]。科技成果供给方在科技成果转化过程中扮演着至关重要的角色，他们通常是高校、科研院所、实验工作室等研究机构，负责进行基础研究和应用研究，产出新知识、新技术和新的科技成果。科技成果需求方通常是企业或其他有实际应用需求的组织。政府主要是通过政策引导，经费资助、扶持等方式，推动科技成果供应方和科技成果需求方形成互动氛围及基础。而科技中介机构则是通过搭建科技成果的供需平台，促成科技成果"转"的效率，最终达成科技成果所有权和使用权的转移。

各方在科技成果转化的过程中的需求分析如图1所示。

图1 科技成果转化需求分析

2 科技成果转化平台架构设计

科技成果转化平台总体架构如图2所示。

2.1 展示层

展示层负责将平台的数据、功能和界面以

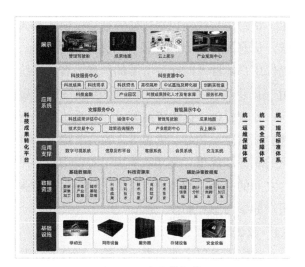

图2 平台总体架构

可视化的方式展示给用户，主要包括管理驾驶舱、成果地图、云上展示、产业观测中心。展示层以提升科技成果转化平台使用效率为目的，充分利用大数据分析技术、可视化展示技术、实时通信、视频直播等技术，为企业、高校院所等创新主体提供直观、易用的界面，帮助用户快速了解平台的状态、数据和功能，并支持用户进行操作、分析和决策。

2.2 应用系统

应用系统主要为科技成果转化提供应用服务，包括科技服务中心、科技资源中心、支撑服务中心、智能展示中心四大中心。应用层以提升科技成果转化效率为目的，充分利用创新主体数据、城市基础数据、产业基础数据及产业链数据等，通过信息处理技术、数据处理技术等关键技术，实现供需信息及科技资源信息的智能配置和精准推送，将科技成果转化过程管理流程化，促进创新资源的有效配置和合作，推动产业创新和经济发展。

2.3 应用支撑

应用支撑起到连接、支持应用系统和基础设施层的作用，提供了基础功能和服务，包括数字可视系统、信息发布平台、客服系统、会员系统、交互系统。数字可视化系统可以将大量的数据转化为直观、易于理解的图形和图像，帮助用户快速识别数据的趋势、模式和关联。信息发布平台用于发布和展示各类信息，确保用户能够及时获取所需的信息。客服系统用于提供客户支持和服务，包括解答用户疑问、处理投诉、提供咨询等。会员系统用于管理会员信息、积分、优惠等，为会员提供个性化的服务和优惠。交互系统用于实现用户与平台之间的交互，如评论、点赞、分享等，增强用户的参与感和黏性。

2.4 数据资源层

数据资源层主要归集、存储、管理时序数据、图像数据、结构化数据等，涵盖创新主体产业数据、城市基础数据、科技成果数据、技术专家数据、高校院所数据、技术需求数据、法规案例数据等。通过将相关数据进行汇集、存储、治理和有效组织，为成果转化平台分析应用提供数据源。

2.5 基础设施层

由支持平台运行的硬件和网络组成，包括移动云、网络设备、服务器、存储设备、安全设备。

3 科技成果转化平台功能设计

科技成果转化平台涵盖科技服务中心、科技资源中心、支撑服务中心、智能展示中心四大中心，功能架构如图3所示。科技服务中心主要围绕科技成果转化三大核心主体资源，实现科技成果、科技需求、科技金融资源的发布和检索，供需智能配置和精准推送；科技资源中心主要实现科技资讯、高校院所、中试基地及孵化器、创新实验室、产业园区、科技成果转化人才及专家库、服务机构等科技资源的汇集，实现资源快速检索和精准定位，以及精准推送；支撑服务中心主要支撑科技服务板块，包含科技成果评估、技术交易、诚信、政策咨询等服务；智能展示中心主要包括管理驾驶舱、成果地图、产业观测中心、云上展示等模

块，可实现科技成果转化平台运营状况、成果分布、产业发展态势等内容的可视化展示。

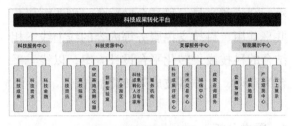

图3 平台功能架构

3.1 科技服务中心

搭建科技成果库、需求库、科技金融资源库，实现科技成果和需求的上传和查看，实现金融资源的快速检索。建立成果与领域专家、优势科研单位的索引，以及需求与相关企业和产业的索引，通过智能算法，实现高校院所、科技成果、技术专家与企业的供需配置、精准推送，促进资源高效应用。

（1）科技成果

科技成果包括成果库和成果发布两个子模块。成果库中包含了供方项目和专利成果，可查看科研院所上传的最新成果和专利，注册登录的用户还可通过成果发布模块发布自己的成果或专利信息。

（2）科技需求

科技需求包括需求库和需求发布两个子模块。用户可查看各企业单位上传的需求，注册登录的用户还可通过需求发布模块发布自己的需求信息。

（3）科技金融

科技金融包括科技金融资源库和需求查找两个子模块。可快速获取科技贷款、投融资机构、担保、保险、证券基金、中介服务机构、企业融资需求等内容，为科技成果转化提供金融支持和帮助。

3.2 科技资源中心

搭建科技资讯库、高校资源库、中试基地和孵化器资源库、创新实验室共享资源库、

产业园区资源库、科技成果转化人才及专家库、服务机构资源库等，实现科技资源的汇集，支撑科技成果转化工作。通过搭建多元资源库，可实现资源快速检索和精准定位，以及精准推送。

（1）科技资讯

科技资讯模块主要展示科技成果转化的相关政策法规和动态资讯，主要包括科技成果、科技金融、研发服务、知识产权、技术交易、创业孵化等相关政策法规和动态资讯。

（2）高校院所

链接国内知名高校、研究院等科研创新平台，构建高校院所资源库，打造高校院所专区，提供基本信息、科技成果、技术专家、科研动态、科技创新能力可视化分析图谱等信息的宣传展示，提升高校院所曝光度，促进高校科技成果转化工作。

（3）中试基地及孵化器

中试基地及孵化器模块包括整合中试和孵化资源，形成中试和孵化资源库，搭建创业孵化与共享共用平台，实现资源共享、线上预约、线下使用、订单确认等全流程线上服务，以及线上资源的快速检索和精准定位。

（4）创新实验室共享

创新实验室共享模块包括整合国内及区内实验室资源、大型仪器设备资源，形成创新实验室共享资源库，实现资源共享、线上预约、线下使用、订单确认等全流程线上服务，以及线上资源的快速检索和精准定位。

（5）产业园区

产业园区模块包括整合国内产业园区资源，构建产业园区资源库，实现产业园区的多维度统计和展示，为科技成果转化落地提供资源选择。

（6）科技成果转化人才及专家库

构建科技成果转化人才库，建立科技人才与科技成果的索引，实现科技人才资源的快速检索和精准定位。构建科技成果转化专家库，实现科技专家资源的快速检索和精准定位，支撑科技成果评估工作。

（7）服务机构

梳理整合有资质的科技中介，根据服务内容进行分类、筛选，建设科技成果转化支撑服务库，实现科技服务机构资源的快速检索和精准定位。

3.3 支撑服务中心

（1）科技成果评估中心

科技成果评估中心可实现科技成果的在线申报，评审专家自动抽取、在线评价，以及自动生成评价报告等功能。

（2）技术交易中心

为技术供需双方提供技术评估、实名认证、在线签约、担保支付、安全交付、数据存取证、交易管理等技术交易关键环节支撑，构建公平、公正、安全、规范的在线技术交易环境，帮助技术交易双方加快交易进程，打通保障科技成果转化的"最后一公里"。

（3）诚信中心

基于科技成果和需求方在平台实名注册档案，实现技术成果转移、转化过程被跟踪记录，失信及违规相关操作将被记入诚信中心；其个人诚信情况可为后续相关项目合作提供参考。

3.4 智能展示中心

（1）管理驾驶舱

以可视化方式展示平台资源情况、项目进展情况、运营指标完成进度、日常服务情况等信息，形成平台运营报告，为主管部门／领导加强平台管理和服务趋势研判，不断完善平台服务指导和相关科技政策提供数据服务。

（2）成果地图

成果地图模块是一个大数据展示中心，可实现平台各模块的整体宏观态势，并通过地图、图表方式更有效直观地展示本地区科技成果和需求信息的空间分布与统计概况。

（3）产业观测中心

基于大数据分析技术，实现地方创新主体数据、城市基础数据、产业基础数据三大基础数据与产业链数据的多维度统计分析、关联分析和可视化展示；绘制产业链图谱，建立产业与高校院所、专家人才、技术专利等创新资源间的关联关系，实现重点产业链和产业创新生态的多维度统计分析、关联分析和可视化展示。

（4）云上展示

应用实时通信、视频直播等新技术，提供云展会、云路演、云直播等创新对接形式，满足企业、高校院所等产业创新主体在不同场景下的创新对接需求，打造效率高、成本低、效果佳、氛围活跃的创新活动中心。

4 关键技术

4.1 基于知识图谱的智能检索技术

知识图谱是一种基于语义网和领域本体的技术，用于描述和存储现实世界中各种对象之间错综复杂的关系，构建结构化语义网络知识库。这种技术采用统一的规范，可以将各种实体和概念以类似于人脑神经网络结构的方式呈现，它使用节点来表示实体或概念，使用边来表示实体之间的关系或属性，通过可视化图形结构的方式表达现实世界中各种实体和概念

之间的关系，从而达到机器更好地模拟人类思维，辅助我们高效理解与利用知识的目的[10]。

图4是关于"专利实体"的科技成果领域知识图谱样例图。通过图中节点和边的图形连接，能够很容易判断"一种钢轨接头夹板"是广州地铁设计研究院有限公司研发的，其技术领域属于铁路轨道，专业术语包含接头夹板和钢轨。另外能捕捉到广州地铁设计研究院有限公司还有专利"一种钢轨接头、间隔铁、限位器纵向阻力综合测量装置"，两个专利都属于铁路轨道技术领域。知识图谱可避免在传统数据库中自行寻找知识之间的关联，或是通过编写复杂的 SQL 语句连接多表进行查询，使得专利实体之间的协同关系更容易被捕捉。

信息检索是一种从数据资源中获取与用户信息需求相匹配的信息的过程。传统的信息检索方法通常基于关键词或表面相似度计算来实现，但这些方法在处理语义模糊或歧义性高的查询时效果有限。通过自然语言与知识图谱技术构建科技成果领域知识库，开展实体关系挖掘与最短路径发现，实现企业、政策、资金、人才、设备仪器等本体之间的关联检索、导航推荐。

4.2 基于数据治理的智能分析技术

数据治理是企业利用数字技术对组织内外部数据实施全生命周期的标准化管理，通过一

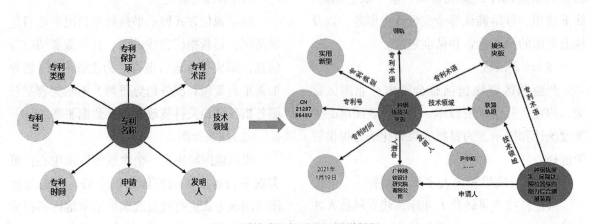

图4 科技成果领域知识图谱样例

定的程序、规则保障，实现数据要素资产化、数据资产价值最大化，降低管控与数据相关的成本和风险，并提高数据合法性[11]。

数据治理路径包括"汇—管—融—用"。"汇"指数据汇集，科技成果数据获取是开展数据治理的第一步，持续汇集科技成果、科技需求、科技金融、科技资讯、科研机构等科技成果数据，包括空间数据与非空间数据、结构与非结构数据等，形成核心数据库。"管"指数据管控，通过建立数据标准管理、元数据管理、数据质量管理、数据安全管理等规则，实现数据的清洗、分类、转换、规整、质检、入库、管理等，实现对数据多元融合的有效组织和管控。"融"指数据融合，在空间、时序对各类数据进行分类转换、数据规整、血缘分析、多源校核、融合集成，加入数据标签，建立数据模型，实现数据融合。

"用"指数据应用，基于"汇—管—融"形成的标准化科技成果数据，通过聚类分析、判别分析、点密度分析、时间序列分析，生成诸如科研单位类型、科技成果类型分布、科技成果地域分布、科技成果行业分布、年均科技成果产出数量等统计图，帮助科技成果转化多方参与者更好地了解和把握科技创新和产业发展现状、趋势。

4.3 云上展示技术

云上展示，也被称为云上展厅或云上展会，是一种基于互联网和云计算技术的虚拟展览平台。它利用虚拟化技术将传统的展览空间数字化，使参观者可以在网络上进行虚拟展览，实现线上展览的效果和体验。云上展示通过数字化展示、互动交流和多媒体技术，为企业、机构或个人提供了一个全新的展示和推广平台。

与传统的线下展览相比，云上展示具有展览面积更广阔、便于宣传及分享、先进的视觉感知体验等优势。运用先进的实时通信技术

和视频直播手段，实现云展会、云路演、云直播等新型对接形式，通过科技成果转化云上展示平台，科研机构、企业、高校院所等可以更加便捷地展示和推广自己的科技成果，寻找合作伙伴和投资人，推动科技成果的商业化和产业化进程。同时，该平台也为政府、行业协会等组织提供了展示和推广本地科技成果的重要窗口，有助于提升本地科技产业的竞争力和影响力。

5 平台预期应用成效

5.1 提升科技成果信息共享程度

通过构建科技成果转化平台打通科技成果提供方、需求方、服务方等相关力信息系统间的数据交互渠道，构建起交流沟通的桥梁，使科研人员及时地了解市场的动态变化，避免由于科研信息与市场信息不对称而产生问题，疏通科技创新研究和科技产业化链接道路，促成科技成果供给、产业技术升级和终端市场需求精准对接，推动科技成果转化赋能经济社会高质量发展。

5.2 促进科技成果有效转化和产业发展

科技成果转化平台提供了一个对接科技成果与市场需求的平台，通过平台上的资源对接、信息发布和交流合作等方式，推动科技成果从实验室走向市场，实现科技成果的产业化和商业化。平台通过提供融资对接、投资对接等金融服务，为科技成果转化提供必要的资金支持，共同推动科技成果转化。平台上的科技成果代表了最新的科技进展和创新，这些成果的转化和应用，有助于推动相关产业的技术进步和创新，提升整个产业的竞争力。

5.3 推动产学研深度合作

科技成果转化平台打破了传统的学术界和工业界之间的壁垒，促进了科研机构和企业之间的合作与交流。科研机构可以通过平台找到合适的企业合作伙伴，将科研成果转化为

实际应用；而企业也可以通过平台与科研机构合作，获取到最新的科技成果和技术支持。通过产学研合作，平台推动了科技创新与产业升级的紧密结合，为经济社会发展注入了新的活力。

参考文献

[1] 陈洪亮，谭政民，韩越，等 . 铁路科技成果转化知识产权管理优化研究 [J]. 中国铁路，2024（2）：133-137.

[2] 邵珉，陈博 . 高校科技成果转化服务平台优化研究 [J]. 产业科技创新，2023，5（5）：51-53.

[3] 尹西明，武沛琦，钱雅婷，等 . 面向新质生产力培育的科技成果转化：场景范式与实践进路 [J]. 科学与管理，2024（3）：1-6.

[4] 邵珉，梅姝娥 . 产学研合作科技服务平台的功能需求分析 [J]. 价值工程，2013，32（29）：4-8.

[5] 许伟 . 互联网背景下企业科技成果转化工作探究 [J]. 中国管理信息化，2022，25（20）：116-118.

[6] 孙凤山，姜伟强，徐知萌 . 高职院校科技成果转化的现实困境与突破策略 [J]. 教育与职业，2024（3）：61-66.

[7] 赵硕，李长娟，侯潇逸 . 浅析科技成果转化中试平台建设的问题及对策 [J]. 企业改革与管理，2023（20）：45-47.

[8] 晋朝 . 科技成果转移转化服务功能型平台分析 [J]. 中国高新科技，2023（3）：155-157.

[9] 王彰奇，李世想，王文新等 . 基于高质量发展的科技成果转化平台建设构想 [J]. 科技传播，2023，15（24）：1-7.

[10] 郭霄 . 知识图谱构建与检索系统的设计与实现 [D]. 北京：北京邮电大学，2023.

[11] 孙新波，王昊翀 . 数据治理：概念、研究框架及未来展望 [J]. 财会通讯，2023（14）：21-28.

城轨行业数字孪生研究现状分析和综述

李　达 [1*]　麻全周 [2]　李　洋 [2,3]　胡梦超 [2]

（1.天津一号线轨道交通运营有限公司，天津 410083 ；

2.天津智能轨道交通研究院有限公司，天津 301700 ；

3.中国铁道科学研究院集团有限公司城市轨道交通中心，北京 100081）

摘　要：本文系统梳理了数字孪生技术体系和技术应用亮点，并对上海、广州、深圳等数字孪生应用重要地区进行了现状调研分析，总结了城轨行业数字孪生技术应用的现状和不足，并对数字孪生技术在城轨行业发展给出了发展建议，以期为业内同行开展相关研究提供借鉴和思考。

关键词：城市轨道交通；数字孪生；智能化建设；数字化模型

引言

随着城市化进程的不断推进和交通需求的不断增长，城市轨道交通系统扮演着越来越重要的角色。作为城市交通网络的重要组成部分，城市轨道交通系统承担着大量乘客运输任务，对城市发展、人民生活和经济活动起着至关重要的支撑作用。然而，随着城市轨道交通规模的扩大和运营的复杂化，传统的管理模式和技术手段已经难以满足日益增长的需求。

近年来，数字孪生技术的兴起为城市轨道交通行业带来了新发展机遇。数字孪生技术是一种通过数字化模拟现实系统的运行状态、行为和性能，实现对实际系统的仿真、分析和优化的技术手段 [1]。它基于物理模型、数据模型和智能算法，可以实现对城市轨道交通系统的全面监测、预测和控制 [2]，为运营管理提供了全新的思路和工具。然而，尽管数字孪生技术在理论上具有巨大的潜力，但在实际应用中仍然面临诸多挑战和限制。首先，现有的数字孪生技术往往局限于单一场景的建模与仿真，难以全面覆盖城市轨道交通系统的复杂运营环境。其次，数字孪生技术与城市轨道交通业务场景融合的深度不够，缺乏对实际运营需求的深刻理解和有效支持 [3]。此外，尽管数字孪生技术可以为管理业务赋能，但其具体作用尚未得到充分彰显，管理者在实际运营中往往难以直观感受到其带来的价值和影响。

因此，本文旨在围绕数字孪生技术在城市轨道交通（以下简称"城轨"）行业的应用现状展开深入探讨，重点关注数字孪生技术与城轨运营场景的深度融合，探讨数字孪生技术对运营管理业务的赋能作用，以期为智慧城轨建设和运营管理赋能提供参考。

1　数字孪生技术内涵

1.1　定义

数字孪生是由麻省理工学院的 Michael Grieves 于 2003 年提出的概念。然而受限于当时相关技术，如建模仿真、计算机及软硬件、传感器等领域的先进程度，大规模多源异构实时数据的采集及处理尚无法实现，因此数字孪生概念在当时并未受到广泛关注。直至 2010

基金项目：城市轨道交通基础设施数字化模型快速建立方法及关键技术研究课题（基金编号：2023YJ087）。

* 李达（1987—），男，汉族，辽宁海城人，本科，目前从事轨道交通智慧化、绿色化技术研究。E-mail：641568242@qq.com

年，美国国家航天局运用数字孪生技术对飞行器进行全面仿真，以保障其安全性，并取得了较为乐观的成果。自此，数字孪生技术日益受到广泛关注，近年来取得了显著的发展。

数字孪生技术主要是依赖数字模拟的方式，在虚拟环境中复制和模拟现实世界中的实体对象或系统，以便准确地分析和预测其行为和性能[4]。这种技术可以广泛应用于各个领域，如工业制造、城市规划、医疗保健及能源管理等。数字孪生通过将物理系统的运行情况、行为和性能以数字化形式呈现，并与实时数据交互，以模拟物理系统的状态和行为。通过数字孪生，用户可以实时监控物理系统的运行状态，并基于模拟和分析进行预测和优化。这种虚拟副本不仅能够准确反映物理系统的实际情况，还能够提供对系统的深入理解，帮助用户做出更加准确和可靠的决策，在提升系统运行效率、降低运营成本、提高安全性和可靠性等方面发挥重要作用。

1.2 技术体系

在 2021 年由中国信通院和工业互联网产业联盟联合编写了《工业数字孪生白皮书（2021）》[5]，对数字孪生技术体系进行了深入总结。该白皮书重点提出了多类数字化技术集成融合的观点，从四个层面对数字孪生进行了详细阐述：数字孪生支撑技术、数字线程、孪生体构建、人机交互（图 1）。涉及的技术包括高精度测量技术、新型传感技术、物联网技术等在采集感知技术方面的应用；虚拟调试技术、高精度控制技术等在控制执行技术方面的应用；新一代通信技术中的 5G 通信网络；云计算、边缘计算、分布式计算等新一代计算机技术。这些技术的集成融合为数字孪生的发展提供了坚实的技术支持和前沿的技术基础。

1.3 技术应用亮点

数字孪生技术具有全面的系统仿真和预测能力、数据监测与智能分析、远程监控和智能化控制，以及促进创新和持续改进等诸多优势，为各种行业和领域的运营管理提供了全新的思路和工具。

（1）系统仿真预测。数字孪生技术以数字化模型为基础，对真实系统进行全面的仿真和预测。通过精确建模系统的结构、功能和行为，数字孪生技术能够模拟系统在不同条件下的运行状态，预测系统的性能指标和可能的故障情况。这为运营管理提供了关键的参考，可帮助决策者制定有效的运营策略和应对可能风险的计划。

（2）数据监测与智能分析。数字孪生技术利用实时数据监测和智能分析，迅速捕获系统各项参数和运行状态。结合智能算法和数据分析工具，它能够及时识别系统异常并发现潜在问题。此外，数字孪生技术具备高效的决策支持和优化能力，为决策者提供全面的数据分析和评估。借助数字化模型和实时数据，它能够预测决策方案的效果并评估风险，助力用户制定明智的决策和调整策略。

（3）远程监控和智能化控制。数字孪生技术不仅仅停留在虚拟仿真优化，更能与实际系统实现紧密互动。通过实时数据反馈和控制，它能够将虚拟仿真结果应用于实际系统的运行和管理中，实现对系统的远程监控和智能化控制。这种集成性使得系统能够在实时运行中获得持续优化，从而提高了系统的运行效率和可靠性。

图 1　数字孪生技术体系

2 城轨数字孪生技术应用现状

2.1 上海地铁

上海轨道交通提出了"一朵云、一站网、一个数据平台、五大应用系统群"的构想[6]（图 2），旨在打造资产数字标准体系，以实现对轨道交通全路网资产、业务、流程的精准管控和协同治理。由于各专业固定资产管理设备数量庞大且布局分散，现场盘点人员的工作量大、效率低下，而盘点的准确性也往往依赖于条形码标签的完整性和规范性。为了提高固定资产盘点管理的效率和准确性，上海轨道交通基于 BIM 数据基础提出了固定资产盘点数字孪生应用。这一应用利用信息化手段实现了资产盘点管理的可视化，通过自动盘点过滤的方式显著减少了人工盘点的工作量，有效提升了盘点效率。在数字化转型趋势下，上海轨道交通将重点聚焦在固定资产管理业务上，不断探索数字孪生应用的总体思路和应用场景，以进一步推动行业的现代化发展。

图 2　上海地铁数字孪生应用

上海地铁试点线路已经积极开展了数字资产移交和资产标签升级等工作，并在试点车站引入了固定资产可视化盘点应用。通过与综合监控系统打通数据，实现了对重要专业设备资产（如自动售检票机、站台门、电梯等）实时状态的获取；同时，与车站运营管理系统打通数据，获取了点巡检、周检、月检、季检、

（半）年检，以及故障维修和配件更换等业务信息；还通过与视频监控系统打通，实现了实时监控信息的获取。这些数据的整合和分析使得在三维场景中进行可视化远程盘点成为可能。试点结果显示，单个标准车站重要专业设备资产的盘点时间从原来的 30 分钟缩短至 10 分钟，工作效率提升了，效果显著。此举不仅提高了工作效率，也为后续推广其他应用奠定了良好的基础。

2.2 深圳地铁

深圳地铁以应用管控需求为出发点，设计了适用于城市轨道交通的数字孪生架构，并进一步在过程挖掘与诊断、虚实融合的可视化集成监控、沉降监测、安全预警等方面探索了数字孪生技术在智慧管控中的应用（图 3）。特别是在深圳市城市轨道交通 14 号线的成功应用，建立了数据驱动的管控模式[7]，这一模式的实施提升了管控过程的透明度和管理水平，同时也优化了资源配置能力。

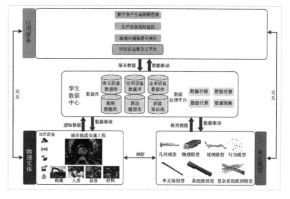

图 3　深圳地铁数字孪生应用

在沉降监测方面，深圳地铁采用了终端数据智能感知的方法，将多元时间序列动态回归模型集成到数据驱动的虚拟模型中。这一模型结合了时间序列数据的变化特征，通过对城市轨道交通项目整个线路地表沉降监测点的时间序列数据进行潜在跟踪，实现了对沉降监测点的沉降量及变化趋势的预测和预警。模型通过学习监测的历史数据，建立了沉降监测预警模

型。在监测过程中，它能够及时发现沉降量及其变化趋势的异常情况，并进行预警。通过对时间序列数据的分析和比对，它能够识别出与正常情况不符的变化，从而及时采取必要的措施，防止潜在的安全隐患或问题进一步恶化。

安全风险主要针对线路中的重大危险源进行有效的管控和监测。通过采用实时数据驱动的重大风险源监测系统，能够全面反映和形象地展示重大危险源及其分布情况，从而帮助运营管理人员及时采取必要的措施，确保轨道交通的安全运行。风险监测采用了二维详细数据表单和三维空间导航，使得用户可以即时浏览和分类查看线路的多维安全信息，包括风险列表和单一风险的详细信息。此外通过选择贝叶斯网络模型，可以建立线路各重大危险源节点之间的关联关系，并收集各类风险监测信息，进行实时推理和动态评估风险变化及影响。当线路各监测站点的风险量值超过控制值时，系统会进行分级预警，并及时制定整改措施，跟踪预警处理情况。这种实时监测和预警机制有效地提高了对重大危险源的管控能力，有助于降低事故风险，保障乘客和运营人员的安全。

2.3 广州地铁

广州地铁已经开始在轨道交通供电系统中开展设备状态评估和寿命管理工作。通过对供电设备状态的监测，包括变化趋势和易损件的重点预判，以及应用数据驱动模型等手段，形成对供电系统设备全面、科学的判断和状态化维修管理（图4）。这种全面状态感知的实现是建立在设备的数字化孪生体基础之上的。

供电系统运行健康管理通过对城市轨道交通供电系统进行整体的数字孪生，开发出了许多系统性的高级应用功能：高精度的实时潮流计算借助数字孪生系统的能力，将潮流计算的理论模型与实际采集到的数据进行虚实互动，修正出高精度的数字孪生模型。通过这个模型，可以对系统运行进行精确预测、诊断，并在各

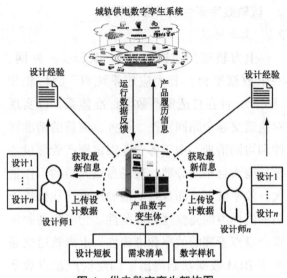

图4　供电数字孪生架构图

类运行模式下进行运行预判。

健康管理和风险预测功能拥有高精度的数字孪生系统，可以对系统运行进行全方位的健康管理。特别是能够对各类极端故障情况下的系统灾备能力进行精准预判。在实际运行中，为了保障城市交通和社会秩序，运营部门通常会利用系统的极端供电能力，来通过数字孪生模型对各类极端情况进行预测和灾备支撑，无须考虑既定工况。

2.4 苏州地铁

苏州地铁以融合GIS、大数据可视化技术，通过地图渲染引擎进行站点室内外三维地图渲染，展现轨道1、2、3、4号线线路和站点的空间位置、室内结构、室内设备、室外地理环境，结合警情、视频监控、运营信息等相关业务数据，建设面向实战指挥可视化管理的三维地图平台系统。

三维地图渲染和可视化管理利用地图渲染引擎，展现了轨道1、2、3、4号线线路和站点的空间位置、室内结构、室内设备、室外地理环境。实现了站点室内外三维地图渲染，使管理人员能够全方位了解站点情况，从而提高了实战指挥的效率和准确性。

综合数据分析和可视化展示结合警情、视

频监控、运营信息等相关业务数据，实现了对轨道交通各线路列车运行状况、警员实时定位数据、安检预警、客流预警、票卡预警、人员预警等数据的可视化分析。提供了全要素动态感知和多维度资源可视化展示，帮助管理部门全面掌握事件涉及的各类资源信息，增强了对突发事件的处置能力。

治安防控体系的立体化管理通过大数据、物联网、数字孪生车站等技术，统一管理各个站点和线路的安防资源，实现了数字化、可视化、立体化的治安管理体系。提供了智能化筛选查看警情周边应急队伍、车辆、物资、设备等警务资源的功能，进一步加强了对安防的监管和应对能力。

2.5 宁波地铁

宁波地铁构建"应急指挥一张图、地铁安全三类主题场景"的架构体系[8]（图5），赋能、统筹、指挥宁波市轨道交通建设、运营各阶段应急防控指挥重点工作。

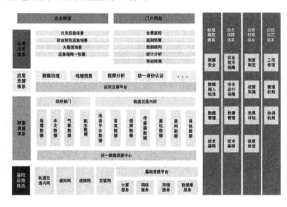

图5 宁波地铁数字孪生架构

应急指挥一张图建立了应急资源、指挥调度一张图，为指挥中心指挥人员提供调度和应急事件实时处置的参考信息监控功能。可以提供基于突发应急事件的处置资源推荐方案，如防御中心、避灾点、救援队伍、逃生路线等。帮助指挥人员根据事件的类型、规模选择更合理的部门和资源进行处理和调配，同时实现处置意见的及时传达。

三类应急主题场景中火灾场景利用数字孪生体建立火灾应急防护能力，包括日常信息的维护检索、事故信息的实时监测、资源整合辅助决策等；防台防汛场景通过接入公共数据，建立地铁车站各出入口的防洪涝预警水位，并实时监控水位，联动应急预案进行警情分发，提前采取防汛措施；大客流场景通过监控视频和设备汇总客流量，实时分析客流情况，并在出现预警的大客流区域展示明显标识，以便及时采取措施。

3 现状分析与发展趋势

3.1 现状分析

上海、深圳、广州、苏州和宁波等城市轨道交通系统在数字化转型和智能化管理方面均开展了大量的探索和实践。采用了各种先进的技术和方法，包括数字孪生技术、大数据可视化、智能监控系统等，以提高轨道交通系统的运营效率、安全性和应急响应能力。如通过数字孪生技术实现了固定资产盘点管理的可视化、实时状态监测和预警，通过综合数据分析和可视化展示提高了安全风险管理和治安防控效率，以及通过建立应急指挥一张图、构建地铁安全三类主题场景等措施，提升了应急响应和灾害防控能力。

城轨行业的数字化管理和应急防控系统已经取得了一定的成就。但在乘客服务体系、运行指挥体系、检修维护体系和智慧管理等方面仍有进一步的发展空间[9]。具体来说，可以考虑以下方面的改进和提升：

（1）乘客服务体系

乘客流量预测与管理。数字孪生可通过建立乘客流动的数字化模型，并结合实时数据采集和智能分析，实现对乘客流量的预测和管理。这种预测可以帮助轨道交通运营者在高峰时段做出相应的调整，优化列车运行图和乘车体验，提高服务质量和运营效率。

智能安检与安全管理。基于数字孪生技术，可以建立轨道交通站点的安全检测系统的数字化模型，实现对乘客安全行为的监测和识别。通过智能算法和数据分析，可以实时检测异常行为和潜在威胁，提高安全检测的准确性和效率，保障乘客的安全出行。

（2）运行指挥体系

列车调度与运行控制。数字孪生技术可以建立轨道交通系统的列车调度与运行控制的数字化模型，实现对列车运行状态和运输任务的全面监测和控制。通过实时数据采集和智能算法，可以优化列车的运行路径和速度，调整运行图和列车间隔，以应对不同的运输需求和交通状况，提高运输效率和服务水平。

信号系统优化与故障预测。数字孪生技术可建立轨道交通系统的信号系统的数字化模型，实现对信号系统的运行状态和故障风险的实时监测和分析。通过智能算法和数据挖掘技术，可以预测信号系统的故障风险和维护需求，提前采取维护措施，减少信号系统故障和运行延误，保障列车运行的安全和稳定。

（3）检修维护体系

设备健康监测与预测维护。数字孪生技术可通过建立轨道交通系统设备（如列车、轨道、信号系统等）的数字化模型，实现对设备运行状态和健康状况的实时监测和分析（图6）。通过实时数据采集和智能算法，可以识

别设备的异常磨损、故障预警和维护需求，预测设备的寿命和维护周期，提前进行维护和保养，降低设备故障率和维修成本，保障设备的安全和可靠运行。

维修方案优化与效率提升。数字孪生技术可以帮助轨道交通运营者优化维修方案和流程，提高维修效率和质量。通过建立数字化维修模型，结合实时数据采集和智能算法，可以分析设备的故障模式和维修需求，制订个性化的维修计划和作业流程，优化维修资源的分配和调度，减少维修时间和停机损失，提高维修效率和运营稳定性。

模拟试验与虚拟仿真。数字孪生技术可以在虚拟环境中进行设备的模拟试验和虚拟仿真（图7），以评估设备的性能和可靠性，验证维修方案的有效性和安全性。通过建立数字化模型和实时数据采集，可以模拟设备在不同工况和负载下的运行情况，分析设备的受力状态和疲劳损伤，评估设备的剩余寿命和维修风险，为维修决策提供科学依据和技术支持。

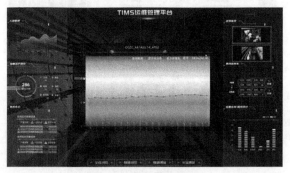

图7 设备虚拟仿真

（4）智慧管理体系

资源优化与调度管理。数字孪生技术可以帮助轨道交通运营者优化资源配置和调度管理，提高资源利用效率和服务水平。通过建立数字化模型和实时数据采集，可以分析系统的运行需求和资源供给，优化列车、人力和设备的调度计划和分配策略（图8），减少资源浪费和成本，提高系统运营的效率和可持续性。

图6 设备健康监测

图 8 设施模拟联动

风险评估与安全管理。数字孪生技术可以建立轨道交通系统的风险评估与安全管理的数字化模型，实现对系统安全风险和应急事件的全面评估和管理（图 9）。通过实时数据采集和智能算法，可以识别潜在的安全隐患和风险点，制定相应的安全预案和紧急措施，提高系统的抗风险能力和应急响应能力，保障乘客的安全和舒适出行。

图 9 安全应急管理

3.2 存在的问题

数字孪生技术在城市轨道交通行业的应用虽然带来了诸多优势和机遇，但也存在一些不足之处，主要有以下几个方面：

（1）场景单一性。目前数字孪生技术在城市轨道交通领域的应用往往局限于单一场景的建模与仿真，难以全面覆盖系统的复杂运营环境。未来的发展需要更多关注于多场景的整合，建立更加综合、真实的数字孪生模型[10]。

（2）数据质量。数字孪生技术对于大量实时数据的依赖，需要高质量的数据支持。然而，数据质量的不稳定性和数据隐私保护的需求是目前面临的挑战之一。未来需要研究更加有效的数据采集和处理方法，并加强数据采集质量技术的研究与应用。

（3）复杂性与模型精度。城市轨道交通系统的运行涉及多种因素和复杂关联，数字孪生模型的建立和优化面临着挑战。当前模型的精度和复杂性仍有待提升，需要进一步研究更加精细化和复杂化的模型构建方法，提高模型的准确性和逼真度。

（4）标准与规范体系不完善。数字孪生技术的应用需要建立完善的标准与规范体系，以保证模型的一致性、可靠性和可持续性。目前相关标准和规范体系尚不完善，缺乏统一的模型建设和应用标准。未来需要加强标准制定和规范推广，促进数字孪生技术的健康发展。

3.3 发展趋势

未来数字孪生技术在城市轨道交通行业的发展趋势可能包括：

（1）智能化与自动化。数字孪生技术将越来越多地与人工智能、机器学习等技术相结合，实现系统的智能化和自动化运行。未来数字孪生模型将更加智能化，能够自动识别问题和优化方案，为运营管理提供更加智能化的支持。

（2）跨行业融合与协同发展。数字孪生技术将与其他行业的技术手段相互融合，实现跨行业的协同发展。未来数字孪生技术可能与物联网、大数据、区块链等技术相结合，实现更加综合化、智能化的运营管理。

（3）定制化与个性化服务。数字孪生技术将更加关注用户需求的定制化和个性化服务。未来数字孪生模型可能根据不同用户的需求和偏好，提供定制化的服务方案和智能化的推荐策略，提高用户满意度和体验感。

（4）数字孪生技术在城市轨道交通行业的发展需要克服一些技术和管理上的挑战，同时抓住行业发展的机遇，不断创新和完善技术手段，推动数字孪生技术在城市轨道交通行业的广泛应用与发展。

4 结语

通过对城市轨道交通行业数字孪生技术的研究和探讨，深入剖析了数字孪生技术在提升城市轨道交通系统运营管理效率和水平方面的重要作用。数字孪生技术以其全面的系统仿真预测能力、智能化的数据监测分析、远程监控与智能化控制等优势，为城市轨道交通系统的智能化建设和运营管理提供了全新的思路和工具。尽管数字孪生技术在应用中仍然面临一些挑战和限制，但其发展趋势十分乐观，未来将更加智能化、定制化和跨行业融合，为城市轨道交通行业的发展注入新的动力和活力。数字孪生技术将在未来能够取得更加辉煌的成就，为城市轨道交通行业的发展贡献更多的智慧和力量。

参考文献

[1] 郝田标. 数字孪生技术在港口管理中的应用与效益分析 [J]. 中国航务周刊，2024（14）：48-50.

[2] 方宜，卓建成，杜梦飞. 数字孪生在轨道交通智能建造业中的应用发展 [J]. 高速铁路技术，2024，15（1）：68-73，78.

[3] 蔡宇晶，高凡，孟宇坤，等. 城市轨道交通设备智能运维系统设计及关键技术研究 [J]. 铁路计算机应用，2023，32（7）：79-83.

[4] 王楠，陈亚冬. 基于数字孪生的城市轨道交通智慧运维应用 [J]. 城市轨道交通研究，2023，26（11）：194-197，202.

[5] 工业数字孪生白皮书发布 [J]. 工业控制计算机，2021，34（12）：19.

[6] 赵刚. 数字孪生技术在上海轨道交通车站资产管理中的应用 [J]. 土木建筑工程信息技术，2024，16（1）：46-50.

[7] 刘继强，张育雨，王雪健. 基于数字孪生的城市轨道交通建造智慧管理研究 [J]. 现代城市轨道交通，2021（S1）：120-125.

[8] 许玲，汪可可，王克明，等. 宁波市轨道交通数字孪生地铁安全应急保障平台项目 [J]. 城市轨道交通，2023（12）：43-46.

[9] 符润泽. 城市轨道交通数字孪生运维管理平台 [J]. 现代城市轨道交通，2023（8）：100-104.

[10] 冯爱军. 国内城市轨道交通技术发展现状与展望 [J]. 江苏建筑，2020（3）：1-3.

第五部分

其他

基于数字孪生技术的分布式光伏电站智慧能源管理平台设计及应用

李 洋 [1,2*] 麻全周 [1] 曹玉会 [1] 孙仲刚 [1]

（1.天津智能轨道交通研究院有限公司，天津 301700；

2.中国铁道科学研究院集团有限公司城市轨道交通中心，北京 100081）

摘 要： 国家"双碳"目标背景下，光伏行业快速发展，装机容量逐年激增。为解决当前电站管理平台功能不全，无法满足投资方、用电方、运营/运维方等多用户使用需求。本文在需求分析基础上，研发设计以投资方管理为核心，以运营方、运维方、用电方管理需求为延伸的电站智慧能源管理系统，综合承载电站投资、电站建设、电站运营及运维管理业务，实现分布式光伏电站的全过程项目管理。

关键词： 分布式光伏电站；数字孪生；智慧运维

引言

国家相继出台了《中共中央 国务院关于完整准确全面贯彻新发展理念做好碳达峰、碳中和工作的意见》《2030年前碳达峰行动方案》两项顶层设计文件，为我国实现能源转型擘画了宏伟蓝图，制定了总体目标和实施路径[1]。工业和信息化部、住房和城乡建设部、交通运输部、国家能源局等国家部委联合印发的《智能光伏产业创新发展行动计划（2021—2025年）》明确提出要推动光伏系统智能集成和智慧运维。

大数据、物联网、数字孪生技术等新兴信息技术，为光伏电站的智慧化运维管理提供了技术手段，可解决分布式光伏电站管理存在的人力成本高、效率低、实时性差等问题[2,4,6]。

当前，行业光伏电站管理平台主要实现电站运维、电站运营等业务管理，对于投资方和运营方关注的电站资产、交易结算等管理模块的系统性不足，无法满足使用需求[3,5,7]。本文将打造以投资方管理为核心，以运营方、运维方、用电方管理为延伸的电站智慧能源管理系统，综合承载电站投资、电站建设、电站运营及运维管理业务，运用数字孪生、智能算法、大数据等技术，打造基于PLM理念的分布式光伏工程全过程项目管理，实现基于PHM技术的设备系统健康状态管理，助力投资方、运营/运维方、用电方的电站管理需求。

1 需求分析

1.1 用户需求分析

分布式光伏电站项目主要涉及四方主体，包含投资方、EPC方（总包方、设计方、施工方、设备厂商）、运营方、用电方。

（1）投资方。作为投资方，其重点关注电站整体运行健康状态、发电量、消纳量，以及电站的收益情况。此外，光伏电站作为投资方

基金项目：城市轨道交通产业大数据分析技术研究课题（基金编号：2022YJ345）、铁路既有建筑屋面改造装配式建筑光伏一体化（BIPV）结构关键技术研究课题（基金编号：2023YJ338）。

* 李洋（1987—），男，汉族，内蒙古乌兰察布人，博士，目前从事轨道交通智慧化、绿色化技术研究。E-mail：13126599893@126.com

的资产，其需管理电站设施设备资产。

（2）EPC方。EPC方负责电站的建设实施，包括项目前期的项目踏勘、项目建议书编制、可行性研究报告编制，项目立项后的过程管控，以及竣工验收后的档案管理。

（3）运营方。运营方负责光伏电站运行和维护，掌握电站设备运行状况及变化趋势，如电站的故障、清洗、清扫及维修情况，保障电站安全稳定运行。为提高绿电消纳率，结合储能设备的削峰填谷作业，组织实施能源调度。

（4）用电方。用电方能够及时掌握各用能设备的能耗、能效情况，以及各个并网点的光伏发电的消纳情况和电费节约收益情况。在结算分析方面，可实现电站远程抄表、在线结算、报表统计等功能。

1.2 业务需求分析

（1）多层级分布式光伏项目管理

光伏电站智慧能源管理平台作为投资方电站管理的手段，需通过平台管控全国各地多个光伏电站的总体情况、进行多个地区的电站对比分析，即需建立中心级管理；还需精细化管理各地区单个电站的光伏、充电桩、储能等的发电、用电、设备状态、收益情况，并为中心级提供基础数据，即需建立项目级管理。

（2）分布式光伏电站全生命周期管理

平台承载电站投资、电站建设、电站运营及运维管理业务。在项目前期，通过平台实现电站收资、项目建议书自动编制、可行性研究报告自动编制；项目立项后，通过平台实现项目的合同、进度、质量、成本等管理；项目竣工验收后，通过平台实现电站的运营及运维管理。基于平台，实现电站项目的全生命周期管理。

（3）分布式光伏能源系统的实时监控

通过平台，为投资方、运营方、用电方展示电站实时运行状态，包括电站的故障情况、报警情况、环境情况、设施设备运行情况，以

及电站的发电、用电、投资收益、节省降本情况，提高投资方、运营方、用电方掌握电站状态的实时性、准确性水平[8]。

（4）分布式光伏能源系统的运行分析功能

光伏电站智慧能源管理平台需对电站进行运营综合分析，以及对光伏系统、储能系统、充电桩、配用电系统等单个系统进行运行分析，如设施设备PHM分析，发电、储电、用电及收益的同环比分析等。为电站的运营及运维提供重要手段[9]。

（5）分布式光伏能源系统的优化调度功能

电站智慧能源管理平台需满足能源的优化调度需求。光伏发电具有波动性，可运用储能系统，制定优化策略，实现绿电的"削峰填谷"调度。

（6）分布式光伏能源系统的智能运维功能

电站智慧能源管理平台需具备电站设备台账及履历管理、故障库、故障处置、检维修计划及实施等功能，规范电站的养护及检修的作业流程，提升电站的发电量[10-11]。

（7）分布式光伏能源系统的交易结算功能

电站智慧能源管理平台需要满足光伏、储能、充电桩等供能、用能设备的购售电管理需求，可自动分析投资收益和业主收益，形成数据报表，为投资方和业主方提供及时、准确、有效的投资收益分析报告和报表。

2 平台架构设计

2.1 总体架构

围绕用户需求、业务需求，运用物联网、大数据、数字孪生等技术，打造分布式光伏电站智慧能源管理平台，实现分布式光伏电站全生命周期管理，电站的实时运行监控、运营分析及健康管理，电站灵活调度、投资收益分析，平台总体架构如图1所示。

（1）边缘层

边缘层主要实现数据的采集及传输。将

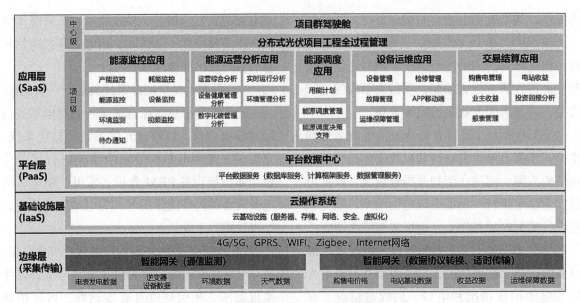

图 1 智慧能源管理平台总体架构

电表、逆变器、环境等数据，通过 4G、5G、Zigbee 等网络形式传输到基础设施层。

（2）基础设施层

基础设施层提供系统运行所需的核心硬件、软件基础及网络安全。分布式光伏能源管控系统的基础设施层在云端配置相应的服务器、防火墙等操作系统，为分布式光伏能源管控系统平台提供必要的支持和保障。

（3）平台层

平台层主要实现数据集中存储、处理和管理。分布式光伏智慧能源管理平台的平台层将获得数据存储到云服务器的数据库中，并对存储的数据进行检索、批量计算处理等功能。

（4）应用层

应用层为用户提供友好的交互界面、实时数据处理分析及运行监控等功能，包含中心级应用及项目级应用。

2.2 系统功能架构

基于业务架构及业务域的核心功能支撑需求、角色权限等进行设计，平台包括数据源层、数据接入及存储层、业务层、应用层，平台功能架构如图 2 所示。

3 功能模块设计

3.1 中心级应用

建立中心级应用，赋能投资方对全国地区多个分布式光伏电站的管理，涵盖项目群驾驶舱和分布式光伏项目全过程管理两大功能模块。

项目群驾驶舱主要实现对多个电站的集中管控、对比分析、投资方收益分析等。分布式光伏项目全过程管理主要实现电站建设全过程的管理，包括项目库管理、项目建议书自动生成、可行性研究报告自动编制，项目进度管理、质量管理、成本管理、合同管理等，涵盖项目前期、立项、设计、施工、竣工验收等阶段的主要工作。

3.2 项目级应用

电站智慧能源管理平台项目级应用主要实现单个电站项目管理，与作为中心级平台的现场级能源管理系统进行配套，按照各地区电站业务特点进行设计，实现电站的运行维护管理，为中心级系统数据传送提供数据接口。项目级应用包括单个电站的能源监控中心、能源运营分析中心、能源调度中心、设备运维中心、交易结算中心五个功能模块。

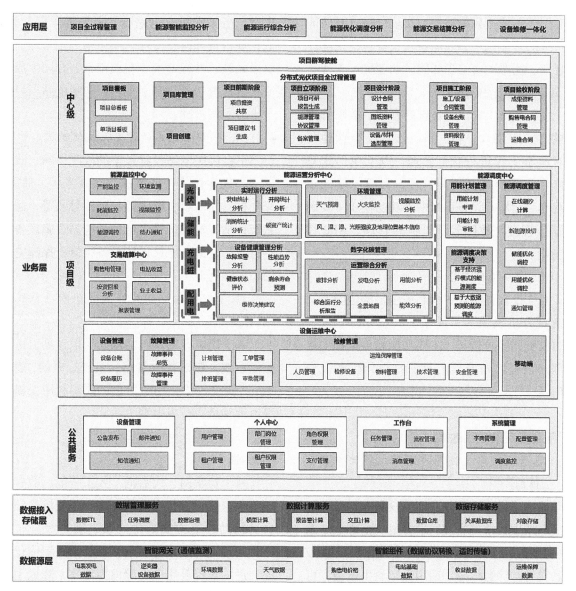

图2 系统功能架构

（1）能源监控中心

能源监控中心作为监控看板，运用数字孪生技术，构建光伏系统、储能系统、充电桩系统、配电所的三维数字孪生模型，实时映射数据，实现对供能、耗能、能源调控、设备监控、环境监测、视频监控、待办通知等内容的集中监控和可视化展示，满足运营/运维方、用电方等管理需求[12]。

（2）能源运营分析中心

能源运营分析中心主要实现光伏系统、储能系统、充电桩系统、配用电系统、环境等的运营/运行综合分析，以及设备系统的故障智能诊断分析、故障预测分析、健康状态评价、剩余寿命预测分析、维修决策建议支持等智能运维管理功能，涵盖运营综合分析、光伏系统、储能系统、充电桩系统、配用电系统、环境管理、通知管理七项子功能模块。

（3）能源调度中心

能源调度中心以优化、管理和规划用能为核心，运用新能源投切技术、储能优化调控算法、用能调峰调频策略等，实现分布式光伏能源系统的智能调度，功能模块主要包括用能计划管理、能源调度管理和能源调度决策支持。

（4）设备运维中心

设备运维中心以设备资产管理、故障管理为核心，围绕人、机、料、法、环等管理要素对运维工作进行统筹管理，以工单形式对检修作业内容进行闭环管理，保障电站的正常发电、运转。设备运维中心功能模块主要涵盖设备管理、故障管理、检修管理、APP 移动端等。

（5）交易结算中心

围绕投资方和业主核心关注，构建能源交易结算分析模块，实现业主收益分析、投资方的投资回报分析等。主要功能涵盖电价配置管理、投资收益分析、业主收益分析和报表管理等。

4 平台亮点及应用效果

4.1 基于数字孪生技术的分布式光伏项目管理"一张图"

基于项目群驾驶舱，辅助投资方对分布式光伏电站项目统筹管理。平台集成全部电站的发电数据、消纳数据、碳资产数据、故障数据、交易结算数据等，运用数字孪生模型，可实现"一张图"统管电站运营情况、收益情况、故障情况。

4.2 分布式光伏项目交易结算"一张表"

投资方及用电单位关注各方投资收益情况，平台内置相关算法及专业化综合报表模板，可一键生成年度、季度、月度报表，辅助投资方摸清投资方收益（自发自用、余电上网、充电桩等），用电方收益（碳指标收益、节省电费）。

4.3 基于 PLM 理念的分布式光伏工程全过程项目管理

平台承载分布式光伏电站项目前期、立项审批、电站建设、电站运营及运维管理业务。依托项目管理体系实现单项目精细化管理，多阶段联动、并行处理、在线审批、合同生成及流程管理等功能。基于平台，实现电站项目的全生命周期管理。

4.4 基于 PHM 技术的设备系统健康状态管理

平台运用电站设施设备的故障诊断、故障预测、健康评价智能算法，实现光伏、储能、充电桩、配用电、电表的故障报警预警，健康状态评估，辅助运维人员摸清电站设施设备的运行状态，助力电站设施设备维修，保障电站的稳定运行。

4.5 基于智能算法的分布式光伏能源系统优化调度

基于用电方的用电需求、用电计划，运用储能系统，制定优化策略，实现绿电的"削峰填谷"调度。优化用电单位的能源利用，提升绿电消纳量，节省电费。

5 结语

基于物联网、大数据、人工智能、数字孪生等信息技术，打造光伏电站智慧能源管理平台，辅助投资方实现中心级、项目级分布式光伏工程项目的多层级管控；基于能源优化调度，进一步提升用电方绿电使用率，降低用电成本；辅助运营/运维方掌握电站运行状况，提升电站养护、维修效率。

参考文献

[1] 中华人民共和国国务院. 2030 年前碳达峰行动方案 [Z]. 2021.

[2] 韩佩瑶，杜呈欣，张铭，等. 基于数字孪生的城轨智慧能源管控系统设计及展望 [J]. 现代城市轨道交通，2023（12）：27-33.

[3] 李晔，张凌云，刘国桐，等. 城市轨道交通能源管理系统的总体设计及其主要功能 [J]. 城市轨道交通研究，2023，26（10）：129-132.

[4] 张巍，彭良平，杜毅，等. 光伏电站监控系统分析 [J]. 太阳能，2014（8）：17-21.

[5] 顾斌.光伏电站集中信息化管理系统的设计与实现 [D].厦门：厦门大学，2015.

[6] 栾宁，胡君，刘刚，等.光伏电站运维管理的分析与探讨 [J].科技视界，2017（28）：177-178.

[7] 张仲文.分布式光伏监控系统关键技术研究及标准应用 [J].电力自动化，2018（4）：103-104.

[8] 袁颖等.基于 ZigBee 的光伏电站环境实时监测系统 [J].微型机与应用 2017，36（3）：33-35.

[9] 陈录，齐全友，吴扬扬，等.智慧电厂建设与智能发电技术应用探讨 [J].科技创新与应用，2021，11（23）：174-176.

[10] 郑伟平.智慧电厂一体化大数据平台的关键技术应用 [J].集成电路应用，2021，38（10）：80-81.

[11] 刘庆喜.智能光伏电站和信息技术的应用 [J].光源与照明，2023（2）：100-102.

[12] 张仲文.分布式光伏监控系统关键技术研究及标准应用 [J].电力自动化，2018（4）：103-104.

基于移动激光扫描的地铁轨道几何参数解算方法研究

杜泽君　孙海丽　钟若飞　严心武

（首都师范大学，北京 100048）

摘　要：我国的轨道交通迅速发展，国家对于地铁行业的投入和规划建设也在不断扩大规模，线路总长度仍在持续增长，铁路的日常维护和保养工作变得尤为重要，轨道的几何参数检测是确保地铁长时间安全运营的重要因素。本文旨在移动激光测量技术上开展地铁轨道几何参数解算方法研究，并解决利用移动激光扫描系统获取的轨道点云数据进行轨道几何参数提取的里程定位、轨道中线提取与轨道姿态修正等技术难题，从而实现轨道几何参数的快速获取，建立地铁轨道参数移动激光检测技术方案。

关键词：铁路轨道几何参数；激光扫描仪；模板匹配；动态检测；姿态纠正

在列车长期运营期间，会对轨道产生很强的冲击作用，加上自然环境的侵蚀作用及地面沉降等因素，轨道的几何形态、尺寸及位置都会不可避免地发生变化[1-3]，从而产生轨道不平顺现象，而在以后的运营过程中会对轨道造成更进一步的损害及形变，对列车的行驶安全及舒适程度造成巨大的隐患[4]。轨道的不平顺是引起机车车辆产生震动的主要原因，是引起轮轨作用力增大的主要根源[5-7]，也是线路方面直接限制列车速度的主要因素[8-10]。轨道几何形位的平顺状态直接影响轮轨系统的运行安全、平稳舒适性、部件寿命、环境噪声等[11-13]。只有提高和长久保持轨道结构的强度和轨道状态的平顺性，才能满足列车快速、平稳、安全的运输品质[14]。本文基于现阶段轨道平顺性检测的背景，针对轨道几何参数检测方法中存在的部分问题，基于激光扫描仪，结合轨检小车和计算机技术进行地铁轨道几何参数检测的方法研究。

1　场景理解辅助的里程定位

1.1　盾构法里程定位

为了便于确认提取轨道几何参数的具体位置，需要对移动激光扫描系统进行里程定位。本文选用深度学习的方法实现获取盾构法隧道中轨道的里程信息，考虑到检测速度问题，可以选用一阶段的目标检测模型 YOLOv8 作为检测模型。选取的盾构法隧道为北京地铁12 号线某区间往返线路，其中现场作业采集300m 区间，利用首都师范大学研制的移动式激光检测系统采集数据。

将隧道衬砌影像裁剪成为 640×640 像素大小的子图像，获取盾构法隧道的数据集 384张，分别按照 7:3 的比例划分为训练集和验证集，其原始数据影像如图 1 所示。

利用 LabelImg 软件对所有数据集进行标注，沿每个封顶块最大的梯形边界绘制图形将其包围，绘制完成后输入标签完成标注，利用 YOLOv8 对标注完成后的数据集进行识别，其最后的识别效果图附带其精度指标如图 2、图 3 所示。

以上的精度指标主要是通过召回率及准确率的大小恒定，通过数据可以得知：1 所代表的是百分百识别率，即是标记出的封顶块均全部识别；0.964 代表所有封顶块识别的准确率。

图1 原始影像图

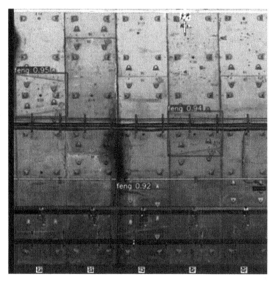

图2 原始影像图

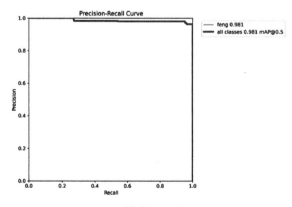

图3 精度召回结果图

1.2 矿山法里程定位

矿山法隧道不具备像盾构法隧道内环片等有明显结构特征的标识，为此，在隧道里程定位中，设计安装定位标靶，借助标靶的识别纠正里程信息，如图4所示。

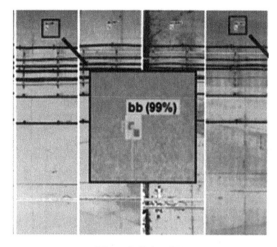

图4 标靶识别图

利用点云强度信息生成隧道衬砌预览影像，同时建立图像像素与点云之间的联系，再之后利用深度学习模型识别影像中的标靶，并利用标靶先验知识优化识别的结果提高识别精度。其主要过程分为影像生成和标靶自动识别两个步骤：

（1）预览影像生成：移动式轨道检测小车获取三维点云的坐标数据可以通过量测断面的相关尺寸进行检测，其强度信息可以用来表征隧道表面反射特性和主动生成影像。利用强度信息生成预览影像便于快速识别出结构特征和目标。矿山法隧道断面类型具有多样性，如图5所示，由于其并不适用于圆柱投影方法生成影像，所以可以建立点云索引与像素矩阵，将强度信息填入像素矩阵中，之后将强度信息转

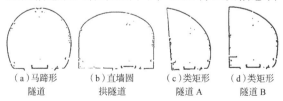

（a）马蹄形　（b）直墙圆　（c）类矩形　（d）类矩形
隧道　　　拱隧道　　隧道A　　隧道B

图5 隧道断面图

换成灰度信息生成隧道衬砌的影像，此方法适用于具有不同断面类型的矿山法隧道。

（2）标靶自动识别：自动识别的方法主要是基于深度学习的目标检测方法，其可以自主学习最合适的特征提取算子，且在精度和速度方面相较于传统方法都有很大的提升，目前深度学习目标检测的算法是由单阶段和二阶段两种算法组成，虽然精度比两阶段目标检测算法低，但是其检测速度较快，更适合于工程应用方面。从实用化角度综合精度与速度，选择典型的单阶段目标检测算法 YOLOv7 进行标靶的自动识别方法研究，同时需要考虑置信度阈值，融合标靶在隧道中的位置及标靶在图像中反应的特征等先验知识对误检的结果进行去除，提高模型识别的准确率。

本节采集的数据为重庆某矿山法隧道区段，由于采集时间和区间有限，为保证训练集的数据量充足，采取在有限的隧道区间内任意粘贴靶标的方式获取数据集（图 6）。

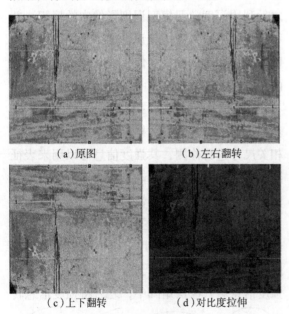

| （a）原图 | （b）左右翻转 |
| （c）上下翻转 | （d）对比度拉伸 |

图 6　部分数据集图

由于在标靶布设的方案中规定两个标靶之间的距离是固定的，在实现对标靶的自动识别后，为第一个标靶的中心点赋予真实里程值，

遍历所有靶标，实现全测区里程定位，为轨道几何参数提供奠定基础。

2　模板匹配的轨道坐标提取方法

2.1　构造模板点云

基于国家给定的地铁标准轨道设计图，通过 AutoCAD 软件，利用"定距等分"功能将轨道工字钢断面 CAD 图中的直线与圆弧等分为 1 mm 间隔的点集，并借助"数据提取"工具提取这些点的坐标信息，最终生成用于模板匹配的轨道工字钢断面点云文件。

在实际应用中，当使用扫描仪对轨道钢轨断面进行扫描时，由于扫描仪位于两条钢轨之间，且其扫描线是按等角分布进行，这会导致生成的点云数据在空间分布上存在不均匀性。为了解决这一问题，采用了适应性密度重构方法[15]。该方法的核心在于通过平移和旋转调整模板点云的位置和角度，并基于距离最小化的原则，将模板点云中的点集重新排布，使其密度分布尽可能与扫描得到的轨道钢轨断面点云相匹配。这种重构方法不仅优化了模板点云的分布，而且显著提高了与真实扫描点云进行匹配的精度。

2.2　轨道坐标及中心线解算

将原始的模板点云基于初始平移参数平移到扫描点云附近，通过原始模板点云与扫描后得到的点云的质心差异得到一个初始平移参数。由于点云分布密度的差异，采用基于最小二乘的二维 ICP 算法和模范点云的适应性密度重构算法联合迭代的方法，计算钢轨断面点云和扫描点云的最佳匹配参数[16-17]。基于最小二乘的二维 ICP 算法原理是：设定参考数据集和目标数据集，在参考数据集中找到最近的对应点；求解最优变换；建立对应的目标函数；对目标函数进行迭代优化；得到新的匹配参数，如图 7 所示。在多次的迭代运算之后，模板点云匹配扫描点云之间参数也在进行不断优化，得到的扫描点云在不断优化之后便贴近于模板点云。

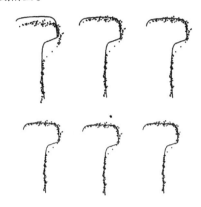

图7 模板匹配图

提取轨道中心线的原理是通过根据得到的左右钢轨坐标计算两根轨道之间的中心点坐标，由一条线路的中心点坐标连接成线便可得到轨道中心线坐标，即提取到轨道中心线。

在处理钢轨断面模板点云与扫描点云的匹配时，由于模板点云的轨面中心点坐标设定为（0，0），因此匹配过程中得到的平移参数实际上代表了扫描仪坐标系下钢轨扫描点云的轨面中心位置。为了更精确地确定轨道的中心点坐标，我们需要在点云数据中实际测量出左右两侧钢轨的坐标范围。之后，利用模板匹配技术确定两侧钢轨轨面的中心点坐标。最终，通过这两个中心点坐标的计算，可以得出该钢轨断面的实际轨道中心点坐标。

3 轨道姿态纠正

在轨道检测小车具体运行过程中，激光扫描仪的安装平台无法保证为完全水平[18]。在实际的运行过程中，轨检小车的运行一定会发生震动或者颠簸，导致激光扫描仪扫描后的轨道点云存在一定的误差，因此需要通过在轨检小车上加入惯性导航测量单元，以获取小车扫描过程中的运动姿态[19-20]，并利用惯性导航测量单元的高精度测量结果纠正激光扫描仪的姿态，以此完成对轨道姿态的纠正。

激光扫描仪提取到左右轨道中心点坐标及轨道中心线坐标，下一步便可利用以上数据计算轨道的翻滚角度。

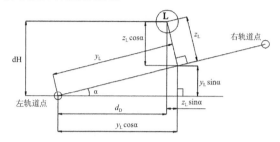

图8 翻滚角计算图

如图8所示，轨道检测小车的左右轮子分别对应的是左轨道点及右轨道点，所以以此计算的轨道翻滚角可以等同于惯导检测轨检小车的翻滚角，根据图8可知翻滚角 α 可由左轨道点到右轨道点的距离与两点之间的高程差距离的比值计算得到：

$$d = \sqrt{\left[\left(Y_{左}^2 - Y_{右}^2\right) + \left(Z_{左}^2 - Z_{右}^2\right)\right]} \qquad （1）$$

$$\Delta H = \left(H_右 - H_左\right) \qquad （2）$$

$$\sin \alpha = \frac{H_右 - H_左}{d} \qquad （3）$$

式中，Y、Z 分别代表轨道点的 y 方向及 z 方向的坐标，H 代表点的高程，d 为左右轨道之间的距离，ΔH 为高程差。根据计算结果的 $\sin a\alpha$，再通过反三角函数便可直接计算得到姿态角。而惯导可以直接测量得到翻滚角。利用惯导及扫描仪器分别获取相同位置的两个姿态角，比较两个姿态角之间的数量关系，最终方可确认激光扫描仪的系统误差。

4 轨道几何参数计算方法

4.1 轨距计算方法

本文结合移动激光扫描系统获取的轨道点云数据，计算左右轨道间距，主要是通过激光扫描后的点云提取左右轨道中心点的三维坐标，根据两点之间的距离公式计算得到轨道中心点距离，以此得到两根钢轨轨顶面之间的距离。具体计算公式如下：

$$d = \sqrt{(y_{左}-y_{右})^2+(z_{左}-z_{右})^2} \quad （4）$$

式中，d 为两根钢轨轨顶面之间的距离，$y_{左}$ 代表左轨面轨顶中心点的 Y 坐标，$z_{左}$ 代表坐标左轨面轨顶中心的 Z 坐标。

4.2 超高和扭曲的计算方法

超高的计算传统方法是利用两股钢轨顶面距离 D 和倾角传感器的测量值得到，在此我们通过激光扫描仪的点云坐标计算除去误差后的翻滚角代替倾斜角的测量值。

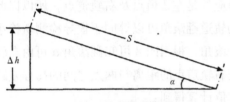

图9 超高示意图

图9中，S 为左右轨道中心点距离，α 为计算得到的翻滚角，H 为待计算的超高值。

$$H=D \times \sin\alpha \quad （5）$$

扭曲的计算如图10所示，A、B、C、D 四个点均不在同一个水平面之上，其中 D 点到 A、B、C 三个组成的平面的垂距即为该里程的扭曲值。

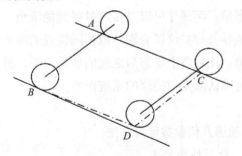

图10 扭曲计算示意图

在直线段上，可以利用 A、B、C、D 四个点的实测高程计算出，具体计算公式如下：

$$H=(A-B)-(C-D) \quad （6）$$

式中，A、B、C、D 分别为各点的实测高程。在曲线段上，利用四个点的实测高程与理论高程作差即可计算，其具体计算公式如下：

$$H=[(A-B)-(A_{理}-B_{理})]- \\ [(C-D)-(C_{理}-D_{理})] \quad （7）$$

式中，A、B、C、D 为各点的实测高程，$A_{理}$、$B_{理}$、$C_{理}$、$D_{理}$ 为各点的理论高程。

5 实验分析

5.1 轨道坐标及中心线提取

本次实验采用的是轨道检测小车搭配激光扫描仪进行轨道扫描，采用的电动运行轨检小车，可以自行设置运行速度保持 0.5m/s、0.75m/s、1m/s、1.25m/s 四个速度匀速行驶，本次野外作业选用的是 0.5m/s 进行扫描，低速的扫描更能保证小车运行时候的稳定性，利于激光扫描，避免扫描过程中产生不必要的误差，工作现场图如图11所示。

图11 实际测试现场

根据激光扫描仪扫描的得到的原始文件，经过点云预处理提取轨道点云图如图12所示。

得到轨道点云图之后，在软件中对左右轨道坐标范围进行量测，确定出轨道的三维坐标点范围，以便修改模板匹配中左右轨道的坐标值。根据之前介绍的方法提取得到的中心线坐标如图13、图14所示。

图 12 轨道点云图

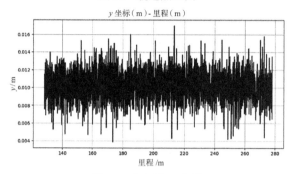

图 13 中心线 Y 坐标

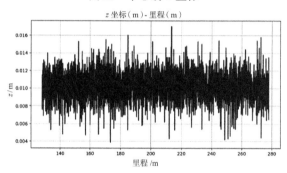

图 14 中心线 Z 坐标

5.2 轨道姿态纠正

根据前文提出的基于模板匹配提取地铁轨道左右钢轨坐标方法，可以测量解算得到轨道的三维坐标（表 1）。

表 1 轨道三维坐标

里程 /m	左 Y/m	左 Z/m	右 Y/m	右 Z/m
12.4453	0.7236	0.4114	0.8328	−0.4114
12.5294	0.7236	0.4113	0.8328	−0.4114
12.6134	0.7236	0.4113	0.8328	−0.4114
12.6974	0.7236	0.4113	0.8328	−0.4114
12.7815	0.7235	0.4113	0.8328	−0.4114

根据提取的结果，利用上文提起的数学计算公式，计算得出实验室轨道横滚角结果如表 2 所示。

表 2 横滚角结果

里程 /m	横滚角 /°
12.4453	0.1101
12.5294	0.1618
12.6134	0.1430
12.6974	0.0515
12.7815	0.0073
12.8655	0.0367
12.9495	0.0515

惯性导航测量单元是每隔 5ms 测量一组数据，由于轨检小车的运行模式均为匀速运动，所以在相同时间间隔内小车运行的里程是相同的，在知道起始点里程位置和终点里程位置时，便可以确认惯导测量的具体位置，即可与激光扫描仪扫描计算得到横滚角对比作差计算，惯性导航测量单元是直接测量得到姿态角大小，并且其内部误差已经消去，因此可以由惯性导航测量单元作为参考值对激光扫描仪的计算结果进行纠正，其对比结果如表 3 所示。

表 3 横滚角对比值

相对里程 /m	激光扫描 /°	惯导计算 /°	对比作差值 /°
13.1176	0.0331	0.2095	0.1764
13.4537	0.0478	0.22145	0.1735
13.7899	0.0440	0.2185	0.1744
14.126	0.0404	0.2247	0.1842

根据四段结果可以看出实验的差值大小基本稳定，对四次值取平均值，得出激光扫描仪与惯性测量值的大小差值为：0.1748°。

5.3 轨道几何参数解算结果

（1）超高和扭曲

按照前文介绍的方法，计算超高是利用两股钢轨顶面距离和倾斜角传感器的测量值得到，也就是利用激光扫描得到的左右轨轨道中心点坐标计算两轨之间的距离，再利用计算得到的横滚角度加上前文所确认出的扫描仪安装误差计算得到超高。

扭曲的计算即是利用左右轨道中心点的高程值，即是 Z 坐标进行作差计算即可得到扭曲值大小。超高和扭曲的计算结果如图15、图16所示。

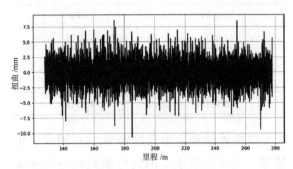

图15　扭曲计算结果

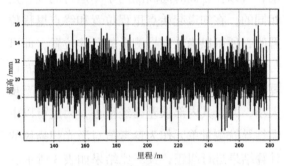

图16　超高计算结果

（2）相对轨顶距

传统的轨距测量方法是采用轨检仪传感器直接量测左右轨道之间的距离，按照前文所介绍的方法可知，通过激光扫描得到左右轨道的三维坐标之后，可通过计算得到翻滚角并减去确定的误差参数后，通过前文介绍的数学计算方法推算得到相对轨顶距大小，实际计算的相对轨顶距结果如图17所示。

5.4　重复性精度验证

（1）盾构法隧道

为验证实验方法是否符合精度要求和其方法的可行性，设计并开展一组验证实验。实验选取地为北京地铁12号线路，长度选取为

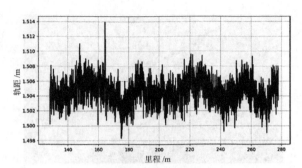

图17　轨距计算结果

100m左右的盾构法隧道场景中的地铁轨道，采用 Faro 扫描仪对同一区间段进行往返两次移动激光扫描，计算往返两次轨道几何参数，比较相同里程的几何参数大小，以验证精度是否合格。

表4　轨距解算结果（盾构法隧道）

里程值 /m	往测 /m	返测 /m	差值 /mm
103425.070	1.5244	1.5256	1.2
103425.148	1.5241	1.5246	0.5
103425.227	1.5244	1.5249	0.5
103425.304	1.5244	1.5237	0.7
103425.383	1.5259	1.5242	1.7

表5　超高解算结果

里程值 /m	往测 /m	返测 /m	差值 /mm
103425.070	12.3	−12.5	0.2
103425.148	11.3	−12.3	1.0
103425.227	12.3	−12.0	0.3
103425.304	12.0	−13.1	1.1
103425.383	12.8	−12.5	0.3

表6　扭曲解算结果

里程值 /m	往测 /m	返测 /m	差值 /mm
103425.070	1.0	−0.2	1.2
103425.148	−1.0	−0.3	0.7
103425.227	0.3	1.1	0.8
103425.304	−0.8	−0.6	0.2
103425.383	−0.9	0.4	1.3

由表4～表6可以看出，根据前文的里程定位可以计算得到同一里程的前后两次计算

结果。展示的各项几何参数数据可以分析得出，无论是相对轨顶距或者是超高抑或是扭曲，往测和返测的数据差值均在 mm 级，其中相对轨顶距测量偏差的平均值为 1.2mm，超高往返测差值的最高偏差为 1mm，扭曲往返测差值最高偏差也为 1mm，前后两次的几何参数计算结果高度相近，较为满足地铁实际的精度要求。

（2）矿山法隧道

为验证实验方法是否符合精度要求和其方法的可行性，设计并开展另一组验证实验。实验选取地为重庆一段线路，长度选取为 100m 左右的矿山法隧道场景中的轨道，采用 Faro 扫描仪对同一区间段进行往返两次移动激光扫描，计算往返两次轨道几何参数，比较相同里程的几何参数大小，以验证精度是否合格。

表 7　轨距解算结果（矿山法隧道）

里程值 /m	往测 /m	返测 /m	差值 /mm
18.000	1.5079	1.5045	3.4
18.004	1.5055	1.5043	1.2
18.009	1.5070	1.5073	0.3
18.013	1.5057	1.5055	0.2
18.018	1.5063	1.5040	2.3

由表 7 可以看出，根据前文的里程定位可以计算得到同一里程的前后两次计算结果。展示的各项几何参数数据，可以分析得出，无论是相对轨顶距或者是超高抑或是扭曲，往测和返测的数据差值均在 mm 级，其中相对轨顶距测量偏差的平均值为 2.2mm，超高往返测差值的平均值为 2.8mm，扭曲往返测差值的平均值为 3.7mm，前后两次的几何参数计算结果高度相近，较为满足地铁实际的精度要求；出现的偏差原因主要可能有两方面导致：一是轨道自身可能不平整导致，二是扫描仪在轨检车上来回往返运动，其每次都运动状态，振动频率等都不一样，因此其发出的激光扫描线也不完全一样。

6　结语

移动激光扫描技术具备精度高、密度高、采集速度快的优点，为工程应用需求提供了一种较为有效的检测手段。本文提出了基于移动激光扫描系统解算轨道几何参数的方法，研究了基于激光扫描仪采用模板匹配的方法，提取轨道左右钢轨坐标，解算轨道几何参数和轨道中心线。针对激光扫描仪在轨检小车平台的姿态偏差，提出了利用惯性导航测量单元的实时姿态测量纠正激光扫描仪姿态，目的是纠正地铁轨道的姿态偏差。减小激光扫描仪的实测值与真实值之间的误差。提出了在地铁隧道里利用目标检测算法自动识别隧道环片或标靶的里程定位方法，赋予几何参数具体的里程信息。开展了重复性精度验证。重复计算了不同场景下的多期轨道几何参数数据，数据结果差值均在 mm 级，其中轨距差值均小于 5mm，扭曲和超高差值均小于 2mm，根据计算结果验证了方法的可行性。

参考文献

[1] 徐菲，曲建军 . 基于检测数据的高速铁路轨面沉降不平顺发展趋势预测 [J]. 中国铁路，2017（10）：8-10, 15.

[2] PEZZILLO M，MARTINEZ M，MANGIA G，et al. Knowledge creation and inter-organizational relationships：the development of innovation in the railway industry[J]. Journal of knowledge management，2012，16（4）：604-616.

[3] JIMENEZ N，BOSSO N，ZENI L，et al. Automated and cost effective maintenance for railway（ACEM-Rail）[J]. Procedia-social and behavioral sciences，2012（48）：1058-1067.

[4] 王志勇，杨琳 . 城市轨道交通行车安全影响因素及应对策略探讨 [J]. 山东工业技术，2019（3）：244-245.

[5] STEENBERGEN J. Quantification of dynamic wheel-rail contact forces at short rail irregularities and application to measured rail welds. Journal of sound and vibration，2008，312（4）：606-629.

[6] JIN S, WEN F. Effect of discrete track support by sleepers on rail corrugation at aurved track. Journal of sound and vibration, 2008, 315（1）: 279-300.

[7] SUAREZ B, FELEZ J, ANTONIO J, et al. Influence of the track quality and of the properties of the wheel–rail rolling contact on vehicle dynamics . Vehicle system dynamics, 2013, 51（2）: 301-320.

[8] 罗林 . 高速铁路轨道必须具有高平顺性 [J]. 中国铁路, 2000（10）: 8-11, 5.

[9] 徐其瑞, 许建明, 黎国清 . 轨道检查车技术的发展与应用 [J]. 中国铁路, 2005（9）: 37-39.

[10] 翟婉明 . 车辆 – 轨道耦合动力学理论的发展与工程实践 [J]. 科学通报, 2022, 67（32）: 3794-3807, 3793.

[11] 罗林, 张格明, 吴旺青, 等 . 轮轨系统轨道平顺状态的控制 [M]. 北京: 中国铁道出版社, 2006.

[12] 李再帏, 练松良, 李秋玲, 等 . 城市轨道交通轨道不平顺谱分析 [J]. 华东交通大学学报, 2011, 28（5）: 83-87.

[13] 陈鑫, 练松良, 李再帏 . 轨道交通无砟轨道不平顺谱的拟合与特性分析 [J]. 华东交通大学学报, 2013, 30（1）: 46-51.

[14] 李奇, 戴宝锐, 杨飞, 等 . 轨道平顺性检测方法现状及发展综述 [J]. 铁道学报, 2024（7）: 101-116.

[15] 姚连璧, 陈军, 秦一, 等 . 基于模板匹配的铁路中心线提取方法研究 [J]. 南京信息工程大学学报（自然科学版）, 2023, 15（2）: 187-192.

[16] LEE J, SONG B. Three-dimensional iterative closest point-based outdoor SLAM using terrain classification[J]. Intelligent service robotics, 2011, 4（2）: 147-158.

[17] SHEN Y, YUAN M, GAO S. Certified approximation of parametric space curves with cubic B-spline curves[J]. Computer aided geometric design, 2012, 29（8）: 648-663.

[18] 梅文胜, 魏楚文, 于安斌 . 激光扫描小车地铁隧道断面测量方法及应用 [J]. 测绘地理信息, 2017, 42（2）: 118-121.

[19] 周禹昆, 陈起金, 牛小骥 . 基于 A-INS 组合导航的现代有轨电车轨道几何状态快速精密测量 [J]. 铁道标准设计, 2019, 63（10）: 66-71.

[20] 陈起金 . 基于 A-INS 组合导航的铁路轨道几何状态精密测量技术研究 [D]. 武汉: 武汉大学, 2016.

城市轨道交通企业安全管控"三三工作法"研究

王继德 *

（太原中铁轨道交通建设运营有限公司，太原 030000）

摘　要：随着我国经济的快速发展和城市化的深入，城市轨道交通将成为大城市解决交通压力的重要选择，但是目前我国城市轨道交通的安全管理尚不完善，仍然存在许多亟待解决的问题。目前国家提出"实现高质量发展"的要求，确保地铁安全愈发成为地铁行业的重点工作，而实际城市轨道交通的运营环境复杂，受多种因素的影响，常出现各种不同程度的安全问题，如处理不当，将会导致不必要的经济损失，更会威胁到广大乘客的人身安全，因此，必须加强城市轨道交通的安全管控。文章首先阐述了城市轨道安全管控的重要意义，通过分析影响当前城市轨道交通安全的主要因素，提出了相关的安全管控思路，旨在为实现城市轨道交通企业安全高质量发展提供一定参考。

关键词：城市轨道交通；安全理念；安全路径；安全抓手；综述

地铁作为公共交通，以其安全可靠性高、准点舒适、运输量大、行驶速度快等特性赢得了人们的青睐。城市轨道的交通安全问题造成的后果影响巨大。所以城市轨道交通企业在日常运营中，要密切注意各个环节，从人员、设备、环境、管理等各方面，需严格进行管控。

2021 年 12 月，国务院印发《"十四五"现代综合交通运输体系发展规划》，在分析交通安全方面指出"交通运输安全形势仍然严峻"，并提出"以加快建设交通强国为目标，统筹发展和安全"的目标。

中国共产党第二十次全国代表大会报告中全面阐释"实现高质量发展"，对安全工作提出统筹发展和安全，在关系安全发展的领域加快补齐短板，推动公共安全治理模式向事前预防转型的新安全格局。

因此强化城市轨道交通的安全管控，对更较好地落实高质量发展要求、满足人民出行需求，意义重大。

1　影响城市轨道交通运营安全的主要因素 [1]

城市轨道交通运营安全有着较为复杂的影响要素，运营事故的发生往往不是单一因素引起的，而是众多因素相互交织而发生的结果，通过对城市轨道交通事故案例、安全理论的分析，以及相关专家观点的搜集，分别从人、机、环境、管理等方面对城市轨道交通运营全过程进行多维度分析，将城市轨道交通运营安全的原因分为四类。城市轨道交通运营安全因素分析如图 1 所示。

1.1　人的因素

人的因素是城市轨道交通运营安全的重要因素之一，人既是城市轨道交通运营主体，也是运营服务的对象，故人的因素涉及两类人员：城市轨道交通运营的工作人员，以及城市轨道交通运营系统以外的人员。

（1）城市轨道交通企业的工作人员

负责城市轨道交通的运营和日常管理，是城市轨道交通运营安全的直接影响因素，尽管

---

*　王继德（1967—），男，汉族，太原中铁轨道交通建设运营有限公司，总经理，工程师。

设备在整体安全管理流程中具有十分关键的意义，然而人作为设备的操控者，决定着设备的安全性能，因此，人是干扰城市轨道交通运营安全的首要原因。工作人员原因导致的安全事故大致可以划分为两类：其一为员工自身的认知与技术业务的不足，属于自身的问题，重点为对安全管理的认知不足，对自身业务的专业知识、技术标准的欠缺，缺乏相应的问题处理素养，因为疏忽而未能按标准规定开展工作，存在漏检漏修等问题，此类现象属于导致事故的核心要素。其二为结合部配合环节的不足。结合部配合环节的问题，重点源自实际操作环节，欠缺可靠的交流及协调机制，结合部卡控不到位、欠缺理想的默契及协调等。如果人们具备相对丰富的安全常识及安全认知，城市轨道的运输安全将会提高。

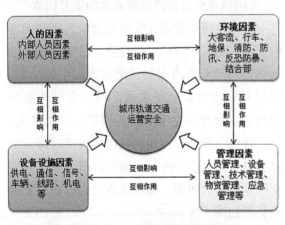

图1　城市轨道交通运营安全因素分析

（2）城市轨道交通企业以外的人员

通过国内外事故案例可以看出，此部分的事故大致有，比如拥挤、跳轨、纵火、恐袭等乘客原因造成的事故。因为地铁具有客流规模较为庞大、人员相对密集的特征，若是发生上述事故，则极易造成更大的事故和负面影响。而且乘客存在许多其他不安全的行为，如随意按动紧急情况按钮、强行挤门上车导致坠落等，这些都构成人员方面的安全风险因素。

1.2　设备设施因素

城市轨道运营系统由众多设施设备组成，因此设备设施因素也属于导致安全事故的核心因素，主要包括消防、供电、通信、信号、车辆、线路、机电等多个构成部分。良好的设备设施条件，可有效避免安全事故的发生，因此，要想提升城市轨道交通的安全管理水平，必然要增强对设备设施的维修及养护，确保创设良好的运输条件[2]。

1.3　环境因素

对于环境因素而言，其主要包括内部环境因素和外部环境因素两个方面。其中，内部环境包括作业环境和站内综合环境两个部分，作业环境的具体对象是城市轨道交通工作人员，站内综合环境则指的是车站内部，是工作人员、乘客在城市轨道交通运营中所处的实际环境，若是实际的环境条件较差，极易造成工作失误，威胁城市轨道交通的正常运营。外部环境包括自然环境和社会环境两部分，比如遭遇诸如大风、洪涝等，这都会对安全运行造成影响。故在对环境进行治理时，应综合考虑各个方面，才能保障安全管理工作的顺畅实行。

1.4　管理因素

管理因素是降低与控制城市轨道交通出现安全隐患的关键所在，也是诱发城市轨道出现安全事故的基本因素，管理的关键目的是尽可能降低安全事故和避免安全事故引起的人员伤亡和财产损失。管理因素贯穿了对人、设备、环境的管理与控制，在当前的运营管理体系中，主要表现在"事后型"的管理模式，也就是针对事故出现之后的原因才开始分析和研究，这种安全管理滞后性的理念，仅仅可以产生亡羊补牢之效果。

2　"三三工作法"推动城市轨道交通企业安全风险管控水平的提升

针对如何提升城市轨道交通企业安全风险管控水平，笔者根据太原中铁轨道交通建设运营有限公司在安全风险管控建设推进方面所积累的经验，总结出了安全管控的"三三工作法"，即安全文化理念、安全管理路径、安全提升抓手。该工作法的体系如图2所示。

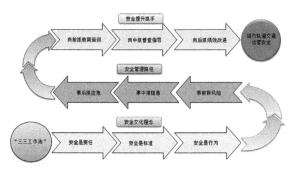

图2 "三三工作法"体系图

2.1 "三三工作法"之一，构建"安全是责任，安全是标准，安全是行为"的安全文化理念

（1）安全是责任。一是明确责任，要建立责任清晰的安全生产责任制体系，明确从领导到每名员工的安全责任，各级管理人员和全体员工必须明白所在岗位应该承担落实的安全责任；二是传导责任，要把安全责任、安全要求、安全思路层层传递到一线岗位，传导到每一名员工，做到有岗必有责，守岗必担责；三是履行责任，各级管理人员要率先履责，切实落实本岗位安全责任，对重点岗位重点环节严盯死守，只有各级管理人员严格履行好各自的安全管理责任，各岗位人员认真履行好本岗位的安全生产责任，安全工作才能抓好；四是失职追责，安全管理必须严肃问责机制，对不落实安全生产责任人员的问责，既是对本人的教育提醒，更是对全体员工的警醒[3]。

（2）安全是标准。城市轨道交通运输覆盖范围大，网点很多，要制定科学、规范、统一的安全控制标准。一是全面梳理城市轨道交通应遵循的国家法律法规、国家标准、行业标准；二是细化分解以上各项法律法规及标准规范，科学构建城市轨道交通企业规章制度、操作规程；三是常态化修订完善企业规章制度及标准，进一步确保标准化规范化建设向现场和岗位推进，规范现场作业，提高现场安全管理水平。

（3）安全是行为[4]。安全管理重在落实，安全保障的主体是人，所以人的安全行为是整个安全管理的关键所在，安全管理的执行力和落实力仍需在"重落实"上进行加强，只有从安全行为方面入手，才能规范安全管理的重要环节、生产过程、管理方式和内容，为安全风险管控的发展打下坚实的基础。一是从思想教育上规范行为；二是从严格纪律上强制规范行为；三是从绩效考核上规范行为。

2.2 "三三工作法"之二，运用"事前辨风险、事中排隐患、事后抓应急"的安全管理路径

（1）事前辨风险。事前辨风险也可以称为安全风险防控的第一道防线，当前，轨道交通面临的安全问题复杂性在加剧，要不断研究新情况新问题，健全对其安全风险滚动排查、监测预警、应急处置机制，提高动态化、信息化条件下维护轨道交通安全管控的能力和水平。安全管理的首要任务是抓好"事前辨风险"工作，并制定相应风险管控措施，改变以往抓安全工作主要以检查、控制、监督，以及事后分析定责、拾遗补漏惩处为主的做法，应当以预测分析防范为主，促使安全管理由被动的"反应型"管理向主动的"预见型"管理转化。

围绕地铁领域中的事前辨风险问题，重点是要解决源头风险管控不到位的难题。应从危险源辨识范围、危险源安全措施、评价方法、事故案例、安全信息化管理等方面入手，全面细致地剖析城市轨道交通运营全过程中安全管控的危险源和风险点，紧扣生产现场实际，才能有效管控风险，减少人员伤亡和财产损失。

（2）事中排隐患。事中排隐患也可以称为安全风险防控的第二道防线，要通过"隐患排查治理和风险分级管控"的双重预防工作机制，切实把每一类风险都控制在可接受范围

内，把每一个隐患都治理在形成之初，把每一起事故都消灭在萌芽状态。事中排隐患主要强调过程管理，通过全面排查风险管控的薄弱环节，来找出影响安全的安全隐患，并及时治理消除隐患。事中隐患排查是安全风险分级管控的强化与深入，通过隐患排查治理工作，查找安全风险管控措施的失效、缺陷或不足，采取措施予以整改，同时，分析和验证各类风险因素辨识评估的完整性和准确性，进而完善安全风险的分级管控措施，减少或杜绝事故发生的可能性。

围绕地铁领域中的事中排隐患问题，重点是要解决安全检查查不出问题的难题。要在提升各级人员的排查能力上实现新突破，从思想认识上杜绝不想查、不敢查的问题，从工作作风上克服不认真、不深入查的问题，从专业精神上解决查不出的问题。同时要在科技信息化手段运用上努力实现新突破，要利用信息化手段将安全风险清单和事故隐患清单电子化，建立并及时更新安全风险和事故隐患数据库，切实解决城市轨道交通安全管理工作基础薄弱的问题。

（3）事后抓应急。事后抓应急也可以称为防止事故扩大，在生命前面被动地筑起的第三道防线。应急管理工作是国家治理体系和治理能力的重要组成部分，2023年政府工作报告指出要"强化安全生产监管和防灾减灾救灾"工作，因此事后抓应急同事中排隐患和事前辨风险具有同等重要的作用，都需要得到强化。

围绕地铁领域强化应急问题，重点是落实应急能力"3+4"管理工作，即完善预案、培训、演练，强化值守、响应、处置、总结，开展应急能力综合评估，不断优化完善应急管理工作要求。

2.3 "三三工作法"之三，坚持"岗前抓教育培训、岗中抓督查指导、岗后抓绩效改进"的安全提升抓手

（1）岗前抓教育培训。岗前抓教育培训是全面提升安全工作的第一个抓手，城市轨道交通运营企业应当注重岗前教育培训工作，通过采取各种培训形式，全面提高工作人员专业知识水平、技能及相关安全法律法规的掌握程度，并采取定期考核的方式，确保工作人员教育培训知识掌握到位，仅当培训考核合格后，员工才允许上岗。

抓岗前教育培训应重点做好几方面工作：一是以理论学习培训为基础，保证职工熟悉安全生产规章制度和操作规程，掌握岗位操作技能和应急处置措施，全面提升职工的业务技能；二是以现场实作培训为突破，按照"能力是训练出来的"要求，针对历年安全管理中发现的问题，进行梳理，明确实训项目及实训重点，针对性地补强职工的基本业务素质和应急处置能力；三是强化对授课人员的培训，授课人员作为城市轨道交通企业安全教育工作的主要组织者和开展者，其管理水准的优劣决定着整体教育和培训工作的开展效果，由此，要强化对授课人员的培训，最大限度地提升其管理水准以及安全认知，这样其在工作中才会做好各项教育培训工作；四是要深入引导企业与高校之间的合作交流工作，以校企合作的方式，培养出更多的轨道交通运输企业的实践型应用人才[5]。

（2）岗中抓督查指导。岗中抓督查指导是全面提升安全工作的第二个抓手，督查指导的作用就是为推动当前各项重点工作落实落细。因为工作人员中总会出现一些不担当、不作为、慢作为的现象，各项标准和工作安排，往往梗阻在中间层或者执行层，很多安全方面的措施夭折在各级人员手上，安全管理的一些要求漂浮在文件上、会议上、讲话上，造成"一渠清水流不到庄稼地，浇不到庄稼的麦根"，只有认真做好督查指导，各项安全措施才能真正落实到位，才能压实安全责任，防范各类安

全隐患和事故发生。

做好督查指导工作需要重视以下几方面：一是要把城市轨道的安全工作全部纳入督查指导，既要发挥督查作用，还要重视指导的力量，加强对安全生产、安全防范、风险排查与整改落实等工作的督查指导，坚决纠治工作中的不担当、不作为及形式主义和敷衍流程问题；二是督查指导要选准督查指导的事项，要突出安全重点、突出岗中环节、突出事中落实；三是对督查指导事项要有回音，要有抽查，被督查指导单位和人员对于督查指导事项时间，一定要有回复。只有抓好岗中的督查指导，相关部门和人员才能绷紧弦、不松劲，筑牢安全生产防线，杜绝安全事故的发生。

（3）岗后抓绩效改进。岗后抓绩效改进是全面提升安全工作的第三个抓手，所谓绩效管理，是指各级管理者和员工为了达到企业目标，共同参与的绩效目标制定、辅导沟通、考核评估、结果应用、绩效目标提升的持续循环过程。绩效管理更多的是一个循环体系，是一个不断督促在岗人员实现和完成岗位工作目标的过程，也是一个不断制订计划、执行、检查、处理的PDCA循环过程，只有抓好人员岗后的绩效不断改进，才能有效帮助企业达成战略目标、帮助员工进一步自我认识、提升和发展，最后达到双赢，最终实现大家凝聚合力，尽心尽力推进城市轨道交通企业各项安全重点工作落实落地。如果缺乏岗位绩效的不断改进，企业安全目标的实现也就如同空中楼阁，缺乏支撑。

做好岗后绩效改进工作需要重视以下几方面：一要突出"多维度"，优化绩效指标，坚持定性评价与定量考核、过程考核与结果评价相结合，包括上级认可、专业评价、诚信履职等内容，重点要重视安全业绩指标的设立，以确保各级人员能够真正深入发挥本岗位的作用，更好地管控现场、管控安全；二要突出"高精度"，改进绩效考评，改变以往单一的评价方式，推行精细化、专业化考核，按照有利于作出客观评价的原则，采取评分制、排名制、评价制等多种形式实施考评；三要突出"曝光度"，加强绩效运用，强化考评结果运用，发挥导向作用，可以采取公开点评，奖优罚劣等方式，帮助工作人员查找不足和问题，提出改进意见，促进各级人员切实提升履职质量，更好忠于职守、担当奉献，只有这样才能让城市轨道企业的发展动能更加充沛，发展活力进一步进发，安全的根基更加稳固。

3 "三三工作法"在太原地铁2号线的实践

太原地铁2号线自2020年底开通运营以来，至今已经安全运营1200余天，我们逐步探索出适合实际的"三三工作法"，并对影响运营安全的重要因素，有针对性地全面加强和防控，取得了多项成绩。运营首年，公司顺利取得了城市轨道交通运营管理、运营维护认证范围的"三体系"认证证书，取得由交通运输部授予的安全生产标准化一级证书。2022年，公司在取得"三体系"认证和交通运输部安全生产标准化一级企业认证基础上，结合公司运营管理特点开展"提质强安、四标建设"工作。一是标准化车站建设，全线车站实行板块化、清单化、流程化、定置化管理，高质量打造开化寺街省级安全文化示范车站，建成龙兴街站消防标准化车站。二是标准化班组建设，制定推广标准化流程122项，制作巡视流程图45个。三是标准化设施设备建设，完成标准化维护作业工艺卡195个，标准化维护作业视频185个，标准化应急流程图94个。四是标准化业务流程建设，完成标准化业务流程146个，标准化课件制作193个。通过设置岗位模块化、物品定置化、资料清单化、工作流程化，提升人员岗位技能、整体服务质量和管理效益。编制《安全文化建设规划方案》《安全文化理念体系》，建立企业安全生产长效机制，公司荣获"2023年全国安全文化建设示范企业"称号。

4 结语

通过太原地铁2号线实施安全风险管控的经验，笔者总结提出"三三工作法"，并通过该方法应用，认为抓好安全管控"三三工作法"的全面改进，是提升城市轨道企业的安全管理软力量。但我们也要清醒地认识到，安全管理是企业永远的话题，不能将一个安全管理模式套用在所有行业和企业上，而是要根据自身的特点进行分析，充分调动所有员工的积极性和主动性，将安全意识深植人心，采取一定的奖惩机制激发员工的自主管理效能[6]。才能从提前预警、超前防范上精准发力，管控风险隐患，最终保障城市轨道交通企业安全持续稳定，并实现高质量发展。

参考文献

[1] 陈文. 城市轨道交通运营安全风险管控研究 [D]. 北京：北京交通大学，2021.

[2] 袁里. 城市轨道交通运输安全管理研究 [C]// 中国智慧工程研究会智能学习与创新研究工作委员会.2022社会发展论坛（贵阳论坛）论文集（二），2022：3.

[3] 曹永虎. 不忘初心 强化执行 全面提升安全管理水平 [J]. 装备维修技术，2020（2）：233.

[4] 邓志远，王宇征. 对安全风险管理体系建设的思考 [J]. 华北电业，2013（4）：54-55.

[5] 张苓利，黄宏智. 化工企业的安全风险管理措施 [J]. 化工管理，2021（1）：120-121.

[6] 朱勤学，王潮荣. 浅谈现代化城市轨道交通运输安全管理模式 [J]. 中小企业管理与科技（上旬刊），2020（2）：32-33.

设备运行阶段的监理延伸服务研究

韩松立 刘立洋 于 星*

（天津新亚太工程建设监理有限公司，天津 300314）

摘 要： 现阶段铁路监理按照铁路建设工程监理规范，将工作职责限定在施工阶段，其中关于设备监造的监理职责包含部件检验、整机检测、调试验收和出厂运输等，然而并未涉及设备的使用运行阶段，当建设过程中发生设备本体缺陷问题、设计问题和安装调试问题，从而影响到工程质量和进度，监理无法根据现行标准实施合理的监理程序，对设备问题提供技术改进和处置措施。在本铁路工程监理实践中，通过延伸监理服务范围，针对设备运行阶段皮带机转运装置的设计问题提出改进方案，进而确保现场文明施工，提高设备质量和施工效率，以提升铁路工程建设质量水平。

关键词： 铁路建设；监理服务；皮带机转运；技术改造

引言

近年来，我国客运专线和其他铁路工程的大规模建设，对于经济社会发展产生了深远的影响，随之工程建设监理行业也不断取得发展，并在新形势下呈现良性变化趋势。铁路工程监理体系的完善及其行业的发展，已成为确保工程项目质量、安全和进度的关键支撑。

监理质量控制体系的建立是铁路工程建设中不可或缺的一部分，其直接关系到工程的安全、可靠、经济和社会效益，当中涉及施工阶段设备质量控制的部分，监理的主要职责是依据相关标准和规范对设备进行严格监控和进场验收，以期确保建设工程质量，而设备监理的服务范围中管控重点仅包含了部件检验、整机检测、调试验收和出厂运输等环节。当建设过程中发生设备本体缺陷问题、设计问题和安装调试问题，切实影响到建设工程的质量与进度时，监理无法根据现行标准实施合理的监理程序，为解决问题提供科学可靠的技术支持。

本工程为某高原铁路建设工程，其中有两条在建铁路隧道为全线重点控制性工程，监理内容的关键阶段主要包括隧道开挖、支护、防排水、衬砌质量、设施建设、安全管理和环境保护等，同时该隧道工程施工具有机械化和自动化程度高、大机设备投资大、设备技术要求高的特点，监理不可避免地面临相关的管理和技术难题。根据多年的铁路建设监理实践经验，结合现场发现的设备本体问题，以改造皮带机转运装置为例，监理通过提供技术支持并形成相应的技改方案，验证延伸监理服务至设备运行阶段的有效性和可行性。

1 带式输送机运行情况

1.1 系统设计概述

本工程 TBM 施工段采用 2 台敞开式 TBM 掘进施工，TBM 出渣系统采用皮带机运输出渣的方式，现阶段掘进产生的石渣通过刀盘渣斗后依次进入 TBM 主机皮带机、后配套皮带

---

* 韩松立（1984—），男，河南开封人，高级工程师。
 刘立洋（1995—），男，天津北辰人，助理工程师。
 于星（1988—），男，甘肃庆阳人，高级工程师。

机，由 TBM 连续皮带机将石渣运输输送到转渣横通道皮带机，再通过主洞皮带机输送至洞外，最后通过转外转运皮带输送至弃渣场。

1.2 运行期间产生问题及成因

如图 1 所示，转载溜槽装置为该皮带机运行系统过程管控中最薄弱的部位，多次因本体问题导致现场文明施工差，且较大频次地发生部件损耗从而降低了施工效率和质量。

（1）铁路工程建设极大地促进了社会经济发展，但同时也不可避免地带来了一系列环境问题，其中施工期的环境问题尤为突出。转运装置头罩为传统垂直挡板头罩，输渣期间，石渣离开输送带依次与头罩、溜槽和落料管撞击，最终落入下端输送带进行转向输渣，而在溜槽两侧、头罩端头等封闭不严密部位往往存在漏浆漏渣的问题，致使长期下落堆积于皮带支架底部，如图 1 所示，对现场安全文明施工的实施造成巨大阻碍。

图 1　皮带支架下积淤状况

（2）随着生产系统机械自动化程度提高，施工作业区域的噪声职业危害日益严重，噪声是各类生产活动中常见的物理性职业病危害因素，长期暴露在 40dB 以上的噪声环境会影响作业人员的身心健康。皮带机头罩和落料管皆由钢材拼装而成，输渣期间二者承受石料冲击形成生产性冲击噪声，现场测量参数如图 2 所示，分别于晚间 19:00 在距装置 5m 处和 280m 处进行分贝量测。

（3）铁路建设项目中任何机械设备在使用

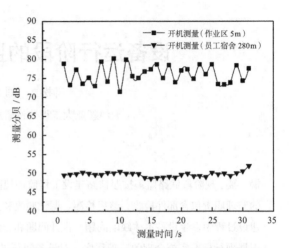

图 2　皮带机开机期间转运装置的噪音量测

周期都会存在一定程度的损耗，相应地，其造成的材料成本和安装成本增加都将会被纳入工程经济效益的评价。当两台 TBM 同时掘进，连续出渣量也达到了运行期峰值，大量石渣离开输送带不断冲击头罩的垂直挡板，当垂直挡板磨损冲击较严重时就需要及时进行更换，此外，石渣由溜槽下落至下端输送带时，存有尖利度高和重度大的石块对输送带摩擦冲击，进而增大了输送带磨损、撕裂的风险，并且施工方对输送带的维保频次也会随之增加。

2　设备运行阶段的监理服务延伸

2.1　监理工作流程

（1）建立问题清单，在进行设备改造之前，监理人员根据运行设备已发生和可能遇到的各种问题，针对性地建立系统的、全面的问题清单，拟制定解决方案。

（2）可行性研究，与施工方、设备供应商共同研讨并分析改造的技术可行性、经济效益、时间周期等，需要考虑改造目标、行业规范、成本估算、收益预测、环境影响等关键要素，形成可行性研究报告，最后向建设方申请审批。

（3）方案设计，总结与施工方、设备供应商研讨后形成的技术要点，由施工方主导编制技术改造（以下简称"技改"）专项方案，包括投资预算、改造流程、改造图纸、人员培训计划等，由监理审核后将技改方案报建设方审批。

（4）准备材料和实施安装，根据设计方案制定详细的材料清单和人员清单，准备所需的施工设备和工具，在对设备改造过程中，监理进行严格监督并实施质量控制措施，确保施工按照方案和规范进行，跟踪进度以及时解决过程中出现的问题。

（5）设备试运行，完成改造后进行设备的试运行，检验改造效果是否达到预期目标，详细记录试运行过程中发现的所有问题，与施工方合作及时解决试运行中发现的问题。

（6）验收与评估，待设备运行效果达到预期目标后，编写详细的试运行报告，包括测试结果、问题及解决措施，根据试运行结果和验收标准，向建设方申请正式验收，同时，监理可向施工方申请出具设备改造应用评估报告和技改鉴定报告。

2.2 技改具体措施

针对皮带机运行期间转载溜槽装置产生的各项问题，通过延伸监理服务提供了技术支持，并形成相关的具体措施以攻克关键技术难题。

技改措施尽量不变动装置的原有设计，在现有结构件上进行改造，转运装置改造示意图如图3所示，使改造过程对施工效率和设备整机性能起到最低程度的影响。

（1）在转运装置的传统垂直挡板头罩内改造为分离式头罩，即在头罩内部增设曲线导流板，减少了石渣对下部溜槽的冲击力以及冲击噪声，而且使用期间相比原有垂直挡板，导流板磨损后更易更换，从而增加了整个转运系统的使用寿命。

（2）鉴于导流板为金属材质，依然会受到冲击形成冲击噪声，所以在此基础上，在曲线导流板表层铺设PU板层（聚氨酯板）和海绵

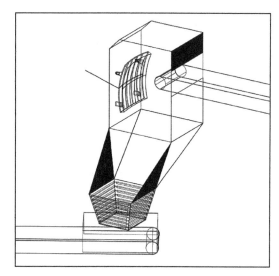

图3 转运装置改造示意图

层，起到缓冲和降噪的作用，且提高了导流板的耐久性。

（3）在溜槽两侧和头罩端头封闭严密部位加设防护网罩，网罩能够有效遮挡石渣与挡板、溜槽冲击形成的漏浆漏渣，防止运渣期间出现的环境污染问题。

（4）落料管内侧焊接壁架，石渣经由溜槽流入落料管，运行期间连续输送石渣，可从一个壁架落入另一个壁架，形成料打料的作用，减缓了石渣对下端输送带的摩擦冲击，间接地提高了设备质量，并降低了材料成本和安装成本。

3 结语

高原铁路建设工程中隧道工程建设面临一系列的难题和挑战，并且具有机械自动化水平高、大型机械设备投资大、技术要求严苛等特点，笔者特此针对现场出现的皮带机转运装置运行中漏浆漏渣、噪声污染和设备磨损等问题，提出了一套系统的全面的监理技术服务和创新举措，进而有效提升现场文明施工水平和施工效率。

通过这些创新措施，监理不仅提升了监理服务水平，成功解决了皮带机转运装置的关键

技术难题，还证实了监理服务向设备运行阶段
延伸的有效性和可行性，为未来类似工程的监
理工作提供了实践基础和宝贵经验。

参考文献

[1] 国家铁路局.铁路建设工程监理规范：TB 10402—
2019[S].北京：中国铁道出版社，2019.

[2] 李子，乔韵.在工程监理中开展增值服务工作的探讨 [J].

[3] 顾亚东，郑旭日.从设备本体问题探讨地铁设备监理延伸
服务的必要性 [J].设备监理，2021（6）：4-7，21.

[4] 张晓华，宋冠霆.带式输送机转载溜槽导流板结构形状的
分析 [J].起重运输机械，2020（6）：90-94.

[5] 范慧绅.带式输送机转载溜槽设计方法的研究 [D].沈阳：
东北大学，2021.

[6] 王明哲.转运系统结构参数对落料性能影响的数值模拟与
优化 [D].秦皇岛：燕山大学，2018.

设备监理，2022（1）：32-35.

天津地铁 5 号线电客车智能化改造研究

李宝璋

（天津津铁轨道车辆有限公司，天津 300451）

摘 要： 为了提升电客车运营安全性，更便捷地监测电客车运行状态，天津地铁 5 号线电客车结合架修修程开展了智能化改造，实现了列车智能性、安全性和兼容性提升，提供安全保障与维修指导。基于状态评估与健康管理，在保障安全的条件下支持状态维修，降低全生命周期维修成本，提升维修管理水平。

关键词： 安全；智能；兼容；降低成本

天津地铁 5 号线结合架修修程开展了电客车的智能化改造，搭载弓网在线监测、走行部在线监测、司乘监测系统和以太网等核心技术，提升列车智能性、安全性和兼容性。开展智能化产品研制，完成弓网监测、走行部监测、司乘系统监测等功能验证，整合创新技术、响应高智能化理念，打造改造项目具有代表性平台，形成电客车智能化宣传的新名片。可为同行业地铁电客车智能化改造提供参考。

1 弓网在线监测系统

弓网在线监测系统主要包括弓网检测主机、车顶检测设备、车底补偿设备。

1.1 技术亮点

可采集受电弓状态、弓网燃弧、弓网温度、弓网接触压力、接触网硬点、接触网几何参数，以及接触网悬挂状态数据，并进行分析。配置地面分析处理软件，通过车地无线传输系统将车载设备检测到各类数据传输至地面分析处理软件，利用地面分析软件对监测到的数据进行存储与分析，对弓网缺陷进行深度定位，分析潜在故障，为行车安全提供可靠依据。

1.2 主要功能模块

车顶图像数据采集模块主要包含：接触网检测模块、红外检测模块、燃弧检测模块、受电弓视频检测模块、补光灯模块、接触网悬挂巡视模块等（图 1）。

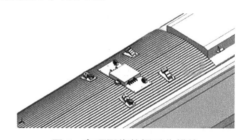

图 1 车顶图像数据采集模块

接触式接触力及硬点检测模块，在板簧与碳滑板之间增加弓网压力传感器，用于测量弓头接触压力。硬点采用 MEMS 加速度传感器（图 2）。

图 2 加速度传感器

车底振动补偿模块，实时检测车体振动及找准轨道平面，通过算法处理，修正实时拉出值、导高值，实现动态高精度测量（图3）。

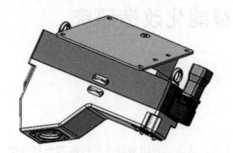

图3 车底振动补偿模块

1.3 安装位置

车内分析主机安装于 MP 车客室一位侧侧顶板内。力学主机安装于 MP 车贯通顶上部，利用贯通道横向线槽上的 C 型槽固定主机支架。弓网检测系统在 MP 车客室电气柜内增加西门子 10A 断路器（5SY52107CC）（图4）。

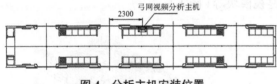

图4 分析主机安装位置

1.4 传输方式

地面 WEB 数据管理软件主要针对车载弓网系统检测数据及设备运行状态数据进行管理，在数据管理软件界面上可实时查看当前列车实时运行区间位置、弓网系统运行状态、当天弓网检测数据及历史检测数据；可对检测数据进行确认，故障处理记录，定期输出线路弓网配合关系报表，故障位置列表等，通过地面 WEB 数据管理软件建立数据管理台账。

2 走行部故障诊断系统

走行部故障诊断系统通过安装布设在转向架上的复合传感器，同时监测轴箱轴承，小齿轮和电机传动端轴承的温度，振动、冲击等物理量，实现走行部关键部件的车载在线实时诊断，能够对故障实现早期报警和分级报警，准确指导列车的运用和维修。

2.1 技术亮点

（1）监测诊断范围广：覆盖走行部关键部件的各种故障模式，包含轴承、齿轮、踏面、轨道波磨的各种故障。

（2）车载实时、自动、主动、精确诊断：即装即用无须学习，结论及时；故障精确到具体对象，方便应用。

（3）早期预警：可以在强大的、复杂的、无害的机械振动环境下，提取到微小的非常有害的机械冲击，实现故障早期预警。

（4）分级报警：根据故障严重程度和危害程度分级报警，不同等级的报警信息发挥不同作用。

（5）通过对数据的综合、趋势、对比、详细分析等，科学指导维修，建立走行部与轮轨安全保障体系，实现车辆走行部全生命周期的健康管理。

（6）多个物理量（冲击、振动、温度等）综合诊断可保障故障诊断准确率高。

（7）系统设计合理、安装便捷，不破坏走行部原有结构，符合车载装备要求。

（8）已经有长时间、大范围的车载应用，技术成熟、产品可靠。

2.2 主要组成部分

每列车 Tc 车（即首尾 2 个车厢）配置一台走行部监测主机，每列车厢配置一台走行部监测分机，通过内置在线故障诊断专家系统软件，将前置处理器上传的数据进行处理、采集、诊断与存储，实现在线自动诊断，并实时给出诊断结论。每个车厢的走行部监测分机通过列车以太网将数据传至 Tc 车走行部监测主机，Tc 车主机通过 MVB 将系统数据传至 TCMS，以及通过车地网将车载走行数据上传到地面，并通过地面部署的服务器及代用显示终端进行各子模块功能的展示（图5）。

前置处理器分为两种：一种为只连接轴箱复合传感器，通过采集轴箱数据作为判断轴箱、轮对、钢轨状态的依据；另一种为连接电机和齿轮箱的复合传感器，采集数据作为牵引电机和齿轮箱状态的依据。两种前置处理器机械和电气接口一致（图6）。

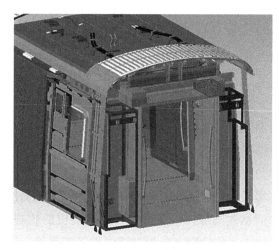

图5　主机安装位置

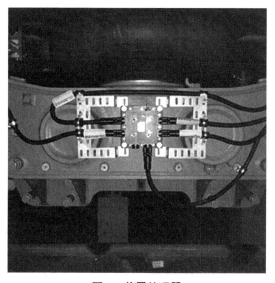

图6　前置处理器

复合传感器能同时实现温度、振动、冲击多个物理量的检测、处理和传输的一体式受感部件。齿轮箱可通过单个安装孔安装在齿轮箱上，轴箱及电机则通过冷焊安装底座的方式安装复合传感器。

走行部故障诊断系统地面服务器为2U主机，安装在地面专家诊断系统地面服务器的机柜内部，以分级报警的方式进行提醒，基于系统保存的多种特征量趋势数据，对诊断对象故障的发展轨迹与规律进行全方位分析，趋势数据内容包含：报警趋势、冲击趋势、振动趋势、温度趋势。

3　司机、乘客状态检测及视频分析检测系统

简称司乘状态检测系统，由司乘视频分析主机、行为识别摄像机和原有司机室监控摄像机、司机室前置摄像机、客室监控摄像机组成，通过以太网接口与智能化管理系统进行通信，并预留RS485接口。

3.1　技术亮点

当系统监测到司机状态和车辆行驶状态出现异常的时候，能够实时报警并同步保存报警信息；通过与车载PIS的接口识别客室摄像头监控视频，实时分析客室乘客拥挤度，并将拥挤度状况传输至地面服务器，用于引导乘客合理乘车；借用现有PIS系统前置摄像头拍摄的信号灯视频，监测信号灯状态，及时提醒司机当前信号灯状态，避免危险情况发生（图7）。

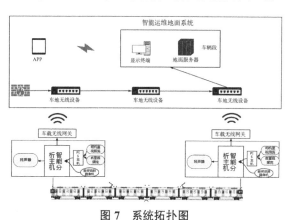

图7　系统拓扑图

3.2　主要组成部分

车载部分主要由智能分析主机、疲劳监测摄像机、手势识别摄像机、信号灯检测摄像机、客室监控摄像机、扬声器等部件组成。

司乘状态监测系统智能分析主机采用全插拔模块化无线缆设计，智能分析主机内嵌自主研发的司机状态检测、乘客视频分析算法，能

在复杂场景下分析出司机和乘客的状态（图8）。

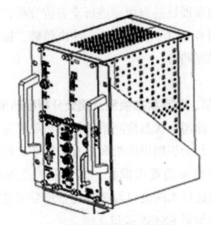

图8 智能分析主机

疲劳监测采用红外高清摄像机，具有高清、超宽动态、高帧率特性，可在不同光照情况下采集驾驶员闭眼、打哈欠等视频画面，并将采集到的视频通过以太网接口发送至智能分析主机。疲劳监测摄像机安装于司控台罩板上方，采用螺栓固定。需在司机台面板上开4个M4且含有螺纹的固定孔及过线孔。司机室电气柜内增加西门子断路器5SY52067CC（图9）。

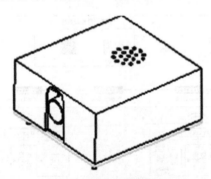

图9 疲劳监测摄像机

地面部分主要为地面服务器，配置地面综合分析系统，可实现重大告警推送，实时查看司机室及客室状况及数据应用，车辆运行数据、状态数据和故障数据的传输、储存和显示。

3.3 实现功能

司机状态监测及视频分析功能通过司机室传感器（疲劳监测摄像机、司机室摄像机、前视摄像机）获取的视频流进行视频分析，实时、自动检测驾驶员的脸部、眼部、嘴部特征，头部动作，手势动作，隧道信号灯状态，以判断驾驶员的身份、精神状态、异常行为、手势识别、闯灯行为。

乘客状态监测及视频分析系统通过对列车的每一节车厢内所有客室摄像机进行分析检测，实现车厢拥挤度、末站清客、遗留物检测功能。

终端管理系统包括实时监控、驾评考勤、用户管理、司机管理、列车管理等功能，通过数据、图表等展示方式对每个驾驶员的驾驶、考勤数据进行分析，如每天的告警情况，驾驶员驾驶里程数据分析与列车能耗评价，历史报警信息查阅等。一是可实时监控司机的状态、行为等，使管理人员更加清晰地掌握车辆、驾驶员的情况；二是具备异常报警功能，前端设备向后台工作人员发送紧急报警信息，让后台工作人员主动干预；三是实现对驾驶员的考勤统计，为相关奖惩制度提供考勤依据；四是实现对驾驶员基本信息的管理，包括姓名、电话、年龄、人脸照片、人脸特征库等；五是便于车辆管理，管理每一辆车上的设备，包括车辆属性、设备参数等信息修改等。

4 车地无线通信传输系统

车地无线通信传输系统主要由车载数据集成系统、地面专家系统组成。车载数据集成系统实现车辆实时数据采集、车地数据传输的功能。车载数据集成系统主要包括车辆状态监控系统及其他车载子系统监测系统，车载设备主要由车载数据中心单元和以太网交换机构成。

4.1 技术亮点

车载数据中心单元依靠TCMS系统获取车辆基本运行数据，并通过以太网交换机组建的以太网获取列车上各个监测子系统的实时运行状态数据和非实时记录数据，然后借助PIS

系统 WLAN 无线传输通道实现数据落地。

4.2 改造方案

根据车辆实际需求提供千兆网与百兆网两种改造方案。

千兆网方案是指列车维护网主干链路采用 6 台千兆干网网管型交换机，按照跳接方式（1 到 3、3 到 5、5 到 6、6 到 4、4 到 2、2 到 1）单线连接组成环形网络，各车厢终端设备分别接在各自车厢所属交换机上，实现各系统内部及之间的相互通信（图 10）。

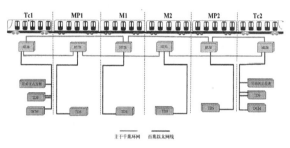

图 10 千兆网方案

百兆网方案是指列车维护网主干链路采用 6 台网管型交换机（其中头尾车为三层网管，中间车为二层网管）按照车厢顺序，依次用单线连接组成链状网络，各车厢终端设备分别接在各自车厢所属交换机上，实现各系统内部及之间的相互通信（图 11）。

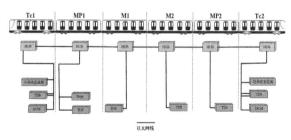

图 11 百兆网方案

搭建地面运维平台，包括服务专用机、防火墙、交换机等硬件设备。为了满足系统的运行稳定性，系统配备 UPS 电源，在意外断电之后，保证服务器运行稳定，避免造成数据丢失。

同时配备信息安全防护设备，符合国家安全部门对信息系统等级 3 级（暂定）保护要求，能够防范病毒入侵、黑客攻击、对数据有审计功能等技术要求的能力。

4.3 实现功能

（1）线网监控：以地图形式展示城市铁路实时运行信息，包括正常、预警、故障、离线。能够清晰地查看城铁地铁位置、当前速度等关键信息，支持车号快速检索定位；点击列车所在位置，能够查看其当前运行远程状态信息、故障信息。平台能够对列车的里程能耗进行统计，以柱状图的形式列出该线路下所有列车的里程能耗情况，可对列车里程能耗进行横向对比，并以 Excel 的形式导出统计结果。

（2）线路监控：线路级的状态监控功能在线路层级上可查看当前线路的所有列车基本运行状态信息以及故障信息，同时可切换当前所查看线路。可对当前线路的不同列车情况进行统计，并能根据不同条件等进行筛选显示。能够展示当前线路所有列车实时故障信息以及预警信息。通过选择线路中的某一列车，可进入车辆级的状态监控页面。通过线路级的状态监控，能够便于线路运营人员掌握当前线路的所有列车的运行状态。

（3）单车监控：能够通过列表形式对车辆运营状态、故障、预警、预测、健康等信息进行集中监控，展示车辆运营明细。具备实时参数监控功能，可按照车组号实时查询列车整体参数及车辆部件参数信息，通过部件参数判断其工作状态。车辆参数根据解析协议进行解析，系统应实现解析协议模板导入、导出功能，可根据模板进行调整，支持系统维护。

（4）子系统监控：通过点选关键系统，实现核心系统关键参数的展示与切换。关键系统包括牵引系统、转向架及其辅助制动系统、辅助电气、网络及辅助监控等。可根据各系统特点，以不同展现形式在下方实现各系统关键参数显示。

（5）故障报警：平台能够对正线或库内产生的故障实时报警，在平台上显示列车的实时故障和预警信息。当列车发生故障时，地面平台根据车载数据解析出具体的故障信息，关联预定义的故障原因、故障相关变量与解决措施，将故障相关的信息在30s内推送到页面前端，提醒监控中心工作人员有故障发生，从而辅助监控中心迅速定位故障，协助各线路工作人员及时解决故障，降低故障引起的损失，甚至避免故障的发生。

（6）故障预警：支持用户根据运营过程中的经验以优化故障诊断规则，并在故障发生前进行预警。支持用户手动创建故障预警模型，根据运营数据优化模型参数。支持对故障诊断规则模型管理功能，可对系统已经生成的规则进行查看、管理，通过设置运行或不运行，控制预警模型是否投入使用；可查看实时诊断故障形成的条件，给出故障的逻辑诊断关系图。

（7）趋势分析：系统绑定故障相关联信号，在故障触发的时候，通过变量回溯功能，获得故障触发时刻的相关联的信号变化趋势，借此实现列车故障原因初步分析和定位。当列车触

发实时故障报警时，可在系统的故障详情页面初步定位分析故障原因。故障详情中的变量回溯功能将自动展示故障发生时刻前后相关状态变量变化趋势。平台运维人员分析相关变量变化趋势，结合故障应急处置方案，迅速定位故障发生原因，并采取相关排故措施。

（8）故障分析：实现所有出厂运营列车的参数信息查询及参数趋势分析（包括车载实时数据、离线数据），能够按照时间范围、车型、车组号、系统、车辆号及参数点位进行筛选查询、数据导出及曲线合并，可生成统计图表，对比相同、不同车组的参数趋势，并显示特征信息、历史同交路车组运行数据（同比分析）。

5 总结

项目完成了天津地铁5号线车辆智能化改造的系统集成设计，实现了列车智能性、安全性和兼容性提升，提供安全保障与维修指导，基于状态评估与健康管理，在保障安全的条件下支持状态维修，降低全生命周期维修成本，提升维修管理水平，方案最大限度地保留了可利用部分，节约成本，可作为老旧车改造的样例。

天津地铁 9 号线制动缸智能化检修流水线规划研究

李宝璋

（天津津铁轨道车辆有限公司，天津 300451）

摘　要：天津地铁 9 号线的实践具备制动缸自主检修能力，为了提升检修效率，提高检修质量，降低员工劳动强度，规划研究建设一条智能化检修流水线。

关键词：制动缸；效率；质量；劳动强度

天津地铁 9 号线制动缸智能化检修流水线主要是提高制动缸的检修效率和检修质量，降低员工劳动强度。通过采用一条贯穿全部生产流程的传送带输送线运输模式代替传统地牛、小推车的运输方式，能够大大减少运输管理成本和人力成本，采用信息化检修管理系统提高检修效率和卡控质量。通过建造一整套自动化、智能化的检修线，可有效提高工作效率，提高检修质量，减少人为误差，自动生成检修记录，实现生产作业方式变革。

1　产线配置

制动缸智能化检修流水线主要由 2 套智能悬臂吊、1 套框架吊、2 套总拆工作站、2 套部件拆工作站、1 套输送线、1 台超声波清洗机、2 套检验配料工作台、3 套部件组装工作站、2 套总装工作站、1 套定量注油系统、12 个制动缸存放托盘以及配套工装工具等组成。

2　产线布局

2.1　产线分区

制动缸智能化检修流水线主要分为：来料缓存区、拆解区、清洗区、配料区、组装区、试验区、成品存放区等 7 个区域（图 1）。

来料缓存区主要进行制动缸信息录入以及缓存，为后续的生产过程信息自动采集、质量

追溯提供基础数据，另外可进行检修作业信息的查询；拆解区主要完成制动缸整体的拆解；清洗区主要对制动缸各个零件外观油脂及污垢进行精洗和吹干；配料区主要完成清洗后的零件的质量检查，并进行质量信息的录入，同时根据系统显示的物料 BOM，为组装区做好物料的配盘；组装区主要完成制动缸的整体组装；试验区主要进行制动缸的性能试验，并形成相关试验报告；成品存放区主要进行合格品的缓存。

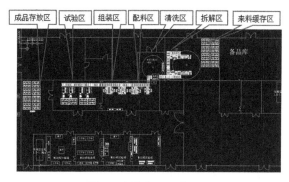

图 1　产线分区示意图

2.2　工序推移路线

来料首先进入来料缓存区，放置于制动缸存放托盘上，开工时使用悬臂吊转运至拆解区的工作台上开展拆解作业。拆解作业完成后，通过传送带转运至清洗区进行内部件清洗，将清洗完成的部件转运至配料区，进行组装前配料准备。在组装区开展部件组装作业，而后进

行例行试验。试验完成的制动缸通过 AGV 系统转运至成品存放区，批量进行发运。

3 来料缓存区简介

来料缓存区是制动缸检修流水线的第一个区域，该区设有制动缸存放托盘，用于待修件的存放。托盘由碳钢材质焊接制成，尺寸为 1000mm×1000mm×200mm，载荷 2t 以上，单个托盘可存放 8 个制动缸，本区域存放 48 个制动缸（图 2）。

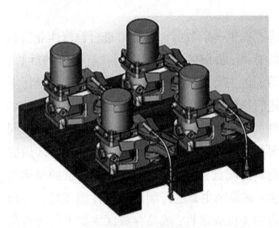

图 2　制动缸存放托盘

4 拆解区简介

拆解区主要完成制动缸的拆解，包含悬臂吊、总拆工作站、部件拆工作站。具备较好的兼容性，可完成多种型号制动缸的拆解。

智能悬臂吊用于制动缸上料，将制动缸从来料缓存区吊运至总拆工作台上进行拆解。由悬臂吊、智能提升装置、吊具组成。通过伺服电机驱动，可进行无级变速，具有悬浮模式，实时显示工件重量。减轻员工的操作强度（图 3）。

总拆工作站用于制动缸的总拆解，将制动缸整件分解为缸体，间隙调节器，轴承托架组成，引导螺母组成，倍率勾贝组成，瓦托组成，丝杠、停放制动组成等。

总拆工作站由总拆工作台、工具管控模块、吹扫枪、变位工装小车等组成。用悬臂吊

图 3　智能悬臂吊

将制动缸吊至变位工装小车上，采用螺栓紧固，工作台设有一条贯穿工作台的输送机构，拆解完成后，将拆解后的配件放入配件盒内，配件盒通过工作台上的输送机构送至部件拆解工位。工作台主体结构采用优质铝型材拼接，表面面板采用 304 不锈钢，桌面铺耐磨橡胶垫。设备工装采用高合金铝材或碳钢加工制作，表面采用阳极化处理或喷漆，以保证其外形美观。配备镂空挂板，用于工具、工装、物料、电子看板、照明灯、电源插座存放及安装。桌面开孔，开孔下方配置金属制垃圾桶，方便废料归位。桌面下方配置易拉开式柜门，平时柜门关闭，为全封闭式结构。垃圾桶下方存放处配置滚筒，方便垃圾清运。配置的变位工装小车，用于辅助制动缸组装，通过定位销对制动缸进行定位，用螺栓紧固，变位工装小车底部带 4 个滚轮，可在工作台上的 V 形槽上移动。变位工装小车可进行 360° 旋转，侧边设固定装置，采用插销结构形式进行固定。变位工装小车可实现侧向翻转功能，以辅助拆卸制动缸内部零件（图 4）。

部件拆工作站用于制动缸的部件拆解，将间隙调节器、轴承托架组成、引导螺母组成、倍率勾贝组成、瓦托组成、停放制动组成等部件分解为零件。由部件拆工作台、工具管控模块、吹扫枪、停放缸压机、零部件压机、物料

图4 总拆工作站

小车等组成。工具放置模板用于工具规范存放,配置与工具对应的存放模板(工具槽、工具支架等),实现工具的定位存放。停放压机用于停放缸的拆解,主要由伺服控制系统、伺服电机、滚珠丝杠、减速机、机架等组成,可实现点动控制。

5 清洗区简介

清洗区用于拆解后制动缸的清洗,采用双槽超声波清洗设备。设备由清洗机主体、超声波清洗槽、烘干槽、控制器组成。配备4个清洗筐用于清洗和烘干。清洗区配备2个120L废水收集桶。清洗区应具备良好的防水措施,通过设置金属围挡等措施将清洗区与其他区域进行隔离。清洗区应具有良好的通风措施,通过加装换气扇等措施快速排出区域内的异味气体(图5)。

图5 超声波清洗机

此区域同样配置了智能悬臂吊,用于部件的起吊转运,减轻员工的劳动强度。

6 配料区简介

配料区主要对清洗后的零件进行分拣、检验、配盘。

主要由检验配料工作台、显示器、工控机、工具管控模块、吹扫枪、形迹盒组成,可进行检查质量信息的录入、存储、查询,为产品质量的追溯提供数据依据。清洗后的物料通过悬臂吊上线,输送线自动将物料送至对应配料工位,员工根据产品型号用不同的形迹盒进行物料分拣,分拣后的形迹盒通过输送线送至对应的组装工位。形迹盒用于必换件及零部件存放,根据每个零部件的特点开槽,每个制动缸对应7~8个形迹盒。该区域配置了专用的检验设备工装,如弹簧拉压试验机、数显游标卡尺、通止规、粗糙度检验仪等,在组装前把控各零部件的质量(图6)。

图6 形迹盒

7 组装区简介

组装区用于制动缸的组装,包括部件组装工作站、总装工作站,部件组装完成后通过输送线即可将制动缸部件配送至总装线工位。

部件装工作站和总装工作站配备检修所需的工装工具,可实现产品的快速装夹固定,且工装工具均为在线式定位管控，可方便检修人员的拿取，同时满足不同型号制动缸检修作业需求。

部件组装工作站用于零部件组装，由部件组装工作台、显示器、工控机、工具管控模块、吹扫枪、零部件压机、停放缸压机组成。工作站主要完成间隙调节器、轴承托架组成、引导螺母组成、倍率勾贝组成、瓦托组成、停放制动组成组装。部件组装工作台配置检修所需的工装工具，关键工装工具设置防错设计，可对检修人员操作的正确性进行管控，对与工艺要求不符的操作进行声光提示，以实现生产过程的防错和标准化作业，进而提高产品的检修质量。

工具管控模块是本次检修流水线的核心内容：当电子工艺界面进行到某一步时，比如拿去十字起，十字起前的 LED 指示灯亮，提醒人员拿取；若拿错，LED 指示灯亮红，系统界面报警。正确拿取后，接近开关感应到人员拿取，电子工艺界面跳转至下一步，指示人员进行装配。装配完成后，人员将十字起放回，接近开关感应工具已放回，电子工艺界面跳转至下一步。若放错或未放回，电子工艺不跳转。以此达到防呆防错的作用（图 7）。

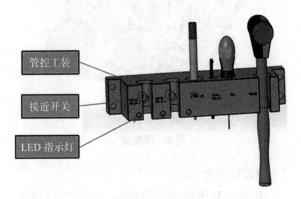

图 7 工具管控模块示意图

总装工作站用于制动缸的总组装，由总装工作台、显示器、工控机、工具管控模块、吹

扫枪、变位工装小车等组成。配备信息管理系统对检修过程进行管理，并将检修信息保存至服务器上，便于后续进行信息追溯管理。制动缸零部件通过输送线送至总装工位，缸体放于变位工装小车上，其余零部件放于物料盒内。组装完成后物料盒通过输送线下层送至对应的配料工位。该区域配置了智能扭力扳手，用于组装关键部位螺栓拧紧，每个总装工作台配备 80～120N·m 及 0～25N·m 扭力扳手。每把扳手单独配置控制器，具备无线传输功能，可将扭力值数据自动上传至信息系统，系统判断扭力值是否合格，并对结果进行提示。

8 试验区简介

试验区用于组装后制动缸试验。组装好的产品通过输送线送至试验区，用悬臂吊将产品吊至试验台上进行试验。制动缸试验台采用现场现有设备，对现有试验台进行改造，与流水线自带信息化系统接通，具备上传试验台工作状态与试验单的功能。

9 成品存放区简介

成品存放区与来料缓存区相似，同样设有制动缸存放托盘，用于成品的存放。配置了AGV 系统，用于成品制动缸的转运，及时响应叫料及运输需求，具有异常情况报警功能、紧急停止功能。

10 结语

天津地铁 9 号线的实践具有十余年的制动缸自主检修经验，是行业内为数不多具备制动缸完全拆解能力的。此次智能化检修流水线设计，旨在精益求精，提升检修效率，提高检修质量，精检细修保运营，为轨道交通行业的发展贡献一份力量。